全国高等职业教育规划教材

高频电子技术

第2版

主　编　沈　敏　唐志凌　郭　兵
副主编　吴秋平　刘旭飞
参　编　张小恒　汤华丽

机械工业出版社

本书作为高职高专院校电子类、通信类专业学生的专业基础课教材，全面、系统地阐述了高频电子技术的基本原理和技术应用。本书共11章，前7章为基础理论部分，按照高频信号流程和电路功能安排章节，分别由绪论、正弦波振荡器、高频信号放大电路、频率变换电路、调制与解调电路、反馈控制电路、接收机和发射机组成。后4章为实训案例，包括测试工具使用与信号仿真测试、小型调幅发射机的设计与仿真、无线电信号接收机的调试与仿真、无线电调频发射机设计。实训内容按照“项目导向、任务驱动”的方式编排，共4个项目，15个任务。

本书理论与实践并重，实际授课可按照边理论授课、边实训的方式进行，实训项目有相应的知识点介绍，并有详细的实训步骤和考核要求。

本书适合作为高职高专院校电子类、通信类相关专业的教材，也可作为相关专业技术人员的参考书。

本书配有授课电子课件，需要的教师可登录 www. cmpedu. com 免费注册，审核通过后下载，或联系编辑索取（QQ：1239258369，电话：010-88379739）。

图书在版编目（CIP）数据

高频电子技术/沈敏，唐志凌，郭兵主编. -2版. -北京：机械工业出版社，2015.8
全国高等职业教育规划教材
ISBN 978-7-111-51000-0

Ⅰ.①高… Ⅱ.①沈… ②唐… ③郭… Ⅲ.①高频-电子电路-高等职业教育-教材 Ⅳ.①TN710.2

中国版本图书馆CIP数据核字（2015）第172053号

机械工业出版社（北京市百万庄大街22号 邮政编码100037）
责任编辑：王 颖
责任校对：张艳霞
责任印制：李 洋
北京振兴源印务有限公司印刷
2015年9月第2版·第1次印刷
184mm×260mm · 15印张 · 370千字
0001—3000册
标准书号：ISBN 978-7-111-51000-0
定价：39.90元

凡购本书，如有缺页、倒页、脱页，由本社发行部调换

电话服务
服务咨询热线：(010) 88379833
读者购书热线：(010) 88379649

网络服务
机 工 官 网：www. cmpbook. com
机 工 官 博：weibo. com/cmp1952
教育服务网：www. cmpedu. com
金 书 网：www. golden-book. com

全国高等职业教育规划教材
电子类专业编委会成员名单

出版说明

《国务院关于加快发展现代职业教育的决定》指出：到2020年，形成适应发展需求、产教深度融合、中职高职衔接、职业教育与普通教育相互沟通，体现终身教育理念，具有中国特色、世界水平的现代职业教育体系，推进人才培养模式创新，坚持校企合作、工学结合，强化教学、学习、实训相融合的教育教学活动，推行项目教学、案例教学、工作过程导向教学等教学模式，引导社会力量参与教学过程，共同开发课程和教材等教育资源。机械工业出版社组织全国60余所职业院校（其中大部分是示范性院校和骨干院校）的骨干教师共同策划、编写并出版的“全国高等职业教育规划教材”系列丛书，已历经十余年的积淀和发展，今后将更加紧密结合国家职业教育文件精神，致力于建设符合现代职业教育教学需求的教材体系，打造充分适应现代职业教育教学模式的、体现工学结合特点的新型精品化教材。

“全国高等职业教育规划教材”涵盖计算机、电子和机电三个专业，目前在销教材300余种，其中“十五”“十一五”“十二五”累计获奖教材60余种，更有4种获得国家级精品教材。该系列教材依托于高职高专计算机、电子、机电三个专业编委会，充分体现职业院校教学改革和课程改革的需要，其内容和质量颇受授课教师的认可。

在系列教材策划和编写的过程中，主编院校通过编委会平台充分调研相关院校的专业课程体系，认真讨论课程教学大纲，积极听取相关专家意见，并融合教学中的实践经验，吸收职业教育改革成果，寻求企业合作，针对不同的课程性质采取差异化的编写策略。其中，核心基础课程的教材在保持扎实的理论基础的同时，增加实训和习题以及相关的多媒体配套资源；实践性较强的课程则强调理论与实训紧密结合，采用理实一体的编写模式；涉及实用技术的课程则在教材中引入了最新的知识、技术、工艺和方法，同时重视企业参与，吸纳来自企业的真实案例。此外，根据实际教学的需要对部分课程进行了整合和优化。

归纳起来，本系列教材具有以下特点：

1）围绕培养学生的职业技能这条主线来设计教材的结构、内容和形式。

2）合理安排基础知识和实践知识的比例。基础知识以“必需、够用”为度，强调专业技术应用能力的训练，适当增加实训环节。

3）符合高职学生的学习特点和认知规律。对基本理论和方法的论述容易理解、清晰简洁，多用图表来表达信息；增加相关技术在生产中的应用实例，引导学生主动学习。

4）教材内容紧随技术和经济的发展而更新，及时将新知识、新技术、新工艺和新案例等引入教材。同时注重吸收最新的教学理念，并积极支持新专业的教材建设。

5）注重立体化教材建设。通过主教材、电子教案、配套素材光盘、实训指导和习题及解答等教学资源的有机结合，提高教学服务水平，为高素质技能型人才的培养创造良好的条件。

由于我国高等职业教育改革和发展的速度很快，加之我们的水平和经验有限，因此在教材的编写和出版过程中难免出现问题和疏漏。我们恳请使用这套教材的师生及时向我们反馈质量信息，以利于我们今后不断提高教材的出版质量，为广大师生提供更多、更适用的教材。

机械工业出版社

前　　言

本书于2011年出版第1版，经过几年的实际应用，编者收集了大量使用该书的教师意见，结合自身的理论和实训上课的经验，特进行改版。第2版着重实际应用，结合工程需要，对“高频电子技术”进行系统的理论和实训案例介绍。

1. 增加实训内容并单独建章，更加符合高职高专授课学习特点

第2版增加实训内容。本书分为基础理论部分和实训案例部分，篇幅大约分别占60%和40%。实训内容与理论知识相互呼应，课程安排上可按照先理论、再集中实训或边理论授课、边实训两种方式进行，真正让学生实现“学中做，做中学”。

2. 梳理理论知识脉络，重新安排章节

根据教师授课反馈，理论部分按照高频信号流程和电路功能重新安排章节，分别由绪论、正弦波振荡器、高频信号放大电路、频率变换电路、调制与解调电路、反馈控制电路、接收机和发射机组成。

3. 实训内容安排保证通用性和标准化

“高频电子技术”课程的实训内容既有实验验证内容，也有实际项目设计制作内容；实训安排既能单次排课，也可以是整周的产品制作和调试。实训内容按照“项目导向，任务驱动”的方式编排，共4个项目，15个任务。

4. 实训安排以任务单形式进行，提高学生自主学习能力

每个实训任务以任务单形式编排，使学生能依据任务单独立查找相关理论知识支撑、独立安排并进行任务实施。

本书由重庆工商职业学院沈敏、唐志凌、郭兵任主编。其中，沈敏主要负责第8～11章的编写和全书的统稿；郭兵、唐志凌负责第4～7章的编写；吴秋平、张小恒负责第1、2章的编写；刘旭飞、汤华丽负责第3章的编写。建议参考学时数为80学时，其中40学时为实训学时。

由于编者水平有限，书中难免还存在一些缺点和错误，恳请广大读者批评指正。

编　者

目　录

第1章　绪　论

应知应会要求:

1）了解通信的发展历程和我国通信业的现状与发展趋势。
2）理解单工、半双工及全双工3种通信方式。
3）了解各种民用通信占用的无线电频段。
4）掌握通信系统的组成模型。
5）了解无线电信号的分类。
6）掌握信号的特性，会正确使用仪器测试信号的两个特性。
7）了解通信中的噪声与干扰。

1.1　高频电子技术概述

1.1.1　通信技术发展简史

人类的生产、生活和学习中都离不开信息的交流与传递。当今社会已经进入信息社会。信息技术的快速发展，骤然间使整个人类社会的空间缩小，并以越来越快的步伐改变着以往的社会框架结构。

传递消息的过程就是通信，通信的目的就是把信息从一地传向另一地。从古到今，人们已经创造了很多通信方式，例如，古代人们曾利用烽火、狼烟、金鼓及旗语作为表现信息和传递信息的手段；近代人们利用灯光信号实现通信；现代人们发明了电报、电话、传真、电视、广播、移动通信和卫星通信等多种通信方式。

通信手段首先是从有线通信开始。亚历山大·贝尔在为聋哑人设计助听器的过程中，发现电流导通和停止的瞬间，螺旋线圈发出了噪声，就这一发现使贝尔突发奇想——“用电流的强弱来模拟声音大小的变化，从而用电流传送声音。”经过多年艰辛研究，1875年6月贝尔发明了电话，获得了发明电话专利。第2年，贝尔建立了贝尔电话公司，这就是美国电报电话公司（AT&T）的前身。

麦克斯韦在1861年从理论上推断大气中存在电磁波，27年后，赫兹通过火花放电初次成功地发现了电磁波，用实验方法证明了麦克斯韦理论。1894年，意大利的马可尼和俄国的波波夫同时发明了无线电。马可尼用赫兹的火花振荡器作为发射器，通过电键的开闭产生电磁波信号。1895年，他发射的信号可传播1 km以上。1897年，他用莫尔斯码从船上与岸边通信，在穿越大西洋的船上安装无线电系统。这些无线电系统首先被用于给附近的其他船只或岸边传送灾难信号，从此无线电通信的时代开始了。

现代通信一般是用电信号来完成信息的传递过程。电信号通信（以下简称为通信）中传递的消息，可以是各种不同的形式，如符号、文字、语声、音乐、数据、图片以及活动画面等。因而，根据所传递消息的不同，目前的通信业务可分为电报、电话、传真、数据传输和可视电话等。如果从广义的角度来看，广播、电视、雷达、导航、遥控及遥测等也可列入通信的范畴。

随着现代通信技术的不断发展，各种无线通信设备不断推陈出新，如无线电寻呼机、模拟蜂窝式移动电话、GSM 手机、3G 手机和 4G 手机等新型通信工具。

信号实际上就是消息的传载者。显然，与古老的通信相比，用无线电信号来传递消息具有传播速度快、准确可靠的优势，而且几乎不受时间、地点、距离等方面的限制，因而获得了飞速的发展和广泛的应用。

高频电子技术的研究对象主要是无线电发送与接收设备的有关电路的原理、组成与功能。首先了解一下无线通信方式和无线电波在传输媒质中的传播特性和相关规律也是有必要的。

1.1.2 现代通信方式

1. 无线通信方式

通常，如果通信仅在点与点之间进行，那么按消息传送的方向与时间，通信的方式可分为单工通信、半双工通信及全双工通信 3 种，如图 1-1 所示。

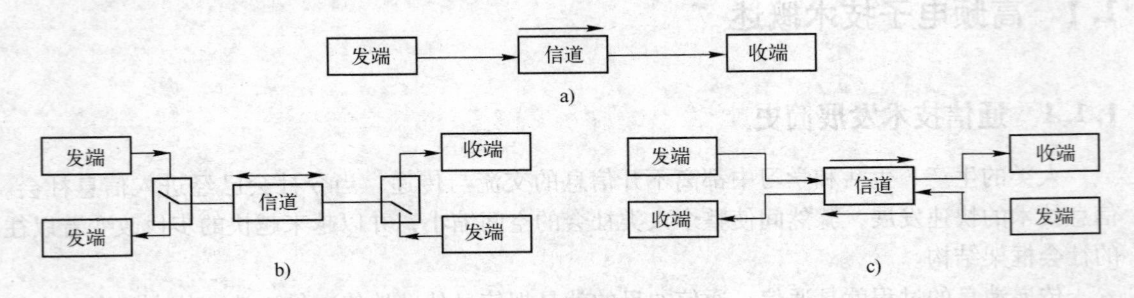

图 1-1 通信方式

a）单工通信 b）半双工通信 c）全双工通信

所谓单工通信，即是指消息只能单方面进行传输的工作方式，见图 1-1a。广播、遥控就是单工通信方式。

所谓半双工通信方式，即是指通信双方都能收发消息，但不能同时进行收和发的工作方式，见图 1-1b。例如，使用同一载频工作的普通无线电收发报话机，就是按照这种通信方式工作的。

所谓全双工通信，即是指通信双方可同时进行双向传输消息的工作方式，见图 1-1c。例如，普通电话就是最简单的全双工通信方式。

2. 无线通信的频段

信道是信号的传输媒质。根据电信号传递的媒质不同，通信可分为有线通信和无线通信两大类。所谓有线通信，是指电信号通过导线、电缆线及光缆线等有线媒质传递的，电话系统、有线电视及光纤通信等均属有线通信。所谓无线通信，是指电信号利用空间电磁波作为媒质来传递的，无线电广播、无线电电视、移动通信及卫星通信等均属无线通信。

有线通信和无线通信在实现多路通信时，目前基本上都是采取不同频率的载频——频道来实现的。根据不同频率的电磁波传播规律的特点，人们把整个频率范围划分为多个无线通信的频段，如表 1-1 所示。

表 1-1　无线通信的频段

频　　段	名称	频段名称	波长范围	主要用途
3 ~ 30 Hz	ELF	极低频	$(10^5 \sim 10^4)$ km	海底通信、电报
0.3 ~ 3 kHz	AF	音频	$(10^3 \sim 10^2)$ km	数据终端、电话
3 ~ 30 kHz	VLF	甚低频	$(10^2 \sim 10)$ km	导航、载波电报和电话、频率标准
30 ~ 300 kHz	LF	低频	$(10 \sim 1)$ km	导航、电力通信
0.3 ~ 3 MHz	MF	中频	$(10^3 \sim 10^2)$ m	广播业务通信、移动通信
3 ~ 30 MHz	HF	高频	$(10^2 \sim 10)$ m	广播、军事通信、国际通信
30 ~ 300 MHz	VHF	甚高频	$(10 \sim 1)$ m	电视、调频广播、移动通信（模拟）
0.3 ~ 3 GHz	UHF	特高频	$(10^3 \sim 10^2)$ mm	电视、雷达、移动通信
3 ~ 30 GHz	SHF	超高频	$(10^2 \sim 10)$ mm	卫星通信、微波通信
30 ~ 300 GHz	EHF	极高频	$(10 \sim 1)$ mm	射电天文、科学研究

根据不同通信技术的要求，需要选用合适的通信频段。通常，民用广播占用 MF 和 HF 两个频段，而且均采用调幅（AM）制。调频广播由于调频（FM）制占据带宽较宽，所以使用 VHF 频段。电视占用 VHF 和 UHF 两个频段，VHF 有 12 个频道，UHF 有 100 多个频道。远距离无线通信（包括国际通信）采用 HF 频段，即所谓的短波通信，但它的通信质量一直是技术难题，目前已改用卫星通信。卫星通信占用 SHF 频段。移动通信早先采用调幅制，占用 MF 频段。随着移动通信技术的发展，现代已改用调频制，占用 VHF 和 UHF 频段。现代的移动通信已同有线通信联网，因此所要求传播的无线距离不远。海洋通信由于是利用电磁波在水中传播的有利条件，故它用的频率最低，占用 ELF 频段。尽管频率低，但仍然可以远距离传输。

早期的有线直流电报频率很低，也占用 ELF 频段。目前使用的有线电话直接在电话线上传输音频基带信号，即原始电信号。因此，它必然是占用 AF 音频频段。另外，数据传输业务通常也使用 AF 音频段来传输 300 ~ 9600bit/s 的数据信号。随着数据通信业务需求量的日益增长，目前已采用频分多路复用和时分脉冲编码多路复用技术，其载波频率范围已从 AF 频段扩展到 VHF 频段，甚至还有占用 UHF 频段的。电力通信利用电力高压输电线实现有线通信，目前占用 LF 频段。

甚低频（VLF）信号的频率稳定度容易做得很高，因此这个频段适宜作导航或频率标准用。军用通信通常采用单边带调制（SSB），因此占用短波段 HF 频段。现代用于军事方面的通信已采用扩频和跳频技术，因此使用频段也开始扩展到 VHF 和 UHF 频段。雷达要求方向性好，占用 UHF 频段。在这个频段内的波长适合做方向性很强的雷达天线。光通信所占用的频段已超出 EHF 频段了，表中没有列出。

1.2　无线通信系统的模型

1.2.1　发送与接收的基本原理

电子技术最早应用于通信，通信技术也反过来促进了电子技术的发展。虽然随着电子技术的发展，其应用几乎遍及各个科学技术领域和国民经济的各个部门，但是通信仍然是电子技术的重要应用领域。

通信是将消息从发信者传输到收信者的过程。实现这种传输过程的系统称为通信系统，其组成框图为如图 1-2 所示模型。

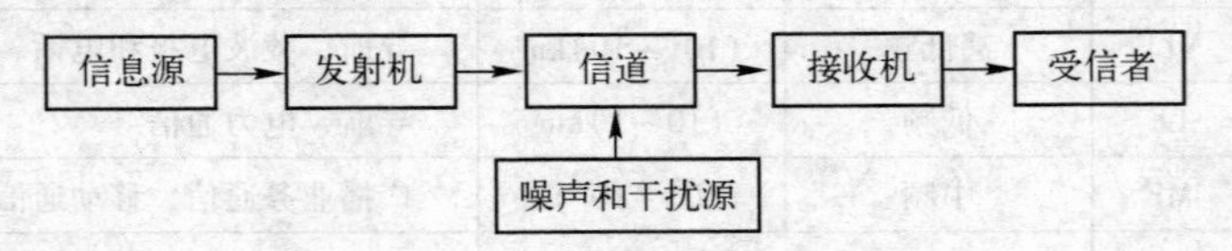

图 1-2　通信系统组成框图

其中，信息源的作用是产生（形成）消息，它将待传送的消息（如声音、图像等）通过换能器转换成电信号。

发射机的作用是将消息转换成适合在信道中传输的信号。信息源转换获得的电信号往往不适合在信道中传输，需要对它进行处理，一般需经过 3 个步骤：变换、编码及调制。它们可以分别进行，也可以混合进行。

信道是传输信息的通道，它可以是有线的，也可以是无线的。采用有线的方式称为有线通信，如市话系统、闭路电视系统等；采用无线的方式称为无线通信，如无线寻呼系统、移动通信系统等。

接收机和受信者的作用是与发射机和信息源的作用完全相反，也就是接收是发送的逆过程。

在通信系统模型中，发射机和信息源通常称为发射系统，接收机和收信者通常称为接收系统。

1.2.2　发送设备的基本组成

发送设备的作用是将原始消息转换为电信号，经过放大后，并对高频载波信号进行调制，最后经过高频功率放大后通过天线或有线的方式发送到信道。发送设备的组成结构框图如图 1-3 所示。

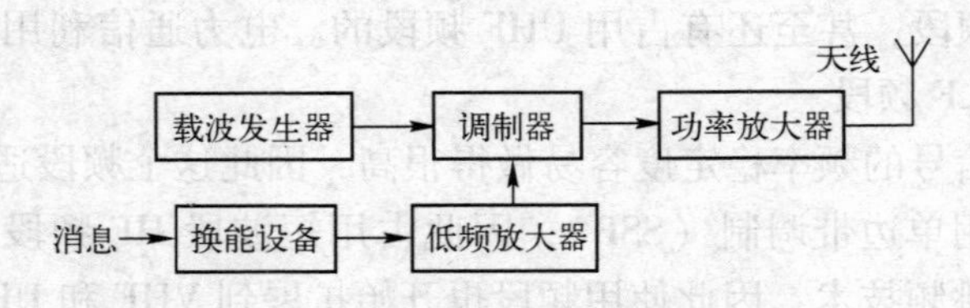

图 1-3　发送设备的组成结构框图

1. 信号的发射和调制

无线通信系统是通过电磁波辐射的方式传送信号的，这些信号包括声音、图像等。一般而言，这些信号的频率较低或者频带较宽，如声音信号的频率约为 20 Hz ~ 20 kHz，图像信号的频率约为 0 ~ 6 MHz。如果直接把它们通过天线辐射出去，则存在如下问题。

（1）无法制造合适的天线

由电磁场理论可知，只有当天线的尺寸和被辐射信号的波长相比拟时，信号才能被有效地辐射。对于频率在 20 Hz ~ 20 KHz 的声音信号而言，若采用 $\lambda/4$ 的天线，则其尺寸应在几千千米以上。要制造如此长的天线是困难的，即使能够制造，安装如此长的天线实际上也是做不到的。

（2）接收端不便于区分所需要的信号

上述信号即使能够辐射出去，但不同的发送设备发送信号的频率大致相同，它们在空间混叠在一起相互之间形成干扰，接收端很难将它们区分开，从而不能接收所需要的某个信号。

为解决上述问题，可以把发送端的各个信号“装载”在不同的高频频率上，无线电信号频率越高，其产生的电磁场辐射功率越大，才能传输更远的距离。这样，一方面提高了信号频率，便于制造合适的天线；另一方面，辐射的各路信号在频率上可以区分开，接收端可以选择所要接收的信号。把需要发送的信号“装载”到高频信号的过程称为“调制”。正如邮寄信件一样，原始电信号好比写好的信件，把原始电信号“装载”到高频信号上的过程就像装入信封的过程。通常，原始电信号称为基带信号或者调制信号；未调制的高频信号称为载波信号，其频率称为射频或载频；经调制之后的信号称为已调信号。一个载波信号可表示为：

$$u_c(t)=U_{cm}\cos(\omega_R t+\varphi_0) \tag{1-1}$$

它有 3 个参数可以改变，即振幅、频率及相位。如果用基带信号去改变载波的振幅，则称为振幅调制，简称为调幅，相应的已调波信号称为调幅波信号；如果用基带信号去改变载波的频率，则称为频率调制，简称为调频，相应的已调波信号称为调频波信号；如果用基带信号去改变载波的相位，则称为相位调制，简称为调相，相应的已调波信号称为调相波信号。由于一个信号的频率和相位有密切的关系，无论是调频还是调相，都会使载波的相角发生变化，因此，通称调频和调相为调角，相应的已调波称为调角波信号。

上述 3 种调制方式都是对连续信号的调制。另一类调制是对脉冲信号的调制，这种调制首先使脉冲的振幅、宽度及位置等按照调制信号的规律变化，然后再用这种已调信号作为调制信号，对高频载波进行调制，因此脉冲调制属于双重调制。脉冲调制有脉冲振幅调制、脉冲宽度调制和脉冲位置调制。连续波调制和脉冲波调制都是对模拟信号进行的调制，因此统称为模拟调制。如果调制信号为数字信号，则相应的调制为数字调制，又称为键控调制。数字调制有幅移键控、频移键控、相移键控等。本书仅讨论模拟调制方式，其他方式请参考数字通信方面的参考书。

2. 载波发生器

载波发生器包括高频振荡器和高频信号放大器（倍频器）。高频振荡器用于产生频率稳定的高频振荡信号。高频信号放大器用于放大高频振荡器产生的高频信号。如果高频振荡器产生的信号频率不能满足发射载波频率的要求，则还需要由倍频器提高频率，以满足发射载波频率的要求。

3. 换能设备

换能设备的作用是把消息转换为电信号，也就是用传感器将各类非电信号转换为电信号。例如用传声器把声音信号转换为电信号；用 CCD 摄像头把图像信号转换为电信号等。

4. 低频放大器和功率放大器

低频放大器的作用是将换能设备转换来的电信号进行放大。由于换能设备转换的电信号往往很微弱，不能满足调制器对调制信号的要求，所以需要由低频放大器完成对换能设备转换来的电信号的放大；功率放大器的作用是放大已调信号，以能够辐射更广的范围。有的调幅发射机也在这里进行调制。

1.2.3 接收设备的基本组成

接收机一般有两种工作方式，一种是直放式的，一种是超外差式的。由于直放式的接收机存在很多缺点，目前大都已被淘汰，这里只介绍超外差式的接收机。超外差式的接收机组成框图如图 1–4 所示。

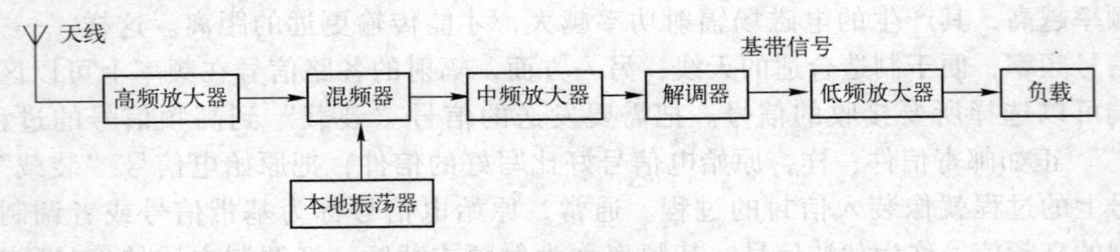

图 1–4 超外差式的接收机组成框图

超外差接收机的工作过程和发射机的工作过程完全相反。首先由天线捕捉天空中传播来的电磁波信号，把电磁波信号转换成高频电信号，由于感应得到的电信号很微弱，所以要经过高频放大器放大。放大后的信号加入到混频器中，与本地振荡器产生的本地振荡信号相混频，获得固定不变的中频信号。不管天线感应的高频信号的频率是多少，经过混频后，都将获得频率固定不变的中频信号，超外差接收机也因此而获名。由于中频频率是固定的，因此中放的选择性和增益都可以较高，从而使整机的灵敏度和选择性等性能都较好。由混频器混频所获得的中频信号经过中频放大器放大后，中频信号仍然是已调信号，所以，还需经过解调器解调，还原成原基带信号。最后经过低频放大器放大后去驱动负载。

1.3 信号

什么是信号？信号是运载与传递信息的载体与工具。广义地说，信号是随时间变化的某种物理量。通信技术中一般将语言、文字、图像或数据等统称为消息，在消息之中包含一定数量的人类需要传送的信息。

1. 信号传递方式

通信的目的就是从一方向另一方传送消息，给对方以信息，人类社会中需要传递的信息可以是声音、文字、符号、音乐、图像和数据等。但是，消息的传送一般都不是直接的，而必须借助于一定形式的信号（光信号、电信号等）才能远距离快速传输和处理。在现代通信技术中，主要运用的传输方式是电通信技术，即以电信号的形式来传递信息。在实际通信中以电信号的形式来传递信息，首先是在发送端采用传感器将一般的信息转换成电信号，然后再在接收端将收到的电信号进行还原。

随着通信技术的发展，将会出现一种与上述通信方式完全不同的技术——全光通信。全光通信首先是在发送端将各种信息转换成光信号发送出去，然后再在接收端把光信号还原，即信息的传递是以光传输方式进行的（注：本书所讨论的“信号”是指电信号）。

因而，信号是消息的表现形式，它是通信传输的客观对象；而消息则是信号的具体内容，它蕴藏在信号之中。

2. 信号的分类

由于信号是随时间而变化的，在数学上它可以用一个时间 t 的函数来表示，因此，习惯上常常交替地使用“信号”与“函数”这两个名词。信号的特性可以从两个方面来描述，就是时间特性和频率特性。信号是时间 t 的函数，它具有一定的波形，因而表现出一定的时间特性，如出现时间的先后、持续时间的长短、重复周期的大小以及随时间变化的快慢等。另外，任意信号总可以分解为许多不同频率的正弦分量，即具有一定的频率成分，因而表现出一定的频率特性，如各频率分量的相对大小、主要频率分量占有的范围等。信号的形式之所以不同，就在于它们各自有不同的时间特性和频率特性。信号的时间特性和频率特性之间有着密切的关系，不同的时间特性将导致不同的频率特性。

按照各种信号的不同性质与数学特征，可以有多种不同的分类方法。例如，按照信号的物理特性，可以分为光信号、电信号等；按照信号的用途，可以分为雷达信号、电视信号以及通信信号等；按照信号的数学对称性，可以分为奇信号、偶信号及非对称信号等；从能量的角度出发，可以分为功率信号与能量信号；从信号的传输性质，可以分为调制信号和已调信号等。通常，信号有以下 3 种最常用分类方法。

（1）连续信号与离散信号

一个信号，若在某个时间区间内除有限个间断点外的所有瞬时都有确定的值，就称这个信号为在该区间内的连续信号。正弦信号就是典型的连续信号。模拟信号是指其代表消息的参数（幅度、频率或相位）是完全随消息的变化而连续变化的，例如，声音和图像的强度都是连续变化的，传感器采集的大多数数据也都是连续取值的。所以连续信号又称为模拟信号。最简单的模拟信号是图 1-5 所示时间连续的正弦信号。一个信号，如果只是在离散的时间瞬时才有确定的值，就称这个信号为（时间）离散信号。图 1-6 为时间离散的模拟信号。如果一个信号不仅自变量的取值是离散的，其函数值也是“量化”了的有限值，则称这种信号为数字信号。所谓“量化”，就是分级取整的意思，例如，用“四舍五入”的方法，使各离散时间点上的函数值归为某一最接近的整数，从而将连续变化的函数值用有限的若干整数值来表示。电报、数据及计算机输入与输出的信号这些都是数字信号，如图 1-7 所示。

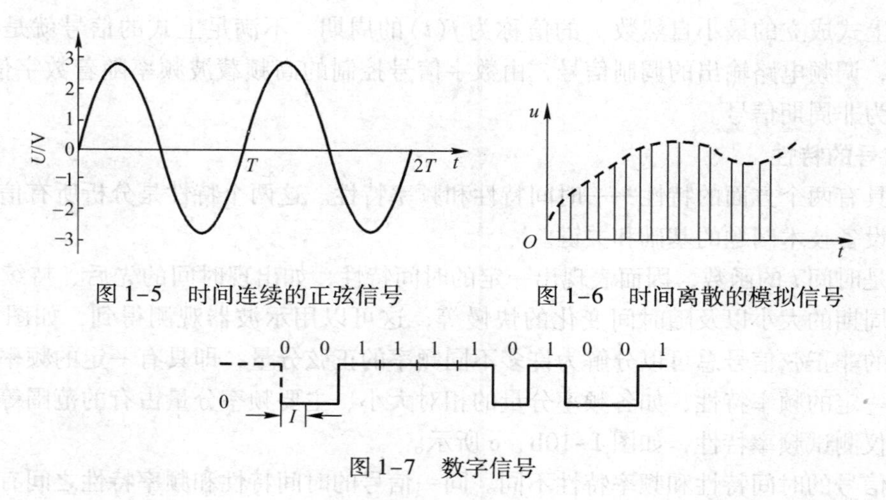

图 1-5　时间连续的正弦信号

图 1-6　时间离散的模拟信号

图 1-7　数字信号

（2）确定信号和随机信号

确定信号是时间 t 的确定函数，即确定信号对于任意的确定时刻都有确定的函数值相对应。正弦信号和各种形状的周期信号就是确定信号的例子。图 1-8 为确定信号。随机信号则不是时间 t 的确定函数，例如雷达发射机发射一系列脉冲到达目标又反射回来，接收机收到的回波信号就有很大的随机性。它与目标性质、大气条件、外界干扰等种种因素有关，不能用确定的函数式表示，而只能用统计规律来描述。图 1-9 为随机信号。实际传输的信号几乎都具有未可预知的不确定性，因而都是随机信号。如果传输的信号都是时间的确定函数，那么对接收者就不可能由它得知任何新的信息，这样失去了传送消息的本意。但是，在一定条件下，随机信号也会表现出某种确定性，如是在一个较长的时间内随时间变化的规律比较确定，随机信号就可以近似地看成确定信号，使分析简化，以便于工程上的实际应用。作为理论上的抽象，应该首先研究确定信号，在此基础上根据随机信号的统计规律进一步研究随机信号的特性。

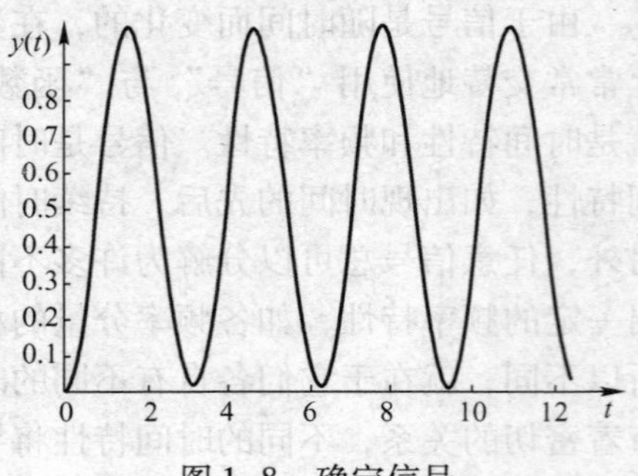

图 1-8　确定信号

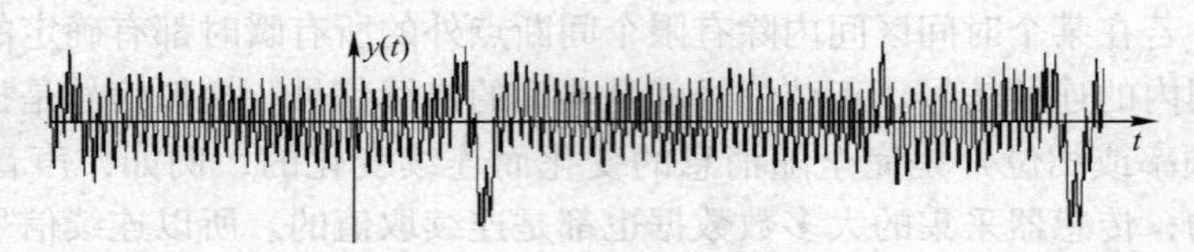

图 1-9　随机信号

（3）周期信号与非周期信号

无始无终地重复着某一变化规律的信号称为周期信号。正弦波、余弦波、矩形波以及三角波都是常见的周期信号。

用数学语言来描述，周期信号 $f(t)$ 必定满足：

$$f(t)=f(t+mT) \qquad m=0,\pm1,\pm2,\cdots \tag{1-2}$$

使得上式成立的最小自然数 T 的值称为 $f(t)$ 的周期。不满足上式的信号就是非周期信号。例如，调频电路输出的调制信号，由数字信号控制的高频载波频率随着数字信号改变，此信号即为非周期信号。

3. 信号的特性

信号具有两个方面的特性——时间特性和频率特性。这两个特性是分析所有信号、解决各种电子设备技术问题的基础和关键。

信号是时间 t 的函数，因而表现出一定的时间特性，如出现时间的先后、持续时间的长短、重复周期的大小以及随时间变化的快慢等，这可以用示波器观测得到，如图 1-10a 所示。任意的非正弦信号总可以分解为许多不同频率的正弦分量，即具有一定的频率成分，因而表现出一定的频率特性，如各频率分量的相对大小、主要频率分量占有的范围等，可以由频谱分析仪测试频率特性，如图 1-10b、c 所示。

不同信号的时间特性和频率特性不同。同一信号的时间特性和频率特性之间有着密切的关系，不同的时间特性将导致不同的频率特性。

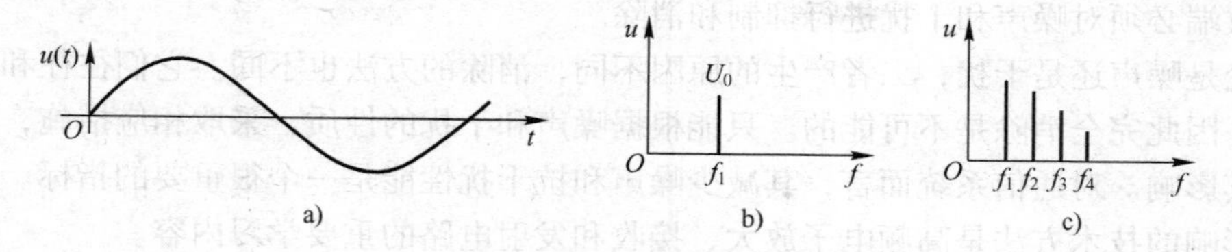

图 1-10　信号特性

a）单音频信号时间特性　b）单音频信号频谱特性　c）多音频信号频谱特性

【例 1-1】有信号电压的表达式为 $u(t)=10\sin\omega_0 t\text{V}$，试画出它的频谱。

解：此信号为单一频率的正弦信号，由于振幅为 10 V，单一频率信号的频谱如图 1-11 所示。

【例 1-2】某信号电压的频谱图如图 1-12 所示，试写出它的数学表达式。

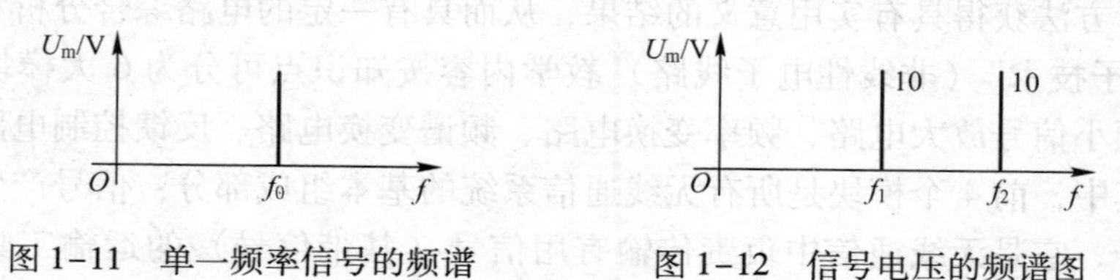

图 1-11　单一频率信号的频谱　　图 1-12　信号电压的频谱图

解：由图可知，信号由两根单独的谱线组成。说明是由两个正弦信号构成。所以，信号的数学表达式为：

$$u(t)=10\sin 2\pi f_1 t+10\sin 2\pi f_2 t$$

当然，也可以写成：

$$u(t)=10\cos 2\pi f_1 t+10\cos 2\pi f_2 t$$

今后如果没有特别的说明，不再区分正弦和余弦。因为不管是正弦信号，还是余弦信号，只要它们的频率相等，振幅一致，它们的频谱就是相同的。

音频信号是典型的模拟信号。人的声音作用于传声器，传声器把这个大小变化的声音信号转换为音频电信号。声音的强度通常用分贝数来表示，就一个语音波形来说，其幅度的大小表示声音的强弱，而频率的高低则代表了音调的高低，在通信中，利用音频信号的这一特点可以对其进行人工改造和重新组织。声音的频率越高，给人的感觉就越加尖细，声音的音调就越高。一个声音的频率如果是另一个的两倍，那么在音乐中就正好相差一个八度，它们组成的和声听起来非常悦耳。

1.4　噪声与干扰

信息从发送端传输到接收端，除了经过接收设备、发送设备进行必要的处理外，信道也是必不可少的部分。不同频率的信号在相应的信道中有其独特的传输方式，信道的传输特性或多或少地会受到信号传输时刻、环境变化等因素的影响。另外，信道中还会有噪声和干扰，它们使通信质量下降。

噪声是指由电子电路内部产生或来自宇宙和大气的随机、无序信号。干扰一般是指由电子电路外部产生具有脉冲性和周期性的电信号。二者混入高频电子电路输入端或中间信道中，接收端必须对噪声和干扰进行抑制和消除。

无论是噪声还是干扰，二者产生的原因不同，消除的方法也不同。它们往往和信号混杂在一起，因此完全消除是不可能的。只能根据噪声和干扰的性质，采取相应措施，设法减弱或避免其影响。对通信系统而言，其减少噪声和抗干扰性能是一个很重要的指标。消除噪声和干扰影响的技术方法是高频电子放大、接收和发射电路的重要学习内容。

1.5 课程的内容和特点

"高频电子技术"又叫作"非线性电子线路"、"通信电子线路"，主要研究无线通信系统所涉及的各单元电路的组成、工作原理、性能分析及应用。由于电路中的电子元器件一般工作在非线性状态，工作频率为高频段，在分析非线性电子线路时，树立工程分析的观点，用简单的分析方法获得具有实用意义的结果，从而具有一定的电路综合分析和设计能力。

"高频电子技术"（非线性电子线路）教学内容按知识点可分为6大模块：高频信号产生电路、高频小信号放大电路、频率变换电路、频谱变换电路、反馈控制电路、接收机和发射机组成。其中，前4个模块是所有无线通信系统的基本组成部分：信号产生电路的功能是产生载波信号，它是无线通信中负责传输有用信号（基带信号）的运输工具；频率变换电路的功能是将信号的输入频率与输出频率不同，而且满足一定的变换关系的电路；频谱变换电路的功能是将基带信号按照一定的准则加到载波信号上，以有效地将电信号辐射到自由空间，是无线通信系统的核心电路；功率放大电路是为了增大电信号在自由空间的传输距离。反馈控制电路是现代通信系统必不可少的组成部分，其功能是改善电路的性能，保证通信系统的可靠性。发射机与接收机组成结构是对高频中的各种电路进行综合应用，构成无线通信系统。

"高频电子技术"是一门实践性很强的课程。为了培养学生的动手能力，本书中安排了15个实训。课程的重点内容均有与之相应的实验。通过实验，不仅从感性上对课本内容有了进一步的理解，同时可以与实际问题相联系，为以后的工程应用打基础。综合实训作为理论课与实验课的扩展与应用，一直是培养学生具有独立工作能力的主要环节。通过电路设计过程，对所学知识有一个全面的总结和复习，同时，初步独立的运用理论知识解决实际问题。安装过程是对动手能力的一次检阅，也是培养细致、严谨工作作风的好时机。经过对高频电路的综合实训完成一件实用的电子产品，动手能力和创新能力得到培养。

1.6 本章小结

1）现代通信系统分为有线通信系统和无线通信系统，无线通信是指电信号利用空间电磁波作为媒质来传递的。

2）无线通信系统主要由发送设备和接收设备组成。发送设备主要由调制器、载波发生器、换能设备、低频放大器和功率放大器组成，接收设备主要由高频放大器、混频器、本地振荡器、中频放大器、解调器以及低频放大器组成。

3）信号具有两个方面的特性——时间特性和频率特性。这两个特性是分析所有信号、解决各种电子设备技术问题的基础和关键。

1.7 习题

1. 填空

1）通信的目的是______________________________，现代通信一般是用信号来完成通信的。

2）1875 年 6 月，__________发明了电话，其建立的______电话公司就是美国电报电话公司（AT&T）的前身。电话是在_____年传入我国的。

3）1897 年 5 月，______改进了无线电传送和接收设备，并于 1898 年成功实现了无线电通信的第一次实际应用。

4）赫兹的发现具有划时代的意义，它不但证明了麦克斯韦理论的正确，更重要的是导致了____的诞生，开辟了电子技术的新纪元，标志着从“有线电通信”向“________”的转折点，这也是整个移动通信的发源点，应该说从这时开始，人类开始进入了无线通信的新领域。为了纪念这位杰出的科学家，电磁波频率的单位便命名为“_____”。

5）20 世纪 70 年代初，贝尔实验室提出________的概念和相关的理论后，立即得到迅速的发展，很快进入了实用阶段，真正做到随时随地都可以同世界上任何地方进行通信。

2. 通信有哪 3 种方式？分别画图并举例说明。

3. 说明我国民用通信所占用的具体频段。

4. 画出通信系统的模型，并解释其原理。

5. 什么是信号？其最常用的分类方法有哪些？信号有哪两个特性？实际工作中分别用什么设备来测量？

6. 无线电通信为什么要用高频信号？

7. 实作题：测试一个方波信号（幅度为 5 V，频率为 500 kHz）的时间特性、频率特性。写出操作步骤，画出测试结果。

第2章　正弦波振荡器

应知应会要求：

1）理解反馈振荡器的基本工作原理。

2）掌握反馈振荡器的振荡条件，能熟练判断电路能否振荡。

3）理解反馈式振荡器的组成，掌握三点式振荡器的组成原则。

4）了解各种振荡器的特性及应用。

5）会正确设计 *LC* 振荡器，能完成 *LC* 振荡器电路参数的测试。

6）会正确设计晶体振荡器，能完成晶体振荡器电路参数的测试。

2.1 自激式振荡器

在电子技术领域中，许多场合下需要使用交流信号，如无线电系统中的载波信号、接收机中的本机振荡器，电子测量中的标准信号源等。特别是正弦波信号的使用更为广泛，它一般是由自激式振荡器产生的。

自激式振荡器是在无任何外加输入信号的情况下，就能自动地将直流电能转换成具有一定频率、振幅和波形的交流能量的电路。振荡器的种类很多，按振荡器产生的波形可分为正弦波振荡器和非正弦波振荡器。常见的非正弦波形有矩形波、三角波及锯齿波等。按实现振荡的原理可分为反馈型和负阻型两大类。凡是将放大器输出信号经过正反馈电路而回到放大器输入端作为其输入信号，来控制能量转换从而产生等幅持续振荡信号的振荡器称为反馈振荡器；凡是将负阻器件接入谐振回路，用来抵消回路中的损耗电阻，从而产生等幅持续振荡信号的振荡器称为负阻振荡器。

在正弦波振荡器中，按构成选频网络的元器件不同可分为 *LC* 振荡器、石英晶体振荡器及 *RC* 振荡器等。本章重点讨论自激式正弦波振荡器的组成、振荡条件及 *LC* 振荡器、石英晶体振荡器及 *RC* 振荡器等三种振荡器的电路结构和基本工作原理。

2.1.1 自激振荡现象

在实际生活中经常见到这样的情况，当把扩音器的音量开得太大时会引起一阵刺耳的啸叫声，扩音系统的电声振荡如图2-1所示。

这种现象是由于当扬声器靠近传声器时，来自扬声器的声波激励传声器，传声器感应电压并将该信号输入放大器，然后扬声器又把放大了的声音再送回传声器，构成正反馈。如此反复循环，就形成了声电和电声的自激振荡过程造成刺耳的啸叫声。很显然在扩音系统中是不希望产生自激振荡的，自激振荡会把有用的声音信号“淹没”掉。一般可以通过降低传声器的输入，或者把放大器音量调小，或者移动传声器使之偏离声波的来向，就可以抑制啸

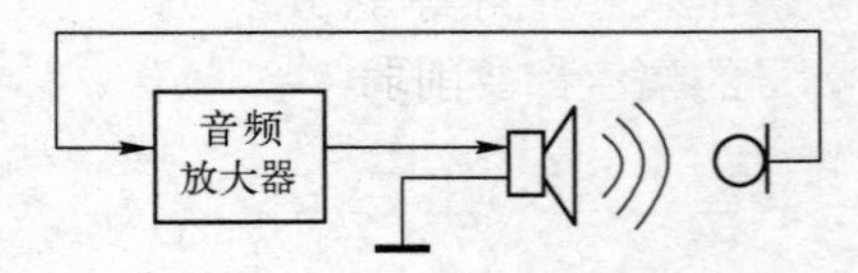

图2-1　扩音系统中的电声振荡

叫现象。

许多波形产生电路也是采用上述正反馈自激振荡原理工作的，下面将进一步的分析。

2.1.2 产生正弦波自激振荡的条件

与分析负反馈原理类似，可以借助框图来分析正反馈原理工作的自激振荡形成条件。

图 2-2 所示为正反馈放大电路的框图，在无外加输入信号时就成为图 2-3 所示的自激振荡器框图。在图 2-2 中，通常取输入信号 $\dot{X}_i=\dot{U}_i$，反馈信号 $\dot{X}_f=\dot{U}_f$，净输入信号 $\dot{X}_f'=\dot{U}_f'$。

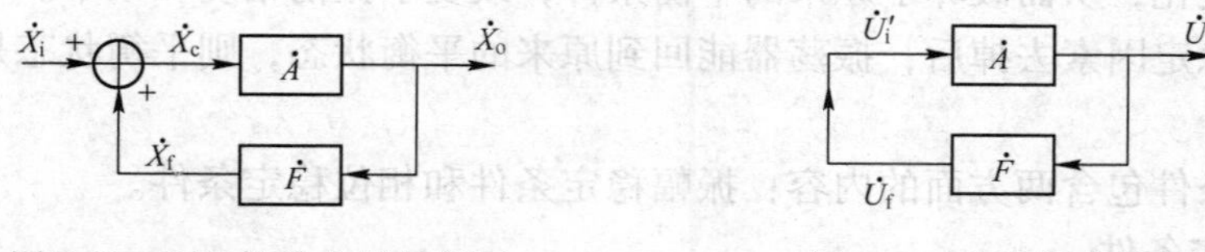

图 2-2　正反馈放大器的框图　　　　图 2-3　自激振荡器框图

在电路进入稳定状态后，要求反馈信号 $\dot{U}_f$ 等于原净输入信号 $\dot{U}_i'$。此时，$\dot{U}_f=\dot{U}_i'$ 由图 2-3 得 $\dot{U}_f'=\dot{U}_i'\dot{A}\dot{F}$，因此自激振荡形成的条件就是

$$\dot{A}\dot{F}=1 \tag{2-1}$$

由于 $\dot{A}\dot{F}=A\angle\varphi_a\times F\angle\varphi_f=AF\angle(\varphi_a+\varphi_f)$，所以 $\dot{A}\dot{F}=1$ 便可分解为幅值和幅角（相位）两个条件，即

1. 相位平衡条件

$$\varphi_a+\varphi_f=n\times 2\pi(n=0,1,2,3\cdots) \tag{2-2}$$

相位平衡条件的意义是指，如果断开反馈信号至放大器输入端的连线，在放大器的输入端加一个信号 $\dot{U}_i'$，则经过放大和反馈后，得到的反馈信号 $\dot{U}_f$ 必须和 $\dot{U}_i'$ 同相，这就是正反馈的要求。

2. 振幅平衡条件

$$|\dot{A}\dot{F}|=1 \tag{2-3}$$

振幅平衡条件的意义是指频率为 f_0 的正弦波信号沿 $\dot{A}$ 和 $\dot{F}$ 环绕一周以后，得到的反馈信号 $\dot{U}_f$ 的大小正好等于原输入信号 $\dot{U}_i'$。由于当 $|\dot{A}\dot{F}|<1$ 时，$\dot{U}_f<\dot{U}_i'$，沿 $\dot{A}$ 和 $\dot{F}$ 每环绕一周，信号的幅值都要削弱一些，结果信号幅值越来越小，最终导致停止振荡。因此，要求振荡刚开始时（称为起振）$|\dot{A}\dot{F}|>1$，使得频率为 f_0 的信号幅度逐渐增大，当信号的幅度达到要求后，再利用半导体器件的非线性特性或者负反馈的作用，使得满足 $|\dot{A}\dot{F}|=1$ 的条件，从而把振荡电压的幅值稳定下来（称为稳幅）。

自激振荡两个条件中关键是相位平衡条件，如果电路不能满足正反馈要求，则肯定不会振荡。至于幅值条件，可以在满足相位条件后调节电路的参数来达到。判断相位条件通常采用“瞬时极性法”，即断开反馈信号至放大电路输入端间的连线，施加一个对地瞬时极性为正的信号$\dot{U}_i$于放大电路的输入端，并记为“（+）”，经放大和反馈后（包括选频网络作用），若在频率从0到∞的范围内存在某一频率为f_0的反馈信号$\dot{U}_f$，它的瞬时极性与$\dot{U}_i$一致，即为“（+）”，则认定该电路满足正反馈的相位条件。

振荡器的平衡条件只说明：$AF=1$和$\varphi_A+\varphi_F=2n\pi$时，振荡器能够维持等幅振荡，它没有说明这个平衡条件是否稳定。所谓稳定平衡是指因某一外因的变化引起振荡的原平衡条件遭到破坏，振荡器能在新的条件下建立新的平衡，当外因去掉后电路能自动返回原平衡状态。

实际上不稳定的因素总是存在的，如电源的波动、温度的变化和机械振动等都会使振荡回路的参数发生变化，从而破坏了原来的平衡条件，改变了振荡幅度和频率。

如果上述不稳定因素去掉后，振荡器能回到原来的平衡状态，则平衡状态是稳定的。否则是不稳定的。

平衡的稳定条件包含两方面的内容：振幅稳定条件和相位稳定条件。

（1）振幅稳定条件

图2-4所示为自激振荡的振荡特性，是反馈放大器的电压增益A与振幅$\dot{U}_c$的关系。如图2-4a说明开始时A_0较大，随着U_c的增长A逐渐下降，$1/F$不随U_c改变，其特性也画在图中，当U_c较小时，$A>1/F$，随着U_c的增长，A减小，在Q点，$A=1/F$，即$AF=1$，所以Q点是平衡点。但这点是不是稳定的平衡点呢？要看此点附近振幅发生变化时是否能恢复原状。

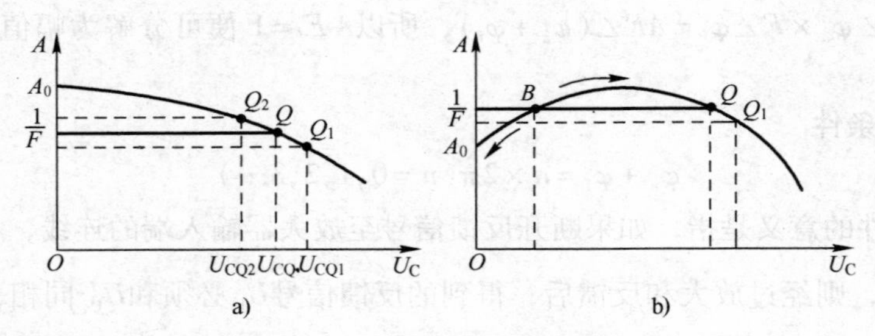

图2-4　自激振荡的振荡特性

假定由于某种原因，使U_c略有增长，这时$A<1/F$，出现$AF<1$的情况，于是振幅就自动衰减回到Q点。反之，若U_c稍有减少，则$A>1/F$，出现$AF>1$的情况，于是振幅就自动增强，而又回到Q点，所以Q点是稳定的平衡点。由此得出结论：在平衡点，若A曲线斜率是负的，则：

$$\left.\frac{\partial A}{\partial U_c}\right|_{A=\frac{1}{F}}<0 \tag{2-4}$$

满足稳定条件。若A曲线斜率为正，则不满足稳定条件。

并非所有的平衡点都是稳定的，图2-4b给出了另一振荡器的振荡特性。因为晶体管的静态工作点选得较低A_0很小。在F较小时，会出现两个平衡点Q点和B点。Q点为稳定平衡点，而B点不满足式（2-4）为不稳定点。当振荡幅度由于某种原因出现稍低于B点振幅时，将出现$AF<1$，因此振幅将继续衰减下去，直到停振为止。所以B点是不稳定的平衡

点，为衰减振荡，振荡直到振幅为零而停振。这种振荡器不能自行起振。如果在起振时外加一个较大的激励信号，使振幅超过 B 点，电路就有可能进入 Q 点的平衡状态。像这样要预先加上一个一定幅度的外加信号才能起振的现象，称为硬激励。而图 2-4a 所示无需外加激励的振荡特性称为软激励。一般情况下都是使振荡电路工作于软激励状态，硬激励通常是应当避免的。

（2）相位稳定条件

相位稳定条件是指处于平衡状态的系统，由于电路中的扰动暂时破坏了相位条件使振荡频率发生变化，当扰动离去后，振荡能否自动稳定在原有频率上。

振幅稳定条件保证振荡器输出稳定的等幅振荡信号，相位稳定条件则保证振荡器输出频率稳定的振荡信号，即相位稳定条件和频率稳定条件实质上是一样的。假设由于某种干扰产生了相位增量 $\Delta\varphi$，若 $\Delta\varphi>0$，反馈电压的相位将比原来电压相位超前 $\Delta\varphi$，于是振荡频率提高。反之，若 $\Delta\varphi<0$，反馈电压的相位将比原来电压相位滞后 $\Delta\varphi$，使频率降低。但事实上，振荡器的频率并不会因为 $\Delta\varphi$ 的出现而不断升高或降低。在实际振荡器电路中，可以采用相移网络来实现相位稳定的要求。在 LC 振荡器中，相位稳定条件是由并联谐振回路的相频特性来实现的。

图 2-5 所示为并联谐振回路的相频特性曲线，设平衡状态时的振荡频率 f_0 等于 LC 回路的谐振频率 f_0，当外界干扰引入 $+\Delta\varphi$ 时，工作频率从 f_0 提高到 f_0'，则此频率的变化量通过相频特性引起的相位变化量为 $-\Delta\varphi$，LC 回路相位的减少补偿了原来相位的增加，振荡速度就慢下来，工作频率的变动被控制。反之亦然。所以，LC 谐振回路有补偿相位变化的作用。

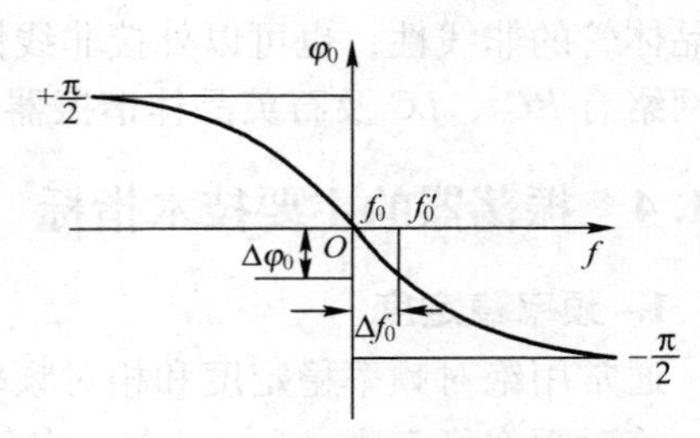

图 2-5　并联谐振回路的相频特性曲线

由此可见，当 $\dfrac{\Delta\varphi_0}{\Delta f_0}<0$ 时，相位可以保持平衡。因此，振荡器相位稳定条件是相频特性曲线在工作频率附近的斜率是负的，即：

$$\left.\frac{\partial\varphi}{\partial f}\right|_{f=f_0}<0 \tag{2-5}$$

归纳本节分析的问题，可把振荡条件列于表 2-1 中。

表 2-1　振荡条件

平衡条件	$\dot{A}\dot{F}=1$	振幅平衡条件 $AF=1$
		相位平衡条件 $\sum\varphi=2n\pi$
起振条件		$AF>1$
稳定条件	振幅稳定条件	在平衡点 $A-U$ 曲线斜率为负，即 $\left.\dfrac{\partial A}{\partial U_c}\right\|_{A=\frac{1}{F}}<0$
	相位稳定条件	在平衡点 $\varphi-f$ 曲线斜率为负，即 $\left.\dfrac{\partial\varphi}{\partial f}\right\|_{f=f_0}<0$

2.1.3 自激式振荡器的组成

为了产生等幅持续振荡，反馈型正弦波振荡器必须满足振荡的起振条件、平衡条件和稳定条件，缺一不可。这就要求振荡器必须具有4个基本组成部分。

1）放大电路。它是能量转换装置。从能量观点看振荡的本质是直流能量向交流能量转换的过程。

2）正反馈网络。它保证了放大器的能量转换与回路损耗的同步进行。因此正反馈网络与放大器一起构成了自激振荡的必要条件。

3）选频网络。它是获得单一正弦波的必要条件。它应具有负斜率的相频特性以满足相位稳定条件。

4）稳幅环节。它是振荡器能够进入振幅平衡状态并维持幅度稳定的条件。

尽管正弦振荡器电路的结构不同，种类各异，但它们都应具备以上4种功能。这是定性判别电路能否产生正弦振荡的依据。

各种反馈型振荡器电路的差别在于放大电路的形式、稳幅的方法以及选频网络的不同。常用的放大器有晶体管、场效应晶体管、差分对管、集成运算放大器等。稳幅的方法可以利用晶体管的非线性，也可以外接非线性器件，前者称为内稳幅，后者称为外稳幅。常用的选频网络有 *RC*、*LC* 及石英晶体谐振器。

2.1.4 振荡器的主要技术指标

1. 频率稳定度

通常用绝对频率稳定度和相对频率稳定度两个稳定度指标来衡量。

绝对频率稳定度 Δf_0——在一定条件下实际振荡频率 f 与标准频率的偏差。

相对频率稳定度 $\Delta f_0/f_0$——在一定条件下实际振荡频率 f 相对于标准频率变化的程度，简称为频率稳定度 $\dfrac{\Delta f_0}{f_0}=\dfrac{|f_0-f|}{f_0}$。

2. 在一定时间范围内的频率稳定度

1）长期稳定度（长稳）是观测时间为一天以上的相对频率稳定度，是长时间的频率漂移。主要取决于有源器件、电路元器件和石英晶体等老化特性，而与频率的瞬时变化无关。

一般高精度的频率基准、时间基准（如天文观测台、国家计时台等）均采用长期频率稳定度来计量频率源的特性。

2）中期稳定度（中稳）是观测时间为一天以内的相对频率稳定度。

3）短期稳定度（短稳）是观测时间在一小时以内的相对频率稳定度。中稳、短稳主要与温度变化、电源电压变化和电路参数不稳定因素有关。大多数测量信号和通信设备均采用中稳、短稳来衡量。

4）瞬时稳定度（秒级频率稳定度）是用于衡量秒或毫秒时间内频率的随机变化，即频率的瞬间无规则变化，通常称作振荡器的“相位抖动”或“相位噪声”。主要是由于振荡器内部噪声而引起的频率起伏而引起的。

频率稳定度用10的负几次方表示，方次绝对值越大，稳定度越高。常见振荡器频率稳定度由表 2-2 所示。

表 2-2　常见振荡器频率稳定度

振荡器名称	频率稳定度	振荡波形	适用频率	频率调节范围	其　他
变压器反馈式	$10^{-4} \sim 10^{-2}$	一般	几千赫～几十兆赫	可在较宽范围内调节频率	易起振，结构简单
电感三点式	$10^{-4} \sim 10^{-2}$	差	同上	同上	易起振，输出振幅大
电容三点式	$10^{-4} \sim 10^{-3}$	好	几兆赫～几百兆赫	只能在小范围内调节频率（适用于固定频率）	常采用改进电路
改进型电容三点式	$10^{-5} \sim 10^{-3}$	好	同上	克拉泼电路：适用于固定频率 西勒电路：调节频率范围较宽	常用于要求较高的高频率振荡
石英晶体	$10^{-11} \sim 10^{-5}$	好	几百千赫～一百兆赫	只能在极小范围内微调频率（适用于固定频率）	用在精密仪器设备中
桥式	$10^{-3} \sim 10^{-2}$	差	200 kHz 以下	频率调节范围较宽	在低频信号发生器中被广泛采用

3. 导致振荡频率不稳定的原因

1）影响 f_0（或 ω_0）的主要因素：各种环境因素如温度、湿度、大气压力、振动等因素对回路电感 L 和电容 C 的影响；晶体管或其他器件的输入、输出阻抗的变化；电路元器件间分布电容的变化；负载电抗参数的变化。

2）影响环路 Q 的主要因素：元器件输入、输出阻抗中的有功部分；负载电阻的变化；回路损耗电阻尤其是电抗元器件的高频损耗，环路元器件的高频响应等。

3）影响相位 φn 的因素：反馈变压器的非理想电抗因素；晶体管的输入、输出阻抗；环路内各种噪声源引起的相差抖动等。

4. 主要稳频措施

（1）减小外界因素变化的措施

1）机械振动 。线圈和电容应有较高的机械强度，底板和屏蔽罩必须坚实，所有元器件和接线都须焊接牢固，安装减振器，调谐回路加锁定装置等。

2）温度。温度补偿法——用具有负温度系数的瓷介电容器，接入由普通的具有正温度系数的电感和电容组成的谐振回路；温度隔离法——将振荡器或其主要部件放在恒温槽中。

3）湿度和大气压力。可将振荡器或其主要部件加以密封，还可采用吸潮性较小的介质和绝缘材料。

4）电源电压。采用稳定系数好的偏置电路，振荡器供电电源采用二次稳压电源单独供电。

5）周围磁场的影响。对电路系统采取屏蔽措施。

6）负载变化。在振荡器与负载之间加缓冲器；在本级输出与下一级采取松耦合（加一个小电容）；采取克拉泼电路或西勒电路。

7）老化。预先将所用的元器件老化处理，以减小它们在使用过程中由于老化而引起的参量漂移。

（2）提高电路抗外界因素影响的能力

提高振荡回路在外界因素变化时保持谐振频率不变的能力可以采用：选择工作点稳定电路；采用高质量、优质材料的回路元器件；减小分布电容和引线电感；提高回路的有效 Q 值，选择高品质因数的谐振回路（如石英振荡器）；选择回路与器件间的接入系数，选择合适的回路与负载间的耦合系数。减小相角及其变化量：减小集电极电流中的谐波含量，提高回路对高次谐波的滤波能力；相角补偿稳频等方法来提高电路抗外界因素影响的能力。

2.2　*LC* 正弦波振荡器

选频网络采用 *LC* 谐振回路的反馈式正弦波振荡器，称为 *LC* 正弦波振荡器，简称为 *LC* 振荡器。*LC* 振荡器中的有源器件可以是晶体管、场效应晶体管，也可以是集成电路。由于 *LC* 振荡器产生的正弦信号的频率较高（几十千赫到一千兆左右），而普通集成运算放大器的频带较窄，高速集成运算放大器的价格较贵，所以 *LC* 振荡器常用分立元器件组成。

LC 振荡器的电路结构较多，若按反馈信号的耦合方式可分为 3 类：变压器反馈式振荡器、电感反馈（又称为电感三点式）振荡器、电容反馈（又称为电容三点式）振荡器及其改进型电路。其中电感三点式振荡器又称为哈特莱振荡器；电容三点式振荡器又称为考毕兹振荡器，它可分为串联型改进电容三点式振荡器（又称为克拉泼振荡器）和并联型改进电容三点式振荡器（又称为西勒振荡器）。

各种类型的振荡器，在电路中都有不同的用途，如西勒电路常用于电视接收机的高频头中的本机振荡器；互感耦合振荡器常用于超外差式调幅收音机的本机振荡器等。

2.2.1　*LC* 并联谐振特性

首先回顾一下电路基础中关于并联谐振电路的内容。图 2-6 所示为 *LC* 并联谐振回路，R 为回路的等效损耗电阻，该并联回路的阻抗 Z 可写成

$$Z=\frac{(R+\mathrm{j}\omega L)\left(\frac{1}{\mathrm{j}\omega C}\right)}{R+\mathrm{j}\left(\omega L-\frac{1}{\omega C}\right)}$$

通常 *LC* 电路中 $\mathrm{j}\omega L \gg R$，故上式可简化为

$$Z\approx\frac{\frac{L}{C}}{R+\mathrm{j}\left(\omega L-\frac{1}{\omega C}\right)} \tag{2-6}$$

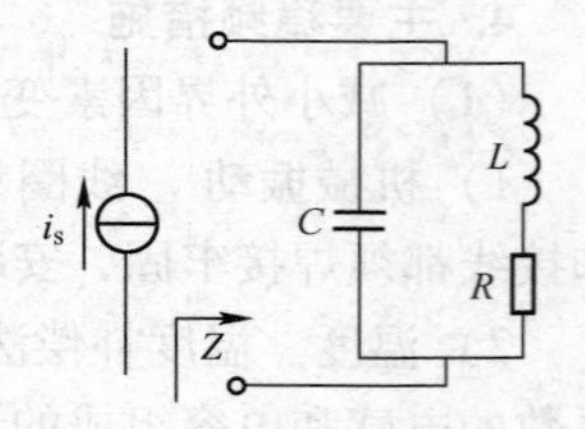

图 2-6　*LC* 并联谐振回路

1. 谐振频率

阻抗的虚部为零时电流与电压同相，称为并联谐振，令并联谐振的角频率为 ω_0，则由式（2-6）可得

$$f_0\approx\frac{1}{2\pi\sqrt{LC}} \tag{2-7}$$

2. 并联谐振阻抗 Z_0

并联谐振时的阻抗称为谐振阻抗，用 Z_0 表示。在式（2-6）中角频率 ω 用 ω_0 取代，

可得

$$Z_0=\frac{\frac{L}{C}}{R+\mathrm{j}\left(\omega_0 L-\frac{1}{\omega_0 C}\right)}=\frac{L}{RC} \tag{2-8}$$

可见在谐振时回路的等效阻抗最大，并且为纯电阻性质。

3. *LC* 回路的品质因数 *Q* 及其意义

Q 为回路中 L 或 C 在谐振时的电抗与回路中总损耗电阻 R 的比值，即

$$Q=\frac{\omega_0 L}{R}=\frac{1}{R\omega_0 C}=\frac{1}{R}\sqrt{\frac{L}{C}} \tag{2-9}$$

将式（2-8）与式（2-9）比较，解得

$$Z_0=Q\frac{1}{\omega_0 C}=Q\omega_0 L \tag{2-10}$$

可见，并联谐振时，回路的谐振抗阻抗 Z_0 比支路电抗 $\omega_0 L$ 或$\left(\frac{1}{\omega_0 C}\right)$大 Q 倍，LC 回路的 Q 值越大，谐振阻抗 Z_0 也越大。由于并联谐振电路的电压相等，所以支路电流 I_L 或 I_C 要比总电流 I_0 大 Q 倍。一个有趣的例子是，在某些大功率的高频振荡设备中，LC 回路所用的导线要比供电电源的总线的断面粗得多，联系 LC 并联谐振原理后，这也就不足为奇了。

4. *LC* 并联谐振回路的选频特性

由 LC 并联回路的阻抗表达式（2-6）可以看出，阻抗 Z 是频率 f 的函数，图 2-7a 和 b 为回路的幅频特性和相频特性。画幅频特性的条件是电流源 $\dot{I}_0$ 为常数，但其频率 f 是可变的，电压 $\dot{U}=\dot{U}_{\mathrm{AB}}=\dot{I}_0 Z$，作图时外加信号频率由低到高变化。

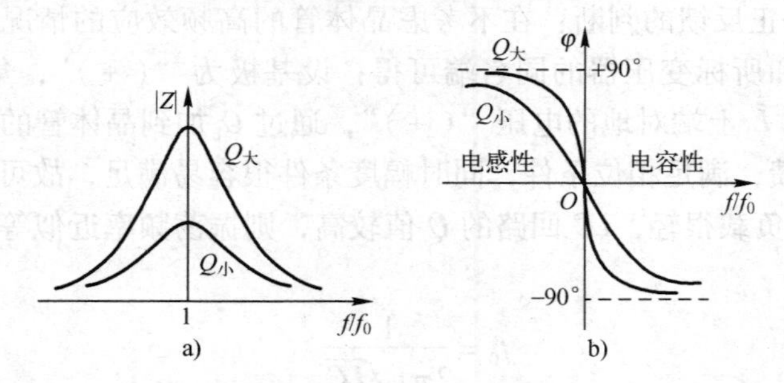

图 2-7　*LC* 并联谐振电路的频率特性
a）幅频特性　b）相频特性

当频率较低时，回路阻抗 Z 呈电感性；当发生谐振时（即 $f=f_0$），回路阻抗 Z 最大，且为纯电阻；当频率较高时，回路阻抗 Z 呈电容性。

从图 2-7a 的幅频特性可以看出，Q 值越大，谐振阻抗 Z_0 也越大；Q 值越大，谐振电压 U 不但越大而且随信号频率下降也越快（Q 大时的特性曲线比 Q 小时的特性曲线尖锐），如果把它作为选频放大器使用，其通频带就越窄，其选择信号的能力也就越强。因此，回路的品质因数 Q 标志着 LC 回路的选择性，即选择有用信号频率的能力。

2.2.2 变压器反馈式 *LC* 正弦波振荡器

1. 电路组成

变压器反馈式振荡器又称为互感耦合振荡器，由谐振放大器和反馈网络两大部分组成，其典型电路之一如图 2-8 所示。电路组成及工作原理：

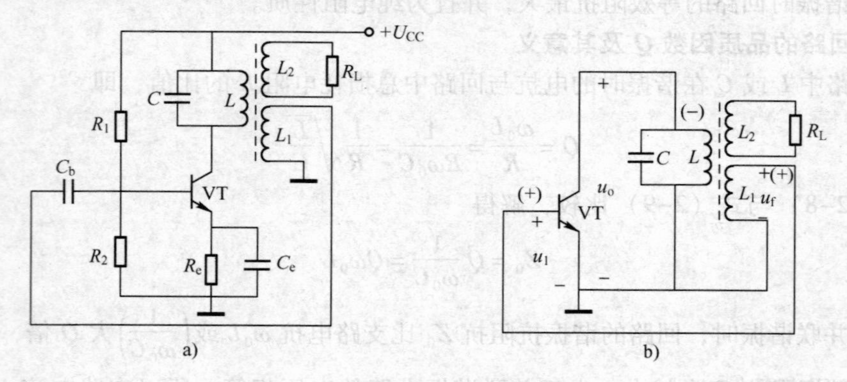

图 2-8 变压器反馈式振荡器

a）电路 b）交流通路

1）谐振放大器由晶体管、偏置电路及选频网络 *LC* 组成。C_b 为隔直耦合电容，C_e 为发射极旁路电容。

2）通过 L_1L 互感耦合，将 L_1 上的反馈电压加到放大器输入端。

3）通过 L_2L 互感耦合，在负载 R_L 上得到正弦波输出电压。

2. 相位平衡条件的判断和振荡频率

1）相位条件——正反馈的判断：在不考虑晶体管的高频效应的情况下，结合图 2-8b，根据电压瞬时极性法和所标变压器的同名端可得：设基极为“（+）”，集电极为“（−）”，同名端也为“（−）”，L_1 上端对地的电压“（+）”，通过 C_b 加到晶体管的基极，与原假定极性相同，即构成正反馈，满足相位条件，同时幅度条件很容易满足，故可产生振荡。

2）振荡频率。若负载很轻，*LC* 回路的 *Q* 值较高，则振荡频率近似等于回路并联谐振频率，即

$$f_0 = \frac{1}{2\pi\sqrt{LC}} \tag{2-11}$$

3）对于以 f_0 为中心的通频带以外的其他频率分量，因回路失谐而被抑制掉。变压器反馈式振荡器的工作频率不宜过低过高，一般应用于中、短波段（几十千赫兹到几十兆赫兹）。

2.2.3 三点式振荡器的组成原则

三点式振荡电路的一般形式如图 2-9 所示。图中，晶体管的 3 个电极分别与振荡回路中的电容 *C* 或电感 *L* 的 3 个点相连接，三点式的名称即由此而来。X_{ce}、X_{be}、X_{cb} 是振荡回路的 3 个电抗元器件的电抗。

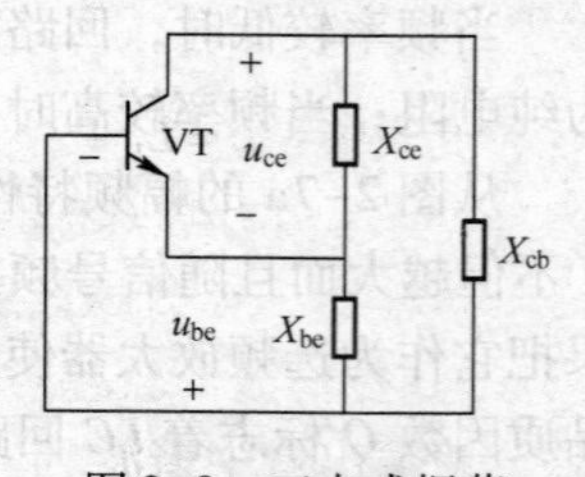

图 2-9 三点式振荡电路的一般形式

对于振荡器而言，其集电极电压 u_{ce} 与基极电压 u_{be} 是反相的，

两者差180°。为了满足相位平衡条件，即满足是正反馈的条件，反馈电压u_f也须产生180°的相位差（超前或滞后均可）。为此，X_{be}与X_{ce}必须性质相同，即为同类电抗，U_f才能为负值，产生所需相位差。

X_{be}与X_{ce}既然是同类电抗（即同为容抗或感抗），则X_{cb}与X_{ce}、X_{be}为异类电抗，这样才能构成LC三点式振荡电路。这是构成三点式振荡器的原则。判断一个三点式振荡电路的相位条件是否满足时，只要观察到两个电容或电感的抽头接晶体管的发射极，则正反馈条件一定满足，以此作为判断满足相位条件的依据。

2.2.4 电感三点式振荡器（哈特莱振荡器）

1. 电路结构

见图2-10a。振荡管为晶体管，R_{b1}、R_{b2}是它的偏置电阻；C_e为交流旁路电容；C_b为隔直耦合电容。L_1、L_2、C组成选频回路。反馈信号从电感两端取出送至输入端，所以称为电感反馈式振荡器。因电感的3个抽头分别接晶体管的3个电极，所以又称为电感三点式振荡器。

2. 相位平衡条件的判断和振荡频率

（1）相位平衡条件$\sum\phi=1$的判断

见图2-10b。X_{cb}为C，X_{be}为L_2，X_{ce}为L_1，故X_{be}与X_{ce}是同类电抗（即同为感抗），则X_{cb}与X_{be}、X_{ce}为异类电抗。满足三点式振荡器的组成原则，满足相位平衡条件。

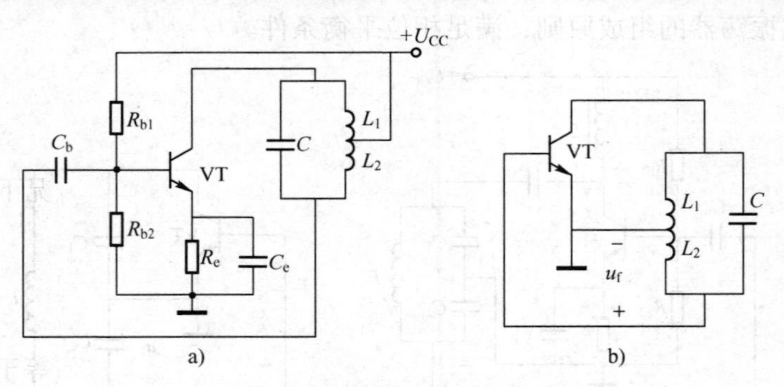

图2-10 电感三点式振荡器

a）电路 b）交流通路

（2）振荡频率

当不考虑分布参数的影响，且Q值较高时，振荡频率近似等于回路的谐振频率，即

$$f_0=\frac{1}{2\pi\sqrt{LC}} \tag{2-12}$$

上式中：$L=L_1+L_2+2M$（M为L_1和L_2间的互感，不考虑互感时$M=0$）。

对于f_0以外的其他频率成分，因回路失谐被抑制掉。

3. 电感三点式振荡器的特点

1）振荡波形较差。由于反馈电压取自电感，而电感对高次谐波阻抗大，反馈信号较强，使输出量中谐波分量较大，所以波形同标准正弦波相比失真较大。

2）振荡频率较低。当考虑电路的分布参数时，晶体管的输入、输出电容并联在L_1、L_2

两端，频率越高，回路 L、C 的容量要求越小，分布参数的影响也就越严重，使振荡频率的稳定度大大降低而失去意义。因此，一般最高振荡频率只能达几十兆赫。

3）由于起振的相位条件和幅度条件很容易满足，所以容易起振。

4）调整方便。若将振荡回路中的电容选为可变电容，便可使振荡频率在较大的范围内连续可调。另外，若将线圈 L 中装上可调磁心，当磁心旋进时，电感量 L 增大，振荡频率下降；当磁心旋出时，电感量 L 减小，振荡频率升高，但电感量的变化很小，只能实现振荡频率的微调。

2.2.5 电容三点式振荡器（考毕兹振荡器）

1. 电路结构

图 2-11a 中振荡管为晶体管，R_{b1}、R_{b2} 和 R_e 构成稳定偏置电路结构；C_e 为交流旁路电容；C_c、C_b 为隔直耦合电容；L_c 为扼流圈，防止交流分量通过电源短路；C_1、C_2 和 L 组成选频网络。反馈信号从电容 C_2 两端取出，送往输入端，故称为电容反馈式振荡器。

2. 相位平衡条件的判断和振荡频率

（1）相位平衡条件的判断

见图 2-11b。对交流而言，振荡回路中两个电容的 3 根引线分别接晶体管 3 个电极（电容三点式振荡器的名称正是缘于此处），且两个电容的中间抽头接晶体管的发射极。X_{cb} 为 L，X_{be} 为 C_2，X_{ce} 为 C_1，故 X_{be} 与 X_{ce} 是同类电抗（即同为容抗），则 X_{cb} 与 X_{be}、X_{ce} 为异类电抗。满足三点式振荡器的组成原则，满足相位平衡条件。

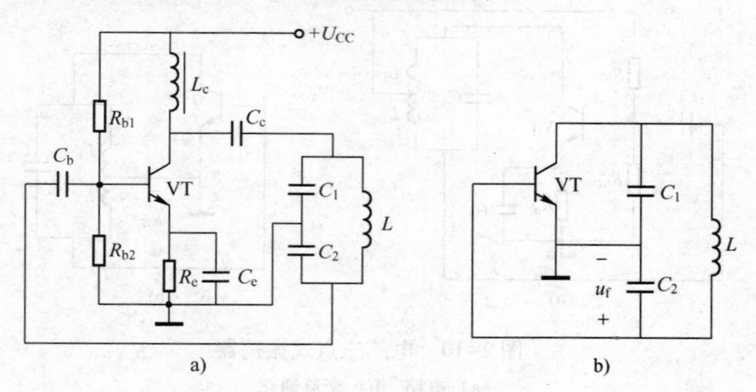

图 2-11 电容三点式振荡器

a）电路 b）交流通路

（2）振荡频率

当不考虑分布参数的影响，且 Q 值较高时，振荡频率近似等于回路的谐振频率，计算表达式与 2-7 相同，即

$$f_0=\frac{1}{2\pi\sqrt{LC}} \tag{2-13}$$

上式中 C 为 L 两端的等效电容，当不考虑分布电容时，C 为 C_1、C_2 的串联等效电容，即

$$C = \frac{(C_1 + C_2)}{(C_1 \times C_2)} \tag{2-14}$$

对于 f_0 以外的其他频率成分，因回路失谐被抑制掉。

3. 电容三点式振荡器的特点

1）输出波形好。由于反馈信号取自电容两端，而电容对高次谐波阻抗小，相应地反馈量也小，所以输出量中谐波分量也较小，波形较好。

2）加大回路电容可提高振荡频率稳定度。由于晶体管不稳定的输入、输出电容 C_i 和 C_o 与谐振回路的电容 C_1、C_2 相并联，增大 C_1、C_2 的容量，可减小 C_i 和 C_o 对振荡频率稳定度的影响。

3）振荡频率较高。电容三点式振荡器可利用器件的输入、输出电容作为回路电容（甚至无须外接回路电容），可获得很高的振荡频率，一般可达几百兆赫甚至上千兆赫。

4）调整频率不方便。若调节频率时，改变电感显然很不方便，一是频率高时，电感量小，一般采用空心线圈，只能靠伸缩匝间距改变电感量，准确性太差；二是采用有抽头的电感，但也不能使振荡频率连续可调。若改变电容来调节振荡频率，则需同时改变 C_1、C_2 而保持其比值不变，否则反馈系数 $F = C_1/C_2$ 将发生变化，反馈信号的大小也会随之而变，甚至可能破坏起振条件，造成停振。解决的办法是：在 L 两端并接可变电容 C_3，增加调整电容如图 2-12 所示，容量大小要满足：$C_3 \ll C_1$、C_2。只有这样，在调节频率时，对反馈系数的影响才比较小。

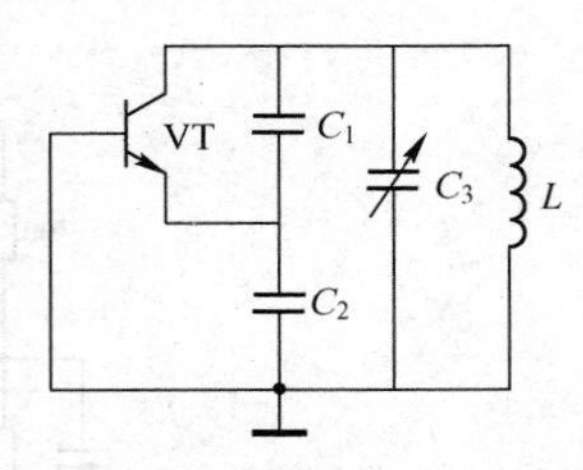

图 2-12　增加调整电容

2.2.6　电容三点式振荡器的改进

1. 串联改进型电容三点式振荡电路（克拉泼电路）

串联改进型电容三点式振荡器如图 2-13 所示，与一般电容三点式振荡器相比，该电路在 L 支路中串接一小容量可变电容 C_3，要求 $C_3 \ll C_1$、C_2，这样 C_3 串入后回路总的等效电容 C 近似等于 C_3，振荡频率为：

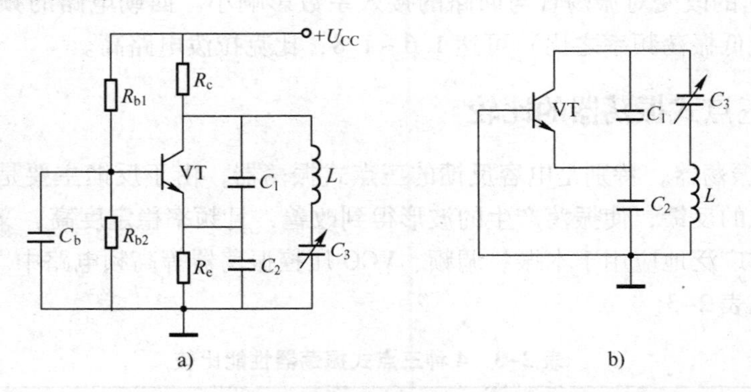

图 2-13　串联改进型电容三点式振荡器

a）电路　b）交流通路

$$f_0 = \frac{1}{2\pi\sqrt{LC}} \tag{2-15}$$

克拉泼振荡电路的优点是：振荡频率稳定度高，频率调节容易。但振荡频率的可调范围小，与考毕兹电路相比，起振稍难。

2. 并联改进型电容三点式振荡电路（西勒电路）

并联改进型电容三点式振荡器如图 2-14 所示，与克拉泼振荡电路相比，该电路将 C_3换为固定电容，再在 L 两端并接一可变电容 C_4，交流等效电路如图 2-14b。由于 L 与可变电容 C_4并联，所以称为并联改进型电容三点式振荡器。要求可变电容 C_4、固定电容 C_3的容量与 C_1、C_2之间满足：C_4可调，$C_3 \ll C_1$、C_2，则振荡频率为：

$$f_0 = \frac{1}{2\pi\sqrt{LC}} \tag{2-16}$$

其中

$$C = C_4 + \frac{1}{\dfrac{1}{C_1} + \dfrac{1}{C_2} + \dfrac{1}{C_3}} \approx C_4 + C_3$$

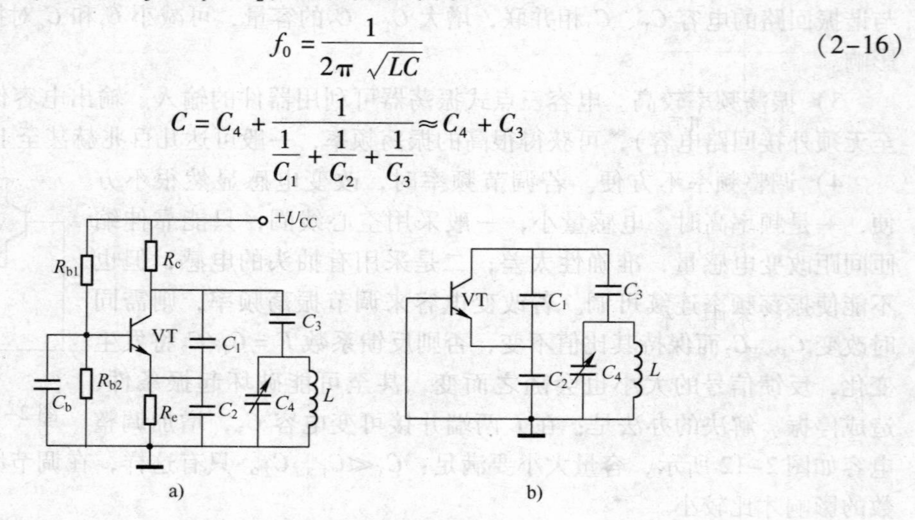

图 2-14　并联改进型电容三点式振荡器

a）电路　b）交流通路

由上式可见，f_0主要取决于 $L(C_3+C_4)$，与 C_1、C_2基本上无关。这样，可以通过增大 C_1、C_2的容量来抑制晶体管参数 C_i、C_o对振荡频率稳定度的影响。西勒电路的优点是：振荡频率的稳定度高；调节振荡频率比较容易，且在改变振荡频率时，输出信号的幅度比较平稳，其原因是 C_4的改变对振荡管与回路的接入系数影响小。西勒电路的频率覆盖系数（最高振荡频率与最低振荡频率之比）可达 1.6～1.8，比克拉泼电路高。

2.2.7　几种三点式振荡器的比较

三点式 LC 振荡器，特别是电容反馈的三点式振荡器，由于反馈主要是通过电容，所以可减弱高次谐波的反馈，使振荡产生的波形得到改善，且频率稳定度高，又适用于较高波段工作，目前已被广泛地应用于本振、调频、VCO 压控振荡器等高频电路中。4 种三点式振荡器性能比较，见表 2-3。

表 2-3　4 种三点式振荡器性能比较

名　称	电容反馈	电感反馈	电容串联改进	电容并联改进
振荡频率 f_0 近似式	$f_0=\frac{1}{2\pi\sqrt{LC_\Sigma}}$ $\frac{1}{C_\Sigma}=\frac{1}{C_1}+\frac{1}{C_2}$	$f_0=\frac{1}{2\pi\sqrt{LC_\Sigma}}$ $L=L_1+L_2+2M$	$f_0=\frac{1}{2\pi\sqrt{LC_\Sigma}}$ $\frac{1}{C_\Sigma}\simeq\frac{1}{C}$	$f_0=\frac{1}{2\pi\sqrt{LC_\Sigma}}$ $C_\Sigma\simeq C+C_3$

(续)

名　称	电容反馈	电感反馈	电容串联改进	电容并联改进
波　形	好	差	好	好
反馈系数	$\frac{C_1}{C_2}$	$\frac{L_2+M}{L_1+M}$或$\frac{N_2}{N_1}$	$\frac{C_1}{C_2}$	$\frac{C_1}{C_2}$
作可变f_0振荡器	不方便	可以	方便，但幅度不稳	方便，幅度平稳
频率稳定度	差	差	好	好
最高振荡频率	几百至几千兆赫	几十兆赫	几百兆赫但幅度下降	几百兆赫 至千兆赫

2.3　石英晶体振荡器

在电子技术中，作为时间基准的振荡器，其频率稳定度要求高达$10^{-9}\sim10^{-8}$数量级。对于LC振荡器，尽管在电路的选择、元器件选用、工艺安装等方面采取一系列的稳频措施，但因L、C的Q值较低，一般在几十，最高达一、二百的数量级，其频率稳定度约为$10^{-5}\sim10^{-4}$的数量级，这种稳定度不能满足标准性要求很高的场合。石英晶体振荡器是用石英晶体谐振器来控制振荡频率的一种振荡器，其频率稳定度随采用的石英晶体谐振器、电路形式以及稳频措施的不同而不同，一般在$10^{-11}\sim10^{-4}$范围内。下面先介绍石英谐振器，再讨论石英晶体振荡器。

2.3.1　石英晶体的特性

石英晶体的化学成分是二氧化硅（S_iO_2），外形呈六角形锥体。石英晶体的导电性与晶体的晶格方向有关，按一定方位把石英晶体切成具有一定几何形状的石英片，两面敷上银层，焊出引线，装在支架上，再用外壳封装，就制成了石英谐振器，其电路符号如图2-15所示。

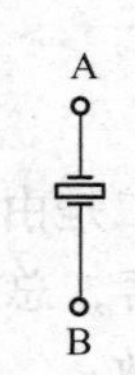

图2-15　石英谐振器电路符号

1. 反压电效应

当石英晶体两面加机械力时，晶片两面将产生电荷，电荷的多少基本上与机械力所引起的形变成正比，电荷的正负将取决于所加机械力是张力还是压力而异。由机械形变引起产生电荷的效应称为正压电压效应，交变电场引起石英晶体发生机械形变（压缩或伸展）的效应称为反压电效应。

实验证明，当石英晶体外加不同频率的交变信号时，其机械形变的大小也不相同，当外加交变信号为某一频率时，机械形变最大，晶片的机械振动最强，相应地晶体表面所产生的电荷量也最大，外电路中的电流也最大，即发生了谐振现象。因此，说明石英晶体具有谐振电路的特性。石英晶片和其他物体一样存在着固有振动频率，当外加信号的频率与晶片的固有振动频率相等时将产生谐振，且谐振频率由石英晶片机械振动的固有频率（又称基频）所决定。石英晶片的固有频率与晶片的几何尺寸有关，一般来说晶片越薄，则频率越高。但晶片越薄，机械强度越差，加工也越困难。目前，石英晶片的基频频率最高可达20 MHz。

此外，还有一种泛音晶体，它工作在机械振动的谐波频率上，但这种谐波与电信号谐波不同，它不是正好等于基频的整数倍，而是在整数倍的附近。泛音晶体必须配合适当电路才能工作在指定的频率上。

2. 石英晶体的等效电路

当石英晶体发生谐振现象时，在外电路可以产生很大的电流，这种情况与电路的谐振现象非常相似。因此，可以采用一组电路参数来模拟这种现象，石英谐振器等效电路如图 2–16 所示。L_1、C_1、R_1分别为石英晶体的模拟动态等效电感、等效电容和损耗电阻，C_0为静态电容，它是以石英为介质在两极板间所形成的电容。一般石英谐振器的参数范围约为：$R_1=10\sim150\ \Omega$；$L_1=0.01\sim10\mathrm{H}$；$C_1=0.005\sim0.1\ \mathrm{pF}$；$C_0=$几皮法～几十皮法。

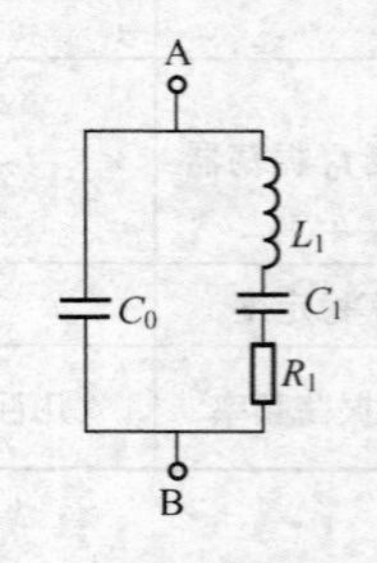

图 2–16　石英谐振器等效电路

3. 石英谐振器的特点

（1）高 Q 值

由于参数 L_1很大，而 C_1又很小，故 L_1、C_1、R_1串联支路中的 Q 值为：

$$Q=\frac{1}{R_1}\sqrt{\frac{L_1}{C_1}} \tag{2–17}$$

其 Q 值很高，可达 $10^5\sim10^6$，这是普通 LC 电路无法相比的。

（2）有两个谐振频率 f_1和 f_2

由图 2–16 分析可得，石英晶体有两个谐振频率。一是由 L_1、C_1和 R_1串联支路决定的串联谐振频率 f_1，它就是石英晶体片本身的自然谐振频率，为：

$$f_1=\frac{1}{2\pi\sqrt{L_1C_1}} \tag{2–18}$$

二是由石英晶片和静态电容 C_0组成的并联电路所决定的并联谐振频率 f_2，对回路电感 L_1而言，总等效电容 C_1和 C_0为串联关系，则 $f_2>f_1$，所以串联支路等效为电感，与 C_0并联谐振，故：

$$f_2=\frac{1}{2\pi\sqrt{L_1\dfrac{C_0C_1}{C_0+C_1}}}=f_1\sqrt{1+\frac{C_1}{C_0}} \tag{2–19}$$

因为 $C_1\ll C_0$，故上式可近似为：

$$f_2=f_1\left(1+\frac{C_1}{2C_0}\right) \tag{2–20}$$

则

$$f_2-f_1\approx f_1\times\frac{C_1}{2C_0} \tag{2–21}$$

其差值随不同的石英谐振器而不同，一般约为几十赫至几百赫。

（3）石英晶体的电抗特性曲线

当 L_1、C_1、R_1支路发生串联谐振时，电抗为零，则 AB 间的阻抗为纯电阻 R_1，由于 R_1很小，可视为短路，说明石英晶体在这种情况下可充当特殊短路元器件使用。当晶体发生并联谐振时，AB 两端间的阻抗为无穷大。当 $f>f_2$ 或 $f<f_1$ 时，等效电路呈容性，晶体充当一个等效电容；当 $f_1<f<f_2$ 时，等效电路呈电感性，这个区域很窄，石英谐振器充当一个等效电感。不过此电感是一个特殊的电感，它仅存在于 f_1 与 f_2 之间，且随频率 f 的变化而变化，石英晶体的电抗特性如图 2–17 所示。

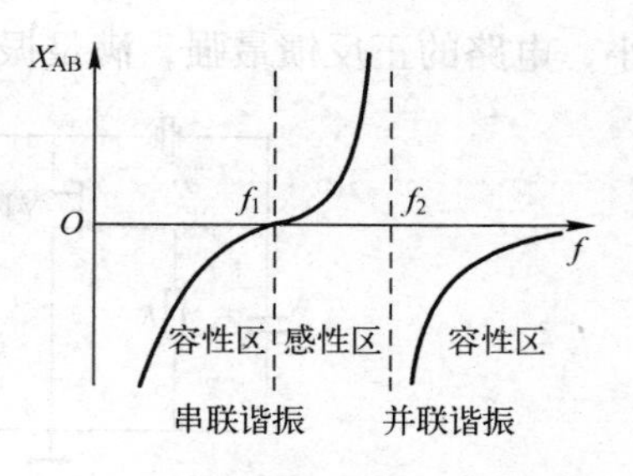

图 2–17　石英晶体的电抗特性

（4）接入系数很小

用石英谐振器构成振荡器时，总是要将它接入到电路中去的，由图 2–16 可见，外电路一般接在 A、B 端，即 C_0 两端，因此对晶体（等效电感）的接入系数 p 是很小的，一般为 $10^{-4}\sim10^{-3}$ 数量级：

$$p\approx\frac{C_1}{C_0} \tag{2-22}$$

所以，石英晶体与外电路的耦合是很弱的，这样就削弱了外电路与石英谐振器之间的相互不良影响，从而保证了石英谐振器的高 Q 值，因此，石英晶体振荡器振荡频率的稳定度和标准性都很高。

2.3.2　石英晶体振荡电路

根据石英晶体电抗特性曲线可知，石英晶体在电路中可以起 3 种作用：一是充当等效电感，晶体工作在接近于并联谐振频率 f_2 的狭窄的感性区域内，这类振荡器称为并联谐振型石英晶体振荡器；二是石英晶体充当短路元器件，并将它串接在反馈支路内，用以控制反馈系数，它工作在石英晶体的串联谐振频率 f_1 上，称为串联谐振型石英晶体振荡器；三是充当等效电容，使用较少。

1. 并联型晶体振荡电路

这类石英晶体振荡电路的工作原理及振荡电路和一般的三点式 LC 振荡器相同，只是将三点式振荡回路中的电感元器件用晶体取代，分析方法也和 LC 三点式振荡器相同。在实际中，常用石英晶体振荡器是将石英晶体接在振荡管的 c – b 间（或场效应晶体管的 D – G 间）或 b – e 间（或场效应晶体管的 G – S 间）。前者相当于电容三点式振荡电路，又称皮尔斯电路；后者相当于电感三点式振荡电路（又称为密勒电路）。振荡管可以是晶体管，也可以是场效应晶体管，图 2–18 画出了这两种电路的基本电路和等效电路。

与 LC 三点式振荡电路相比，皮尔斯电路的等效电路可看成是考毕兹振荡器，而密勒电路则可看成是哈特莱振荡器，电路中的石英晶体只有等效为电感元器件，振荡电路才能成立。

2. 串联型晶体振荡电路

石英晶体作为短路元器件应用的振荡电路就是串联型晶体振荡电路，电路如图 2–19 所示。电路中既可用基频晶体，也可用泛音晶体。在这两种振荡器中，石英晶体的作用类似于一个容量很大的耦合电容或旁路电容，并且，只有使石英晶体基本工作在串联谐振频率上，才能获得这种特性。

在图 2–19b 中，视石英晶体为短路元器件，等效电路与电容三点式毫无区别。根据这个原理，应将振荡回路的振荡频率调谐到石英晶体的串联谐振频率上，使石英晶体的阻抗最小，电路的正反馈最强，满足振荡条件。

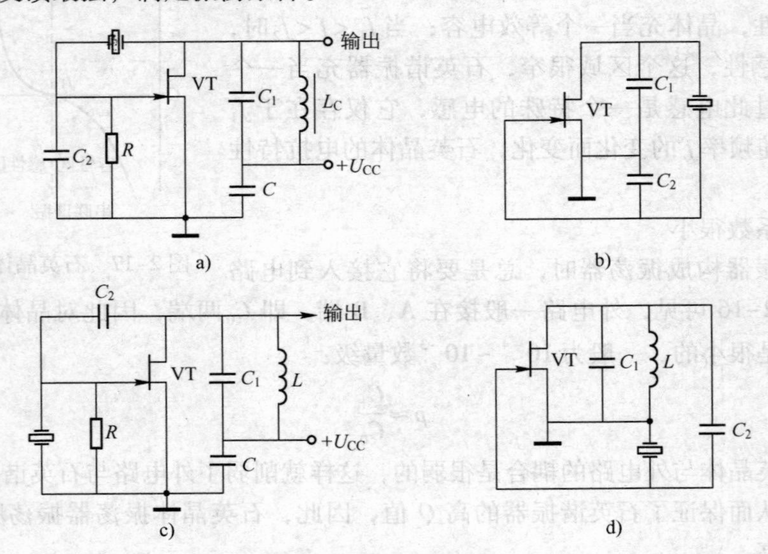

图 2-18　并联型晶体振荡电路

a）皮尔斯电路　b）等效电路　c）密勒电路　d）等效电路

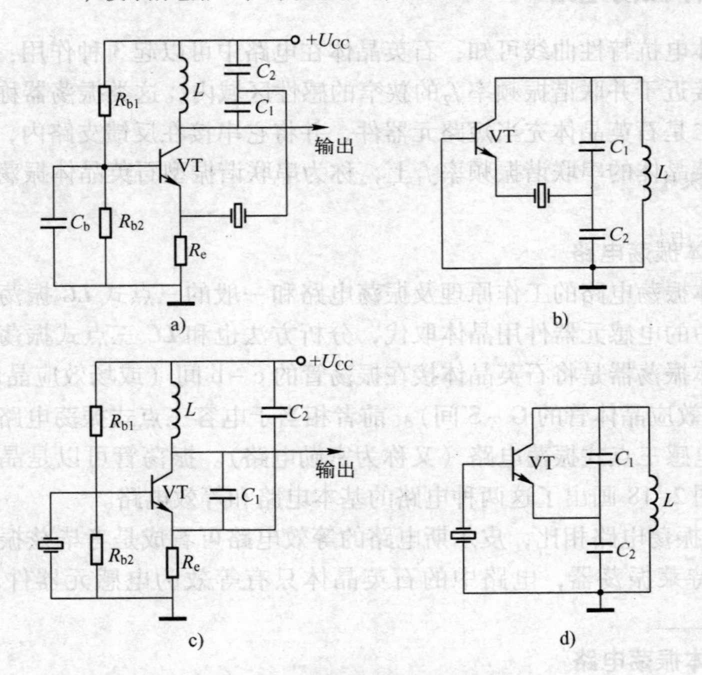

图 2-19　串联型晶体振荡电路

a）电路结构　b）等效电路　c）电路结构　d）等效电路

而对于其他频率的信号，晶体的阻抗较大，正反馈减弱，电路不能起振。对于图 2-19d 的电路，石英晶体则是串联在交流信号的反馈回路中，它的作用类似于旁路电容。上述两种电路的振荡频率以及频率稳定度，都是由石英谐振器和串联谐振频率所决定的，而不取决于振荡回路。但是，振荡回路的元器件也不能随意选用，而应该使所选用的元器件所构成的回路的固有频率与石英谐振器的串联谐振频率相一致。

2.3.3 晶体振荡电路举例

下面给出两例实用电路，如图 2-20 中所示，留给读者分析，这里不再讨论。

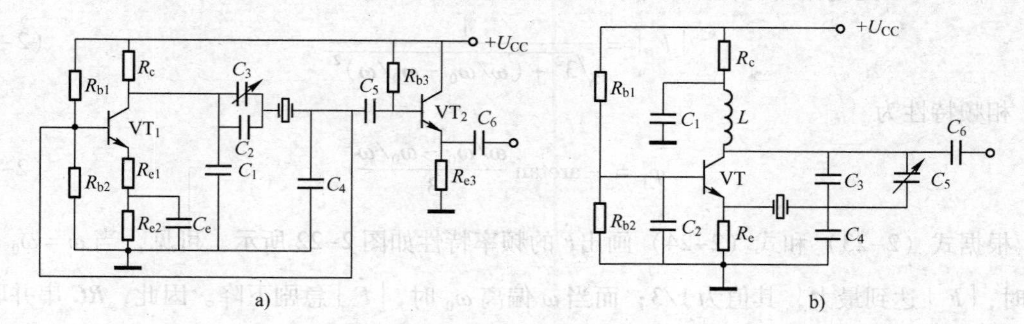

图 2-20 实用电路举例

a）并联型晶体振荡器 b）串联型晶体振荡器

2.4 *RC* 正弦波振荡器

RC 正弦波振荡器分为 *RC* 串并联电路式（桥式）、移相式和双 T 电路等类型，最常见的是 *RC* 串、并联电路式。

2.4.1 *RC* 串联电路的选频特性

图 2-21 所示电路由 R_1 与 C_1 的串联组合和 R_2 与 C_2 的并联组合串联而成，它在 *RC* 正弦波振荡器中一般既是反馈网络又是选频网络。

在图 2-22 所示为 *RC* 并联电路的频率特性中，R_1 与 C_1 的串联阻抗 $Z_1 = R_1 + 1/\mathrm{j}\omega C_1$，$R_1$ 与 C_2 的并联阻抗 $Z_2 = R_2 // (1/\mathrm{j}\omega C_2) = R_2/(1+\mathrm{j}\omega R_2 C_2)$ 而电路输出电压 U_0 与输入电压 U_i 的关系为

$$\dot{F} = \frac{\dot{U}_0}{\dot{U}_\mathrm{i}} = \frac{Z_2}{Z_1 + Z_2} = \frac{R_2/(1+\mathrm{j}\omega R_2 C_2)}{R_1 + (1+\mathrm{j}\omega C_1) + R_2/(1+\mathrm{j}\omega R_2 C_2)}$$

$$= \frac{1}{(1 + C_2/C_1 + R_1/R_2) + \mathrm{j}(\omega R_1 C_2 - 1/\omega C_1 R_2)}$$

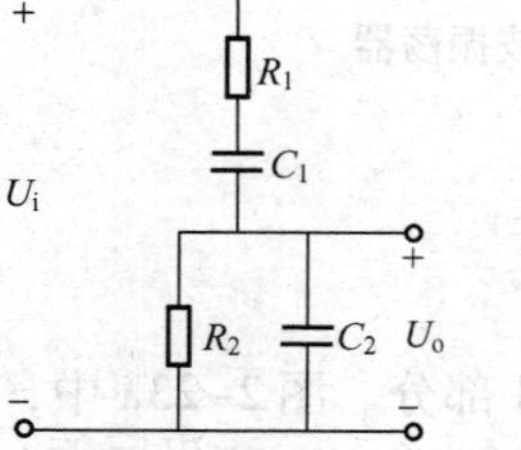

图 2-21 *RC* 串并联电路

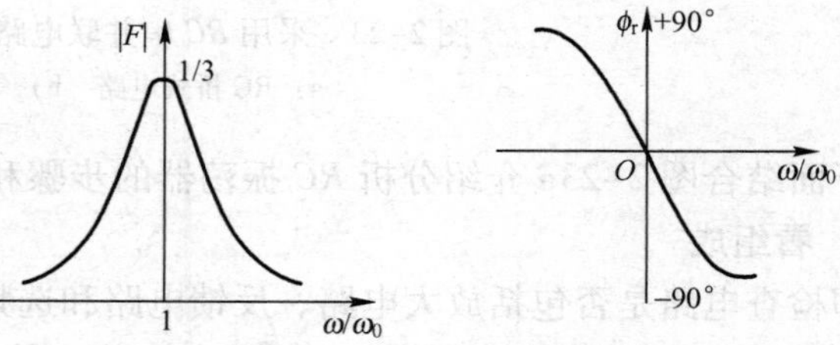

图 2-22 *RC* 串并联电路的频率特性

通常取 $R_1=R_2=R$，$C_1=C_2=C$，于是

$$\dot{F}=\frac{1}{3+\mathrm{j}(\omega/\omega_0-\omega_0/\omega)} \tag{2-23}$$

式中 $\omega_0=1/RC$ 是电路的特征角频率，$\dot{F}$ 的幅频特性为

$$|\dot{F}|=\frac{1}{\sqrt{3^2+(\omega/\omega_0-\omega_0/\omega)^2}} \tag{2-24}$$

相频特性为

$$\varphi_F=-\arctan\frac{\omega/\omega_0-\omega_0/\omega}{3} \tag{2-25}$$

根据式（2-23）和式（2-24）画出 $\dot{F}$ 的频率特性如图 2-22 所示。可见，当 $\omega=\omega_0=1/RC$ 时，$|\dot{F}|$ 达到最大，其值为 1/3；而当 ω 偏离 ω_0 时，$|\dot{F}|$ 急剧下降。因此，RC 串并联电路具有选频特性。另外，当 $\omega=\omega_0$ 时，$\varphi_F=0°$ 电路呈现纯阻性，即 $\dot{U}_f$ 与 $\dot{U}_o$ 同相。利用 RC 串并联电路的幅频特性和相频特性在 $\omega=\omega_0$ 时的特点，既可把它作为选频网络，又可作为反馈网络。

2.4.2 RC 桥式振荡器

由图 2-22 可知，若用 RC 串并联电路作为振荡器的反馈网络，组成 RC 正弦波振荡器，则要求在 $\omega=\omega_0$ 时，放大电路的输出与输入同相，即 $\varphi_A=0°$，这样才能满足相位平衡条件。同时，要求放大电路的放大倍数略大于 3，以满足起振条件 $|\dot{A}\dot{F}|>1$（因为在 $\omega=\omega_0$ 时，$|\dot{F}|=1/3$）。在振荡器中还应加入稳幅环节，使幅值平衡条件得以满足。图 2-23a 即为采用 RC 串并联电路的正弦波振荡器。

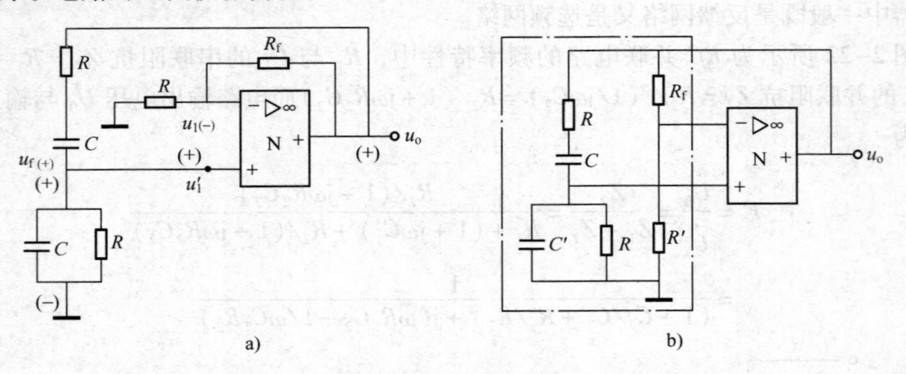

图 2-23 采用 RC 串并联电路的正弦波振荡器

a）RC 桥式电路 b）等效电路

下面结合图 2-23a 介绍分析 RC 振荡器的步骤和方法。

1. 看组成

即检查电路是否包括放大电路、反馈电路和选频网络 3 部分。图 2-23a 中，集成运算放大器和电阻 R_f、R' 共同组成同相比例放大电路，其中通过 R_f、R' 为集成运算放大器引入一

个负反馈，其反馈电压为$\dot{U}_{f(-)}$。但是，这个反馈网络并没有选频作用。*RC* 串并联电路为集成运算放大器引入另一个反馈，其反馈电压为$\dot{U}_{f(+)}$。这个电路既是反馈网络，又是选频网络。

2. 看反馈

可以把带负反馈的集成运算放大器看成是 $A_u = 1 + R_f/R$ 的一个不带反馈的放大电路。因此，主要是分析由$\dot{U}_{f(+)}$引入的反馈极性。如果是正反馈，则能满足产生自激振荡的相位平衡条件，反之则不能。为此，可采用 2.1.1 节中判断反馈极性的方法。例如，可以假定断开$\dot{U}_{f(+)}$到集成运算放大器同相输入端的连线，并在断开处加一假想的输入信号$\dot{U}_i$。然后，通过标注瞬时极性的方法，判断$\dot{U}_{f(+)}$与$\dot{U}'_i$的相位关系。实际上，在图 2-23a 中不难直接看出，由于集成运算放大器是同相输入，$\dot{U}_o$ 与$\dot{U}_i$ 相同。又根据 RC 串并联电路的频率特性，在某一 $\omega = \omega_0$ 时，从$\dot{U}_o$ 到$\dot{U}_{f(+)}$也是同相，因此，$\dot{U}_{f(+)}$与假想的输入信号$\dot{U}'_i$ 同相。电路满足产生振荡的相位平衡条件（$\varphi_A = 0°$，$\varphi_F = 0°$，$\varphi_{AB} = \varphi_A + \varphi_F = 0°$）。

应该说明，为了产生振荡电路必须同时满足相位平衡条件和幅值平衡条件。但是在本章中往往首先检查电路是否满足相位平衡条件。

3. 看放大

如果采用分立元器件放大电路，应检查管子的静态是否合理。如果用集成运算放大器，则应检查输入端是否有直流通路，运算放大器有无放大作用。

4. 看产生振荡的幅值平衡条件

在图 2-23a 中，如果忽略放大电路的输入电阻和输出电阻与反馈网络的相互影响，并把由集成运算放大器组成的同相比例电路看作是一个不带反馈的放大电路，则其电压增益为

$$A_u = 1 + R_f/R' \tag{2-26}$$

由图 2-23，当 $\omega = \omega_0$ 时，$|\dot{F}| = 1/3$。因此，只有满足

$$A_u = 1 + \frac{R_f}{R'} > 3 \tag{2-27}$$

才能满足 $|\dot{A}\dot{F}| > 1$ 的起振条件。由此得出

$$R_f > 2R' \tag{2-28}$$

再从图 2-23a 中的两个反馈看，在 $\omega = \omega_0$ 时，正反馈电压$\dot{U}_{f(+)} = \dot{U}_o/3$，负反馈电压$\dot{U}_{f(-)} = \dot{U}_o R'/(R' + R_f)$。显然，只有$\dot{U}_{f(+)} > \dot{U}_{f(-)}$，才是正反馈，才能产生自激振荡。因此，必须有$\dot{U}_o/3 > \dot{U}'_R/(R' + R_f)$，或 $R_f > 2R'$。

式（2-27）就是图 2-23 的 *RC* 桥式振荡器的起振条件，而

$$R_f = 2R' \tag{2-29}$$

则是维持振荡的幅值平衡条件。

振荡角频率为 $\omega = \omega_0$，即振荡频率为

$$f_0 = \frac{1}{2\pi RC} \tag{2-30}$$

如果把图 2-23a 改画成图 b，则可看出虚线框里的电路接成了电桥形式，因此，这种 RC 正弦波振荡器又可叫作 RC 桥式振荡器。

2.5 本章小结

1）正弦波振荡器是一种非线性电路，由基本放大器、选频网络、反馈网络和稳幅环节组成。要产生正弦波振荡信号，振荡器在直流偏置合理的前提下，还必须满足起振条件和平衡条件。

2）反馈式 LC 振荡器可以产生频率很高的正弦波信号，它有变压器反馈式、电感三点式和电容三点式 3 种基本形式。在回路 Q 值较高时，LC 振荡器的振荡频率 $f_0=\dfrac{1}{2\pi\sqrt{LC}}$。

3）石英晶体振荡器有串联型和并联型两种电路，石英晶体振荡器具有高频率稳定度的原因是由于晶体的 Q 值极高、接入系数小和它相当于一特殊电感等。

4）RC 正弦波振荡器的振荡频率较低。常用的 RC 振荡器是桥式振荡器，其振荡频率 $f_0=\dfrac{1}{2\pi RC}$，只取决于 R、C 的数值。

各种正弦波振荡器的性能比较如表 2-2 所示。

2.6 习题

1. 填空

（1）反馈振荡器的平衡条件是________，起振条件是________，稳定条件是________。

（2）反馈振荡器必须具有______、______、______、______ 4 个基本组成部分

（3）电容三点式振荡器与电感三点式振荡器比较，其优点是____________。

（4）克拉泼振荡电路的优点是________，缺点是________。

（5）西勒电路的优点是________________。

（6）晶体振荡器频率稳定度高的原因是________________。

（7）串联型晶振中的晶体在电路中呈现________________。

（8）并联型晶振中的晶体在电路中呈现________________。

2. 正弦波振荡器是由哪几部分组成的？画方框图说明。

3. 用相位条件的判别规则说明图 2-24 所示几个三点式振荡器等效电路中，哪个电路可以起振？哪个电路不能起振？

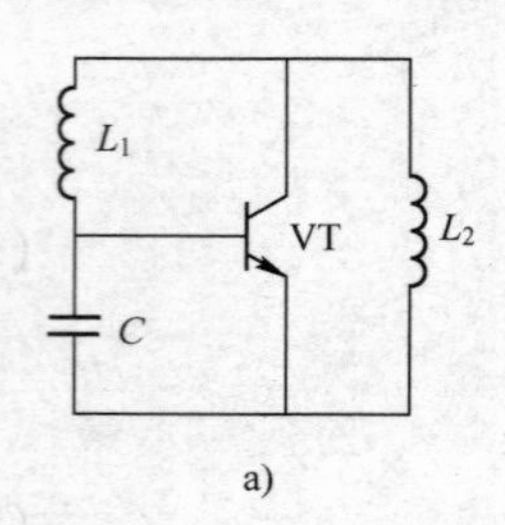

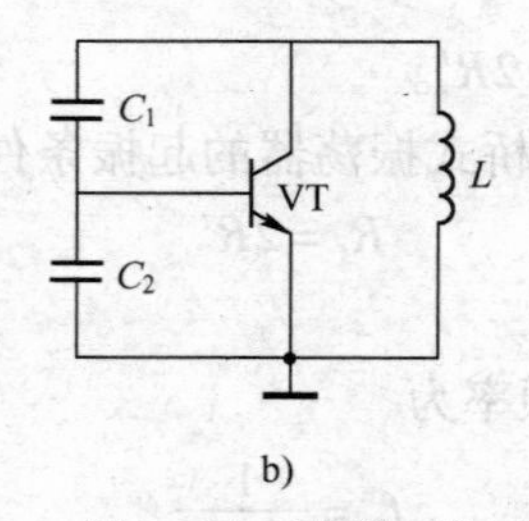

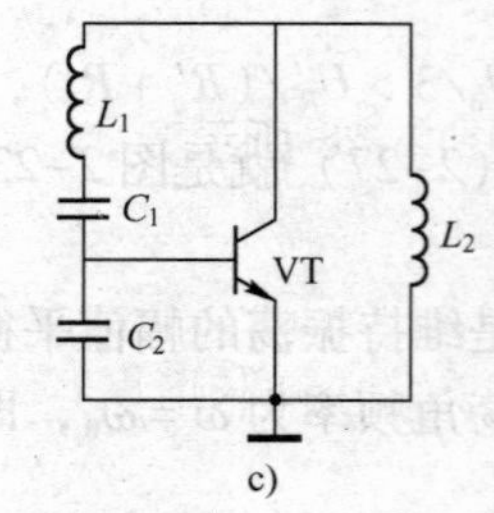

图 2-24 习题 3 的图

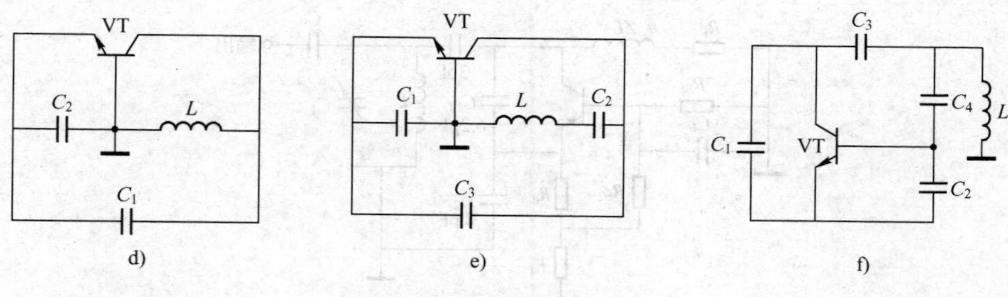

图 2-24　习题 3 的图（续）

4. 三点式振荡器的组成原则是什么？

5. 画出电感三点式振荡器和电容三点式振荡器的交流等效电路，分析它是怎样满足自激振荡的相位条件的？写出振荡频率的计算公式。

6. 已知电视机的本振电路如图 2-25 所示，试画出它的交流等效电路，指出振荡类型。

7. 为了满足下列电路起振的相位条件，给图 2-26 中互感耦合线圈标注正确的同名端。并说明各电路的名称。

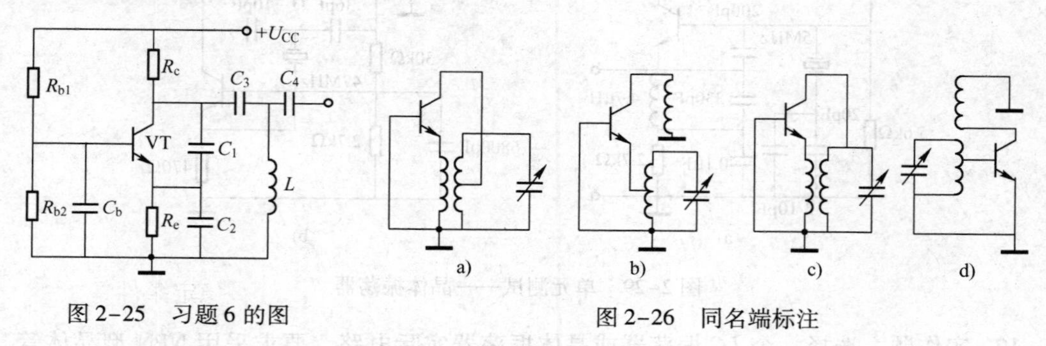

图 2-25　习题 6 的图　　　图 2-26　同名端标注

8. 试从振荡器的相位条件出发，判断图 2-27 所示高频等效电路中，哪些可能振荡，哪些不可能振荡？能振荡的电路属于哪种电路？

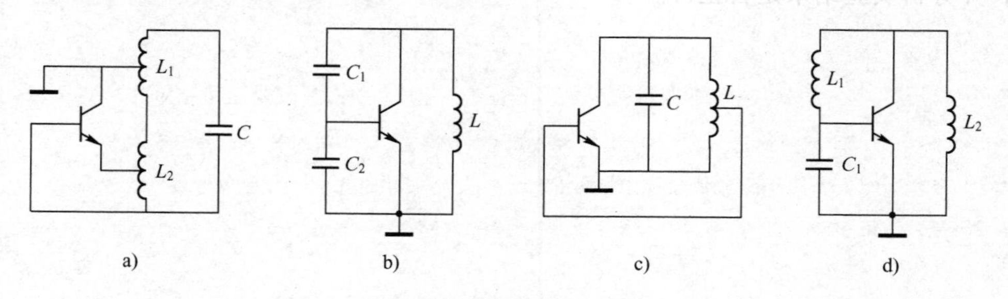

图 2-27　振荡条件判断

9. 图 2-28 所示为 LC 振荡器：1）试说明振荡电路各元器件的作用；2）若当电感 $L = 1.5\ \mu\text{H}$ 要使振荡频率为 49.5 MHz，则 C_4 应调到何值？

10. 若晶体的参数为 $L_q = 19.5\text{H}$，$C_q = 0.00021\ \text{pF}$。$C_o = 5\ \text{pF}$，$r_q = 110\ \Omega$。1）求串联谐振频率 f_q；2）并联谐振频率 f_p 与 f_q 相差多少？3）求晶体的品质因数 Q_q 和等效并联谐振电阻 R_q。

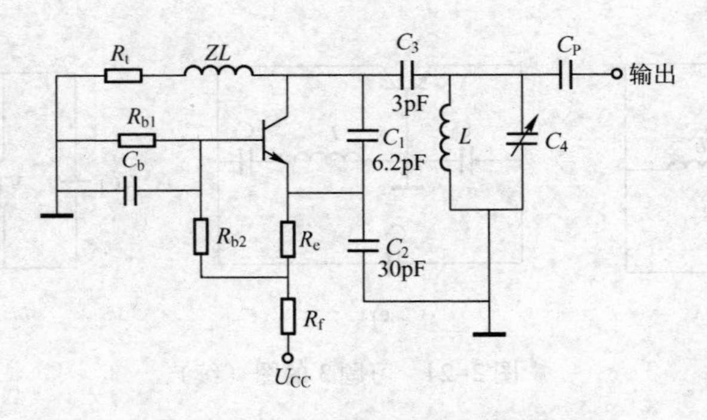

图 2-28　单元测试——*LC* 振荡器

11. 图 2-29 所示是实用晶体振荡线路，试画出它们的高频等效电路，并指出它们是哪一种振荡器。图 a 的 4.7 μH 电感在线路中起什么作用?

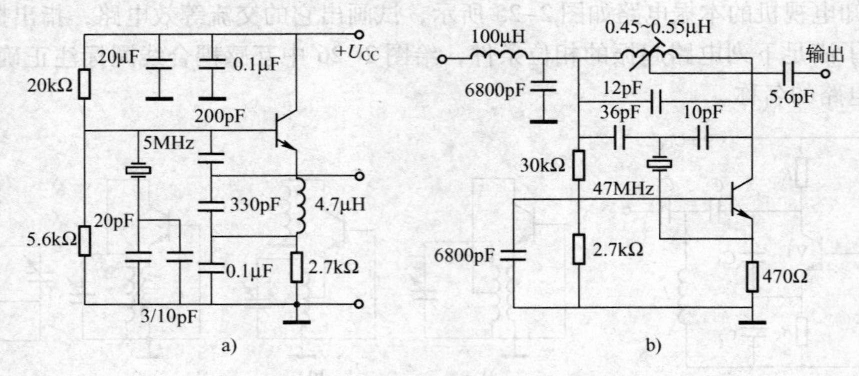

图 2-29　单元测试——晶体振荡器

12. 实作题：选择一个 *LC* 振荡器或晶体振荡器实际电路，要求采用 NPN 型晶体管，直流电源为 9 V，振荡频率在 500 kHz ~ 2 MHz 之间。画出实验电路，写出操作步骤，测试振荡信号，并分析实验结果是否正常。

第3章 高频信号放大电路

应知应会要求：

1）了解丙类谐振功效的3种工作状态。

2）了解丙类谐振功效的直流馈电电路与匹配电路。

3）会计算丙类功率放大器的功率与效率问题。

4）掌握丙类谐振式高频功率放大器的电路调谐及测试技术。

5）掌握晶体管 Y 参数高频等效电路。

6）掌握宽带放大器的特点和技术指标。

7）了解扩展放大器通频带的方法。

8）理解小信号谐振放大器的基本原理和分析方法。

9）会测试小信号谐振放大器的电压增益、选择性、通频带及动态范围。

在无线电通信系统中，高频信号放大电路是重要的组成部分，分为高频功率放大电路和高频小信号放大电路两种。在无线电发送设备中，调制后的无线电信号功率较小，不足以发送到远端，就需要使用高频功率放大器来放大信号以达到足够的信号功率，才能将无线电信号通过天线发射到远端。在无线电接收设备中，通过天线接收下来的无线电磁波信号相当微弱，只有微瓦级，甚至更低，此时就需要对接收到的微小信号进行放大，以便进行下一步的处理，放大高频小信号（中心频率在几百千赫到几百兆赫）的放大器称为高频小信号放大器。

3.1 丙类功率放大器

3.1.1 功率放大器概述

高频功率放大器是无线电发射机的重要组成部分，在发送设备中的缓冲级、中间放大级、推动级和输出级均属于高频功率放大器的范围。高频功率放大器的功能是用小功率的高频输入信号去控制高频功率放大器，将直流电源供给的能量转换为大功率的高频能量输出。特别是在末级放大器中，不仅要输出高电压信号，而且还必须输出相当大的功率，才能使天线产生足够强的电磁波向空间辐射出去。因而高频功率放大器是发送设备的重要组成部分。

高频功率放大器和低频功率放大器都要求输出功率大、效率高，但由于二者的工作频率和相对频带宽度相差很大，就使它们的线路结构、工作原理截然不同。高频功率放大器的工作频率最高可达几十吉赫兹，相对带宽远小于低频功率放大器。

低频放大器通常采用非调谐负载，如电阻或变压器等，而高频放大器通常采用选频回路作负载，因此它们所采用的工作状态大不相同。低频功率放大器单管电路只能工作在甲类，推挽电路可工作在甲乙类或乙类。而高频功率放大器一般都工作在丙类，也有部分高频功率放大器采用丁类或戊类工作状态。

高频功率放大器的工作状态取决于其偏置情况和输入信号电平的高低。根据晶体管集电极电流在输入信号周期内的导通时间，常见的高频功率放大器可分为甲（A）类、乙（B）类、甲乙（AB）类、丙（C）类等。在输入信号的整个周期内集电极都有电流流通的为甲类功率放大器，只在输入信号的半个周期内有电流流通的为乙类，在小于输入信号半个周期内有电流流通的为丙类放大器。

高频功率放大器在小于输入信号半个周期内有电流相当于工作在开关状态，属非线性电路，常用的分析方法是用工程上采用的折线法近似分析。这种近似的方法，虽然计算准确度较差，但物理概念明确，用来分析工作状态较方便。

高频功率放大器的主要技术指标是输出功率和效率。在无线电发送设备中，为了获得高的输出功率和效率，必须选用丙类工作状态；为了解决失真，放大器的负载必须用调谐回路。

3.1.2 丙类功率放大器的工作原理

丙类谐振功率放大器原理电路如图 3-1 所示，晶体管采用共射组态，输入与输出回路一般采用串联馈电结构，负载为电感电容并联谐振电路，采用互感耦合形式将信号传输到负载电阻 R_L。由于外加偏压 V_B 使得晶体管在发射结处于的反向偏置或者零偏置，在输入信号很小或者输入信号为零时晶体管为截止状态，晶体管工作在丙类状态。在 U_b 为余弦波信号时，集电极电流 i_c 为余弦脉冲。负载回路谐振在信号的基波频率上，当 i_c 流过负载回路时，由于 LC 回路的滤波作用，可在负载 R_L 上获得完整的正弦波电压 u_o。

图 3-2 为丙类放大器各极电压和电流波形。图 3-2a 为 be 间总的电压波形图。设晶体管的截止电压为 U_j。放大器的工作状态随着发射结偏置电压取值的不同而不同。若 V_B 为负值或小于 U_j 的正值，则放大器工作于丙类状态。因图 3-2a 中的 V_B 为负值，因此是丙类状态。设基极回路两端激励电压为 $u_b = U_{bm}\cos\omega t$，则基极与射极之间总的电压为：

$$u_{BE} = V_B + U_{bm}\cos\omega t \tag{3-1}$$

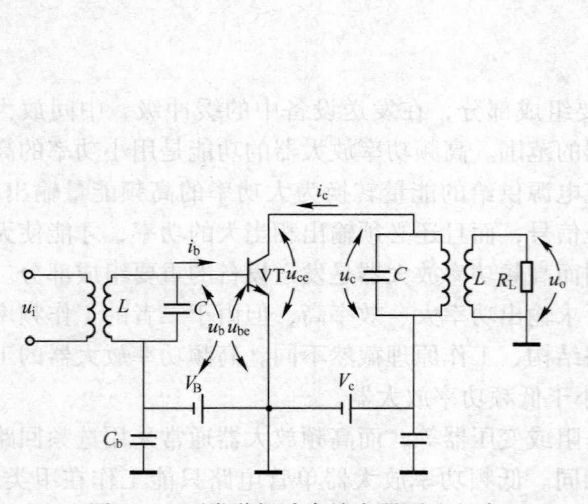

图 3-1 丙类谐振功率放大器原理电路

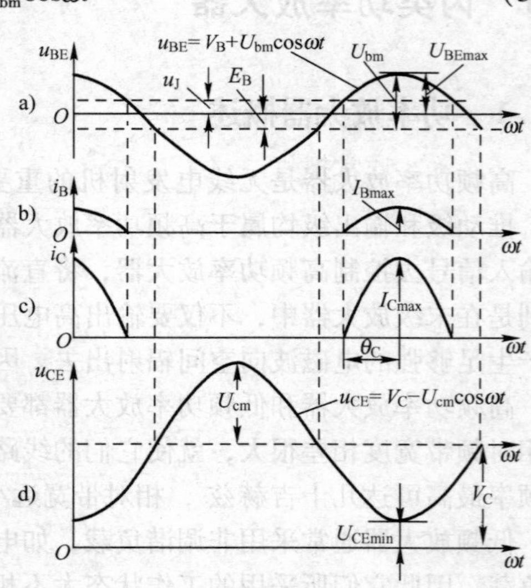

图 3-2 丙类功率放大器各极电压和电流波形

只有当 U_{BE} 的瞬时值大于 U_j 时，发射结才能导通，产生基极脉冲电流 i_B。i_B 为部分余弦脉冲，即余弦波的顶部。基极导通后，晶体管由截止区进入放大区，产生集电极电流 i_c，流通时间与 i_B 对应，形状也是余弦脉冲。同样可用傅里叶级数展开，得：

$$i_c = I_{co} + I_{c1m}\cos\omega t + I_{c2m}\cos 2\omega t + \cdots I_{cnm}\cos n\omega t + \cdots \tag{3-2}$$

输出回路的谐振频率是信号的基波频率，因此对基波电流而言，输出回路可等效为一个纯电阻，称为谐振电阻。一般高频功率放大器的输出回路均为有载，可用有载谐振电阻 R_p 表示，则：

$$R_p = Q_L\sqrt{\frac{L}{C}} = \omega_0 L Q_L = \frac{1}{\omega_0 C}Q_L \tag{3-3}$$

式（3-3）中 Q_L 为回路有载品质因数。

对各次谐波而言，回路失谐，呈现很小的阻抗，回路两端视为短路。因此 i_c 的各种成分中只有基波分量输出：

$$u_c = U_{cm}\cos\omega t = I_{c1m}\cdot R_p\cos\omega t \tag{3-4}$$

所以集射间总的瞬时电压为：

$$u_{CE} = V_c - U_{cm}\cos\omega t \tag{3-5}$$

负载回路两端电压振幅：

$$U_{cm} = I_{c1m}R_p \tag{3-6}$$

其电压波形如图 3-2d 所示。

3.1.3 丙类功率放大器静态性能分析

1. 谐振功率放大器的分析方法

（1）特性曲线的折线化分析

在工程上，通常采用折线法对谐振功率放大器进行分析。折线法就是将晶体管特性曲线理想化，用一组折线段来代替晶体管的输入和输出静态特性曲线、转移特性曲线，从而使特性曲线可以用简单的数学解析式来描述，以简化对电流 i_b 和 i_c 的计算。由于丙类放大器工作在大信号状态，因此可以把晶体管的转移特性曲线理想化为一段直线。转移特性折线化后，集电极电流脉冲 i_c 为理想余弦电流脉冲，转移特性折线后的 i_c 与 u_{BE} 的对应关系如图 3-3 所示。通常把集电极电流的导通角度的一半叫作通角，用 θ_c 来表示。

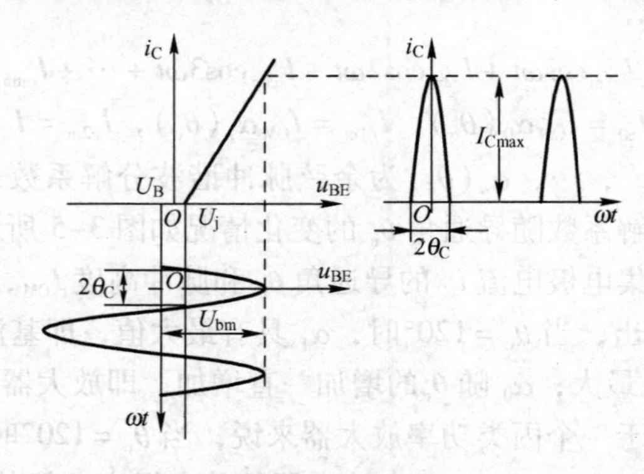

图 3-3　转移特性折线化后 i_c 与 u_{BE} 的对应关系

(2) i_c 余弦脉冲分解

丙类功率放大器晶体管集电极电流波形如图 3-4 所示。根据图 3-3 折线化后晶体管转移特性可表示为：

$$i_c = f(u_{BE}) = g(u_{BE} - U_j)$$

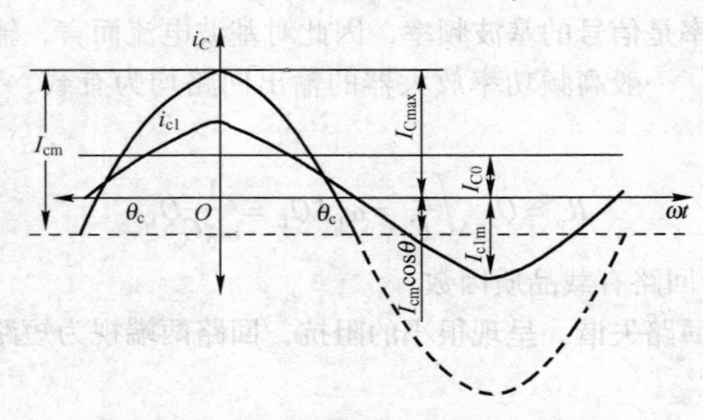

图 3-4　丙类功率放大器晶体管集电极电流波形

式中，g 为转移电导，即转移特性折线化后直线的斜率。

若输入的交流信号电压为 $u_b = U_{bm}\cos\omega t$，固定偏压为 $-V_R$，则晶体管发射结的输入信号为：

$$u_{BE} = -V_B + U_{bm}\cos\omega t \tag{3-7}$$

则：
$$i_c = g(u_{BE} - U_j) = g(-V_B + U_{bm}\cos\omega t - U_j) \tag{3-8}$$

当 $\omega t = \theta_c$ 时，$i_c = 0$，于是得：

$$i_c = g(-V_b + U_{bm}\cos\theta_c - U_j)$$

则：
$$\cos\theta_c = \frac{U_j + V_b}{U_{bm}}$$

所以：
$$i_c = gU_{bm}(\cos\omega t - \cos\theta_c) \tag{3-9}$$

当 $\omega t = 0$ 时：
$$i_c = gU_{bm}(1 - \cos\theta_c) = I_{C_{max}} = I_{CM} \tag{3-10}$$

I_{CM}即为脉冲电流的高度，而式（3-9）又可写成：

$$i_c = I_{CM}\frac{\cos\omega t - \cos\theta_c}{1 - \cos\theta_c} \tag{3-11}$$

它的傅里叶展开式为：

$$i_c = I_{c0} + I_{c1m}\cos\omega t + I_{c2m}\cos 2\omega t + I_{c3m}\cos 3\omega t + \cdots + I_{cnm}\cos n\omega t$$

式中各次谐波分量，$I_{c0} = I_{CM}\alpha_0(\theta_c)$，$I_{c1m} = I_{CM}\alpha_1(\theta_c)$，$I_{c2m} = I_{CM}\alpha_2(\theta_c)$，…，$I_{cnm} = I_{CM}\alpha_n(\theta_c)$，$\alpha_0(\theta_c)$，$\alpha_2(\theta_c)e^{i\theta}$，…，$\alpha_n(\theta_c)$为余弦脉冲谐波分解系数，它们都是导通角 θ_c 的函数。余弦脉冲的谐波分解系数随导通角 θ_c 的变化情况如图 3-5 所示。

由此可见，只要知道集电极电流 i_C 的导通角 θ_c 和脉冲高度 I_{CM}，就可求得各次谐波分量的幅值。由图 3-5 还可看出，当 $\theta_c = 120°$时，α_1 具有最大值，即基波电流幅值 I_{c1m}最大，放大器的交流输出功率 p_0 也最大；α_0 随 θ_c的增加一直增加，即放大器的直流输入功率 p_D 随 θ_c 的增加而增加。因此，对于一个丙类功率放大器来说，当 $\theta_c = 120°$时，虽然放大器的交流输出功率较大，但效率太低；当 $\theta_c < 40°$ 时，放大器的效率提高，但其交流输出功率太小。为了兼顾放大器的输出功率和效率，一般选 θ_c 为 70°左右。效率可达 85% 左右，余弦脉冲分

解系数如图 3-5 所示。

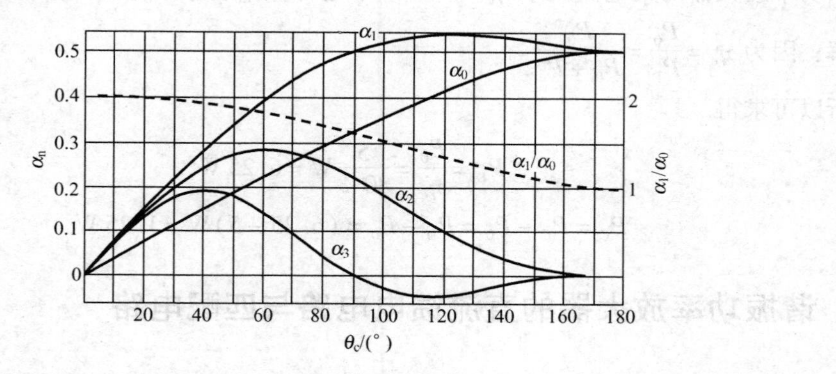

图 3-5　余弦脉冲分解系数

综上所述，丙类谐振功率放大器集电极电流 i_c 为脉冲状，失真很大，包含有很多谐波。但由于放大器的负载采用 LC 并联谐振电路，它谐振于基波频率，因而它对基波呈现很大的纯阻性，对谐波则近似于短路。所以并联谐振电路通过的脉冲状电流 i_c，在负载上形成的压降 u_c 几乎只有基波分量。

3.2　丙类功率放大器的特性

1. 输出功率

谐振功率放大器的输出功率等于集电极电流基波在有载谐振电阻 R_p 上的功率，即

$$P_0 = \frac{1}{2}U_{cm}I_{c1m} = \frac{1}{2}I_{c1m}^2 R_p = \frac{1}{2}\frac{U_{cm}^2}{R_p} \tag{3-12}$$

2. 效率

电源供给的直流功率为 $P_D = V_c I_{DC}$。在丙类谐振功率放大器中，$I_{DC} = I_{c0}$，则 $P_D = I_{c0}V_c$。集电极效率：

$$\eta_c = \frac{P_0}{P_D} = \frac{1}{2}\frac{U_{cm}I_{c1m}}{V_c I_{c0}} = \frac{1}{2}\xi\frac{\alpha_1(\theta_c)}{\alpha_0(\theta_c)} = \frac{1}{2}\xi g_1(\theta) \tag{3-13}$$

其中，$g_1(\theta)$是波形系数，它随 θ 的变化规律如图 3-5 中虚线所示，θ 越小，$g_1(\theta)$越大，放大器的效率也就越高；$\xi = \dfrac{U_{cm}}{V_C}$为集电极电压利用系数；因为 U_{cm}值一般不超过 V_C，因此常取 $0.9 < \xi < 1$。由式（3-13）可见，为提高效率，应考虑两点：一是提高电压利用系数。二是选择合适导通角 θ_c 值，使$\dfrac{\alpha_1(\theta_c)}{\alpha_0(\theta_c)}$值最大。

3. 集电极功耗

集电极耗散功率 P_c 为直流功率 P_D 与输出功率 P_0 之差，即：

$$P_C = P_D - P_0 = V_C I_{c0} - \frac{1}{2}U_{cm}I_{c1m} = V_C I_{CM}\left[\alpha_0(\theta_c) - \frac{1}{2}\xi\alpha_1(\theta_c)\right] \tag{3-14}$$

说明丙类谐振功率放大器的集电极功耗与导通角 θ_c 有关。

【例 3-1】 已知谐振功率放大器的输出功率 $P_0 = 5\ \text{W}$，集电极电源电压 $V_C = +24\ \text{V}$，如

果要求功率放大器的集电极效率 $\eta_c=80\%$，求电源供给功率 P_D及集电极耗散功率 P_C。

解：因为 $\eta_c=\frac{P_0}{P_D}=\frac{P_0}{P_0+P_c}$

所以可求得

$$P_D=\frac{P_0}{\eta_c}=\frac{5}{80\%}\mathrm{W}=6.25\ \mathrm{W}$$

$$P_C=P_C-P_0=P_D-P_0=(6.25-5)\mathrm{W}=1.25\ \mathrm{W}$$

3.3 谐振功率放大器的直流馈电电路与匹配电路

实际的功率放大器，还应有输入匹配电路、输出匹配电路以及合适的直流馈电电路，以使放大器的功率传输效率高，静态工作电流、电压合理地加给晶体管。

1. 直流馈电电路

馈电电路为功率放大管基极提供适当的偏压，并为集电极提供电源电压。高频功率放大器中常用的直流馈电电路有串联馈电和并联馈电两种基本形式。串联馈电是指直流电源、匹配网络和功率管在电路形式上串联；并联馈电是指直流电源、匹配网络和功率管在电路形式上并联。

（1）集电极馈电电路

谐振功率放大器的集电极馈电电路的两种基本形式如图 3-6 所示。

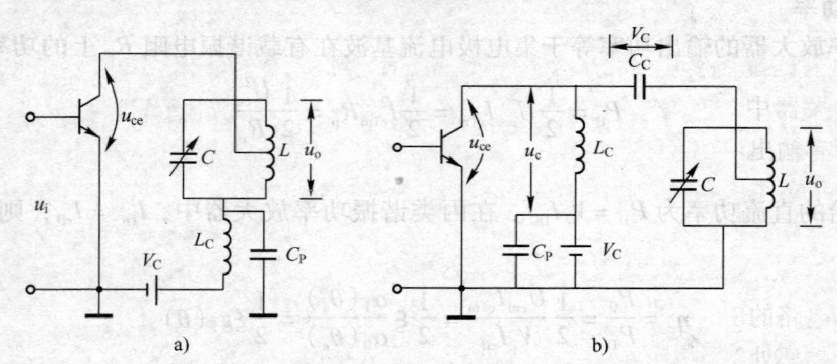

图 3-6　谐振功率放大器的集电极馈电电路的两种基本形式

a）串联馈电　b）并联馈电

无论是串联还是并联，直流馈电电路都应把直流电压（电流）有效地加到晶体管的集电极和发射极之间，并且不能再有其他直流损耗元器件；还应使高频基波分量幅值 I_{c1m} 流过集电极负载回路，产生输出功率，并在其他支路尽可能不损耗 I_{c1m} 能量，馈电电路还应滤除高次谐波分量。

串联馈电的优点是 V_c、L_c、C_c 处于高频地电位，分布电容不影响回路；并联馈电的优点是 LC 回路处于直流地电位，L、C 元件可以接地，安装方便。

（2）基极馈电电路

图 3-7 画出了谐振功率放大器的基极馈电电路的几种形式。

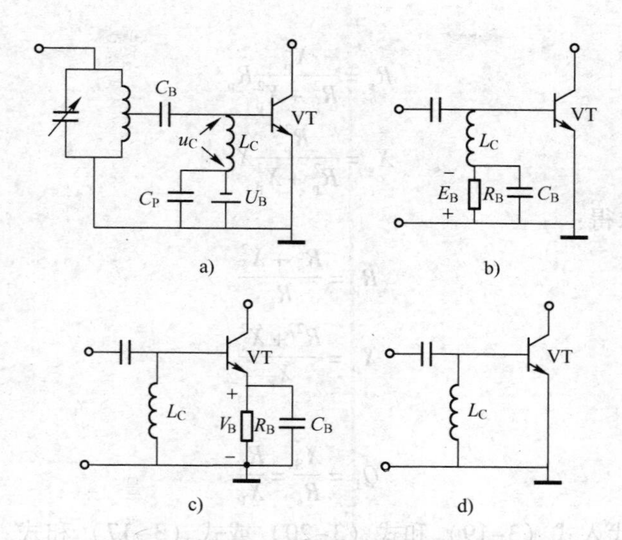

图 3-7　谐振功率放大器的基极馈电电路

对于基极电路来说，同样也有串馈和并馈两种形式，所不同的是偏置供给的方法。图 3-7a 为外给式偏置电路；图 3-7b、c、d 则为自给偏置电路。自给偏置电路的优点是偏置电路随输入信号电压振幅而变。如果丙类功率放大器放大的是等幅度高频振荡信号，则利用自给偏置效应可以在输入信号振幅变化时稳定输出电压。

2. 匹配电路

功率放大器通过耦合电路与前后级连接，这种耦合电路称为匹配网络。高频功率放大器匹配电路在功率放大器中的位置如图 3-8 所示，前有输入回路，后有输出回路。

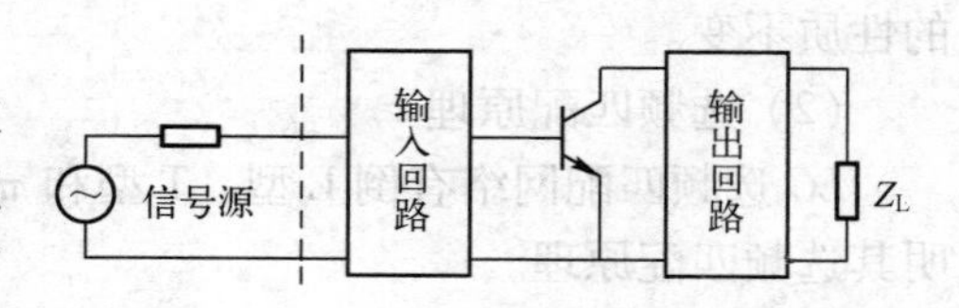

图 3-8　高频功率放大器中的匹配电路

其中的输入匹配电路实现信号源输出阻抗与晶体管输入阻抗之间的匹配，输出匹配电路将负载电阻 R_L 变换为功率放大器工作状态所需要的最佳负载电阻 R_p。两种匹配电路的作用均是实现阻抗匹配与滤波。

利用阻抗电路的串并联等效转换和 LC 回路的选频特性可以组成 LC 选频匹配网络，在所要求的工作频率处实现信号源或负载的阻抗变换。为了分析方便，首先对串、并联阻抗转换公式作介绍。

（1）阻抗电路的串—并联等效转换

由电阻元件和电抗元件组成的阻抗电路，其串联形式与并联形式可以互相转换，而使其等效阻抗和 Q 值保持不变，串并联阻抗转换如图 3-9 所示。

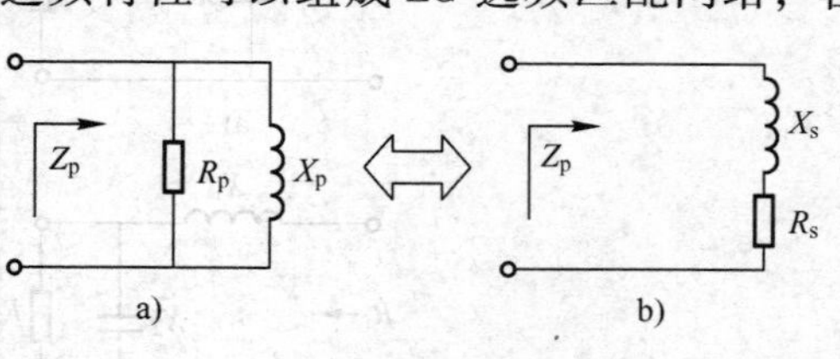

Z_p　R_p　X_p　a)　Z_p　X_s　R_s　b)

图 3-9　串并联阻抗转换

由图 3-9 可写出：

$$Z_p = R_p // jX_p = \frac{X_p^2}{R_p^2 + X_p^2} R_p + j \frac{R_p^2}{R_p^2 + X_p^2} X_p \tag{3-15}$$

$$Z_s = R_s + jX_s \tag{3-16}$$

要使：$Z_p = Z_s$，必须满足：

$$R_s = \frac{X_p^2}{R_p^2 + X_p^2} R_p \tag{3-17}$$

$$X_s = \frac{R_p^2}{R_p^2 + X_p^2} X_p \tag{3-18}$$

按类似方法也可以求得：

$$R_p = \frac{R_s^2 + X_s^2}{R_s} \tag{3-19}$$

$$X_p = \frac{R_s^2 + X_s^2}{X_s} \tag{3-20}$$

由 Q 值的定义可知：

$$Q_L = \frac{X_S}{R_s} = \frac{R_P}{X_P} \tag{3-21}$$

将式（3-21）代入式（3-19）和式（3-20）或式（3-17）和式（3-18）可以得到下列统一的阻抗转换公式。

$$R_P = (1 + Q_L^2) R_s \tag{3-22}$$

$$X_P = \left(1 + \frac{1}{Q_L^2}\right) X_S \tag{3-23}$$

当 $Q_L \gg 1$ 时，则式（3-22）、式（3-23）简化为 $R_p \approx Q_L^2 R_s$，$X_P \approx X_S$，转换后电抗元件的性质不变。

（2）选频匹配原理

LC 选频匹配网络有倒 L 型、T 型和 π 型等几种不同组成形式，下面以倒 L 型为例，说明其选频匹配原理。

倒 L 型网络是由两个异性电抗元件 X_1、X_2 组成，常用的两种电路如图 3-10a、b 所示，其中 R_2 是负载电阻，R_1 是二端网络在工作频率处的等效输入电阻。

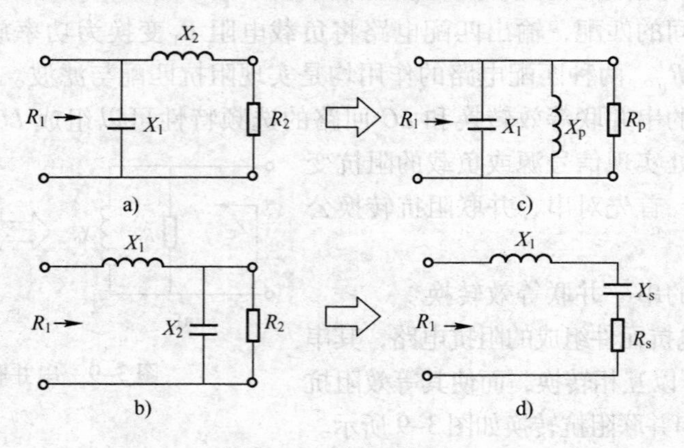

图 3-10 倒 L 型网络

对于图 3-10a 所示电路，将其中 X_2 与 R_2 的串联形式等效变换为 X_P 与 R_P 的并联形式，如图 3-10c 所示。在 X_1 与 X_P 并联谐振时，有：$X_1 + X_P = 0$，$R_1 = R_P$

根据式（3-24），有：

$$R_1 = (1 + Q_L^2) R_2 \tag{3-24}$$

所以：$Q_L = \sqrt{\frac{R_1}{R_2} - 1}$

由式（3-23）可以求得选频匹配网络电抗：

$$X_2 = Q_L, \quad R_2 = \sqrt{R_2(R_1 - R_2)} \tag{3-25}$$

$$X_1 = X_P = \frac{R_1}{Q_e} = R_1\sqrt{\frac{R_2}{R_1 - R_2}} \tag{3-26}$$

由式（3-26）可知，采用这种电路可以在谐振处增大负载电阻的等效值。

对于图 3-10b 所示电路，将其中 X_2 与 R_2 的并联形式等效变换为 X_S 与 R_S 的串联形式，如图 3-10d 所示。在 X_1 与 X_S 串联谐振时，可求得以下关系式：

$$R_1 = R_S = \frac{1}{(1 + Q_L^2)} R_2 \tag{3-27}$$

$$Q_L = \sqrt{\frac{R_2}{R_1} - 1}$$

$$X_2 = \frac{R_2}{Q_L} = R_2\sqrt{\frac{R_1}{R_2 - R_1}} \tag{3-28}$$

$$X_1 = X_2 = Q_L R_1 = \sqrt{R_1(R_2 - R_1)} \tag{3-29}$$

由式（3-29）可知，采用这种电路可以在谐振频率处减小负载电阻的等效值。

T 型网络和 π 型网络各由 3 个电抗元件（其中两个同性，另一个异性）组成，如图 3-11所示，它们都可以分别看作是两个倒 L 型网络的组合，可用相同的方法推导出其有关公式。

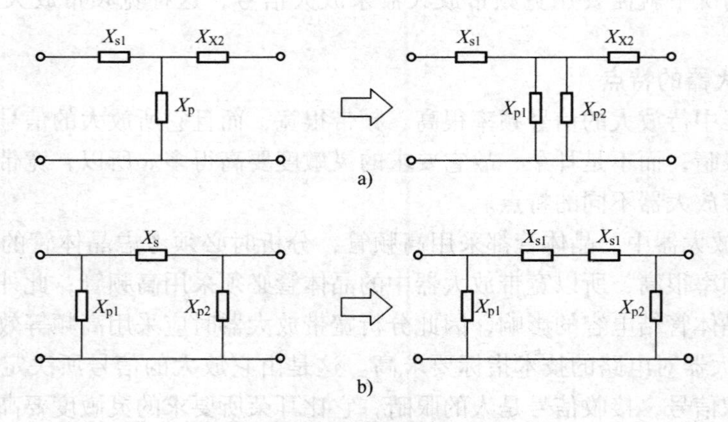

图 3-11　T 型网络和 π 型网络

a）T 型网络　b）π 型网络

【例 3-2】 已知某电阻性负载为 10 Ω，请设计一个匹配网络，使该负载在 20MHz 时转换为 50Ω。

解：由题知，匹配网络应使负载增大，故采用图 3-10a 所示的倒 L 型网络。由式（3-25）、式（3-26）可求得所需电抗值：

$$|X_1| = \left(50\sqrt{\frac{10}{50 - 10}}\right)\Omega = 25\ \Omega$$

$$|X_2| = (\sqrt{10(50-10)})\ \Omega = 20\ \Omega$$

所以：

$$C_1 = \frac{1}{\omega|X_1|} = \left(\frac{1}{2\pi \times 20 \times 10^6 \times 25}\right)\text{F} = 218\text{pF}$$

$$L_2 = \frac{|X_2|}{\omega} = \left(\frac{20}{2\pi \times 20 \times 10^6}\right)\text{H} = \approx 0.16\mu\text{H}$$

由0.16 μH电感和318 pF电容组成的倒L型匹配网络即为所求，如图3-12虚线框内所示。

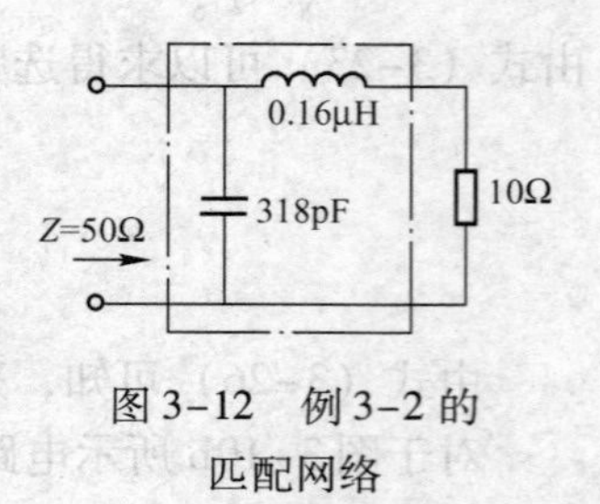

图3-12　例3-2的匹配网络

3.4　宽带放大器

3.4.1　带宽放大器概述

放大高频小信号（中心频率在几百千赫到几百兆赫）的放大器称为高频小信号放大器。根据工作频带的宽窄（指相对频带的宽窄，即通频带与其中心频率的比值）不同，高频小信号放大器分为宽带型和窄带型两大类。本章首先介绍宽带放大器的特点、分析方法和扩展放大器通频带的方法，然后简单分析一种重要的窄带放大器——小信号谐振放大器，最后简单介绍具有集中选频功能的滤波器及其组成的集成中频放大器。

在电子技术应用中，有时需要放大的信号的频带很宽，例如，在电视接收机中，图像信号所占的频率范围为0 ~ 6 MHz；在300 MHz宽带示波器中，Y轴放大器则需要300 MHz宽的频带。在这种情况下就需要用宽频带放大器来放大信号，这种宽频带放大器简称为宽带放大器。

1. 宽带放大器的特点

宽带放大器中待放大的信号频率很高、频带很宽，而且它所放大的信号的最终接受的感觉器官往往是眼睛，而不是耳朵，故它要求的灵敏度要高得多。所以，宽带放大器有着与低频放大器和窄带放大器不同的特点。

1）在宽带放大器中，晶体管都采用高频管，分析时必须考虑晶体管的高频特性。由于待放大的信号频率很高，所以宽带放大器中的晶体管必须采用高频管；此外，还必须考虑电路分布参数和晶体管结电容的影响，因此分析宽带放大器时应采用高频等效电路。

2）宽带放大器对电路的技术指标要求高。这是由它放大的信号所决定的，它所放大的信号大都是图像信号，接收信号是人的眼睛，它比耳朵所要求的灵敏度要高得多。因此，对宽带放大器的技术指标要求较高，如减少相位失真等。

3）宽带放大器的负载为非谐振的。由于谐振电路的带宽较窄，故不能作为宽带放大器的负载，即它的负载只能是非谐振的。

2. 宽带放大器的技术指标

（1）通频带

通频带是宽带放大器的基本指标。在宽带放大器中，由于上限截止频率f_H很高，而下限截止频率f_L很低甚至为零，故宽带放大器的通频带$f_{BW} = f_H - f_L \approx f_H$，即用上限截止频率表示带宽。但是，对于$f_L$等于或接近于零频的放大器，必须指出其下限截止频率，以便在设计电路时，使电路的低频特性满足要求。

（2）增益

宽带放大器的增益应足够高。为了保证宽带放大器有足够高的增益，一般通过增加放大器的级数来满足要求。但是级数的增加会使通频带降低。增益与带宽的要求往往是互相矛盾的。为此，引入了增益带宽积（*GB*）这个参数来全面衡量放大器的质量指标。显然，*GB* 值越大，宽带放大器的质量就越好。在设计电路时，常需考虑的是放大器的增益带宽积，而不是单纯的增益；有时还会以牺牲增益来得到带宽。

（3）输入阻抗

输入阻抗是反映宽带放大器从前一级接收信号的能力。输入阻抗越高，接收信号的能力就越强，对前一级的影响也越小。

（4）失真

失真是反映宽带放大器输入与输出信号误差大小的参数。对于宽带放大器来说，失真越小越好。也就是说，宽带放大器的输入与输出波形要尽可能保持一致。宽带放大器的失真一般包括非线性失真、频率失真、相位失真等 3 种失真。

3. 宽带放大器的分析方法

宽带放大器的特点决定了它的分析方法与小信号放大器的分析方法不同。通常可以采用稳态法或暂态法来分析宽带放大器的频率特性。

（1）稳态法

稳态法是在频域内分析放大器特性的方法，又称为频域分析法。由傅里叶变换可知，任何一个复杂的信号都可以看成是由许多不同频率、不同相位的正弦波叠加而成的。即一个信号一般是从零频到很高频率分量的多频信号。因此可以通过测量和分析宽带放大器对不同频率正弦波的响应来得到放大器的幅频特性和相频特性，据此来分析出该放大器的放大倍数、带宽、相移和失真的情况。

（2）暂态法

暂态法是在时域内分析放大器特性的方法，又称为时域分析法。由于任一个信号都可以看成由许多不同起始时间、不同幅值的阶跃信号的叠加而成的，而矩形脉冲又可以看成由两个阶跃信号叠加而成。因此，可以通过观察矩形脉冲经宽带放大器放大后的波形的失真情况来判断该放大器的低频和高频特性。暂态法比较直观，适合电路的调整。

3.4.2 扩展放大器通频带的方法

宽带放大器在实际应用中，常常需要满足一定大小的增益和带宽的要求。除选用 f_T 较高的晶体管外，还必须对电路加以改进，以便用较少的元器件组成较高增益和较宽频带的优质放大器。扩展频带的方法通常有补偿法、负反馈法和组合电路法。

1. 补偿法

补偿法就是通过外接元器件（又称为补偿元器件）来减小放大器的高频失真、从而提高放大器上限截止频率和通频带的一种方法。根据补偿元器件接入电路位置的不同，可以分为基极回路补偿、发射极回路补偿和集电极回路补偿。

（1）基极回路补偿

基极回路 RC 补偿的原理电路如图 3-13 所示。

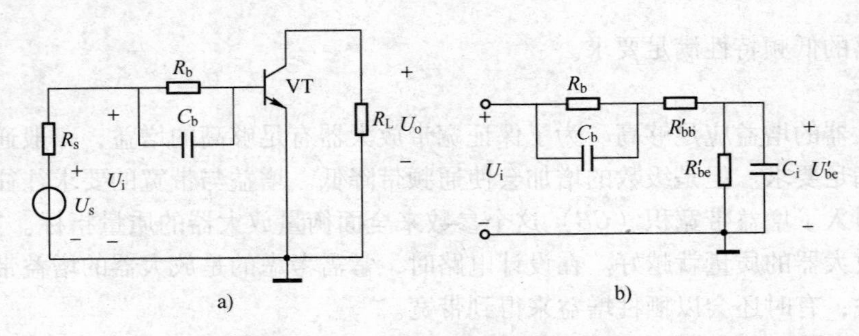

图 3-13　基极回路 RC 补偿原理电路

图中，R_b、C_b是补偿元器件，C_i为输入电容。由于输入电容 C_i的存在使放大器的高频增益 $|A_u|$ 下降，为了提高高频增益、展宽频带，一方面就选择合适的晶体管和负载来减小 C_i，同时可用 R_b、C_b的并联来补偿。

从补偿原理来看，未加补偿时，若信号频率较低，C_i的容抗 $1/\omega C_i$较大，它的分流作用不明显，因此 R'_{be}上的电压 U'_{be}较大，放大器的增益较高；高频时由于 C_i的容抗明显下降，C_i的分流作用明显，因此 R'_{be}上的电压 U'_{be}减小，导致放大器高频增益下降。加上 R_b、C_b补偿电路后，频率较低时 C_b与 C_i的影响皆可忽略，R'_{be}与 R_b对 u_i进行分压，与未加补偿时相比，U'_{be}减小了；高频时，随着 C_i容抗的减小，C_b的容抗也减小，与较低频率时相比，晶体管获得的输入电压 U'_{be}变化较小，因此高频增益相对变化也较小，即放大器的上限截止频率和通频带得到扩展，达到补偿的目的。由此可见，基极回路补偿是用减小中、低频增益的代价，来换取高频特性的改善。一般它要求信号源为电压源。

（2）发射极回路补偿

发射极回路补偿的电路如图 3-14 所示，补偿元件为 R_e、C_e；接在发射极回路，其中 C_e容量较小。

R_e、C_e的作用是既稳定了工作点，又不致降低电压增益。由于 C_e的存在，电路的下限截止频率不能很低，即 C_e是影响放大器低频特性的主要因素。为了改善低频特性，C_e往往取值很大，通常为 50～200 μF。

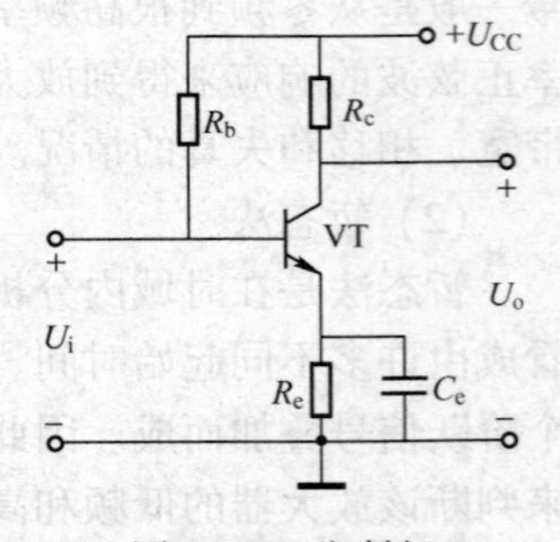

图 3-14　发射极回路补偿的电路

若用 R_e、C_e进行补偿时，C_e很小，通常是几皮法到几百皮法。由于 C_e小，它在低频和中频时容抗大，可视为开路，电流负反馈的强弱取决于 R_e的大小，低频和中频增益比未加补偿时下降了。高频时，C_e容抗减小，负反馈作用减弱，高频增益相对来说就得到补偿。因此，发射极回路补偿也和基极回路补偿一样，是用减小中、低频增益的代价，来换取高频特性的改善，它也要求信号源为电压源。

（3）集电极回路补偿

若选用 f_T高的晶体管组成宽带放大器，为了提高其上限截止频率，必须选择小的负载电阻，且晶体管的输出电容及分布电容也要小。但是，负载电阻的取值是有限度的，而晶体管的输出电容及分布电容是客观存在的。因此，要想展宽频带，就必须对这些电容进行补偿，这就是集电极回路补偿。它有并联补偿、串联补偿和混合补偿 3 种类型。

1）并联补偿。集电极回路并联补偿电路如图 3-15 所示。

图中 L_c为补偿电感（其电感量较小），C_L为负载电容（它可能是下一级的输入电容），C_1为耦合电容，C_e为发射极旁路电容。由于集电极回路补偿是在输出回路中进行的，所以只需画出输出回路的等效电路即可，其中 C_o为输出电容（包括电路的分布电容）。它又可简化为图 3-15c，其中 $C = C_o + C_L$。从晶体管的输出端看过去，L_c与负载阻抗相并联，故称为并联补偿。

当信号频率较低时，由于 L_c与 C 都较小，则它们的作用可忽略，放大器的负载阻抗就是 R_c。当频率升高时，C 的容抗减小，这时若无补偿电感 L_c，高频增益将下降；但由于接入适当的 L_c，一方面 R_c、L_c支路阻抗的增大使高频增益得到提高，另一方面 C 与 L_c、R_c在增益开始出现下降的频率范围内呈现并联谐振，使幅频特性曲线在高频端变得平滑可出现升峰，使通频带得到扩展。

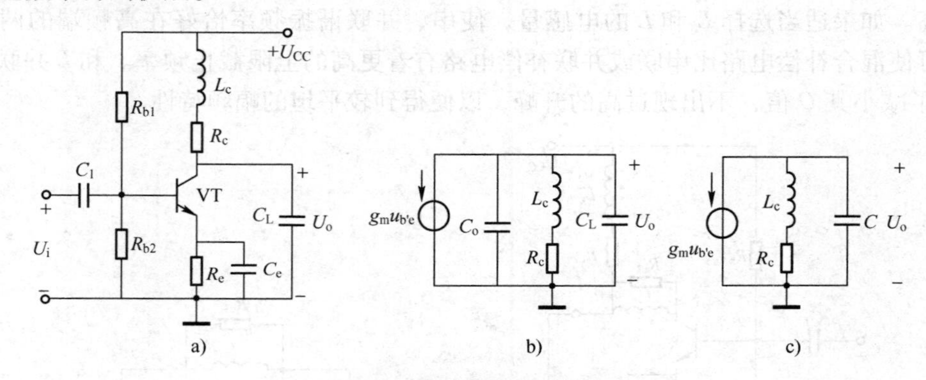

图 3-15　集电极回路并联补偿电路

a）电路　b）输出回路的等效电路　c）等效电路的简化电路

2）串联补偿。集电极回路串联补偿电路如图 3-16 所示。图中，L_c为补偿电感（其电感量较小），C_L为负载电容，C_1为耦合电容，C_e为发射极旁路电容。图 3-16b 为其输出回路的等效电路，其中 C_o为输出电容。从晶体管的输出端看过去，L_c与负载阻抗相串联，故称为串联补偿。

在频率较低时，由于 L_c、C_o和 C_L都较小，则它们的作用均可忽略，放大器的负载阻抗等于 R_c。当频率升高时，C_o的容抗变小，它的分流作用变大；同时，L_c与 C_L趋于串联谐振，使 C_L上电压增大，从而减弱了由于 C_o的分流作用而使输出电压减小的趋势。也就是说，利用 L_c把 C_o和 C_L隔开，可使电容在高频端对负载的分流作用减弱，因此放大器的高频特性得到改善。如果 L_o选择适当，使 L_c和 C_L的串联谐振频率正好处在高频增益开始明显下降的频率附近，可将高频的幅频特性提升，放大器的上限截止频率和通频带就得到扩展。

3）混合补偿。在实际应用电路中，常将并联补偿与串联补偿混合使用，使放大器的通频带得到进一步的扩展，这就组成了混合补偿电路或复杂补偿电路。图 3-17a 为一集电极回路混合补偿电路。图中，L_c为并联补偿电感，L 为串联补偿电感，而 R_f、C_f为发射极回路补偿元件，起到高频补偿作用。

频率很高时（比 R_f、C_f起补偿作用的频率更高），C_f可看作短路，若忽略发射极很小的电阻（由 R_{e1}、R_{e2}并联而成），则混合补偿电路的输出回路高频等效电路如图 3-17b 所示。由图可以看出，C_o、C_L及 L_c、L 等组成一个 π 型补偿网络，使其在谐振频率附近的输出电压

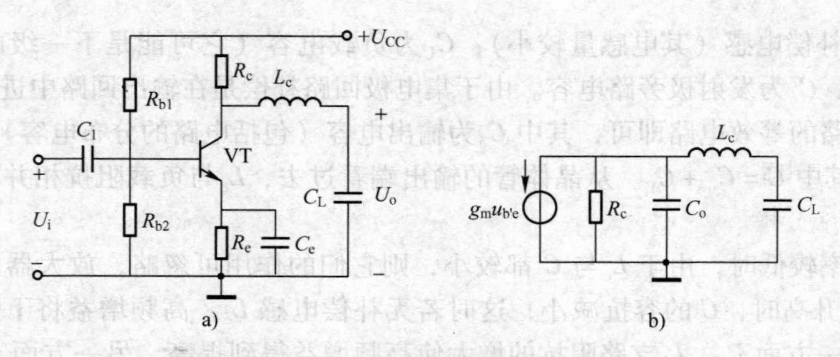

图 3-16　集电极回路串联补偿电路

a）电路　b）输出回路的等效电路

有所提高。如果适当选择 L_c 和 L 的电感量，使串、并联谐振频率恰好在高频端的两个频率上，就可使混合补偿电路比串联或并联补偿电路有着更高的上限截止频率。和 L 并联的电阻 R_{c1} 是为了减小其 Q 值，不出现过高的升峰，以便得到较平坦的幅频特性。

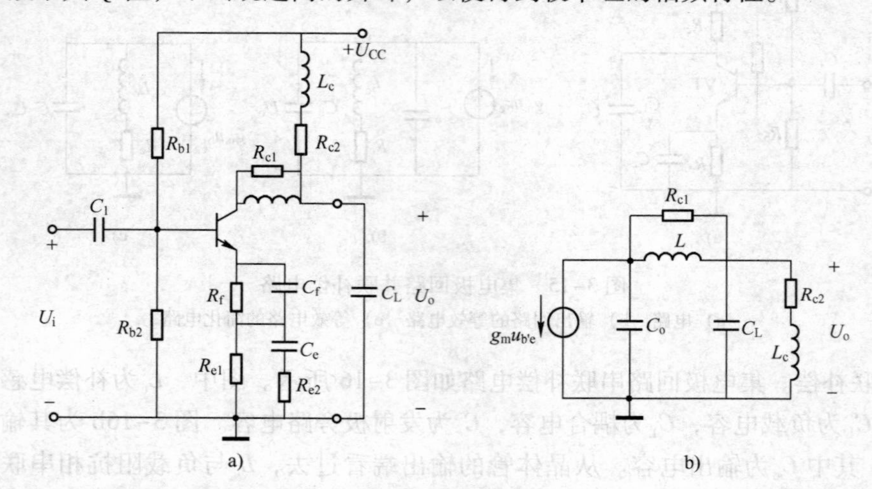

图 3-17　集电极回路混合补偿电路

a）电路　b）输出回路高频等效电路

最后应该指出，补偿法不能大幅度地扩展上限截止频率。若要成倍地提高上限截止频率，一般采用负反馈法。

2. 负反馈法

采用负反馈技术来增宽放大器的通频带，是一种非常重要的手段。它在宽带放大器中应用非常广泛。它是通过降低增益的代价来展宽频带的，反馈越深则通频带扩展得越宽。但是，加入负反馈后在改善放大器通频带的同时还会产生附加相移。这容易造成反馈放大器工作的不稳定，甚至出现自激振荡，这是在实践中必须注意的问题。

（1）单级负反馈电路

宽带放大器中常用的几种单级负反馈电路如图 3-18 所示。

图 3-18a 为电压串联负反馈电路。电路中电容 C_e 很大，对交流可视为短路，反馈元件为电阻 R_f。高频时由于晶体管高频参数的影响而导致输出电压下降时，负反馈电压同时下降，相对而言提高了净输入电压，使高频时增益下降变缓，从而展宽了频带。图 3-18b 为

电流串联负反馈电路，该电路的反馈元件还是电阻 R_f，但在 R_f 两端并联一只电容 C_f。C_f 为发射极回路补偿电容，其值较小，约为几皮法到几百皮法。由于 C_f 的作用，当频率增高时负反馈减弱，进一步展宽了频带。图 3-18c 为电压并联负反馈电路，该电路的反馈元件为电阻 R_f，与 R_f 相串联的电容 C_f 数值很大，对交流可视为短路。高频时输出电压减小，反馈电压下降，展宽了频带。

（2）交替负反馈

引入负反馈以后，频带展宽了，但增益也随之下降。为了保证足够大的增益，一般需要增加放大器的级数。宽带放大器中常用的负反馈电路有电流串联负反馈和电压并联负反馈两种。

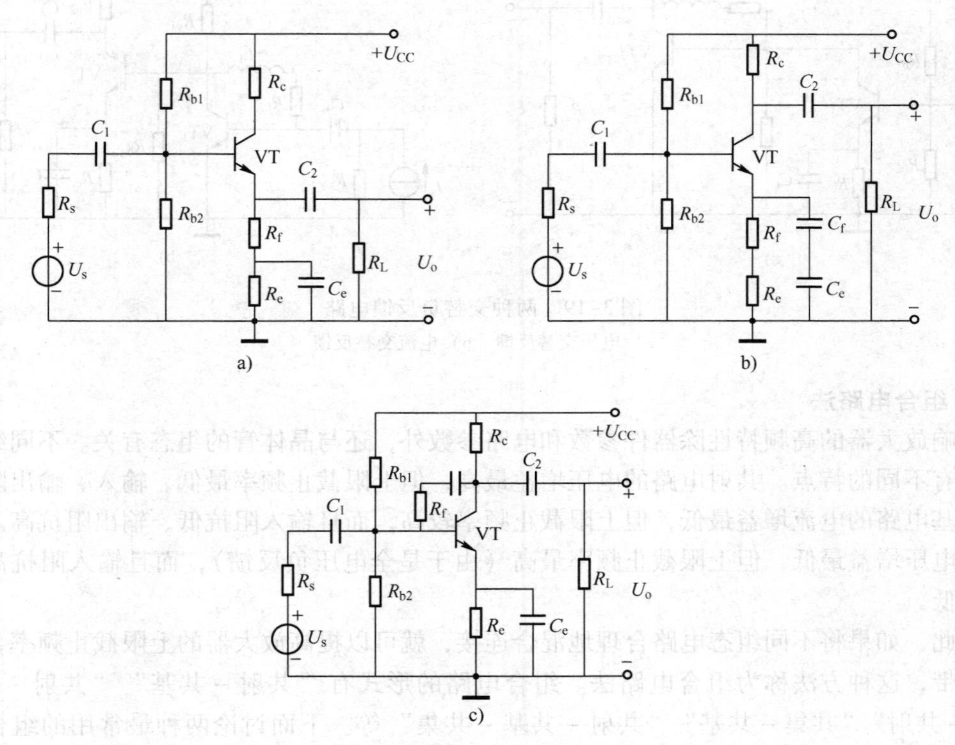

图 3-18　单级负反馈电路

a）电压串联负反馈　b）电流串联负反馈　c）电压并联负反馈

由负反馈理论可得知，电流串联负反馈的输出电阻较大，为了使负反馈能有效地加到输入端，它要求信号源是电压源；电压并联负反馈的输出电阻较小，为了使负反馈能有效地加到输入端，它要求信号源是电流源。因此，电流串联负反馈要求信号源是电压源，而它对负载或下级电路而言相当于一个电流源；电压并联负反馈要求信号源是电流源。而它对负载或下级而言相当于一个电压源。这样，电流串联负反馈电路正适合作为电压并联负反馈电路的信号源或负载；同时，电压并联负反馈电路也适合作为电流串联负反馈电路的信号源或负载。因此，由单级负反馈电路组成的多级宽带放大器时，若前级采用电流串联负反馈，则后级就应采用电压并联负反馈，反之，若前级采用电压并联负反馈，则后级应采用电流串联负反馈。这种前、后级采用不同的负反馈形式称为交替负反馈。

由于采用交替负反馈，在多级放大器中各级均可引入深度负反馈，因此它在宽带放大器得到广泛应用。图 3-19 所示为两种交替负反馈电路，图 3-19a 是先电流串联、后电压并联负反馈，电流串联负反馈的反馈元件是 R_e、C_e（C_e容量较小），C_e为发射极回路补偿电容，使放大器的上限截止频率得到进一步提高；电压并联负反馈的反馈元件是 R_f、L_f，L_f为反馈支路的补偿电感，也起着进一步提高上限截止频率的作用。这种交替负反馈前级信号源宜用电压源，又可稳定电流增益（或输出电压），称为电压交替负反馈电路。图 3-19b 是先电压并联、后电流串联负反馈，这种交替负反馈前级信号源宜用电流源。

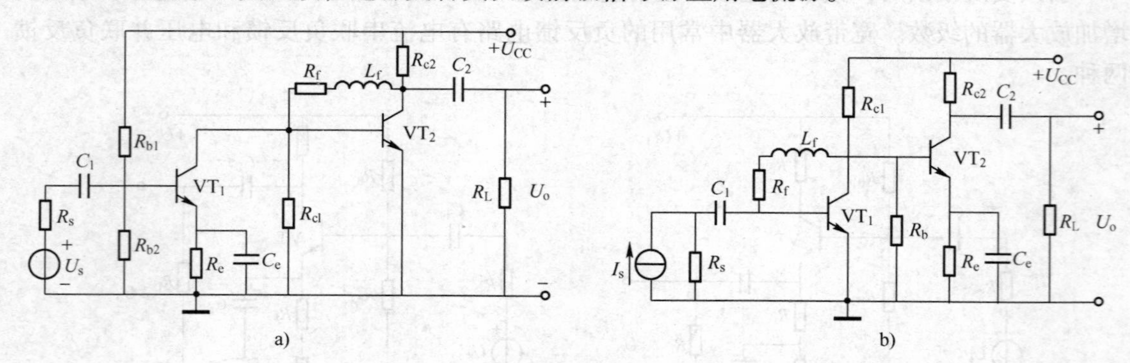

图 3-19　两种交替负反馈电路

a）电压交替反馈　b）电流交替反馈

3. 组合电路法

影响放大器的高频特性除器件参数和电路参数外，还与晶体管的组态有关。不同组态的电路具有不同的特点。共射电路的电压增益最高，但上限截止频率最低，输入、输出阻抗适中。共基电路的电流增益最低，但上限截止频率较高，而且输入阻抗低、输出阻抗高。共集电路的电压增益最低，但上限截止频率最高（由于是全电压负反馈），而且输入阻抗高、输出阻抗低。

因此，如果将不同组态电路合理地混合连接，就可以提高放大器的上限截止频率，扩展其通频带，这种方法称为组合电路法。组合电路的形式有“共射 - 共基”“共射 - 共集”“共集 - 共射”“共集 - 共基”“共射 - 共基 - 共集”等。下面讨论两种最常用的组合电路扩展通频带的原理。

（1）共射 - 共基组合电路

共射 - 共基组合电路如图 3-20 所示，图中 C_1、C_2为耦合电容，C_e为射极旁路电容，C_b为基极旁路电容。图 3-20b 为图 3-20a 的交流通路，其中因 VT_1的输入阻抗小而忽略 R_{b11}和 R_{b21}，且 R'_L等于 R_c和 R_L并联值。由图 3-20b 可以看出，VT_1为共射组态，VT_2为共基组态，所以这是共射 - 共基组合电路。

（2）共射 - 共集组合电路

共射 - 共集组合电路如图 3-21a 所示，它是在两级共射电路 VT_1、VT_3之间插入一级共集电路 VT_2。显然，VT_1、VT_2构成共射 - 共集组合电路，它们相应的交流通路如图 3-21b所示。这种组合电路的主要特点是利用共集电路 VT_2的阻抗变换作用来扩展共射电路 VT_1的通频带。

由图 3-21b 可见，VT_1的负载为 R_{c1}，它与 VT_2的输入阻抗并联。VT_2的输入电容主要包

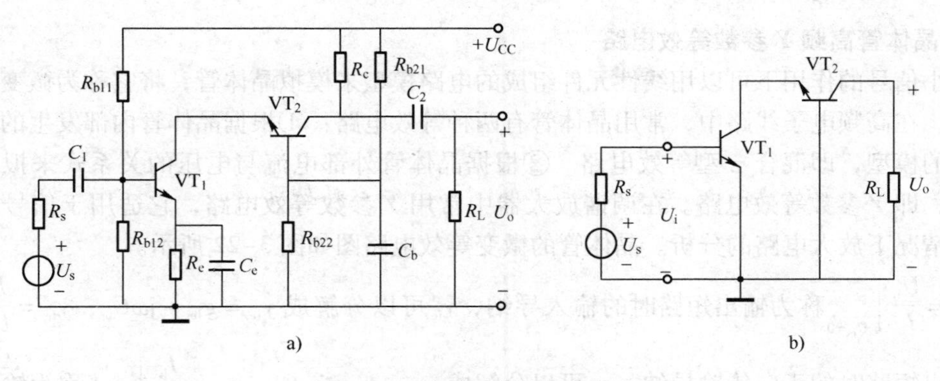

图 3-20　共射－共基组合电路

a）电路　b）交流通路

括 VT_2集电结电容 $C_{b'c2}$和负载电容 C_L折合到 VT_2输入端的电容，由于 VT_2的阻抗变换作用，C_L折合到 VT_2输入端的电容约为 $C_L/(1+\beta_2)$，则 VT_2的输入电容很小，因此提高了共射电路 VT_1的上限截止频率。此外，由于共集电路 VT_2为全电压负反馈电路，它的上限截止频率很高，因此整个共射－共集组合电路的上限截止频率提高了，通频带得到扩展。

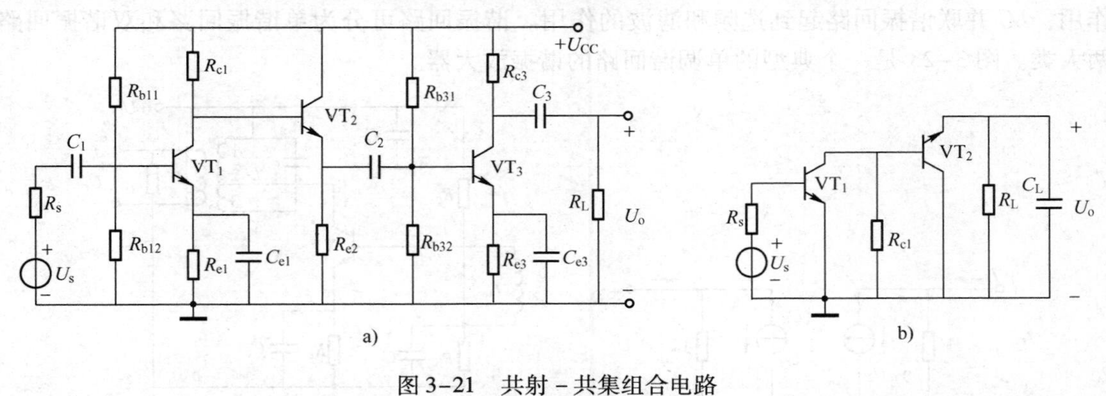

图 3-21　共射－共集组合电路

a）电路　b）交流电路

3.5　小信号谐振放大器

3.5.1　谐振放大器概述

高频小信号放大器是通信设备中常用的功能电路。所谓高频，是指被放大信号的频率在数百千赫至数百兆赫。小信号是指放大器输入信号小，可以认为放大器的晶体管（或场效应晶体管）是在线性范围内工作。这样就可以将晶体管（或场效应晶体管）看成线性元件，分析电路时可将其等效为二端口网络。高频小信号放大器的功能是对微弱的高频信号进行不失真地放大。谐振放大器就是采用谐振回路作负载的放大器，又称为调谐放大器。在高频电路中，它是一种最基本、最常见的放大电路。由于谐振放大器回路自身的特点，谐振放大器的增益高，并且具有选频特性和滤波作用，因而广泛应用于广播、电视、通信及雷达等接收设备中。

1. 晶体管高频 *Y* 参数等效电路

在小信号的作用下可以用线性元件组成的电路模型来模拟晶体管，将它称为微变参数等效电路。在高频电子线路中，常用晶体管有两种等效电路：①根据晶体管内部发生的物理过程拟定的模型，即混合 π 型等效电路。②根据晶体管外部电流与电压的关系式来拟定的网络模型，即 *Y* 参数等效电路。在调谐放大器中常用 *Y* 参数等效电路，它适用于信号频率非常高的情况下放大电路的分析。晶体管的微变等效电路图如图 3-22 所示。

$y_{ie}=\left.\dfrac{U_b}{I_b}\right|_{U_c=0}$ 称为输出短路时的输入导纳，y_{ie}可以分解成 $y_{ie}=g_{ie}+j\omega C_{ie}$；$y_{fe}=\left.\dfrac{I_c}{U_b}\right|_{U_c=0}$ 称为输出短路时的正向传输导纳，y_{fe}可以分解成 $y_{fe}=g_{fe}+j\omega C_{fe}$；$y_{re}=\left.\dfrac{I_b}{U_c}\right|_{U_b=0}$ 称为输入短路时的反向传输导纳，y_{re}可以分解成 $y_{re}=g_{re}+j\omega C_{re}$；$y_{oe}=\left.\dfrac{I_c}{U_c}\right|_{U_b=0}$ 称为输入短路时的输出导纳，y_{oe} 可以分解成 $y_{oe}=g_{oe}+j\omega C_{oe}$

2. 小信号谐振放大器的组成

小信号谐振放大器通常是由晶体管和并联谐振回路组成的。晶体管主要是进行电流放大作用，*LC* 并联谐振回路起到选频和滤波的作用。谐振回路可分为单谐振回路和双谐振回路两大类。图 3-23 是一个典型的单调谐回路的谐振放大器。

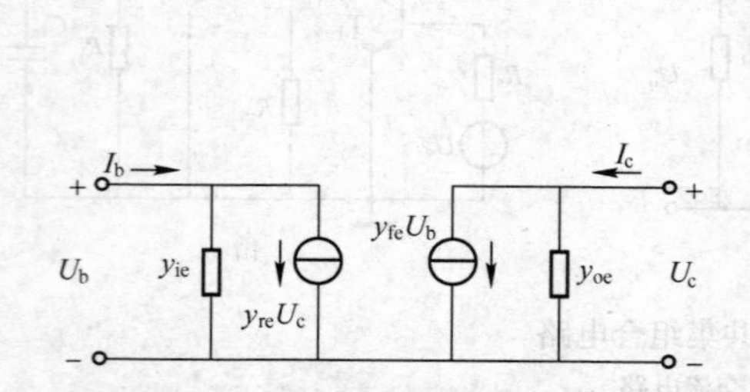

图 3-22　晶体管的微变等效电路

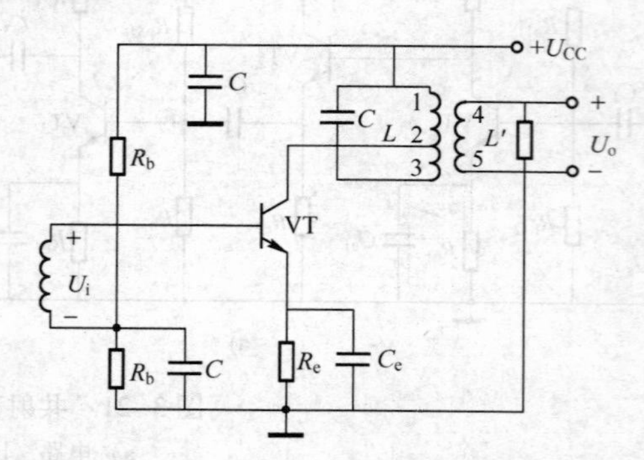

图 3-23　典型的单调谐回路的谐振放大器

3. 小信号谐振放大器的主要技术指标

（1）电压增益

电压增益是衡量小信号谐振放大器放大能力的一个重要指标。因为一般广播收音机要求解调前的增益要为 80 ~ 100 dB，而单级调谐放大器的稳定增益一般不超过 35 dB，考虑到整个接收机的稳定性，多级调谐放大器中，每级增益都应控制在 20 ~ 30 dB。

（2）通频带

谐振放大器主要用于已调波信号，而已调波信号都包括一定的频带宽度，故放大器必须有一定的通频带，使已调波信号能顺利通过放大器。一般调幅广播收音机的通频带约为 8 kHz，调频收音机的通频带约为 200 kHz，而电视机的通频带则高达 6 ~ 8 MHz。

（3）选择性

选择性是指小信号谐振放大器从各种不同频率的信号（包括有用信号和无用信号）中选出有用信号、抑制干扰信号的能力。衡量选择性的参数有矩形系数和抑制比两个参数。

1）矩形系数。理想的谐振放大器的幅频特性曲线应呈矩形，但实际谐振放大器的幅频特性曲线与矩形有较大差异。为了说明实际曲线偏离理想的矩形曲线的程度，引入矩形系数K_r这个参数。它的定义为：

$$K_{r0.1}=\frac{f_{bw0.1}}{f_{bw0.7}}$$

式中$f_{bw0.1}$为增益下降为最大增益的0.1倍时的带宽理想与实际谐振曲线，如图3-24所示。可见，一个理想的谐振放大器，其矩形系数应为1，即$K_r=1$。但实际上，任何一个谐振放大器的矩形系数都大于1。若谐振放大器的矩形系数越接近于1，则放大器的选择性越好，抑制干扰能力就越强。

2）抑制比。抑制比是指用放大器对某一特定干扰的抑制能力来衡量它的选择性。它定义为：

$$d=A_{un}/A_{u0}$$

式中，A_{un}表示放大器对某一频率f_n的干扰信号的放大倍数，A_{u0}为放大器的最大增益，抑制比示意图如图3-25所示。d则称为对此干扰信号的抑制比，常用分贝表示。

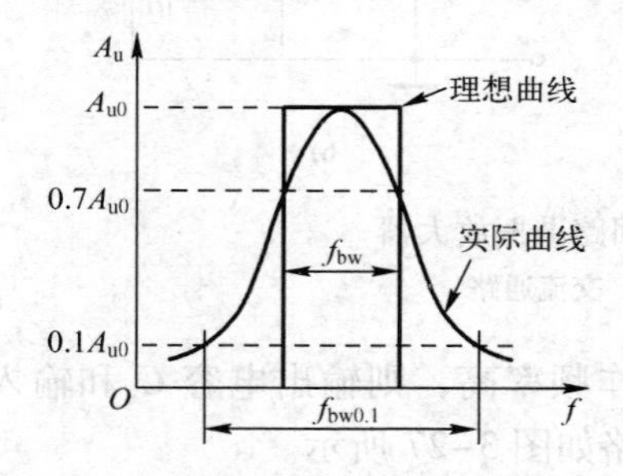

图3-24　理想与实际谐振曲线

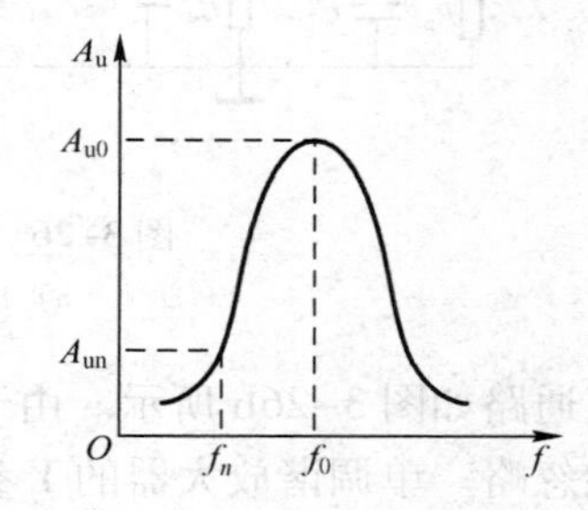

图3-25　抑制比示意图

3）稳定性。谐振放大器的稳定性是指当放大器的静态或工作条件发生变化时，其主要性能的稳定程度。一般不稳定现象有增益变化、中心频率偏移、通频带变窄及谐振曲线畸变等，因此，在设计时必须考虑电路的分布参数、晶体管的寄生参数等的影响，使其稳定工作。

4）噪声系数。放大器在工作时不但要受到外界无用信号的干扰，放大器本身也会产生无用信号，这种无用信号称为噪声。它是由于放大器中的元器件内部载流子的不规则运动而引起的。通常用噪声系数来表示放大器的噪声性能。放大器的噪声系数恒大于1，放大器的噪声系数越小，则放大器的噪声性能越好。

噪声系数用NF表示，它的定义如下：

$$NF=\frac{p_{si}/p_{ni}}{P_{so}/P_{no}} \tag{3-30}$$

式中，P_{si}/P_{ni}为放大器输入端的信噪比，P_{so}/P_{no}为放大器输出端的信噪比。噪声系数通常用分贝（dB）表示：

$$NF=10\ \lg\frac{P_{si}/P_{ni}}{P_{so}/P_{no}} \tag{3-31}$$

3.5.2 单调谐回路谐振放大器

1. 单调谐放大器电路

图 3-26a 为共射单调谐回路谐振放大器，R_{b1}、R_{b2} 和 R_e 组成稳定静态工作点的偏置电路，C_1、C_2、C_e 为高频旁路电容，R_L 为下级输入电阻。此电路的晶体管输出端与负载输入端都采用了部分接入的方式与回路连接。原因有 3：①如果晶体管的输出与输入导纳直接并接于谐振回路两端，将使回路 Q 值降低，增益下降；②当电路的分布参数和直流偏置发生变化时，将引起谐振频率的变化，采用部分接入法可减小这种变化，提高稳定性；③使放大器的前后级匹配。

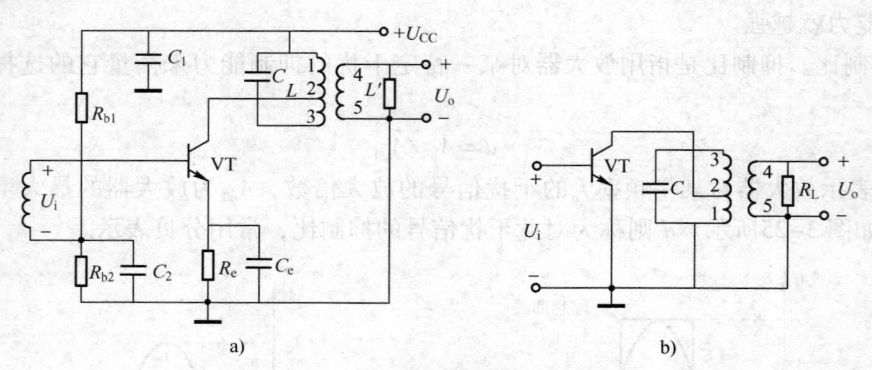

图 3-26 共射单调谐回路谐振放大器
a）电路原理图 b）交流通路

其交流通路如图 3-26b 所示。由于晶体管工作频率高，则输出电容 C_o 和输入电容 C_i 的影响就不能忽略。单调谐放大器的 Y 参数等效电路如图 3-27 所示。

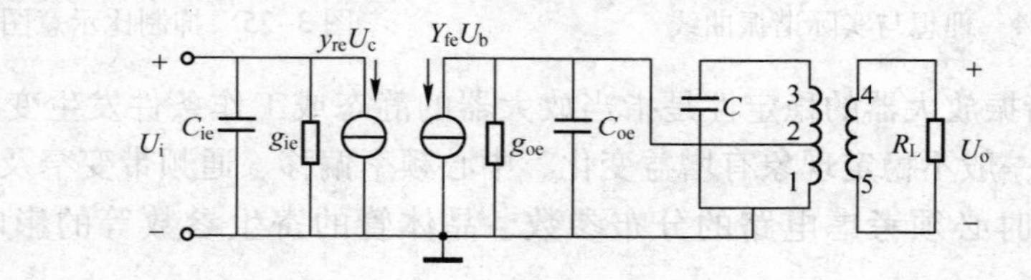

图 3-27 单调谐放大器的 Y 参数等效电路

在等效电路中，g_{oe} 和 C_{oe} 为晶体管的输出导纳和输出电容，$g_L = 1/R_L$。设回路线圈 L 的 1～2 间的线圈匝数为 $N_{1\sim2}$，2～3 间的线圈匝数为 $N_{2\sim3}$，4～5 间的线圈匝数为 $N_{4\sim5}$，且 $N_{1\sim2} + N_{2\sim3} = N$。不计互感时，晶体管的接入回路的接入系数为：

$$p_1 = \frac{N_{1\sim2}}{N_{1\sim2} + N_{2\sim3}} = \frac{N_{1\sim2}}{N} \tag{3-32}$$

晶体管的负载接入系数为：

$$p_2 = \frac{N^{4\sim5}}{N} \tag{3-33}$$

按照自耦合电路及变压器耦合电路的等效原理，将所有元器件电压和电流折算到整个回路两端，便得到等效电路的简化电路，如图 3-28 所示。其中，

$$I = p_1 y_{fe} U_I \tag{3-34}$$

$$u_{o'} = \frac{U_o}{p_2} \tag{3-35}$$

$$C_{\Sigma} = C + C_{oe} p_1^2 \tag{3-36}$$

$$g_{\Sigma} = g_{oe} p_1^2 + g_L p_2^2 + g_0 \tag{3-37}$$

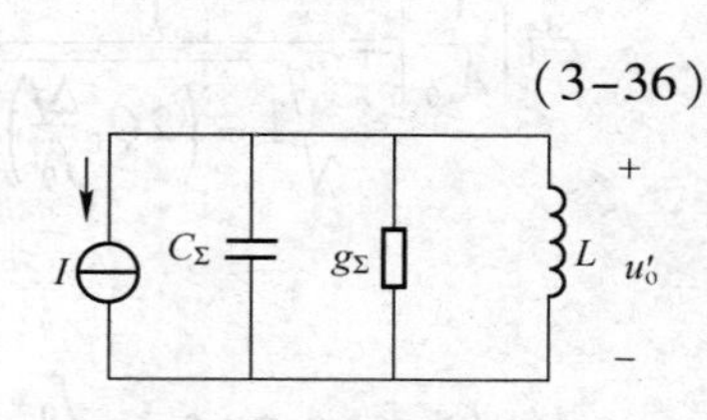

图 3-28　等效电路的简化电路

式中，g 为电感的自损耗电导，$g_0 = 1/Q_0 \omega_0 L$。

2. 单调谐放大器的工程估算

（1）单调谐放大器的电压放大倍数

根据放大器的放大倍数的定义 $A_u = \frac{u_o}{u_i}$ 可得：

$$A_u = -\frac{p_1 p_2 y_{fe}}{g_{\Sigma}\left(1 + jQ_L \frac{\Delta f}{f_0}\right)} \tag{3-38}$$

式中：

$$Q_L = \frac{\omega_0 C_{\Sigma}}{g_{\Sigma}} = \frac{1}{\omega_0 g_{\Sigma} L} \tag{3-39}$$

$$\Delta f = f - f_0 \tag{3-40}$$

$$f_0 = \frac{1}{2\pi \sqrt{LC_{\Sigma}}} \tag{3-41}$$

则电压增益的模值为：

$$|A_u| = \frac{p_1 p_2 |y_{fe}|}{g_{\Sigma}\sqrt{1 + \left(Q_L \frac{2\Delta f}{f_0}\right)^2}} \tag{3-42}$$

在实际应用中，用在谐振时的情况较多，其谐振用 A_{u0} 表示。

$$A_{u0} = -\frac{p_1 p_2 |y_{fe}|}{g_{\Sigma}} \tag{3-43}$$

$$|A_{u0}| = \frac{p_1 p_2 |y_{fe}|}{g_{\Sigma}} \tag{3-44}$$

（2）通频带

放大器的谐振曲线是指小信号谐振放大器 A_u/A_{u0} 随频率而变化的曲线。单调谐放大器的谐振曲线如图 3-29 所示。

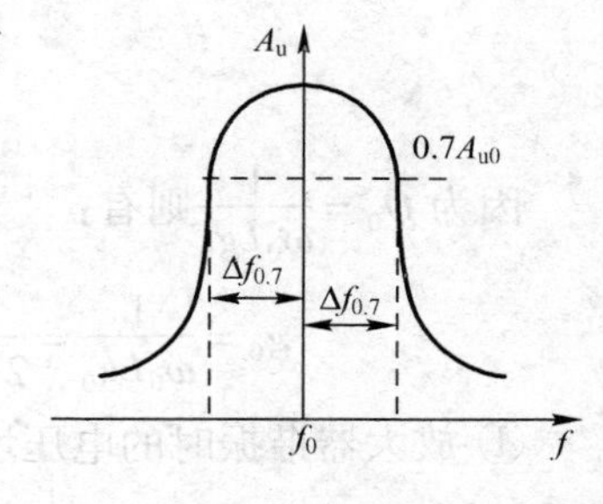

图 3-29　单调谐放大器的谐振曲线

根据前面的分析可得：

$$\left|\frac{A_u}{A_{u0}}\right| = \frac{1}{\sqrt{1 + \left(2Q_L \frac{\Delta f}{f_0}\right)^2}} \tag{3-45}$$

当 $|A_u/A_{u0}| = 1/\sqrt{2}$ 时，可求得 3 dB 带宽，即：

$$f_{bW} = 2\Delta f_{0.7} = \frac{f_0}{Q_L} \tag{3-46}$$

可以看出，单调谐放大器的通频带取决于回路的谐振频率 f_0 以及有载品质因数 Q_L。当

f_0确定时，Q_L越高，通频带越窄；Q_L越低，通频带越宽。

（3）选择性

当$\left|\frac{A_u}{A_{u0}}\right| = \frac{1}{\sqrt{1+\left(2Q_L\frac{\Delta f}{f_0}\right)^2}} = \frac{1}{10}$时，可得到：

$$2\Delta f_{0.1} = \sqrt{10^2-1}\frac{f_0}{Q_L} \tag{3-47}$$

又因为$f_{bW} = 2\Delta f_{0.7} = \frac{f_0}{Q_L}$，故：

$$K_{r0.1} = \frac{f_{bw0.1}}{f_{bw}} = \sqrt{10^2-1} \approx 9 \tag{3-48}$$

上式结果可以看出，单调谐放大器的矩形系数远大于1，也就是说谐振放大器的谐振曲线与理想情况相差甚远，故它的选择性较差，这也是谐振放大器的一大弱点。

从前面的分析可以看到，从提高选择性的要求来看，希望Q_L高些好；但从加宽通频带的要求来看，则希望Q_L低些好。所以选择性和通频带对Q_L的要求相矛盾，在实际中要兼顾两方面的要求。倘若它们之间的矛盾无法解决，则可以采用其他形式的放大电路，如双回路谐振放大器等。

【例3-3】 图3-30为调幅收音机中频放大器，两级晶体管均为3AG31，调谐回路为TTF-2-3型中频变压器，$L=560\mu H$，$Q_o=100$，抽头如图所示，$N_{1\sim2}=46$匝，$N_{1\sim3}=162$匝，$N_{4\sim5}=13$匝，工作频率为465 kHz。3AG31的参数如下：$g_{ie}=1.0\ ms$，$c_{ie}=400\ pF$；$g_{oe}=110\ \mu s$，$c_{oe}=62\ pF$，$|y_{fe}|=28\ ms$，$\varphi_{fe}=340°$，$|y_{re}|=2.5\ \mu s$；$\varphi_{re}=290°$。

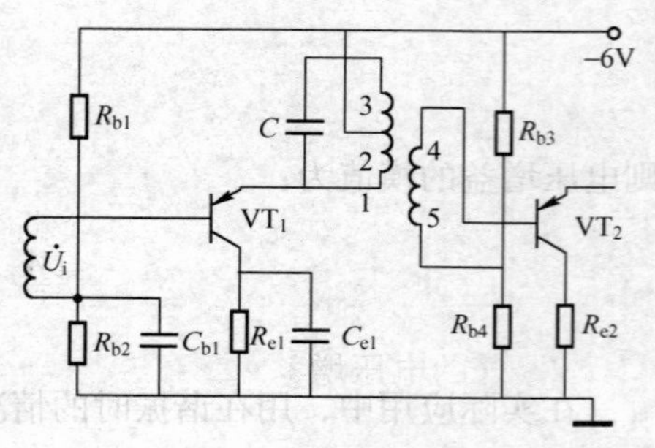

图3-30 调幅收音机中频放大器

试计算放大器谐振时的①电压增益；②通频带；③矩形系数。

解： 放大器的接入系数为：

$$p_1 = \frac{N_{1\sim2}}{N_{1\sim3}} = \frac{46}{162} = 0.28$$

$$p_2 = \frac{N_{4\sim5}}{N_{1\sim3}} = \frac{13}{162} = 0.08$$

因为$Q_0 = \frac{1}{\omega_0 L g_0}$则有：

$$g_0 = \frac{1}{\omega_0 L g_0} = \frac{1}{2\pi\times465\times10^3\times560\times10^{-6}\times100}\ s = 6.12\times10^{-6}\ s$$

① 放大器谐振时的电压增益为：

$$A_{uo} = \frac{p_1p_2|y_{fe}|}{g_{\Sigma}} = \frac{p_1p_2|y_{fe}|}{p_1^2g_{oe}+p_2^2g_{ie}+g_0}$$

$$= \frac{0.28\times0.08\times28\times10^{-3}}{0.28^2\times110\times10^{-6}+0.08^2\times1\times10^{-3}+6.12\times10^{-6}}$$

$$=\frac{0.63\times10^{-3}}{21\times10^{-6}}=30$$

有载品质因数为：

$$Q_{\rm L}=\frac{1}{\omega_0 L g_{\Sigma}}=\frac{1}{2\pi\times465\times10^3\times560\times10^{-6}\times21\times10^{-6}}=29$$

② 通频带为：

$$BW=\frac{f_0}{Q_{\rm L}}=\frac{465\times10^3}{29}=16\ {\rm kHz}$$

③ 矩形系数为：

$$K_{\rm r0.1}=\sqrt{10^2-1}=9.95$$

3.5.3　多级单调谐放大器

为了满足通信机高增益的要求，在分立元器件电路中常采用多级放大器。工作时，各级放大器应调谐在同一个频率上。

1. 电压增益

设有 n 级放大器级联，各级电压增益分别为 $A_{\rm u1}$，$A_{\rm u2}$，…，$A_{\rm un}$，则总电压增益为 $A_{\rm u}=A_{\rm u1}A_{\rm u2}\cdots A_{\rm un}$，可以看出，$n$ 级相同的放大器级联后，总的电压增益比单级放大器的增益增大了，且级数越多，总的电压增益越大。

假设每级放大器结构与参数均相同，即各级电压增益相同，则总电压增益为：

$$A_{\rm u}=(A_{\rm u1})^n=\frac{(p_1p_2)^n\,|y_{\rm fe}|^n}{\left[g_{\Sigma}\sqrt{1+\left(\frac{2\Delta fQ_{\rm L}}{f_0}\right)^2}\right]^n}\tag{3-49}$$

谐振处的电压增益振幅为：

$$A_{\rm u0}=\left(\frac{p_1p_2}{g_{\Sigma}}\right)^n|y_{\rm fe}|^n\tag{3-50}$$

因此，其电压增益谐振曲线方程为：

$$\frac{A_{\rm u}}{A_{\rm u0}}=\frac{1}{\left[1+\left(\frac{2\Delta fQ_{\rm L}}{f_0}\right)^2\right]^{\frac{n}{2}}}\tag{3-51}$$

n 级单调谐放大器的谐振曲线见图3-31。

2. 通频带

由此可求得 n 级放大器总的通频带为：

$$BW_{\rm n}=2\Delta f_{0.7}=\sqrt{2^{1/n}-1}\times\frac{f_0}{Q_{\rm L}}$$

$$=\sqrt{2^{1/n}-1}\times BW_1\tag{3-52}$$

式中，BW_1 为单级调谐放大器的通频带。显然，n 级相同的放大器级联后，总的通频带比单级放大器的通频带缩小了，且级数越多，$BW_{\rm n}$ 越小，$\sqrt{2^{1/n}-1}$ 叫作缩减因子。

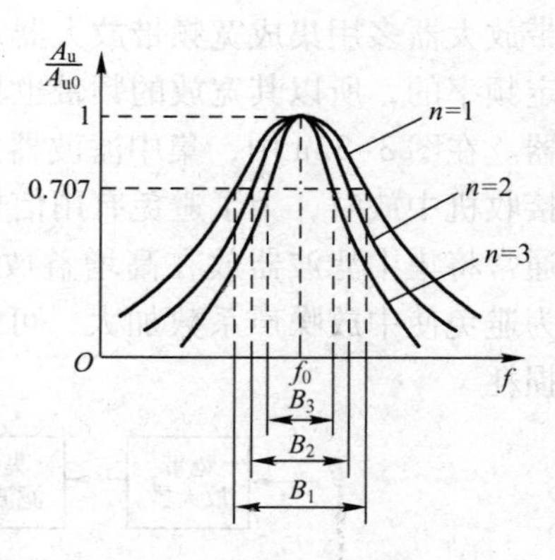

图3-31　n 级单调谐放大器的谐振曲线

图 3-31 直观地反映了通频带与级数 n 的变化关系。

3. 选择性

由式（3-51）也可求得 n 级单调谐放大器级联后的矩形系数为：

$$K_{r0.1}=\frac{BW_{n0.1}}{BW_{n0.7}}=\frac{\sqrt{100^{1/n}-1}}{\sqrt{2^{1/n}-1}} \tag{3-53}$$

表 3-1 所示为单调谐放大器级数与矩形系数的关系。可见，当级数 n 增加时，矩形系数有所改善，但这种改善是有一定限度的，超过 3 级后，其改善程度已不明显。

表 3-1　单调谐放大器级数与矩形系数的关系

级数 n	1	2	3	4	5	6	7	8	9	10
矩形系数 $K_{r0.1}$	9.95	4.90	3.74	3.40	3.20	3.10	3.00	2.93	2.85	2.56

由此可见，采用级联调谐放大器可以提高电路增益，改善矩形系数，但频带宽度受到限制，同时，由于布线、焊点的增多，易产生各种干扰及影响电路的可靠性。因此，随着高增益宽带集成电路的性能指标不断提高，集成调谐放大器越来越得到广泛的应用，并逐步取代了采用分立元器件的多级调谐放大器。

3.6　集中选频放大器

调谐放大器虽然有增益高、矩形系数好等优点而应用较广，但也还存在着一些缺点：如多级放大器中因谐振回路多，每级都要谐调，故调整不方便；回路直接与有源器件相连，其频率特性会受到来自晶体管参数、分布参数变化的影响，使其不能满足某些特殊频率特性的要求，如频带很窄，或者要求通带宽较窄，或者要求通带外衰减很大的场合。随着电子技术的不断发展和新型元器件的不断涌现，采用集中滤波和集中放大相结合的小信号高频放大器用得越来越多，它被称为集中选频式放大器。因多用于中频段，故又称为集成中频放大器。

3.6.1　集中选频放大器的组成及特点

图 3-32 是集中选频放大器的组成示意框图。它是由宽带放大器和集中滤波器组成，宽带放大器多用集成宽频带放大器，它体积小、性能好、可靠性高。由于集中滤波器通常是固定频率的，所以其宽放的频带也只需比滤波器的通频带宽些就可以了，如接收机的中频放大器。在图 3-32a 中，集中滤波器接在高增益宽带放大器的后面。当集成选频式放大器用于接收机中放时，为了避免有用信号频率附近的干扰信号在宽带放大器中产生的非线性作用，通常将集中滤波器放在高增益放大器之前，如图 3-32b 所示。若集中滤波器衰减较大时，为避免使中放噪声系数加大，可在集中滤波器前加低噪声的前置放大器，以补偿滤波器的损耗。

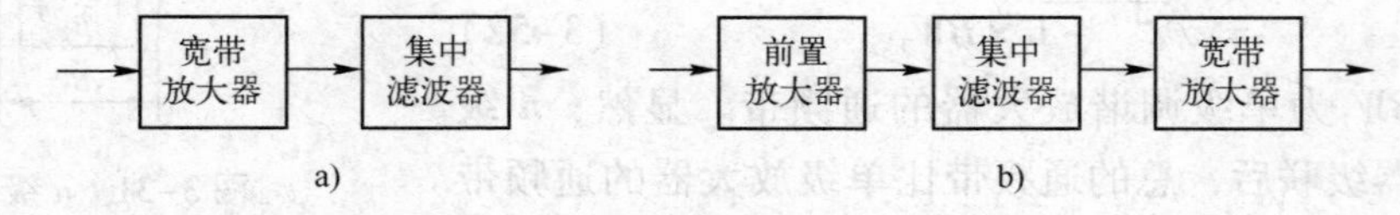

图 3-32　集中选频放大器的组成示意框图

起到选频作用的部件是一个具有高选择性的集中滤波器，常用的有 *LC* 带通滤波器、晶体滤波器、陶瓷滤波器以及声表面波滤波器等。目前，这些滤波器已得到广泛应用。晶体滤波器已在前面作过介绍，下面简单介绍陶瓷滤波器和声表面波滤波器。

3.6.2 陶瓷滤波器

陶瓷滤波器是由锆钛酸铅陶瓷材制成的。把这种材料制成片状，经过直流高压极化后，它具有压电效应。如果在陶瓷片的两面加一高频交流电压，就会产生机械形变振动，同时机械形变振动又会产生交变电场，即同时产生机械振动和电振荡。当外加高频电压信号的频率等于陶瓷片的固有振动频率时，将产生谐振，此时机械振动最强，相应的陶瓷片两面所产生的电荷量最大，外电路的电流也最大。可用陶瓷片具有串联谐振特性来制作滤波器。

1. 陶瓷滤波器的等效电路

陶瓷滤波器的特性与石英晶体的特性基本相似，也可以用串联、并联 *LC* 电路来等效。其串联谐振频率为f_q，并联谐振频率为f_p，且$f_q > f_p$。这部分知识请参考石英晶体特性的知识。

2. 陶瓷滤波器的工作原理

这里以二振子三端陶瓷滤波器为例来介绍其特性，电路如图 3-33 所示。

将L_1、L_2一串一并置于电路中，适当选择其频率，可得到较理想的滤波特性。如要求滤波器通过(465 ±5) kHz 的信号，可使L_1的串联谐振频率f_{q1} = 465 kHz，并联谐振频率f_{p1} = (465 +5) kHz；使L_2的并联谐振频率f_{p2} = 465 kHz，串联谐振频率f_{q2} = (465 -5) kHz。这样对 465 kHz 的信号，L_1串联谐振呈低阻抗状态，而L_2串联谐振呈高阻状态，故信号不会受衰减和分流而直接通过滤波器。而对(465 +5) kHz 的信号，并联谐振而呈高阻状态，使信号强烈衰减而不能通过；对(465 -5) kHz 的信号，L_2因串联谐振而呈低阻状态，故L_2对其信号的分流作用很大，使输出端对(465 -5) kHz 信号为短路状态而无法输出。这就使电路具有了很好的带通和带阻特性。二振子三端陶瓷滤波器的电抗特性如图 3-34 所示。

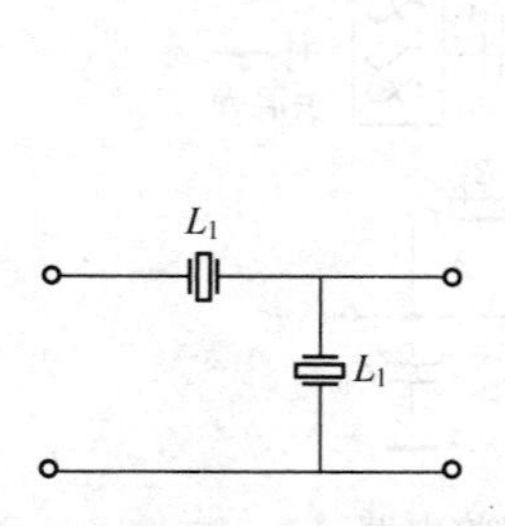

图 3-33　二振荡子三端陶瓷滤波器

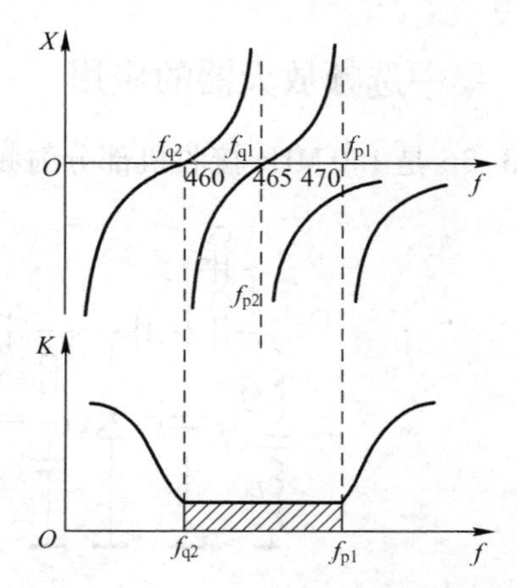

图3-34　二振子三端陶瓷滤波器的电抗特性

3.6.3 声表面波滤波器

声表面波滤波器是利用沿弹性体表面传播机械波的一种器件。它采用了与集成电路相同的生产工艺，因而制造简单，体积小重量轻；同时，中心频率高，相对频带宽，矩形系数接近于1。故自20世纪70年代以来，它得到了广泛的应用。图3-35a是典型的声表面波滤波器的结构示意图，图3-35b为它的表示符号。滤波器的基片材料是石英晶体、陶瓷等压电晶体，经表面抛光后在晶体表面上镀一层金属膜，并经过光刻工艺制成两组相互交错的叉指型金属电极。它具有能量转换功能，故称为叉指换能器。在声表面波滤波器中，输入和输出端各有一个这样的换能器。

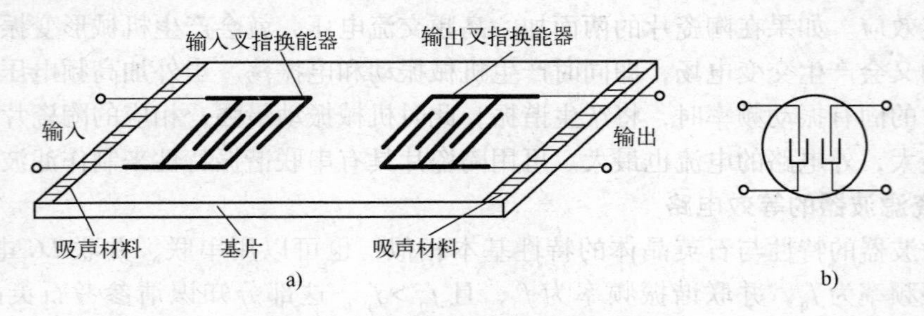

图3-35　声表面波的结构示意图

a）结构示意图　b）符号

当在一组换能器两端加上交流信号电压时，由于压电晶体的反压电效应，压电晶体片产生弹性振动，并激发出与外加信号电压相同频率的弹性波，称之为声波。这种声波的能量主要集中在晶体表面，故又称为声表面波。

叉指电极产生的声表面波，沿着与叉指电极垂直方向双向传输。一个方向的声表面波被材料吸收，而另一个方向的声表面波则传送到输出端的叉指换能器，通过正压电效应还原成电信号送入负载。

它的物理原理是：当信号频率等于叉指换能器的固有频率时，换能器产生谐振，输出信号幅度最大；当信号频率偏离谐振频率时，输出信号的幅度减小。所以，声表面波滤波器有选频作用。

3.6.4　集中选频放大器的应用

图3-36是150 MHz接收机部分射频接收电路。

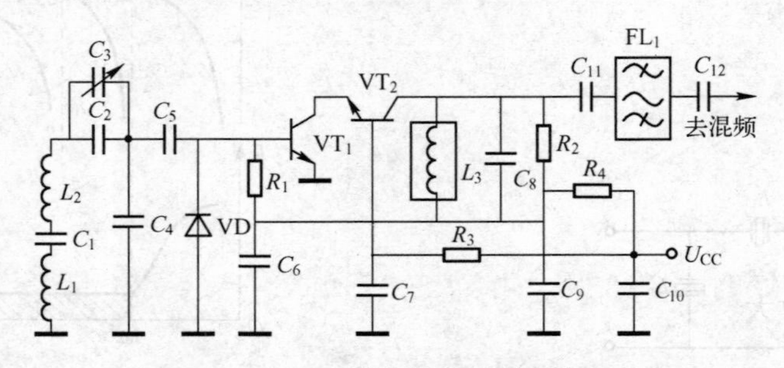

图3-36　150 MHz接收机部分射频接收电路

（1）天线

L_1、L_2是一个双环路金属板天线，C_1、C_2和微调电容C_3为其调谐电容，其作用是提高接收机的选择性。从天线接收到的射频信号通过由C_4和C_5组成的阻抗匹配网络耦合到射频放大器输入端。

（2）射频放大器

从天线输入的射频信号由射频放大器放大。放大器是包含 VT_1 和 VT_2 及有关元器件的级联电路。VT_1 和 VT_2 组成共发射极－共基极级联电路，它的特点是稳定且反馈最小，因此，在电路中无需中和。VD 是保护二极管，防止负脉冲信号损坏 VT_1。

（3）带通滤波器

带通滤波器用来滤除无用的射频输入信号，提高接收机的抗扰性。其电路包括声表面波射频带通滤波器 F、L_1、C_8 和 L_3。电容 C_8 和电感 L_3 用作射频放大器和滤波器之间的阻抗匹配。

3.7 本章小结

1）高频功率放大器分为窄带高频功率放大器和宽带高频功率放大器，它们各自应用在不同的场合。

2）宽带放大器的特点是待放大的信号频率高、频带宽、负载为非线性。它的分析方法有稳态法和暂态法两种。组成宽带放大器时应选用 f_T 高、r'_{bb} 和 $C_{b'e}$ 小的高频管。提高放大器上限截止频率的方法有补偿法、负反馈法和组合电路法等 3 种。

3）为了提高效率，谐振功率放大器一般工作在丙类状态，其集电极电流是失真严重的脉冲波形，而调谐在信号频率的集电极谐振回路将滤除谐波，得到不失真波形。

4）谐振功率放大器有欠电压、临界、过电压 3 种状态，其性能可用负载特性、调制特性和放大特性来描述。

5）谐振功率放大器电路包括集电极馈电电路、基极馈电电路和匹配网络等。

6）小信号谐振放大器是一种应用相当广泛的高频电子线路。本章对此电路的工作原理、电路组成、技术指标进行了较详细的分析。小信号调谐放大器的负载是 LC 调谐回路。放大器获得增益是靠电子器件，而选频作用则靠调谐回路。单调谐回路放大器的通频带 $f_{bw}=f_0/Q_e$，其矩形系数较差。

7）集成中频放大器是近 20 年来迅速发展的一种新型器件，本章重点介绍了两种滤波器：陶瓷滤波器和声表面波滤波器。陶瓷滤波器的选频特性比 LC 回路的选频特性好，但是工作频率不能太高。声表面波滤波器的工作频率能达到千兆数量级。

3.8 习题

1. 填空

1）谐振功率放大器的主要性能是________和________。

2）为了提高效率，谐振功放一般工作于________状态，i_c 是余弦脉冲，集电极回路调谐在________频率上，以获得不失真的输出。

3）丙类功率放大器有________、________、________ 3 种状态，临界状态时功放输出________大，效率________，欠电压、过电压状态时功率放大器可用作为________电路。

4）为使谐振功率放大器从临界状态变为过电压状态，应使 V_c________，或使 U_b

________，或使 R_c________。

5）为了使丙类功率放大器正常工作，必须正确设计直流________电路与________电路。

2. 简答题

1）为什么低频功率放大器不能工作于丙类状态？而高频功率放大器则可以工作在丙类状态？

2）为什么谐振功率放大器通常工作于乙类或丙类状态？它们的谐振回路起什么作用？

3）谐振功率放大器为什么一般工作在临界或弱过压状态？

4）谐振放大器调至临界状态，可通过改变哪些参数来实现？

5）何为谐振功率放大器的负载特性？

6）宽带放大器的主要特点和分析方法是什么？

7）试比较展宽频带的3种方法，各有什么特点？

8）简述发射极回路补偿放大器的补偿原理。

9）简述共射－共集组合电路扩展频带的原理。

10）小信号谐振放大器的“小信号”有何意义？小信号谐振放大器由哪几部分组成？每部分的功能是什么？小信号谐振放大器的谐振回路主要起何作用？

11）小信号谐振放大器的技术指标有哪些？每个指标分别反映了放大器的什么特征？

12）采用多级单调谐放大器后，电路的性能指标有何变化？

3. 计算题

1）某谐振功率放大器，已知 $V_c=24$ V，$p_0=5$ W。试计算：①当 $\eta_c=60\%$ 时，p_c 与 I_{CO} 各为多少？②若 p_c 不变，$\eta_c=80\%$，求 p_c 大小。

2）一谐振功率放大器，若分别工作在甲、乙、丙3种不同工作状态，且效率分别 $\eta_1=50\%$，$\eta_2=75\%$，$\eta_3=85\%$。试计算：①当 $P_0=5$ W 时，3种工作状态下的 p_c 各为多少？② 若保持 $p_c=1$ W 不变，3种工作下的 p_0 各为多少？

3）某谐振功率放大器，$V_c=12$ V，负载谐振电阻 $R_p=50\ \Omega$，设 $\xi=0.90$，$\theta_c=75°$，求 p_0 和 η_c（已知 α_0（75°）=0.269，α_1（75°）=0.455）。

4）给定并联谐振回路的谐振频率 $f_0=5$ MHz，$C=50$ pF，通频带 $2\Delta f_{0.7}=150$ kHz，试求电感 L、品质因数 Q_0 以及对信号源频率为5.5 MHz时的衰减；又若把 $2\Delta f_{0.7}$ 加宽至300 kHz，应在回路两端并一个多大的电阻。

5）LC谐振电路如图3-37所示。已知 $L=0.8\ \mu$H，$Q_0=100$，$C_1=C_2=20$ pF，$C_i=5$ pF，$R_i=10$ kΩ，$C_L=20$ pF，$R_L=50\ \Omega$。试计算回路谐振频率，谐振电阻（不计 R_o 与 R_i 时），有载品质因数 Q_L 和通频带。

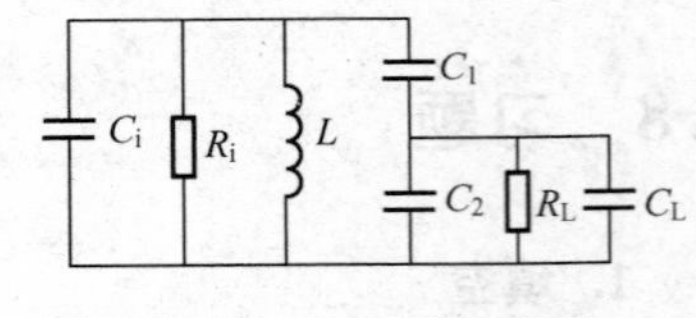

图3-37 LC谐振电路

6）对于收音机的中频放大器，其中心频率为 $f_0=465$ kHz，$B=8$ kHz 回路电容 $C=200$ pF，试计算回路电感和 Q_L 值。若电感线圈的 $Q_0=100$，问在回路上应并联多大的电阻才能满足要求？

7）已知电视伴音中频并联谐振回路的 $B=150$ kHz、$f_0=6.5$ MHz、$C=47$ pF，试求回路电感 L、品质因数 Q_0、信号频率为6 MHz时的相对失谐。欲将带宽增大一倍，会陆续并联多大的电阻？

8）图 3-38 中已知用于 FM（调频）波段的中频调谐回路的谐振频率 $f_0 = 10.7\ \text{MHz}$、$C_1 = C_2 = 15\ \text{pF}$、空载 Q 值为 100，$R_L = 100\ \text{k}\Omega$，$R_s = 3\ \text{k}\Omega$。试求回路电感 L，谐振阻抗、有载 Q 值和通频带。

9）单调谐放大器如图 3-39 所示，已知晶体管 3DG6C 参数 $g_{oe} = 1.1\ \text{ms}$，$c_{oe} = 6\ \text{pF}$，$|Y_{re}| = 0.16\ \text{ms}$，$|Y_{fe}| = 80\ \text{ms}$，$c_{ie} = 25\ \text{pF}$，$g_{ie} = 11\ \text{ms}$，$Q_0 = 100$。放大器谐振频率为 20 MHz。$C = 12\ \text{pF}$，$N_{1\sim2} = 8$ 匝，$N_{2\sim3} = 2$ 匝，$N_{4\sim5} = 2$ 匝。

试计算：①回路电感量 L；电压增益 A_{u0}；②通频带。

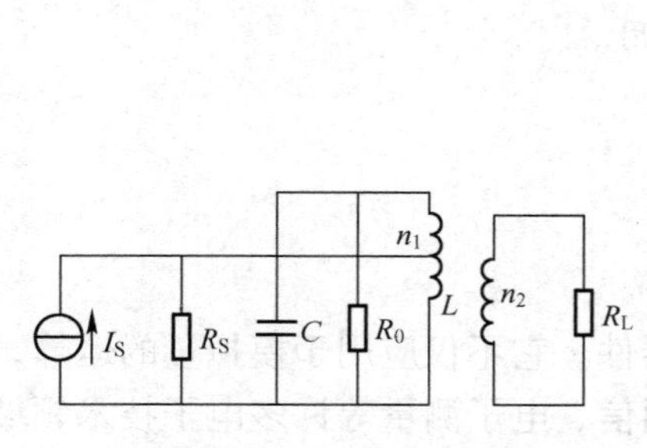

图 3-38　*LC* 谐振电路

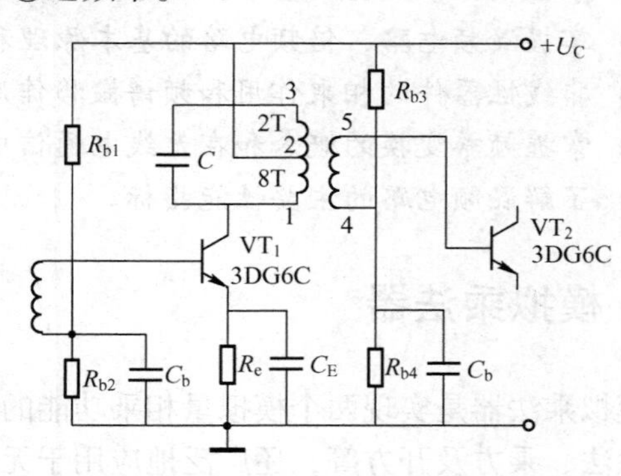

图 3-39　单调谐放大器

10）已知某单调谐放大器谐振电压增益为 $A_{u0} = 10$，通频带为 $B_{0.7} = 4\ \text{MHz}$，如果再用一级完全相同的放大器与之级联，试求级联后的性能指标：

①电压增益；②通频带；③矩形系数；④若要求级联后通频带保持不变，则应采取何种措施？其电压增益如何变化？

11）设有一级共发单调谐放大器，谐振时 $|K_{v0}| = 20$，$B = 6\ \text{kHz}$，若再加一级相同的放大器，那么两级放大器总的谐振电压放大倍数和通频带各为多少？又若总通频带保持为 6 kHz，问每级放大器应如何变动？改动后总放大倍数为多少？

4. 实作测试

试画出一个高频功率放大器的电路图，并测量其主要技术指标。具体要求如下：晶体管采用 NPN 型晶体管；集电极馈电电路采用并联馈电形式；基极采用串联馈电形式；输出回路采用 π 型电路，负载为天线。

第 4 章　模拟乘法器与频率变换电路

应知应会要求：

1）掌握模拟乘法器的基本工作原理和应用。

2）掌握混频电路、倍频电路的基本原理和电路结构。

3）非线性器件的相乘作用和频谱搬移作用。

4）掌握频率变换的概念和在无线电通信中的作用。

5）了解混频电路的主要性能指标。

4.1　模拟乘法器

模拟乘法器是实现两个模拟量相乘功能的电子器件。它不仅应用于模拟量的运算，如乘法、除法、乘方及开方等，还广泛地应用于无线电通信、电子测量等许多电子技术领域。

随着集成技术的发展和应用，集成模拟乘法器已成为继集成运算放大器后的又一通用集成电路，被广泛地应用于信号处理、测量设备、通信工程及自动控制等科学技术领域。

4.1.1　模拟乘法器结构

模拟乘法器的基本功能是实现两个模拟电信号的相乘。它一般有两个输入端和一个输出端，是一个有源三端口网络，模拟乘法器的符号如图 4-1所示。

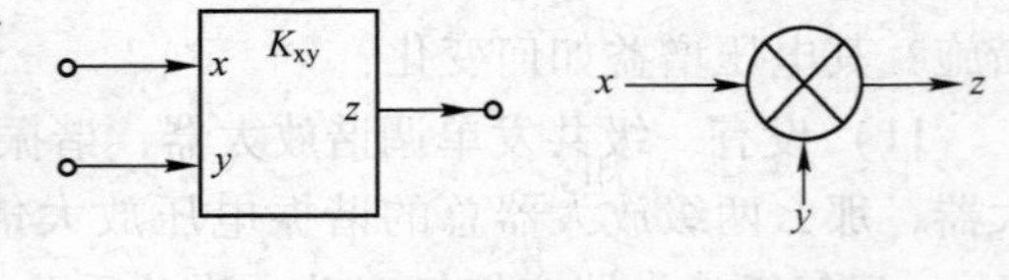

图 4-1　模拟乘法器的符号

理想模拟乘法器的输出可表示为：

$$z = K_{xy}xy \tag{4-1}$$

式中 K_{xy} 为乘积系数。

有许多方法可以实现信号的相乘，其中有些是利用器件的非线性特性，如二极管、晶体管、场效应晶体管等。它们的电流电压关系可用下式表示：

$$i = a_0 + a_1 u + a_2 u^2 + \cdots + a_n u^n \tag{4-2}$$

设信号 $u = u_1 + u_2$，代入式（4-2），得

$$i = a_0 + a_1(u_1 + u_2) + a_2(u_1 + u_2)^2 + \cdots + a_n(u_1 + u_2)^n$$

由上式可知，其中的第 3 项可以获得相乘项。不过这样获得的乘法器相乘作用不理想，有许多组合频率成分，需要用滤波器滤波提取有用信号。

目前采用模拟乘法器一般是采用集成式的模拟乘法器，分离元器件的乘法器已经很少采用。

4.1.2　模拟乘法器应用

模拟乘法器的应用十分广泛，除了在后面将会讨论的变频、混频及自动控制电路外，它

还可以应用于模拟量的基本运算。

1. 基本运算电路

（1）乘方运算

把模拟乘法器的两个输入信号短接，则可以构成平方电路，模拟乘法器平方电路如图 4-2所示。

其输出输入关系为：

$$u_o = u_i^2 \tag{4-3}$$

相应的，可以用两个模拟乘法器构成立方电路，模拟乘法器立方电路如图 4-3 所示

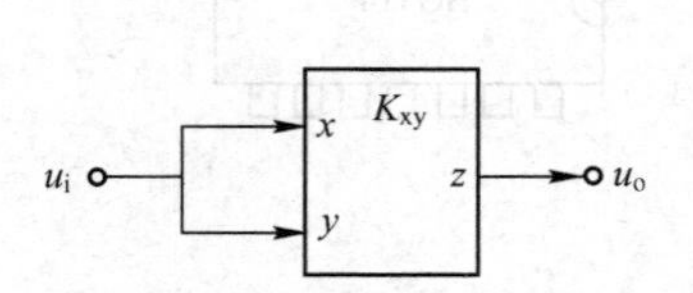

图4-2　模拟乘法器平方电路

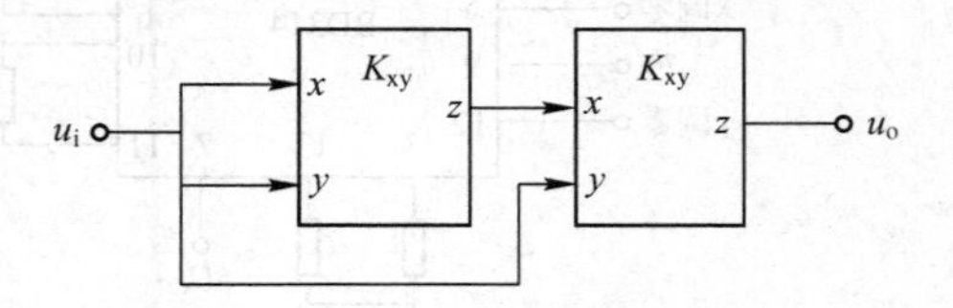

图 4-3　模拟乘法器立方电路

其输出输入关系为：

$$u_o = u_i^3 \tag{4-4}$$

依此类推，由多个模拟乘法器可以构成多次方电路，有兴趣的读者不妨画出四次方、五次方的电路框图。

（2）除法运算

将乘法器和集成运算放大器结合起来，可以组成模拟除法器。模拟乘法器构成的除法电路如图 4-4所示。

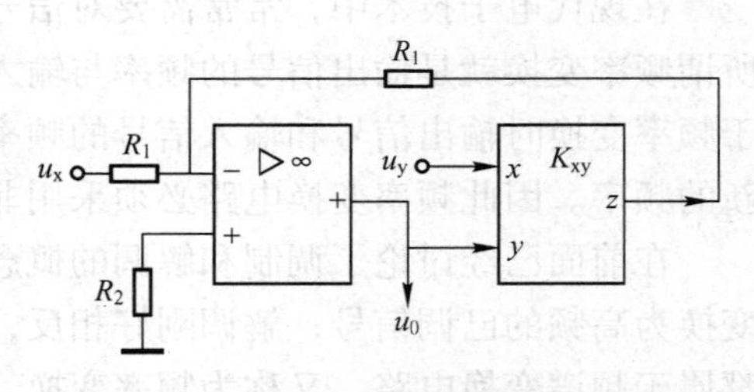

图 4-4　模拟乘法器构成的除法电路

由图 4-4 可知，模拟乘法器的输出电压为：

$$u_z = K_{xy} u_y u_o \tag{4-5}$$

又根据理想运算放大器“虚端”和“虚断”的特点，流过两个 R_1 电阻的电流相等。有：

$$\frac{u_x - 0}{R_1} = \frac{0 - K_{xy} u_y u_o}{R_1}$$

所以，有

$$u_x = -K_{xy} u_y u_o \tag{4-6}$$

则输出

$$u_o = -\frac{u_x}{K_{xy} u_y} \tag{4-7}$$

模拟乘法器除了可以完成以上的运算功能外，还可以完成倍频、开方及幂运算等运算功能。

2. 集成模拟乘法器 BG314 简介

国内生产的集成模拟乘法器 BG314 是仿 MOTOROLA 公司 MC1595 模拟乘法器而制造生产的，它采用双列直插式陶瓷封装，集成模拟乘法器外部接线图和外形图如图 4-5 所示。

BG314 的 4、9 脚为输入端，分别接输入信号；2、14 脚为输出端，接输出负载电阻，如

果输出负载采用单端输出方式，则还需外接双端变单端电路；5、6 脚间接反馈电阻；10、11 脚间接反馈电阻；1 脚外接偏置电阻；8、12 脚接输入失调调零电路，由于实际电路中不可能做到电路绝对对称，因此模拟乘法器存在着固有的输入与输出失调电压，所以在工作之前必须先进行调零，然后再使用；14、7 脚为电源输入端，分别接正、负直流电压。

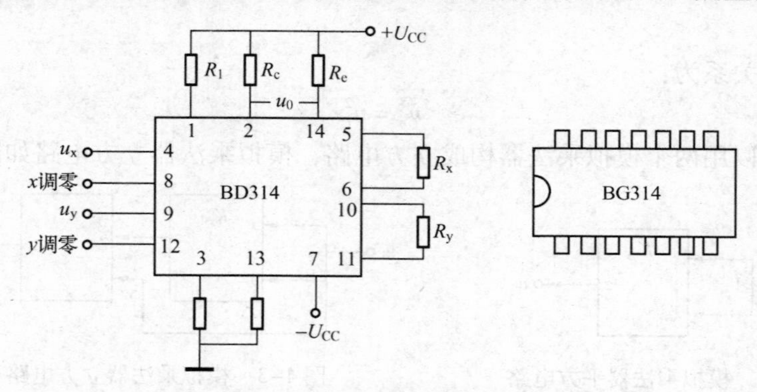

图 4-5　集成模拟乘法器外接线图和外形图

4.2　频率变换

在现代电子技术中，常常需要对信号进行频率变换，例如调幅、检波、混频及倍频等。所谓频率变换就是输出信号的频率与输入信号的频率不相同，而且满足一定的变化关系。由于频率变换时输出信号和输入信号的频率不同，而线性电路只能进行信号的叠加，不能产生新的频率。因此频率变换电路必须采用非线性电路，其中的器件必须是非线性器件。

在前面已经讨论了调制和解调的概念，从频谱变换的角度看，调制是把低频的调制信号变换为高频的已调信号；解调刚好相反，它把高频的已调信号变换为低频的调制信号。它们都属于频谱变换电路，又称为频率变换。

根据频率变换的不同特点，频率变换分为频谱搬移电路和频谱非线性变换电路。频谱搬移电路是将输入信号的频率线性搬移到输出信号的频率上，搬移前后输入和输出信号的频率分量保持相对大小和相互间隔不变，即频谱内部结构保持不变，以后将讨论的调幅、检波等都属此类电路。频谱非线性变换电路的作用是将输入信号的频谱进行特定的非线性变换，调角及其解调等电路属于此类电路。

4.2.1　模拟乘法器的频率变换原理

由于频率变换时输出信号和输入信号的频率不同，因此频率变换电路必须采用非线性电路，其中的器件必须是非线性器件。对于频谱搬移电路，常用的非线性器件是模拟乘法器，当然也可以采用二极管、晶体管等非线性器件。本节分析模拟乘法器的频率变换作用。

采用模拟乘法器实现频率变换的原理电路如图 4-6 所示。

设本振信号为：

$$u_{\mathrm{L}}(t)=U_{\mathrm{lm}}\cos\omega_{\mathrm{l}}t$$

输入信号为：

$$u_s(t)=U_{sm}(1+m_a\cos\omega_s t)\cos\omega_1 t$$

则模拟乘法器的输出信号为：

$$u_o(t)=K_{xy}u_L(t)u_s(t)=K_{xy}U_{lm}U_{sm}\cos\omega_1 t(1+m_a\cos\omega_s t)\cos\omega_1 t \tag{4-8}$$

用低通滤波器滤除其中的高频成分，则低通滤波器的输出信号为：

$$u_\Omega(t)=\frac{1}{2}K_{xy}U_{lm}U_{sm}(1+m_a\cos\omega_s t) \tag{4-9}$$

以上的信号变换过程可用图 4-7 所示频率变换网络的频谱变换过程的频谱图表示。

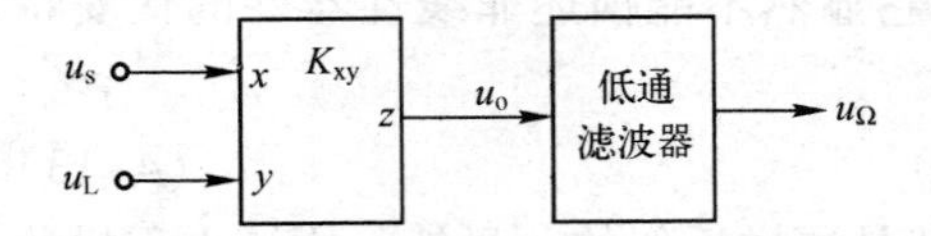

图 4-6　模拟乘法器实现频率变换的原理电路

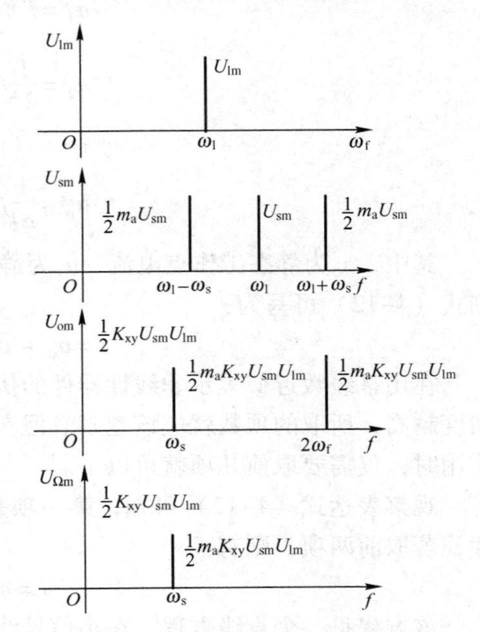

图 4-7　频率变换网络的频谱变换过程

由以上的频谱图可知：模拟乘法器把输入已调信号 $u_s(t)$ 的频谱线性搬移到了输出信号 $u_o(t)$ 的频谱上。通过模拟乘法器实现频率变换，具有如下优点。

1）输出信号频谱较为纯净，组合频率分量少，对载波的抑制强。

2）对本振的电压幅度无严格要求。

3）输入信号和本振信号相互隔离较好。

4）当本振电压幅度一定时，输出信号和输入信号电压幅度呈线性关系。

4.2.2　非线性器件的相乘作用

除模拟乘法器外，二极管、晶体管、场效应晶体管等也是非线性器件，它们也可以实现频率变换。不同的非线性器件的伏安特性是不同的，为了使它们的数学表达式具有普遍意义，伏安特性一般表示为：

$$i=f(u)$$

1. 非线性器件特性的幂级数表示法

如果非线性器件的静态工作点为（U_Q、I_Q），则其伏安特性可在 $u=U_Q$附近展开为幂级数（或泰勒级数）

$$i=f(u)=f(U_Q)+f'(U)_Q(u-U_Q)+\frac{f''(U_Q)}{2!}(u-U_Q)^2+\cdots+\frac{f^{(n)}(U_Q)}{n!}(u-U_Q)^n \quad (4-10)$$

或写成：

$$i=f(u)=a_0+a_1(u-U_Q)+a_2(u-U_Q)^2+\cdots+a_n(u-U_Q)^n \quad (4-11)$$

式中各级数分别为：

$$a_0=f(U_Q)=i\big|_{u=U_Q}=I_Q$$

$$a_1=f'(U_Q)=\frac{\mathrm{d}i}{\mathrm{d}u}\Big|_{u=U_Q}=g$$

$$a_2=\frac{1}{2!}f''(U_Q)=\frac{1}{2!}\frac{\mathrm{d}^2i}{\mathrm{d}u^2}\Big|_{u=U_Q}$$

$$\cdots$$

$$a_n=\frac{1}{n!}f^{(n)}(U_Q)=\frac{1}{n!}\frac{\mathrm{d}^ni}{\mathrm{d}u^n}\Big|_{u=U_Q}$$

其中，a_0为静态工作点电流，a_1为静态工作点处的电导。如果静态工作点电压 $U_Q=0$，则式（4-12）可写为：

$$i=a_0+a_1u+a_2u^2+\cdots+a_nu^n \quad (4-12)$$

在用幂级数近似表示非线性器件的伏安特性时，取多少项视需要而定。一般而言，要求精度越高，所取的项数就应该越多。但在实际应用中，当只需要说明非线性器件的频率变换作用时，仅需要取前几项就可以了。

观察表达式（4-13）可知，第一项是常数项，用它显然不能描述非线性器件的伏安特性，若取前两项，则有：

$$i=a_0+a_1(u-U_Q) \quad (4-13)$$

该方程是一个直线方程，在小信号线性近似法中就是这样近似的。显然，用该方程描述的器件是线性器件，不能用它描述非线性器件。

所以，描述非线性器件至少要用前 3 项，即用下述的二次三项式来近似：

$$i=a_0+a_1(u-U_Q)+a_2(u-U_Q)^2 \quad (4-14)$$

当工作点电压为 0 时，则有：

$$i=a_0+a_1u+a_2u^2 \quad (4-15)$$

上式的第三项相当于一条抛物线，它反映了非线性器件伏安特性曲线的弯曲部分。系数 a_2越大，说明二次项所起的作用越明显，曲线越弯曲，采用上式近似表示非线性器件的伏安特性曲线，足以表明频率变换的作用了。因此，在分析频率变换电路的工作原理时，一般取前 3 项。

应当指出，当输入信号很强，或在某些特定的场合（如分析混频干扰），就需要取更多项了。

2. 单一频率信号下的频率变换作用

设外加的信号为单一频率的余弦信号：

$$u=u_\mathrm{m}\cos\omega t$$

代入式（4-16）中，则

$$i=a_0+a_1u_\mathrm{m}\cos\omega t+a_2u_\mathrm{m}^2\cos^2\omega t \quad (4-16)$$

化简式（4-17）有：

$$i=\left(a_0+\frac{a_2}{2}u_m^2\right)+a_1u_m\cos\omega t+\frac{a_2}{2}u_m^2\cos2\omega t \tag{4-17}$$

由式（4-18）可知：第1项是直流分量，第2项是基波分量，第3项是二次谐波分量，该非线性器件可以把输入信号的频率搬移到它的两倍频处。

3. 两个信号频率作用下的频率变换作用

当外加信号是两个不同频率信号时，其分析的方法是一致的。分析过程在此不再阐述，这里仅给出结果。

当非线性器件输入信号有两个频率分量时，其输出信号中除了有直流分量、两个频率的基波分量和谐波分量外，还产生了这两个信号频率的和频与差频。如果所取的表达式项数再多一些，则将有更多的频率分量。例如 $\omega_1\pm2\omega_2$，$\omega_2\pm2\omega_1$，…。所有这些分量统称为组合频率分量，可概括为：

$$f=|\pm pf_1\pm qf_2|\qquad p、q=0,1,2,\cdots \tag{4-18}$$

由以上的分析可知，利用非线性器件的非线性特性可以实现频率变换，在输出端得到和频项与差频项。但是，除了有用分量外，还产生了各种组合频率分量。这些无用的频率分量将会对有用分量产生干扰。其中，有用的和频与差频是由非线性器件的平方项产生的；无用的组合频率分量是由非线性器件的三次方及其以上的项产生的。为此，必须在实践中采用下述措施来消除或减小无用的组合频率分量：选用具有平方律特性的场效应晶体管，或选择合适的静态工作点使器件工作在特性接近平方律的区域；采用多个非线性器件组成的平衡电路，以抵消一部分无用的组合频率分量；减小输入信号幅度，以便减小 p、q 较大的组合频率分量；选用合适的滤波器滤掉无用的组合频率分量等。

4.2.3 倍频电路

倍频电路也是频率变化电路的一种。在通信发射机或其他电子设备中，倍频电路应用非常广泛。倍频电路输出频率 f_o 是输入频率 f_i 的整数倍，例如：$f_o=2f_i$；$f_o=3f_i$；等。

1. 倍频电路的作用

1）降低发射机主振荡器或其他电路的频率，这对稳频是重要的。因为振荡频率越高，相对稳定性就越差。

2）如果中间级既可以工作在放大状态，也可以工作在倍频状态，就可以在不扩展主振荡器工作波段的条件下扩展输出波段。

3）由于倍频电路的输入与输出频率不同，因此减弱了反馈耦合，起到了缓冲隔离的作用，使发射机的工作稳定性提高。

4）对于调频或调相发射机来说，还可以利用倍频电路加深调制深度，以获得较大的频偏或相偏。

2. 倍频电路的工作原理

倍频电路按其工作原理可分为两大类：一类是利用非线性器件来得到倍频；另一类是利用丙类谐振放大器余弦电流脉冲中的谐波来获得倍频。

（1）模拟乘法器倍频电路

模拟乘法器倍频电路原理图如图4-8所示。图中，将模拟乘法器的两个输入信号短接，其输出输入关系为：

$$u_o = K_{xy} u_i^2$$

设：输入信号为正弦信号：

$$u_i = U_{im} \sin\omega t$$

则倍频电路的输出信号为：

$$u_o = K_{xy}(U_{im}\sin\omega t)^2 = \frac{1}{2}K_{xy}U_{im}^2 - \frac{1}{2}K_{xy}u_{im}^2\cos2\omega t \tag{4-19}$$

由表达式（4-19）可知，输出信号中包含了输入信号的二倍频项，即完成倍频功能。

（2）丙类倍频电路

丙类倍频电路原理图如图 4-9 所示。其输出回路调谐在输入信号频率的 n 次谐波上，以取出集电极电流脉冲中的 n 次谐波分量，从而产生频率为 nf 的输出电压。

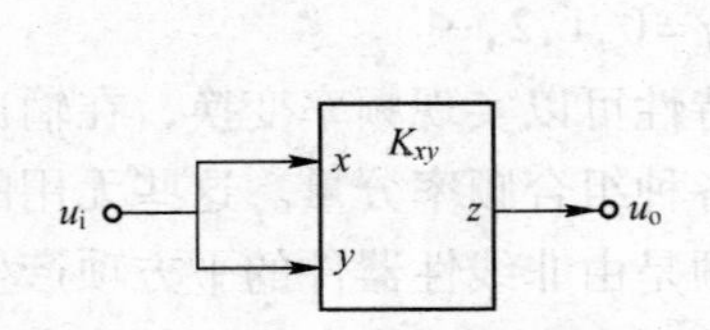

图 4-8　模拟乘法器倍频电路原理图

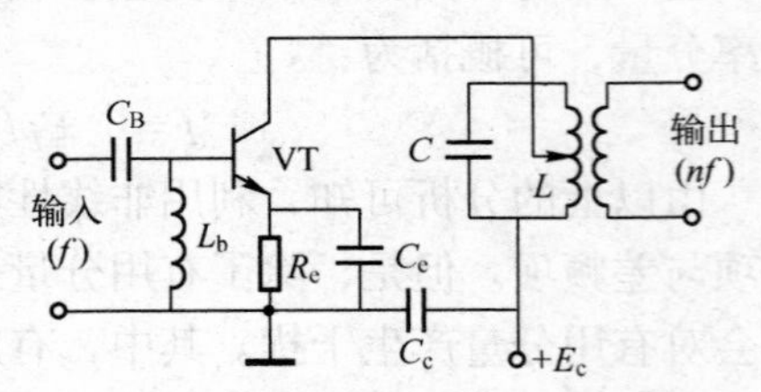

图 4-9　丙类倍频电路原理图

由于丙类倍频电路的输出功率及效率随着倍频次数 n 的增加而迅速下降，因此，丙类倍频电路所适用的倍频次数一般不超过 3 或 4。

4.3　变频电路

4.3.1　变频电路结构

变频器广泛应用于电子技术的各个领域，在超外差接收机中就是利用变频器将接收到的高频信号变成一个固定的中频信号，再进行放大，从而使接收机的灵敏度和选择性大大提高。此外，在发射机中也经常利用变频器来改变载频。在频率合成器中利用变频器完成频率的加减运算，从而得到不同的频率，使这些频率的稳定度和高稳定度的晶振频率源相同。

变频是将信号的频谱从某一位置移到另一位置上，而各频谱分量的相对位置和相互之间的距离保持不变，因此变频过程是一种频谱搬移过程，它的实现可以采用图 4-10 所示的混频电路的组成框图。

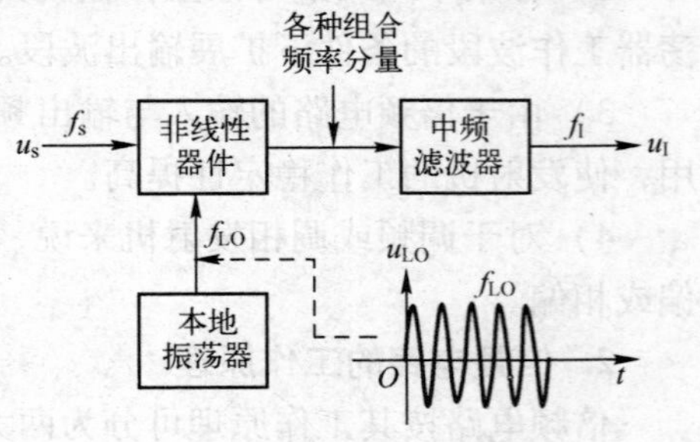

图 4-10　混频电路的组成框图

它由非线性器件、本地振荡器和带通滤波器构成。如果非线性器件和本地振荡器是由一个器件产生，则称为变频器；如果本振信号是由另外单独的电路产生，则称为混频器。在实际工作中，一般不再区分变频器和混频器，今后的讨论如果没有特别的说明，不再区分变频器和混频器。

设输入信号为：

$$u_s = U_{sm}\cos\omega_s t$$

本振信号为：

$$u_l = U_{lm}\cos\omega_l t$$

则根据前面的知识可知，输出信号 u'_o 包括如下频率成分：

$$f = |\pm pf_l \pm pf_s| \quad p、q = 0,1,2,\cdots \tag{4-20}$$

即包含了两路输入信号的和频（$\omega_l + \omega_s$）和差频（$\omega_l - \omega_s$）的频率成分（$p = q = 1$）。如果带通滤波器的中心频率为 $\omega_l + \omega_s$，则选出和频成分，同时滤除其他成分；如果带通滤波器的中心频率为 $\omega_l - \omega_s$，则选出差频成分，同时滤除其他成分。

如果非线性器件采用模拟乘法器，加到模拟乘法器输入端的信号仍采用上述两信号，则输出信号 u'_o 只包含和频与差频这两种频率成分。

如果带通滤波器取出的是 $\omega_l + \omega_s$，则称为上变频；如果带通滤波器取出的是 $\omega_l - \omega_s$，则称为下变频。

4.3.2 变频器的主要性能指标

（1）变频增益

变频增益又称为混频增益，它有变频电压增益 A_{uc} 和变频功率 A_{pc} 增益。变频电压增益是指变频器输出的中频电压振幅 U_{gm} 和输入的高频电压振幅 U_{sm} 之比，单位是分贝（dB）。

$$A_{uc} = 20\lg\frac{U_{gm}}{U_{sm}} \tag{4-21}$$

变频功率增益是指变频器输出的中频信号功率 P_g 与输入高频信号功率 P_s 之比，单位是分贝（dB）。

$$A_{pc} = 10\lg\frac{P_g}{P_s} \tag{4-22}$$

（2）失真

变频器是利用非线性电路实现整个信号频谱的线性搬移，也就要求输出中频信号的包络与输入信号的包络相同。如有不同，则说明在变频过程中产生了失真，称为变频失真。要求变频失真越小越好。

（3）干扰

超外差接收机由于采用了混频电路，带来了一系列的干扰，这些干扰会妨碍接收机的正常工作。混频干扰将在后面详细讨论。

（4）选择性

变频器是用调谐回路作为负载，它谐振于中频频率并滤除通带以外的其他信号。因此选择性也是变频器的一项重要指标。

（5）噪声系数

噪声系数是指输入端信噪比 P_{si}/P_{Ni} 与输出端信噪比 P_{so}/P_{No} 的比值，即

$$NF = \frac{\dfrac{P_{si}}{P_{Ni}}}{\dfrac{P_{so}}{P_{No}}}$$

变频电路的噪声系数 NF 越小说明电路性能越好，对接收机整机来说，噪声系数主要取决于前级电路的性能，因此变频电路的噪声系数如何，对整机影响较大。

4.4 混频电路

混频电路的种类很多，本节将介绍常用的模拟乘法器混频电路、晶体管混频电路，并讨论混频器的失真和干扰。

4.4.1 模拟乘法器混频电路

用模拟乘法器实现混频功能的原理电路如图 4-11 所示。

设输入信号为：

$$u_s = U_{sm}\cos\omega_s t$$

本振信号为：

$$u_l = U_{lm}\cos\omega_l t$$

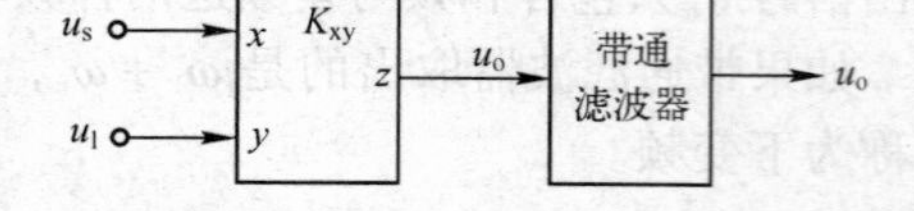

图 4-11 模拟乘法器实现混频功能的原理电路

则乘法器输出信号 u'_o 为：

$$u'_o = K_{xy}u_s u_l = \frac{1}{2}k_{xy}U_{sm}U_{lm}[\cos(\omega_l - \omega_s)t + \cos(\omega_l + \omega_s)t] \quad (4\text{-}23)$$

如果带通滤波器的中心频率为 $\omega_l - \omega_s$，则输出信号 u_o 为：

$$u_o = \frac{1}{2}k_{xy}U_{sm}U_{lm}\cos(\omega_l - \omega_s)t \quad (4\text{-}24)$$

即带通滤波器取出的是下边带，采用的是下变频。

如果带通滤波器的中心频率为 $\omega_l + \omega_s$，这输出信号 u_o 为：

$$u_o = \frac{1}{2}k_{xy}U_{sm}U_{lm}\cos(\omega_l + \omega_s)t \quad (4\text{-}25)$$

即带通滤波器取出的是上边带，采用的是上变频。不管采用的是上变频还是下变频，输出中频信号振幅为：$U_{gm} = \frac{1}{2}k_{xy}U_{sm}U_{lm}$。则变频电压增益为：

$$A_{uc} = 20\ \lg\frac{U_{gm}}{U_{sm}}(\text{dB}) = 20\ \lg\left(\frac{1}{2}k_{xy}U_{lm}\right) \quad (4\text{-}26)$$

4.4.2 晶体管混频电路

晶体管混频电路是利用晶体管的 i_c 与 u_{be} 的非线性关系实现变频的。晶体管混频电路由于具有较高的混频增益，故在一般的接收机中，为了简化电路，还有采用这种混频电路的。

1. 混频电路形式

由于混频器有两个输入电压：本振电压和信号电压，这样就存在 4 种不同的组态。对信号电压而言，存在共射和共基两种组态；对本振电压而言，也存在由基极注入（共射组态）和由发射极注入（共基组态），这样就构成了图 4-12 所示的晶体管混频电路的 4 种电路形式。

电路图 4-12a 对 u_s 和 u_l 均是共射组态，具有较高的输入阻抗和变频增益，缺点是由于信号电压和本振电压均接在基极，因此二者相互影响较大。

电路图 4-12b 对信号电压同 4-12a，而本振电压从发射极注入，晶体管是共射组态，它的输入阻抗小，使本振负载重，不易起振。但它的信号电压和本振电压加在两个不同的电极上，相互影响小，故在实际电路中常采用这种电路。

电路图 4-12c 和图 4-12d 对信号电压均为共基组态，因此它们的输入阻抗小，变频增益也较小，在频率较低时，一般不用这两种组态。但当频率较高时，由于共基电路的频率特性好，故常用这两种组态。

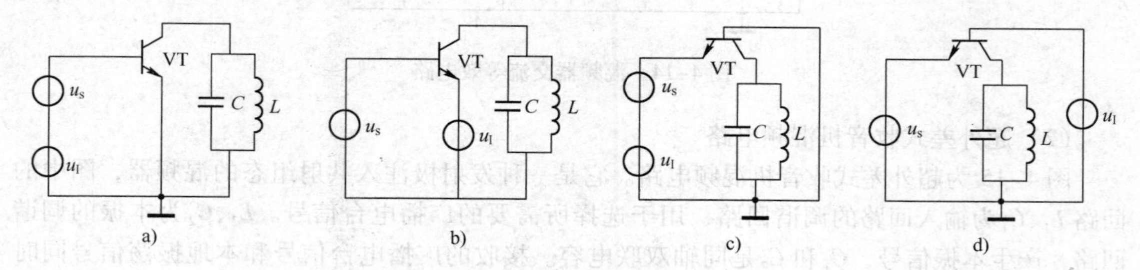

图 4-12　晶体管混频电路的四种电路形式

2. 电路举例

（1）电视机高频调谐器混频电路

图 4-13 为电视机高频调谐器混频电路。它是一种基极注入共发射极混频器，其中 u_s 为高频放大器放大后的高频电视信号，u_I 是电视机本地产生的本地载波信号。高频电视信号和本地振荡信号同时加入晶体管的发射结，利用晶体管 i_c 与 u_{be} 的非线性关系，在晶体管的集电极产生这两路信号的和频、差频及各种组合频率分量。由 L_1、C_4、C_5 构成混频器的输出回路，用于选择所需要的中频电视信号。其中，由 L_2、C_7、C_8 构成的 π 型低通滤波器用于滤除高于中频的干扰信号。L_3、C_8、C_9、C_{10}、R_5 构成了中频放大器的输入回路，它也是混频电路的次级调谐回路。

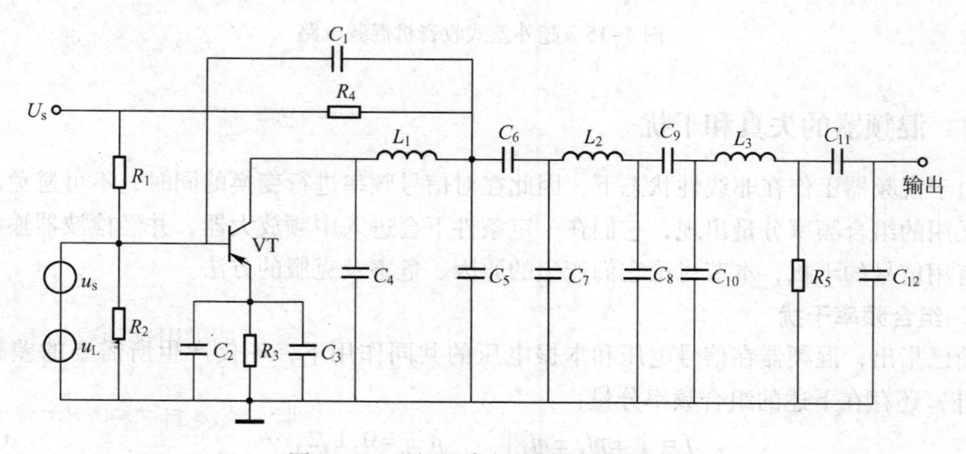

图 4-13　电视机高频调谐器混频电路

如果忽略上图中的直流偏置电路，再集中注意力于交流电路，则可获得如图 4-14 所示的混频器交流等效电路。图中，C_M 表示分布电容，混频器后接的中频放大器的输入电阻和输入电容未画出，从图中可以看到，混频器的输出回路有初、次级回路，回路间经 C_9 电容耦合。改变 L_1 和 L_3，可调节初、次级回路，使之谐振在中频通带的几何中心频率上。通过改变 C_9 可以改变耦合度，从而改变幅频特性曲线的形状。

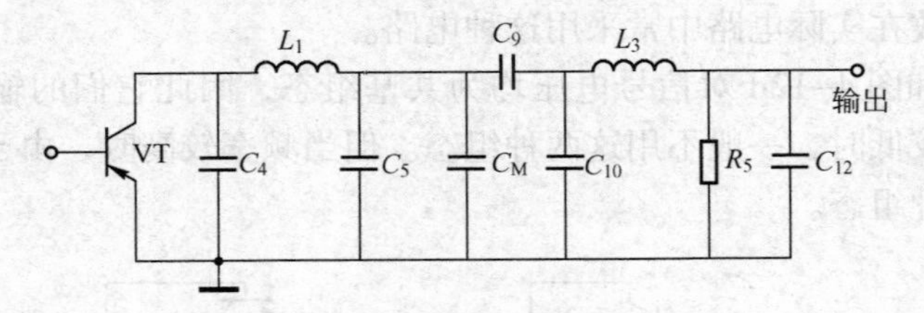

图 4-14　混频器交流等效电路

（2）超外差式收音机混频电路

图 4-15 为超外差式收音机混频电路。它是一种发射极注入共射组态的混频器，图中的回路 L_1、C_1 为输入回路的调谐回路，用于选择所需要的广播电台信号。L_2、C_2 为本振的调谐回路，产生本振信号，C_1 和 C_2 是同轴双联电容。接收的广播电台信号和本地振荡信号同时加入晶体管的发射结，利用晶体管 i_c 与 u_{be} 的非线性关系，在晶体管的集电极产生各种组合频率分量。由 L_3、C_3 构成混频器的输出回路，选取所需要的中频信号。选出的中频信号再送到后面的中频放大器进行放大。

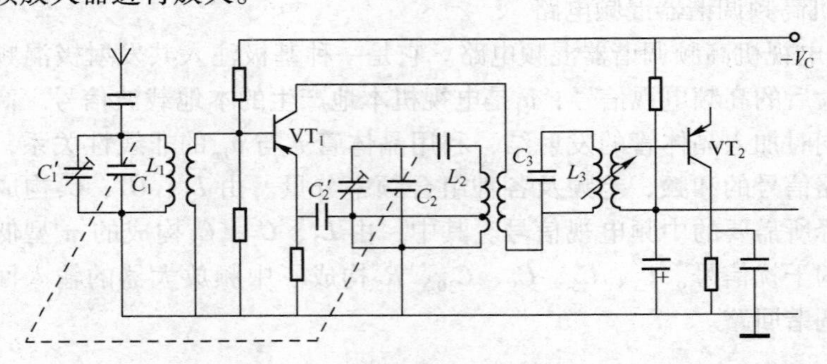

图 4-15　超外差式收音机混频电路

4.4.3　混频器的失真和干扰

由于混频器工作在非线性状态下，因此在对信号频率进行变换的同时，不可避免地会有一些无用的组合频率分量出现，它们在一定条件下会进入中频放大器，并经检波器输出，造成对有用信号的干扰，本节讨论它们产生的原因、危害及克服的方法。

1. 组合频率干扰

前已指出，混频器在信号电压和本振电压的共同作用下，不仅产生所需要的差频（和频）外，还存在下述的组合频率分量：

$$f = |\pm pf_s \pm qf_1| \qquad p、q = 0,1,2,\cdots \tag{4-27}$$

这些组合频率除 $p=1$、$q=1$ 的频率 f_1+f_s 及 f_1-f_s 外，其他的都是无用的频率分量。虽然可以用选频网络选出所需要的中频频率成分，滤除其他的频率成分。但是，在许多的组合频率中，仍可能有接近中频的成分，它也能通过中频放大器，并产生干扰和啸叫。因此，组合频率干扰是指有用信号频率和本振信号频率的不同组合产生的干扰。

例如，某接收机的中频频率为465 kHz，若接收信号频率为931 kHz 的电台，则此时接收机的本振频率应该是1396 kHz，当 $p=1$、$q=2$ 时，有：

$$2f_s - f_1 = 2\times 931 - 1396 = 466\ \text{kHz}$$

此组合频率分量和中频频率仅差1 kHz，正好落在中频滤波器的通频带范围内，它和中频信号一起通过中频放大器，然后由检波器进行非线性变换，产生差拍信号（466 − 465 = 1 kHz），在输出端产生频率为1 kHz 的干扰哨叫声，因此，组合频率干扰又称为干扰哨声。

显然，要在接收机的输出端产生干扰哨叫，则在混频级产生的组合频率分量中，必须有落在接收机中频放大器通带范围内的分量，即混频器产生的组合频率分量应该满足下式，才能产生组合频率干扰。

$$f = \left| \pm pf_s \pm qf_1 \right| = f_I \pm \Delta f_{0.7} \tag{4-28}$$

其中，f_I 为接收机的中频频率、$\Delta f_{0.7}$ 为接收机混频器输出滤波器的通频带。

满足干扰哨声的频率关系可分解为：

$$pf_s - pf_1 = f_I \pm \Delta f_{0.7} \tag{4-29}$$

$$pf_s + qf_1 = f_I \pm \Delta f_{0.7} \tag{4-30}$$

$$-pf_s - qf_1 = f_I \pm \Delta f_{0.7} \tag{4-31}$$

$$-pf_s + qf_1 = f_I \pm \Delta f_{0.7} \tag{4-32}$$

显然，上式中只有式（4-30）、式（4-34）两式是合理的，因为式（4-31）恒大于 f_1，式（4-32）的负频率无意义。将式（4-30）、式（4-33）两式合并为：

$$pf_s - qf_1 = \pm f_I \pm \Delta f_{0.7}$$

由此解得产生干扰哨声的输入信号频率为：

$$f_s = \frac{q\pm 1}{p-q} f_I \pm \frac{\Delta f_{0.7}}{p-q} \tag{4-33}$$

一般而言，f_I 远大于 $\Delta f_{0.7}$，因此上式可简化为：

$$f_s = \frac{q+1}{p-q} f_I \tag{4-34}$$

式（4-35）表明，当中频选定后，凡某一信号频率能满足式（4-35）均会产生干扰哨声。能够形成干扰哨声的信号频率很多，但由于接收机的频段是有限的，例如中频段的频率范围是535 ~ 1605 kHz。因此，只有落在接收频段内的信号才会产生干扰哨声。此外，由于组合频率分量的振幅随 $p+q$ 的增加而迅速减小，因此只有对应于 $p+q$ 为较小值的输入信号才会产生明显的干扰哨声。

减弱组合频率干扰的办法有：

1）本振电压幅度 U_{lm} 适当取小些，从而使谐波减弱。

2）适当控制信号电压幅度 U_{sm}，如果过大，其谐波也会较大。这就要求接收机高频放大器的增益要能控制。

3）合理选用中频。合理的中频频率，可以将产生最强干扰哨声的信号频率移到接收机频段之外，大大减小干扰哨声的有害影响。例如，对应于 $p=1$、$q=0$ 的干扰哨声最强，相应的信号频率接近于中频频率。而实际中，中波段信号频率为525 ~ 1605 kHz，接收机的中频选为465 kHz，在中波段之外就有效排除了这种哨声。

2. 副波道干扰（寄生通道干扰）

上述的组合频率干扰是指没有外来干扰信号时，由接收到的信号频率与本振频率的不同组合所产生的干扰。而由于接收机输入回路和高频放大器的选择性不够好，在混频器的输入端除了有用信号外，还可能有干扰信号。这时干扰信号同样可以和本振电压产生混频作用，设干扰信号频率为f_n，则在混频器的输出端将产生组合频率为$\pm pf_n \pm qf_1$的分量，若满足：

$$\pm pf_n \pm qf_1 = f_I \tag{4-35}$$

则这些组合频率分量就能通过中频放大器和后级电路，从而形成干扰，这种干扰称为副波导干扰，又称为寄生通道干扰。

通过相应的分析可知，能产生寄生通道干扰的干扰信号频率为：

$$f_n = \frac{qf_1 \pm f_I}{p} = \frac{q}{p}f_s + \frac{q \pm 1}{p}f_I \tag{4-36}$$

混频器对外来干扰信号可以提供许多寄生通道，但最强的有两个：一个是对应于$q=0$、$p=1$时的通道，此时$f_n = f_I$，即干扰频率等于中频频率，称为中频干扰；一个是对应于$q=1$、$p=1$时的通道，此时$f_n = f_s + 2f_I = f_I + f_I$，即干扰信号频率比本振高一个中频，而信号频率刚好比本振频率低一个中频，所以称为镜像干扰，如图4-16所示。

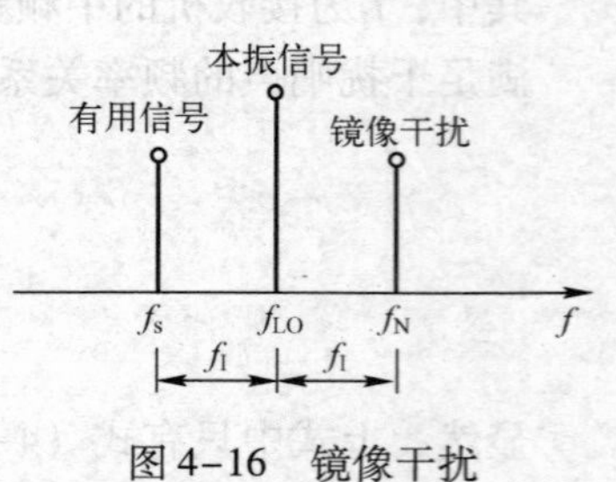

图4-16 镜像干扰

中频干扰的外来信号频率为中频频率，它总是低于有用信号频率，因此可以通过提高前端电路的选择性来抑制。

由于镜像干扰的外来信号比有用信号高两个中频频率，所以镜像干扰的抑制也是主要靠前级电路完成，即提高前级电路的选择性来减弱镜像干扰。

3. 非线性失真

上述干扰是有用信号或干扰信号与本振信号经过混频变换后产生接近中频频率的干扰分量而引起的，所以这类干扰是混频器特有的。

此外，当干扰信号和有用信号同时进入混频器后，这两种信号经过非线性变换也会产生接近中频频率的分量而引起干扰。这种干扰与本振信号无关，因此除混频器外，放大器也可能产生这类干扰。因为放大器的特性严格说总存在非线性特性，因此也会产生变频或调制，因此这类干扰的影响更大。这类干扰包括交叉调制和互相调制等，下面分别介绍：

(1) 交调失真

如果接收机的前端电路的选择性不好，使两个用调制信号调制的信号同时进入接收机，到达混频器，则在混频器的非线性作用下，干扰信号的调制信号转移到有用信号上，这样在中频回路中将无法滤除这个干扰。接收机在接收时的现象是：当调谐在有用信号的频率上时，能听到（或看到）干扰信号的声音（或图像），当接收机对有用信号失谐时，干扰信号也跟着减弱，而当有用信号完全消失时，干扰信号也跟着完全消失。

交调失真的产生与有用信号和干扰信号的频率无关。即不管干扰信号和有用信号的频率相差多少，只要它们共同进入接收机前端，而且干扰信号足够强，就可能产生交调失真。

交调失真程度随着干扰信号振幅的增加而急剧增大，而与有用信号的振幅无关，也与有用信号、干扰信号的频率间隔无关。因此，减小交调失真的方法是：提高接收机前端电路的选择性、合理选择混频器件（如模拟乘法器、场效应晶体管等）。

（2）互调失真

若接收机前端电路的选择性不好，使两个或更多的干扰信号到达接收的混频器，由于混频器的非线性作用，干扰信号之间会相互混频，产生接近有用信号频率的互调干扰，并与有用信号一起经过后级电路，形成干扰，产生啸叫声。

互调失真是由器件的非线性产生的，其两个（或更多）干扰频率与信号频率有一定的关系，所以它不同于交调失真。例如，当接收 3.6 MHz 的有用信号时，另有两个频率为 1.2 MHz和 2.4 MHz 的干扰信号，它们的和频也是 3.6 MHz，这个干扰信号称为互调失真，接收机后级电路无法滤除，最终产生啸叫。

由于互调失真的干扰信号频率和有用信号频率相差较大，所以可以通过提高前级电路的选择性来减弱。

4.5 本章小结

1）模拟乘法器在实际中有着广泛的应用，它可以实现平方、立方、乘法、除法、变频及混频等信号变换。

2）变频和混频都是对信号进行频率变换，两者没有严格的区分，本书没有对它们进行区分。

3）混频一般是利用器件的非线性特性实现的，其中的非线性器件常采用二极管、晶体管、场效应晶体管等非线性器件。它利用非线性器件的平方项实现混频功能，但上述器件的非线性特性中，除了具有平方律特性外，往往还包含三次项、四次项等，因此，在非线性器件的输出端，除了有两信号的混频项外，还包含两信号的其他频率成分，必须在后续电路中加上其他电路予以消除。

4）正是由于混频是利用器件的非线性特性实现的，因此在混频的过程中，不可避免地会出现其他的无用频率成分，包括组合频率干扰、副波导干扰及非线性失真，必须予以消除。

4.6 习题

1. 填空题

1）混频电路包括________和________两部分。

2）组合频率分量的数学表达式为________。

3）混频干扰主要有________、________、________和________4 种。

4）理想模拟乘法器的输出表达式为________。

5）倍频电路按其工作原理可分为________和________两大类。

2. 已知某信号的数学表达式为：$u_1(t)=20\cos1000t+40\cos2000t+50\cos3000t$，试分析其频谱，并画出频谱图。

3. 已知某信号频谱图如图 4-17 所示，试写出该信号的数学表达式。

4. 某非线性器件的幂级数表达式为：

$$i = a_0 + a_1 u + a_2 u^2 + a_3 u^3 + \cdots$$

已知信号 u 是频率为 200 kHz 和 300 kHz 的两正弦波，试问电流信号 i 中能否出现以下频率成分？（并说明理由）

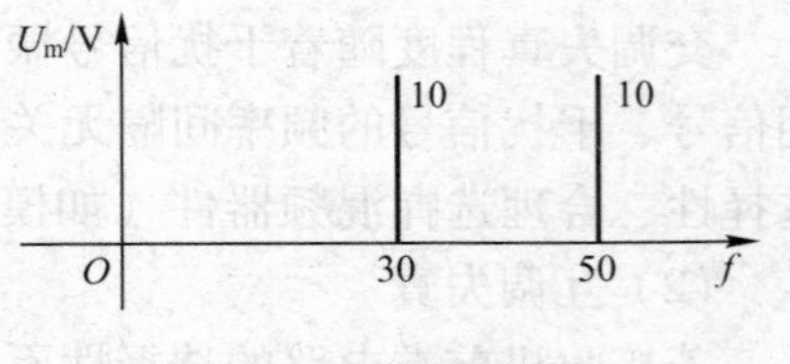

图 4-17 信号频谱图

100 kHz、200 kHz、300 kHz、400 kHz、500 kHz、700 kHz、1 MHz

5. 混频器有哪些干扰和失真？如何抑制？

6. 在一超外差式广播收音机中，中频频率 $f_I = f_L - f_c = 465$ kHz。试分析下列现象属于何种干扰？又是如何形成的？

1）当听到频率 $f_c = 934$ kHz 的电台播音时，伴有音调约 1 kHz 的啸叫声。

2）当收听频率 $f_c = 550$ kHz 的电台播音时，听到频率为 1480 kHz 的强电台播音。

3）当听到频率 $f_c = 1480$ kHz 的电台播音时，听到频率为 740 kHz 的强电台播音。

7. 试分析下列现象：

1）在某地，收音机接收到 1090 kHz 时，可以听到 1323 kHz 信号。

2）收音机接收到 1080 kHz 时，可以听到 540 kHz 信号。

3）收音机接收到 930 kHz 时，可以同时收到 690 kHz 和 810 kHz 信号，但不能单独收到其中的一个台。（例如，另一个台停播。）

8. 一超外差式接收机的接收频率范围为 30 ~ 50 MHz，中频频率 $f_I = f_c - f_L$，若组合频率分量只考虑到 $|p+q| \leqslant 3$。试分析：

1）当 $f_I = 1.5$ MHz 时，若有一频率为 40 MHz 的干扰信号进入接收机的混频器，则在该接收频段内的哪些频率刻度位置上可听到这个干扰信号的声音？

2）当 $f_I = 1.5$ MHz 时，若接收机已调谐在 40 MHz 的频率刻度上，则接收机可收听到处在接收频段中的哪些频率的寄生通道干扰？

3）若 $f_I = f_L - f_c = 24$ MHz，或 $f_I = f_c + f_L = 53.5$ MHz，试分析在哪些接收频率上会出现干扰啸声？

9. 超外差式广播收音机的接收频率范围为 535 ~ 1605 kHz，中频频率 $f_I = f_L - f_c = 465$ kHz。试问当收听 $f_c = 700$ kHz 电台的播音时，除了调谐在 700kHz 频率刻度上能接收到外，还可能在接收频段内的哪些频率刻度位置上收听到这个电台的播音（写出最强的两个）？并说明它们各自通过什么寄生通道造成的？

10. 某超外差接收机工作频段为 0.55 ~ 25 MHz，中频 $f_I = 455$ kHz，本振 $f_L > f_s$。试问波段内哪些频率上可能出现较大的组合干扰（5 阶以下）

11. 混频器中晶体管在静态工作点上展开的转移特性由下列幂级数表示：$i_c = I_0 + au_{be} + bu_{be}^2 + cu_{be}^3 + du_{be}^4$。已知混频器的本振频率为 $f_L = 23$ MHz，中频频率为 $f_I = f_L - f_c = 3$ MHz。若在混频器输入端同时作用着 $f_{M1} = 19.6$ MHz 和 $f_{M2} = 19.2$ MHz 的干扰信号。试问在混频器输出端是否会有中频信号输出？它是通过转移特性的几次方项产生的？

12. 某晶体管混频电路，若设晶体管的静态转移特性为 $i_c = a_0 + a_1 u_{be} + a_2 u_{be}^2 + a_3 u_{be}^3 + a_4 u_{be}^4$，已知 $f_L = 1395$ kHz，$f_c = 930$ kHz，$f_I = 465$ kHz。试分析 i_c 中有哪些组合频率分量可通过输出中频回路？

13. 某两个电台频率分别为$f_1 = 774$ kHz、$f_2 = 1035$ kHz，问它们对短波（$f_s = 2 \sim 12$ MHz、$f_i = 465$ kHz）收音机的哪些接收频率将产生互调干扰？

14. 某发射机发出某一频率信号，但打开接收机在全波段寻找（设无任何其他信号），发现在接收机上有 3 个频率（6.5 MHz、7.25 MHz、7.5 MHz）均能听到对方的信号。其中，以 7.5 MHz 的信号最强。问接收机是如何收到的？设接收机$f_I = 0.5$ MHz，$f_L > f_s$。

15. 实作测试

选用 BG314 集成电路组成倍频电路，完成电路功能验证、波形测试。

第5章　调制与解调电路

应知应会要求：

1）了解调制、解调的概念和作用。

2）掌握调幅的方法和电路，已调波信号特点和变化规律。

3）掌握检波的方法和电路以及避免失真采取的措施。

4）能熟练绘出振幅调制与解调过程的各点波形。

5）会正确使用集成电路实现调幅和调频，并完成安装、检测。

6）了解角度调制与解调的基本概念及在通信系统中的作用。

7）掌握调角信号的定义、表达式、波形、频谱等基本特征和原理实现方法。

8）熟悉典型的角度调制与解调电路的典型电路组成、工作原理、分析方法和性能特点。

9）熟悉直接调频电路和间接调频电路以及扩展线性频偏的方法。

10）会正确使用集成电路实现调频和调相，并完成安装、检测。

5.1　调制的概念

在无线电通信中，为了有效地传输信号需要将待传送的低频信号装载到高频载波上，然后用天线辐射出去，此过程称为调制。调制的目的主要有3个：

1）提高频率以便于辐射。根据电磁场与电磁波理论可知，只有当辐射天线的尺寸与信号波长可以相比拟时，信号才能被天线有效的辐射。信号频率越低，波长越大，所需天线尺寸就越大。如语音信号频率为300～3400 Hz，则相应波长为88～1000 km，这样巨大的天线是不现实的，只有将此信号装载到高频载波上，才能用较短的天线将信号辐射出去。

2）实现信道复用。在同一信道进行多路信号传输时，各路调制信号的频谱往往是相互重叠的，不能在同一信道上同时传输。通过调制，将不同信号的频谱搬移到同一传输信道的不同频点位置上，从而避免多路传输中的相互干扰，可以实现在一个信道中同时传输多个信号。

3）改善系统性能。通过调制对信号进行变换，可使其占有较大的带宽，从而提高信号的抗干扰性，改善通信系统的性能。

调制就是用一个信号（称为调制信号）去控制另一个作为载体的信号（称为载波信号），让后者的某一特征参数按前者变化。调制的方法大致分为两大类：连续调制与脉冲调制，连续调制的载波是正弦波，脉冲调制的载波是高频脉冲序列。在连续调制中常以一个高频正弦信号作为载波信号，一个正弦信号有幅值、频率、相位3个参数，根据调制信号控制高频载波的参数的不同，可将调制分为以下几种：

1）调幅：用调制信号去控制高频载波的振幅，使高频载波的振幅随调制信号的变化而变化。

2）调频：用调制信号去控制高频载波的频率，使高频载波的频率随调制信号的变化而变化。

3）调相：用调制信号去控制高频载波的相位，使高频载波的相位随调制信号的变化而变化。

用调制信号去控制脉冲波的振幅、宽度、周期以及脉冲编码组合等，然后再用该已调脉冲对高频载波进行调制，这种调制方式称为脉冲调制。连续调制可分为调幅、调频与调相；相应的，脉冲调制有脉冲振幅、脉宽、脉位、脉冲编码调制等多种形式。对载波信号调制后产生的信号称为已调信号或已调波，从已经调制的信号中提取反映原调制信号这一过程称为解调。本书仅讨论调幅和调角，本章讨论调幅。

5.2 调幅波的基本性质

5.2.1 调幅波的数学表达式与波形

设高频载波信号为：

$$u_c(t) = U_{cm}\cos(\omega_c t + \theta) \tag{5-1}$$

其中，U_{cm}为载波振幅，ω_c为载波角频率，θ为载波初相。

设调制信号为：

$$u_s(t) = U_{sm}\cos\omega_s t \tag{5-2}$$

调幅时，载波的频率和相位保持不变，而振幅随调制信号线性变化，所以调幅波的振幅可写成：

$$u_c(t) = U_{cm} + k_a u_s(t) \tag{5-3}$$

式中，k_a是一个与调幅电路有关的比例常数。因此，调幅波的数学表达式为：

$$U_{AM}(t) = (U_{cm} + k_a u_s(t))\cos(\omega_c t + \theta) \tag{5-4}$$

为简化分析，设载波的初相为0，则调幅波的数学表达式为：

$$U_{AM}(t) = (U_{cm} + k_a u_s(t))\cos\omega_c t \tag{5-5}$$

1. 单频调制时

设调制信号是单频信号，即

$$u_s(t) = U_{sm}\cos\omega_s t$$

则调制信号为：

$$U_{AM}(t) = (U_{cm} + k_a u_s(t))\cos\omega_c t = U_{cm}(1 + m_a\cos\omega_s t)\cos\omega_c t \tag{5-6}$$

其中，m_a是调制后载波振幅的变化量与未调时载波振幅之比，它表示载波振幅受调制信号控制的程度，称为调幅系数或调幅度，可用下式求出。

$$m_a = \frac{k_a U_{sm}}{U_{cm}} = \frac{\Delta U_{cm}}{U_{cm}} = \frac{U_{cm\max} - U_{cm\min}}{U_{cm\max} + U_{cm\min}} = \frac{U_{cm\max} - U_{cm}}{U_{cm}} = \frac{U_{cm} - U_{cm\min}}{U_{cm}} \tag{5-7}$$

根据表达式5-1、5-2、5-6，可画出$u_s(t)$、$u_c(t)$和$m_a < 1$时的$u_{AM}(t)$波形，普通调幅波波形如图5-1所示。

由以上的分析可以得到如下结论：

1）调幅波的包络形状与调制信号相同。

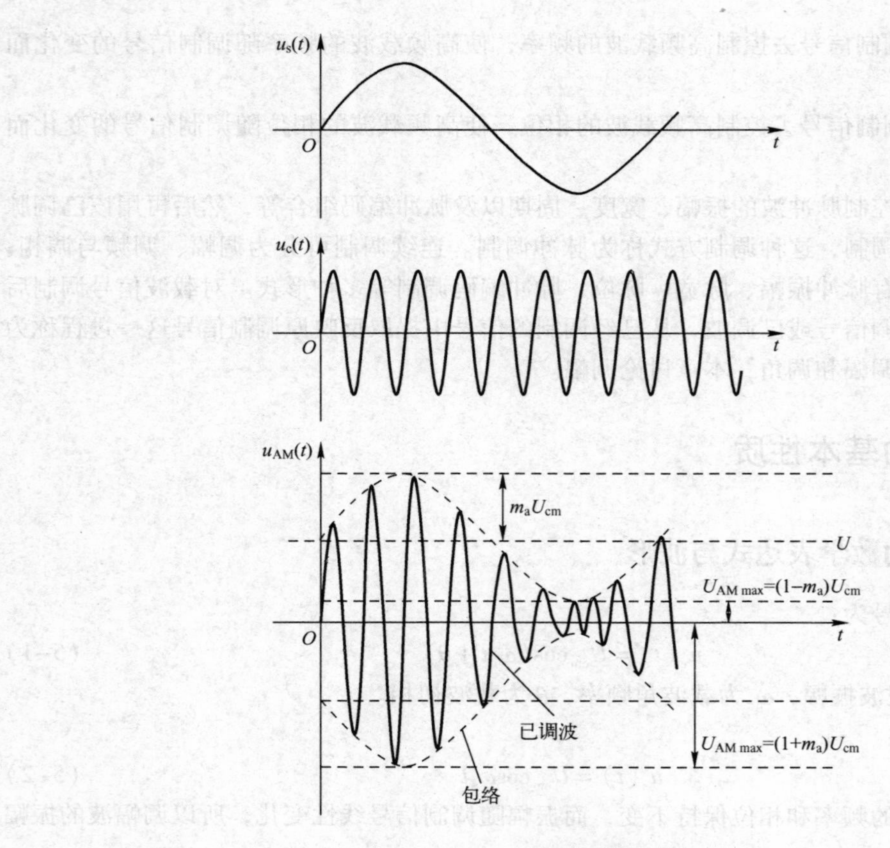

图 5-1　普通调幅波波形

2）调幅波的幅度在$(U_{cm}+U_{sm})\sim(U_{cm}-U_{sm})$之间变化。

3）调幅波的过零点与载波的过零点相同。

当 $m_a>1$ 时，调幅波将出现超调失真，调幅波的超调失真如图 5-2 所示。

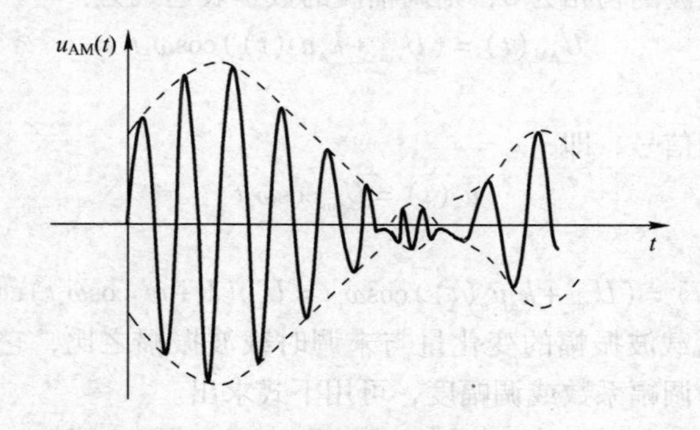

图 5-2　调幅波的超调失真

由图 5-2 可见，当 $m_a>1$ 时，已调波出现了明显的失真，因此调幅中调幅度 m_a 不允许大于 1。

2. 多频调制时

如果调制信号为多频信号，即

$$u_s(t)=u_{s1}\cos\omega_{s1}t+u_{s2}\cos\omega_{s2}t+\cdots+u_{sn}\cos\omega_{sn}t \tag{5-8}$$

则当用 $u_1(t)=U_{cm}\cos\omega_c t$ 的载波对它进行调制时，调幅信号为：

$$u_{AM}(t)=U_{cm}(1+m_{a1}\cos\omega_{s1}t+m_{a2}\cos\omega_{s2}t+\cdots+m_{an}\cos\omega_{an}t)\cos\omega_c t \tag{5-9}$$

其中，$m_{a1}=\dfrac{k_aU_{sm1}}{U_{cm}}$，$m_{a2}=\dfrac{k_aU_{sm2}}{U_{cm}}$，…，$m_{an}=\dfrac{k_aU_{smn}}{U_{cm}}$。只要调制信号 $u_s(t)$ 的绝对值不超过 U_{cm}，则 $u_{AM}(t)$ 的包络就反映了调制信号 $u_s(t)$ 的变化规律。

5.2.2 调幅波的频谱和带宽

根据调幅波瞬时值表达式（5-6），用三角函数展开得：

$$\begin{aligned}U_{AM}(t)&=U_{cm}(1+m_a\cos\omega_s t)\cos\omega_c t\\&=U_{cm}\cos\omega_c t+\frac{m_a}{2}U_{cm}\cos(\omega_c+\omega_s)t+\frac{m_a}{2}U_{cm}\cos(\omega_c-\omega_s)t\end{aligned} \tag{5-10}$$

由式（5-10）分析可知：调幅波的频谱包含 3 个分量，角频率 ω_c、幅值为 U_{cm} 的载波分量；角频率 $\omega_c+\omega_s$、幅值为$\dfrac{m_a}{2}U_{cm}$的上边频分量，角频率 $\omega_c-\omega_s$、幅值为$\dfrac{m_a}{2}U_{cm}$的下边频分量 $\omega_c+\omega_s$。单频调幅波的频谱如图 5-3a、b 所示。

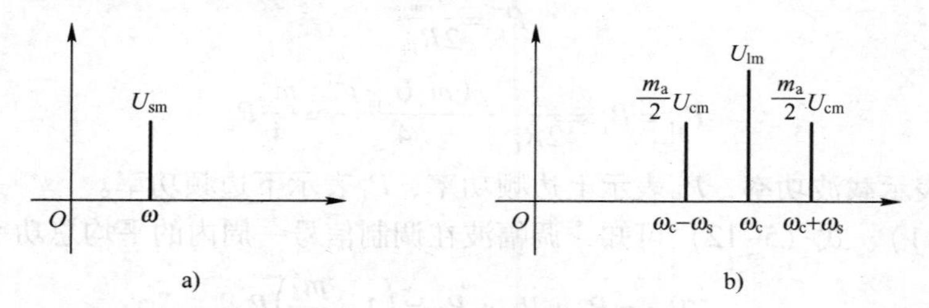

图 5-3　单频调幅波的频谱

a）单音频信号频　b）单频调制调幅波频谱

从图中可见，调幅波的带宽为：

$$BW=(f_c+F)-(f_c-F)=2F$$

式中　$f_c=\dfrac{\omega_c}{2\pi}$为载波频率；

$F=\dfrac{\omega_s}{2\pi}$为调制信号频率。

若调制信号是频率范围为 $F_1\sim F_n$ 的多频信号时，则调幅波有两个边带：上边带为 $(f_c+F_1)\sim(f_c+F_n)$；下边带为 $(f_c-F_n)\sim(f_c-F_1)$，带宽为 $BW=2F_n$。多频调幅波频谱如图 5-4 所示。

实际上，调制信号是比较复杂的，往往包含有许多的频率分量，例如调幅广播所传送的语音信号频率约为几十 Hz 至几 kHz，经调幅后，各个语音信号频率产生上边频和下边频，叠加后形成一个上边带和一个下边带，如图 5-4a、b 所示。

通过对调幅频谱的分析看到，调幅前后频谱成分有所变化，经过调幅后低频调制信号已搬移到高频信号的两边，在已调波中不再包含低频信号，因此可由天线辐射出去。其次，在已调波的 3 项频率分量中，载波分量并不包含信息，调制信号的信息只包含在上下边频分量中：边频的振幅反映了调制信号的幅度大小；边频的频率虽属高频的范畴，但反映了调制信号频率的高低及分布情况。

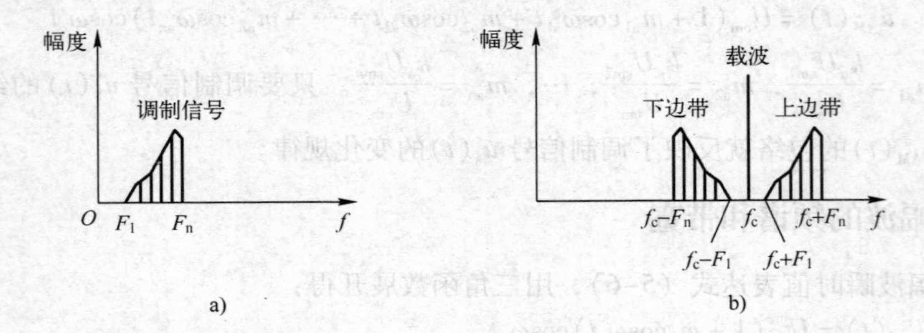

图5-4　多频调幅波频谱
a）多频调制信号频谱　b）多频调制调幅波频谱

5.2.3　调幅波的功率关系

如果将调幅电压加在负载电阻 R_L上，将得到如下的载波功率和边频功率：

$$P_c=\frac{U_{cm}^2}{2R_L} \tag{5-11}$$

$$P_H=P_L=\frac{1}{2R_L}\cdot\frac{(m_aU_{cm})^2}{4}=\frac{m_a^2}{4}P_c \tag{5-12}$$

其中，P_c表示载波功率，P_H表示上边频功率，P_L表示下边频功率。

由式（5-11）、式（5-12）可知，调幅波在调制信号一周内的平均总功率为：

$$P_\Sigma=P_c+P_H+P_L=\left(1+\frac{m_a^2}{2}\right)P_c \tag{5-13}$$

通过对式（5-11）、式（5-12）、式（5-13）的分析，可以得到如下结论：

1）调幅波的输出功率随 m_a的增加而增加。

2）载波功率不随 m_a的变化而变化。当 m_a增加时，总功率增加，边频功率随之增加，但载波功率不变。例如，当 $m_a=1$ 时，总功率为$\frac{3}{2}P_c$，其中载波功率为 $P_c=\frac{2}{3}P_\Sigma$，两个边频功率之和为 $P_H+P_L=\frac{1}{3}P_\Sigma$，即两个边频功率占总功率的$\frac{1}{3}$；当 $m_a=0.5$ 时，总功率为$\frac{9}{8}P_c$，其中，载波功率为 $P_1=\frac{8}{9}P_\Sigma$，两个边频功率之和为 $P_H+P_L=\frac{1}{9}P_\Sigma$，即两个边频功率占总功率的$\frac{1}{9}$。

3）由于载波分量不携带信息，整个调幅波的功率中所传送的信息都包含在边频分量中。当 $m_a=1$ 时，边频功率最大，因此从能量的观点看，完全可以抑制载频，仅传送边频分量。

【例 5-1】 有一调幅波，载波功率为 100 W，试求当 $m_a=1$ 时调幅波总功率和边频功率，以及边频功率占总功率的比例；当 $m_a=0.3$ 时，再求调幅波总功率及边频功率，以及边频功率占总功率的比例。

解：当 $m_a=1$ 时

$$P_{\Sigma}=\left(1+\frac{m_a^2}{2}\right)P_c=\frac{3}{2}P_c=150\ \text{W}$$

$$P_H+P_L=\frac{m_a^2}{2}P_c=50\ \text{W}$$

边频功率与总功率之比为：$\dfrac{P_H+P_L}{P_{\Sigma}}=\dfrac{50}{150}\approx 33.33\%$

当 $m_a=0.3$ 时

$$P_{\Sigma}=\left(1+\frac{m_a^2}{2}\right)P_c=104.5\ \text{W}$$

$$P_H+P_L=\frac{m_a^2}{2}P_c=4.5\ \text{W}$$

边频功率与总功率之比为：$\dfrac{P_H+P_L}{P_{\Sigma}}=\dfrac{4.5}{104.5}\approx 4.3\%$

即在 $m_a=1$ 时，所发射的调幅波中有 33.33% 的能量含有调制信号信息；在 $m_a=0.3$ 时，所发射的调幅波中仅有 4.3% 的能量才含有调制信号信息，能量浪费极大。

5.3 调幅电路

按照产生调幅波方式的不同，调幅电路可分为普通调幅电路、双边带调幅电路和单边带调幅电路以及残留单边带调制；按照输出功率的高低，调幅电路可分为低电平调幅和高电平调幅。

低电平调幅是先在低功率电平级产生已调波，再经过高频功率放大器放大到所需的发射功率。由于调幅级的功率电平低、功率和效率都不是主要的性能指标，所以调幅电路的电路形式及工作状态的选择均较灵活，可以获得较好的线性调制特性，能较好地抑制载波。因此在双边带调制和单边带调制中，一般采用低电平调幅。

高电平调幅是在高功率电平级上实现调幅，输出的已调波功率已达到满足发射功率的要求。因此高电平调幅是用调制信号去控制末级功率放大器实现调幅的。它的优点是整机效率高，但对调幅级的设计必须兼顾输出功率、效率和调制线性度的要求，因此较为复杂和困难，一般用来产生普通调幅波。

5.3.1 普通调幅电路

1. 低电平调幅电路

（1）模拟乘法器调幅电路

模拟乘法器调幅电路如图 5-5 所示，设输入调制信号为：

$$u_s(t)=U_{sm}\cos\omega_s t$$

输入载波信号为：

$$u_c(t)=U_{cm}\cos\omega_c t$$

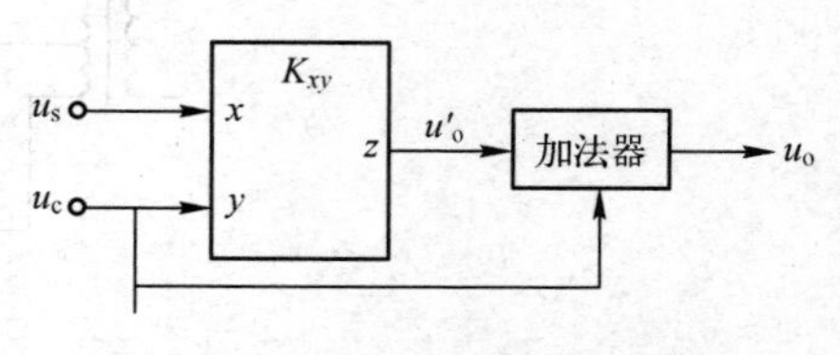

图 5-5 模拟乘法器调幅电路

则模拟乘法器输出为：

$$u'_o = K_{xy} u_s(t) u_c(t) = K_{xy} U_{sm} U_{cm} \cos\omega_s t \cos\omega_c t \tag{5-14}$$

加法器的输出为：

$$\begin{aligned} u_o &= K_{xy} U_{sm} U_{cm} \cos\omega_s t \cos\omega_c t + U_{cm} \cos\omega_c t \\ &= U_{cm}(1 + K_{xy} U_{sm} \cos\omega_s t) \cos\omega_c t = U_{cm}(1 + m_a \cos\omega_s t) \cos\omega_c t \end{aligned} \tag{5-15}$$

式中，$m_a = K_{xy} U_{sm}$。为保证不失真，要求 $K_{xy} U_{sm} < 1$，观察加法器输出信号的数学表达式（5-15）可知，此电路输出信号为普通调幅信号。

采用 BG314 模拟乘法器调幅电路如图 5-6 所示。

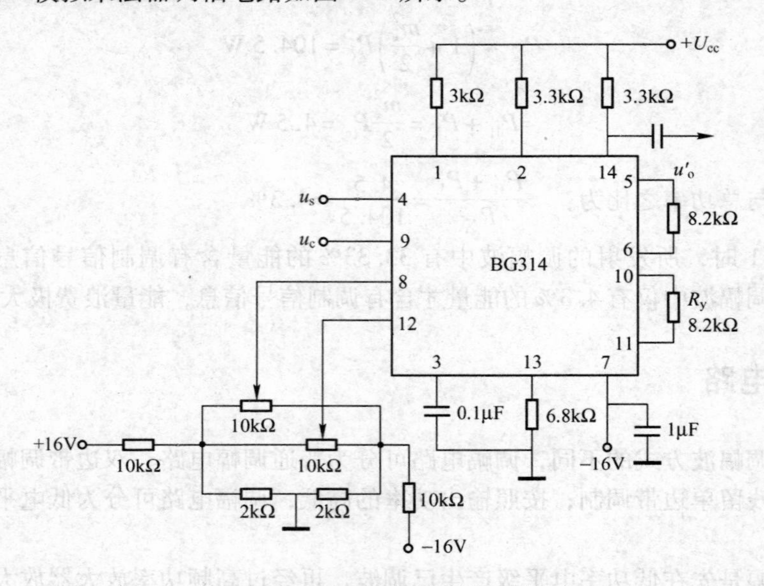

图 5-6 BG314 模拟乘法器调幅电路

图 5-6 中，4 脚输入调制信号，9 脚输入载波信号，在 8 脚和 12 脚外接有调零变位器，分别调节两输入信号的直流电位差为零。输出从 14 脚输出，输出信号中只包含上下两个边频，要获得普通调幅信号，还需在输出端外接加法器，与载波信号相加，才能获得普通调幅信号。

（2）二极管平衡调幅器

二极管平衡调幅器的原理电路如图 5-7 所示。调制信号经低频变压器 T_{r1} 在次级获得两个幅度相等的电压加在两个二极管上；载波信号经高频变压器 T_{r2} 加在两个二极管上；输出信号由变压器 T_{r3} 次级输出。

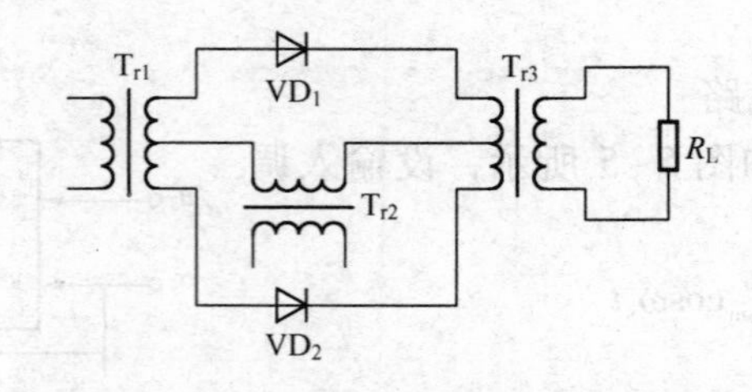

图 5-7 二极管平衡调幅器的原理电路

设载波信号为：

$$u_c(t)=U_{cm}\cos\omega_c t$$

调制信号为：

$u_s(t)=U_{sm}\cos\omega_s t$，且有 $U_{cm}\gg U_{sm}$

因此，两个二极管工作在由载波信号控制的开关状态，设两个二极管的特性完全相同，忽略负载的反作用，则加在 D_1 和 D_2 两端的电压分别为：

$$u_{D_1}(t)=u_c(t)+u_s(t)\qquad u_{D_2}(t)=u_c(t)-u_s(t)$$

两个二极管的特性完全相同，设两个二极管的伏安特性为：

$$i_1(t)=a_0+a_1u_{D_1}(t)+a_2u_{D_1}^2(t)+\cdots+a_2u_{D_1}^n(t)\tag{5-16}$$

$$i_2(t)=a_0+a_1u_{D_2}(t)+a_2u_{D_2}^2(t)+\cdots+a_2u_{D_2}^n(t)\tag{5-17}$$

由电路可知：

$$u_o(t)=[i_1(t)-i_2(t)]R_L$$

通过以上的分析有：

$$u_o(t)=[2a_1u_s(t)+4a_2u_s(t)u_c(t)+\cdots]R_L\tag{5-18}$$

则通过式（5-18）可以得到 $u_o(t)$ 中的频率分量

$$f_o=|\pm pf_c\pm(2q+1)f_s|\qquad(p、q=0,1,2\cdots)\tag{5-19}$$

如果二极管的伏安特性只取表达式（5-16）、（5-17）的前 3 项，则输出信号的数学表达式为：

$$u_o(t)=2R_L[a_1U_{sm}\cos\omega_s t+a_2U_{sm}U_{cm}\cos(\omega_c t+\omega_s t)+a_2U_{sm}U_{cm}\cos(\omega_c t-\omega_s t)]\tag{5-20}$$

由式（5-20）可知，当二极管的伏安特性取前 3 项时，二极管平衡调幅器的输出信号仅有 3 个频率成分，即调制信号频率、上下两个边频成分。由于调幅波已调信号中不应该包含调制信号，所以需要用一个中心频率为 f_c，带宽为 $2f_s$ 的带通滤波器滤除调制信号。要获得普通调制信号，则在二极管平衡调幅器的输出信号中，还需要加入载波信号。

2. 高电平调幅电路

（1）晶体管基极调幅电路

晶体管基极调幅电路是利用晶体管特性的非线性来实现调幅的，晶体管基极调幅电路如图 5-8 所示。

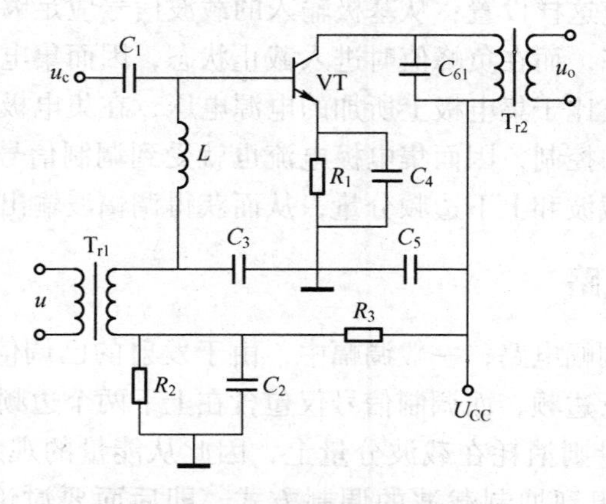

图 5-8　晶体管基极调幅电路

其中，晶体管接成调谐放大器，集电极负载为调谐回路，其中心频率为f_c，带宽为$2f_s$。调制信号通过低频变压器加到晶体管基射间；载波信号通过隔直电容C_1也加到晶体管基射间。电阻R_2、R_3通过分压为晶体管的基极提供直流偏置，直流电源通过T_{r2}的次级为晶体管的集电极提供直流偏置。C_2为低频旁路电容，C_3、C_4、C_5为高频旁路电容（即只有旁路高频信号，对低频信号相当于开路）。

通过上面的分析可知，由R_2上的直流偏置电压、T_{r1}次级的低频调制电压和L上的高频载波信号串联构成了晶体管基射间的作用电压$u_{BE}(t)$，由于晶体管的$i_c \sim u_{BE}$曲线的非线性关系，u_s将被u_c调幅，然后通过集电极调谐回路将载频和上下两个边频分量取出，即可获得调幅信号输出。

（2）晶体管集电极调幅电路

晶体管集电极调幅电路原理图如图5–9所示，其基本原理和晶体管基极调幅电路的原理是一致的。在晶体管基极调幅和集电极调幅电路中，其中的晶体管也可以采用场效应晶体管。在集电极调幅电路中，载波信号通过隔直电容C_1加到电感L上，调制信号通过低频变压器加入集电极回路中。偏置电阻的作用同基极调幅电路，电容C_2、C_3、C_4均为高频旁路电容。

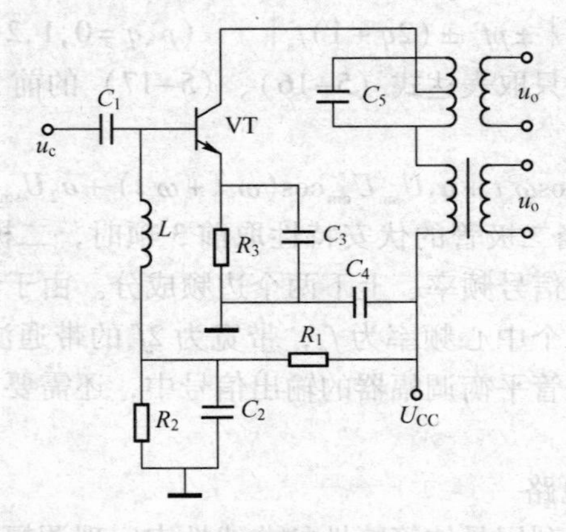

图5–9 晶体管集电极调幅电路原理图

晶体管的工作状态应这样设置：从基极输入的载波信号应足够强，以使晶体管在激励信号正峰值时进入饱和状态，而在负峰值时进入截止状态，因而集电极电流近似为矩形波。而晶体管的集电极电流值正比于集电极上所加的电源电压，在集电极调幅电路中，晶体管的有效电源电压受调制信号的控制，因而集电极电流也就受到调制信号的控制（调制），然后通过集电极调谐回路取出载波和上下边频分量，从而获得调幅波输出。

5.3.2 双边带调幅电路

上节已讨论了一般调幅电路，一般调幅中，由于发射的已调信号中包含3项频率成分，即载波信号、上边频和下边频，而调制信号仅包含在上下两个边频中，载波并不携带调制信号信息，而大部分的能量则消耗在载波分量上，因此从能量的观点看，一般调幅是很浪费的。正因为如此，人们想到抑制载波的调制方式，即后面要讨论的双边带调制和单边带调制。

前面讨论的模拟乘法器调幅电路和二极管平衡调幅电路都可以产生双边带调幅信号，如模拟乘法器双边带调幅电路的原理示意图如图 5-10 所示。

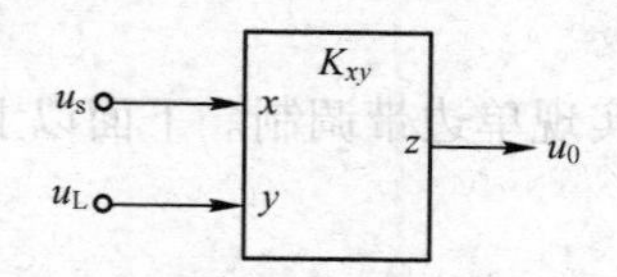

图 5-10　模拟乘法器双边带调幅电路的原理示意图

即用模拟乘法器完成双边带调制。

当然，一般调幅电路都可以产生双边带信号，只要在一般调幅电路的输出端外接一个陷波器即可以产生双边带信号。

5.3.3　单边带调幅电路

仔细分析一般调幅的数学表达式可以发现：已调信号的上下两个边带实际上都完整的包含了调制信号的全部信息，因此只要传送一个边带就能在接收端完全的恢复调制信号。

产生单边带信号主要有两种方法：滤波法和相移法，前者是从频域观点得到的方法，后者是从时域观点得到的方法。

1. 滤波法单边带调制电路

滤波法是单边带调制中常用的方法，其关键是滤波器性能。对滤波器的要求是：对于要保留的边带，它应能使其无失真地完全通过，而对于要滤除的边带，则应该有很强的衰减特性。

在双边带调制电路的后面加上一个合适的带通滤波器（有些也称为边带滤波器）即可获得单边带调制信号，滤波法单边带调制电路的原理框图如图 5-11 所示。

模拟乘法器产生的是双边带信号，只要用滤波器滤除一个边带，保留另外一个边带即可产生单边带信号。

图 5-12 是滤波法单边带调制电路的频谱，是单边带调幅时滤波器应具有的衰减特性。由图可见，对滤波器而言，从通带到阻带的过渡带为 $2F_{\min}$。

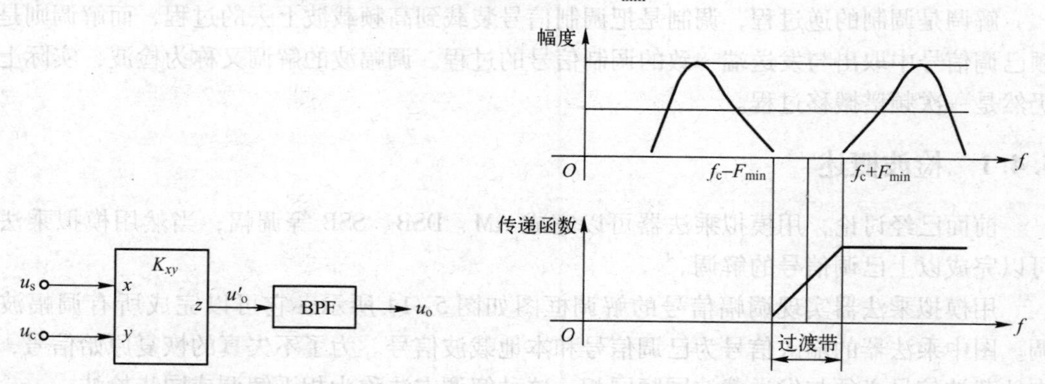

图 5-11　滤波法单边带调制电路的原理框图　　图 5-12　滤波法单边带调制电路的频谱

例如，语音信号的频率为 300 ~ 3400 Hz，由于最低频率为 300 Hz，因此允许的过渡带为 600 Hz。实现滤波器的难易程度与过渡带对于载频的相对值有关，相对值越小，滤波器越难实现。随着载频的提高，因为相对过渡带太小，采用一级调制直接滤波的方法已不可能实现单边带调制。此时可以采用二级调制或多级调制。

2. 相移法单边带调制电路

相移法就是利用移相的方法实现单边带调制。下面以上边带为例说明相移法的原理，上边带已调信号的数学表达式为：

$$u_{\mathrm{SSB}}(t)=\frac{1}{2}m_{\mathrm{a}}U_{\mathrm{cm}}\cos(\omega_{\mathrm{c}}+\omega_{\mathrm{s}})t$$

$$=\frac{1}{2}m_{\mathrm{a}}U_{\mathrm{cm}}\cos\omega_{\mathrm{c}}t\cos\omega_{\mathrm{s}}t+\frac{1}{2}m_{\mathrm{a}}U_{\mathrm{cm}}\sin\omega_{\mathrm{c}}t\sin\omega_{\mathrm{s}}t \tag{5-21}$$

式（5-21）表明：单边带信号可以分解成两个双边带信号。由于 $\sin\omega_{\mathrm{c}}t$、$\sin\omega_{\mathrm{s}}t$ 分别可由 $\cos\omega_{\mathrm{c}}t$、$\cos\omega_{\mathrm{s}}t$ 移相 90°得到，因此可以用模拟乘法器、90°移相网络实现下边带调制，如图 5-13 所示。如果把图示中的加法器换成减法器，则可以实现上边带调制。

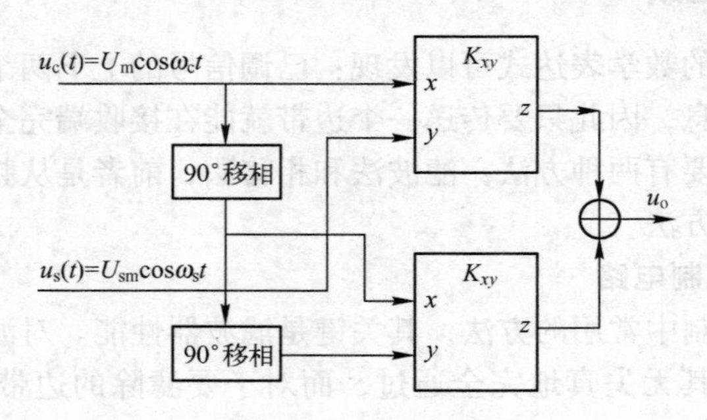

图 5-13　下边带调制电路

当调制信号为多频信号时，相移法要求调制信号中各个频率分量均移相 90°，这实际上是很难实现的。因此，滤波法和相移法各有优缺点，采用哪种方法应根据实际情况而定。

5.4　调幅波的检波

解调是调制的逆过程，调制是把调制信号装载到高频载波上去的过程，而解调则是从高频已调信号中取出与发送端一致的调制信号的过程。调幅波的解调又称为检波，实际上检波仍然是一次频谱搬移过程。

5.4.1　检波概述

前面已经讨论，用模拟乘法器可以完成 AM、DSB、SSB 等调幅，当然用模拟乘法器也可以完成以上已调信号的解调。

用模拟乘法器实现调幅信号的解调框图如图 5-14 所示，它可以完成所有调幅波的解调。图中乘法器的输入信号为已调信号和本地载波信号。为了不失真的恢复原始信号，要求本地载波信号必须与发送载波同频同相。这种解调方法称为相干解调或同步检波。

对于普通调幅信号来说，由于它本身含有载波信号，所以也可以用非相干解调的办法来实现检波。这种方法称为包络检波。回顾前面讨论的一般调幅波形图可见，一般调幅的已调波波形包络实际上就是调制信号，因此称为包络检波。

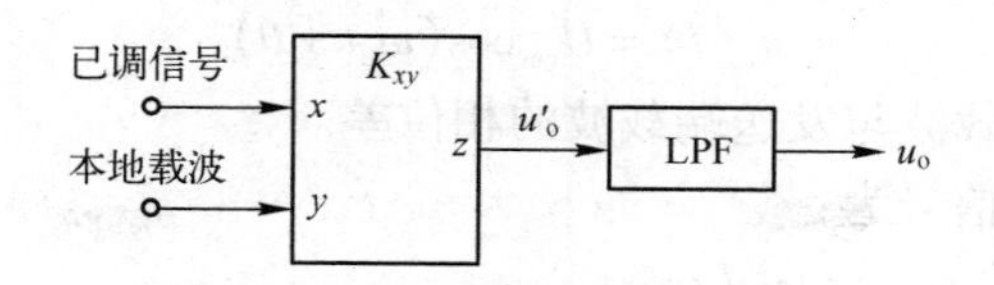

图 5-14　模拟乘法器实现调幅信号的解调框图

5.4.2　同步检波器

同步检波主要是针对抑制载波的双边带信号和单边带信号实现检波，具体方法分为叠加型同步检波和乘积型同步检波。所谓叠加型，是用一个与发射端载频同频同相的参考信号与接收到的信号叠加，恢复为普通的调幅信号，然后再采用包络检波的方法进行解调。所谓乘积型，也是用一个与上述信号相同的参考信号与接收到的信号一同加入到乘法器中，利用乘法器的非线性特性进行解调。

1. 叠加型同步检波器

图 5-15 是双边带二极管平衡同步检波器的原理电路图，它工作的基本原理是将参考信号先与接收到的双边带信号叠加，恢复为普通调幅波，然后利用二极管的非线性特性进行解调。

图中，u_{DSB} 为双边带已调信号，u_c 为本地恢复的载波信号，在忽略负载反作用的情况下，加在两个二极管上的信号电压分别为：

$$u_{D1} = u_{DSB} + u_c \qquad u_{D2} = u_c - u_{DSB}$$

即加在两个二极管两端的信号都是一般调幅信号，而二极管是一典型的非线性器件，利用二极管的非线性特性可以实现普通调幅波的解调，之所以要采用两个二极管的原因是：采用两个特性完全相同的二极管可以减少由于二极管的非线性所产生的组合频率干扰。

2. 乘积型同步检波器

乘积型同步检波器的原理框图如图 5-16 所示，它是利用本地恢复的与发送端同频同相的载波信号与接收的已调信号进行相乘，利用模拟乘法器的非线性特性产生这两路信号的和频和差频，然后利用低通滤波器取出原调制信号。

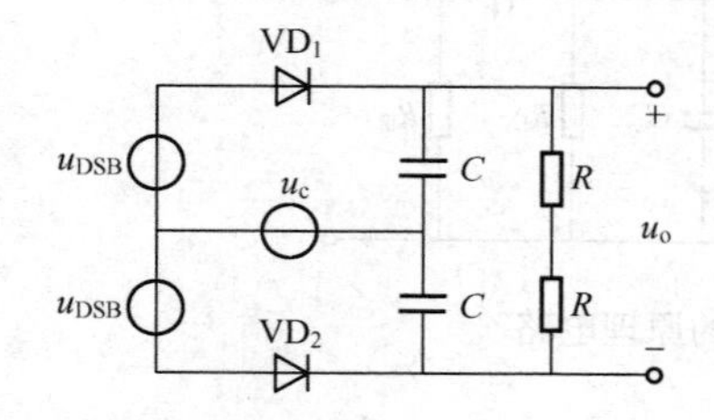

图 5-15　双边带二极管平衡同步检波器的原理电路图

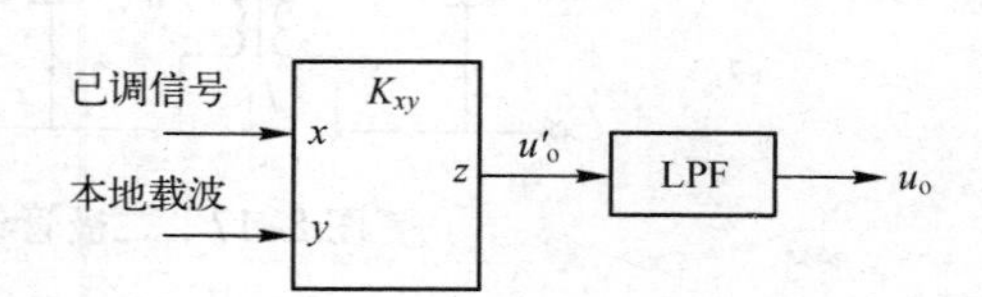

图 5-16　乘积型同步检波器原理框图

设已调信号为双边带信号，其数学表达式为：

$$u_{DSB}(t) = \frac{m_a}{2}U_{cm}\cos(\omega_c + \omega_s)t + \frac{m_a}{2}U_{cm}\cos(\omega_c - \omega_s)t$$

设本地载波为：

$$u_c(t)=U_{cm}\cos(\omega_c t+\theta)$$

其中 θ 为本地恢复的载波与发送端载波的相位差。

则模拟乘法器的输出信号为：

$$\begin{aligned}u'_o(t)&=K_{xy}u_{DSB}(t)u_c(t)\\&=\frac{m_a}{4}K_{xy}u_{cm}^2\cos(2\omega_c t+\omega_s t+\theta)+\frac{m_a}{4}K_{xy}u_{cm}^2\cos(\omega_s t-\theta)\\&\quad+\frac{m_a}{4}K_{xy}u_{cm}^2\cos(2\omega_c t-\omega_s t+\theta)+\frac{m_a}{4}K_{xy}u_{cm}^2\cos(\omega_s t+\theta)\end{aligned}\tag{5-22}$$

通过低通滤波器滤除上式中的高频分量后，低通滤波器的输出为：

$$\begin{aligned}u_o(t)&=\frac{m_a}{4}K_{xy}u_{cm}^2\cos(\omega_s t+\theta)+\frac{m_a}{4}K_{xy}u_{cm}^2\cos(\omega_s t-\theta)\\&=\frac{m_a}{2}K_{xy}u_{cm}^2\cos\omega_s t\cos\theta\end{aligned}\tag{5-23}$$

由式（5-23）可知：乘积型检波电路输出信号与发送载波与本地恢复载波的相位差 θ 有关，这就是为什么要求本地载波与发送载波必须同频同相的原因。显然，两者如果不同频，则接收端恢复的信号就不是原调制信号，如果两个有相位差，则恢复的信号振幅就将减小，特别的是当两者相差90°时，输出信号将为零，即没有信号输出。

5.4.3 大信号包络检波

前已指出，对于普通调幅信号，可以采用包络检波器进行检波。实际上，只要已调信号中包含有载波信号，则可以采用包络检波解调；如果已调信号中没有载波信号，则需采用同步检波。

二极管包络检波的原理电路如图 5-17 所示，其中由 L_1、C_1 构成的输入调谐回路用于选择欲接收的信号；负载电阻 R_L 和滤波电容 C_2 组成低通滤波器，取出原调制信号，滤除其他无用的频率成分；二极管 VD 是检波器的关键器件，利用二极管的非线性特性进行检波；电阻 R_{i2} 是后级电路的输出电阻、电容 C_C 是包络检波及其负载间的隔直电容。

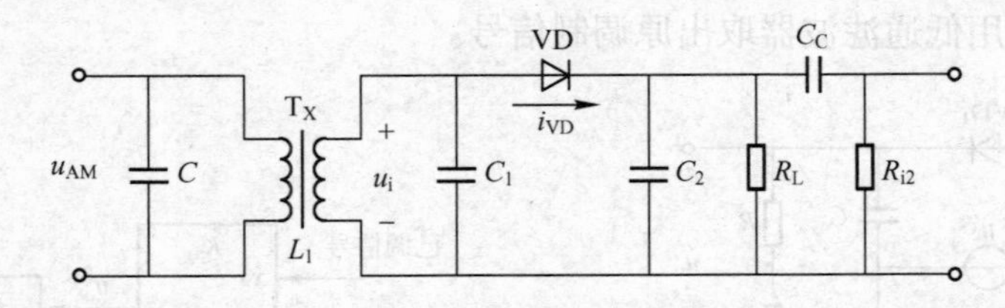

图 5-17　二极管包终检波的原理电路

1. 工作原理

在分析二极管包络检波器的工作原理时，可暂不考虑 C_C 和 R_{i2} 的影响，并设二极管的导通电阻为 r_d，且有 $r_d \ll R_L$。二极管大信号包络检波属于大信号检波，它对输入信号的幅度要求在 500 mV 以上，因此负载的反作用不能忽略，考虑负载的反作用，加在二极管两端的电压为 $u_D=u_I-u_o$。

检波器中的滤波过程相当于整流过程：当输入信号正半周时，二极管导通，输入信号对

电容 C_2充电，因为二极管的导通电阻很小，因此充电非常迅速，电容 C_2很快充电到达输入信号的正峰值，当电容 C_2两端的充电电压达到了输入信号的正峰值后，输入信号的下降速度快于电容 C_2两端电压的下降速度，即 C_2两端的电压高于输入信号，二极管截止，C_2两端的电压通过 R_L放电，由于 R_L较大，放电比较缓慢，二极管一直截止，直到下一个周期输入信号上升到超过电容 C_2两端的电压时，二极管重新导通，又开始对电容 C_2充电，如此反复循环。只要适当选择 R_L，使电容的充电时间远小于放电时间，就可使 C_2两端的电压变化规律与输入电压的包络十分接近，因此又叫作峰值检波器。

在满足输入信号为大信号，且 $r_d \ll R_L$的条件下，u_o的小锯齿波动可以忽略，其波形近似为 u_I的包络，如图 5-18 所示，即有：

$$u_o(t) \approx U_{im}(1 + m_a \cos\omega_s t) = U_{im} + m_a U_{im} \cos\omega_s t \tag{5-24}$$

$u_o(t)$可分解为一个直流分量和一个按调幅波包络变化的低频分量。如果在检波器的输出端接上一个由 C_C和 R_{i2}串联的网络，则 $u_o(t)$的直流分量将降在 C_C上，而 R_{i2}上获得的是低频分量，它近似为调幅波的包络，即原调制信号。

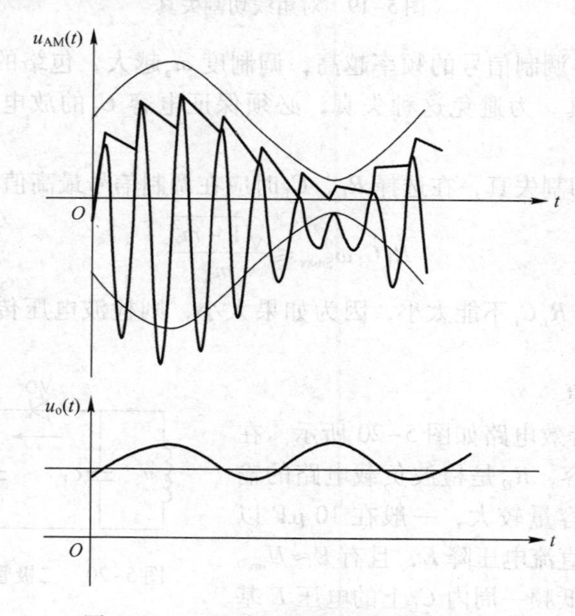

图 5-18　二极管包络检波器工作波形图

2. 失真

对于大信号包络检波，若电路参数选择不当，会产生各种失真，其中主要的失真是负峰切割失真和对角线切割失真。

（1）对角线切割失真

当检波器的输入为单音调制的已调波时，检波器输出电压包络变化为：

$$u_o(t) = U_{im}(1 + m_a \cos\omega_s t)$$

若检波器负载的时间常数 $R_L C_2$的选择得当，达到动态平衡后，C_2上的输出电压应跟随已调信号包络的变化，二极管包络检波器工作波形图如图 5-18 所示。如果 $R_L C_2$选择得过大，则 C_2的放电时间过长，C_2的放电速度跟不上已调信号包络的变化，对角线切割失真如图 5-19 所示，即在某一时刻 T_1开始出现放电速度跟不上已调信号包络的变化，直到 T_2时刻到来才能继续跟上的现象。$T_1 \sim T_2$期间所产生的失真称为对角线切割失真，又称为惰性失真。

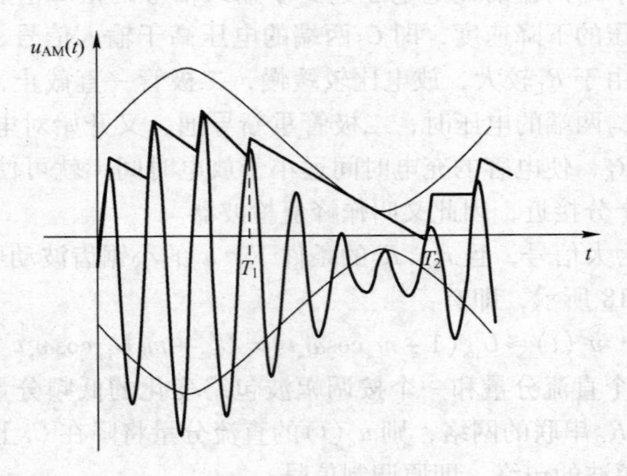

图 5-19　对角线切割失真

从图中可以看出：调制信号的频率越高，调制度m_a越大，包络的下降速度越快，越容易产生对角线切割失真。为避免这种失真，必须保证电容C_2的放电速度始终大于包络的变化。

为了不产生负峰切割失真，在选择R_L、C_L时应在调制信号最高值时，满足以下关系式：

$$R_L C_L \omega_{Smax} \leqslant \frac{\sqrt{1-m_a^2}}{m_a} \tag{5-25}$$

但值得注意的是，$R_L C_L$不能太小，因为如果太小，则检波电压传输系数和高频滤波能力将受到影响。

（2）负峰切割失真

二极管包络检波等效电路如图 5-20 所示。在电路中，C_C为隔直电容，R_{i2}是检波负载电路的输入电阻，隔直电容的容量较大，一般在 10 μF 以上，结果C_C上将产生直流电压降E，且有$E \approx U_{im}$。由于C_C较大，所以在低频一周内C_C上的电压E基本不变，则可以把它看成一个直流电源，如图 5-20 所示，此电压被R_{i2}和R_L分压，它在R_L上所分得的电压为：

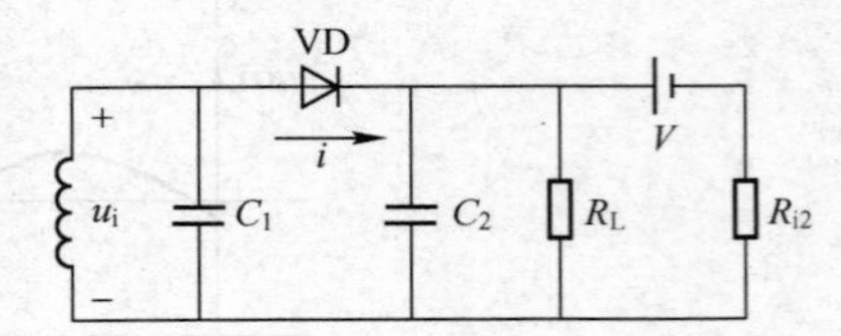

图 5-20　二极管包络检波等效电路

$$U_{R_L} = \frac{R_L}{R_L + R_{i2}} E \approx \frac{R_L}{R_L + R_{i2}} U_{im} \tag{5-26}$$

此电压的极性为左正右负，对二极管而言相当于加了一个反向偏置电压。当R_L较大时，U_{R_L}较大，则有可能在输入调幅波的负半周的某些时刻小于U_{R_L}，导致二极管在这段时间截止。此时，由于R_L上的电压$u_o(t)=U_{R_L}$，不随包络的变化而变化，从而出现失真，负峰切割失真如图 5-21 所示。由于上述失真出现在输出低频信号的负半周，其底部被切成平顶，因此称为负峰切割失真。

为避免出现负峰切割失真，要求输入调幅波包络的最小值$U_{im}(1-m_a)$大于U_{R_L}，即要求

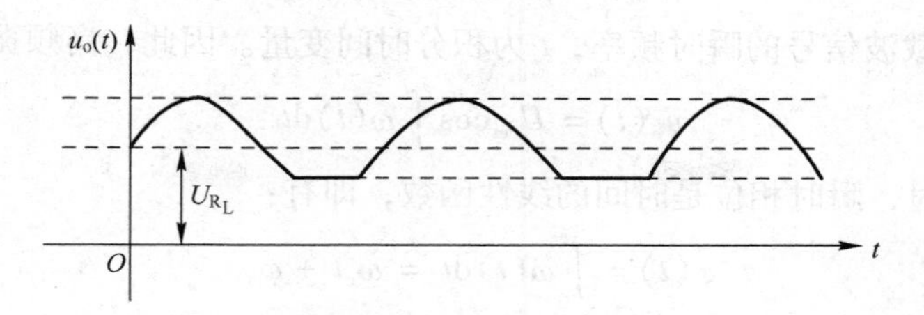

图 5-21　负峰切割失真

$U_{im}(1-m_a) > U_{R_L}$，则由此式和式（5-26）可知：

$$m_a < \frac{R_{i2}}{R_L + R_{i2}} \tag{5-27}$$

即调幅度越深、下级输入电阻越小，底线切割失真越容易发生。

以上讨论的是大信号包络检波，大信号包络检波器也可以完成小信号的检波，但要给二极管加上一个正向偏置电压。分析表明，此时输出信号于输入信号的振幅成平方关系，所以称为小信号平方律检波。

5.5　角度调制概念

在通信中，除调幅外，还广泛采用角度调制来携带信息。调角包括调频和调相，若用调制信号去控制高频载波的频率，使高频载波的频率随调制信号的变化而变化，则称为调频；若用调制信号去控制高频载波的相位，使高频载波的相位随调制信号的变化而变化，则称为调相。频率调制和相位调制都能使载波信号的瞬时相角受到调变（表现为载波振荡的总相角受到调制），而幅度保持不变，故统称为角度调制。

调角和调幅有本质的区别，调幅是频谱的线性搬移，是把调制信号线性的搬移到高频载波上去的过程，它并不破坏原有信号频谱的结构，属线性调制。而调角是频谱的非线性搬移，属非线性调制。

调幅时，已调信号的包络反映了调制信号的信息，而调角波的包络不携带信息，即调角波的包络不随调制信号的变化而变化。调角的主要优点是抗干扰能力强，但是，为此付出的代价是传输信号的频带加宽了。

5.6　调角波的基本性质

5.6.1　调频波的数学表达式和波形

为便于说明调角波的基本性质，将高频载波信号写成如下一般表达式

$$u_c(t) = U_{cm}\cos\varphi(t) \tag{5-28}$$

其中 $\varphi(t)$ 是载波信号的瞬时相位。信号瞬时相位和瞬时频率成微积分关系，即有：

$$\omega(t) = \frac{d\varphi(t)}{dt} \tag{5-29}$$

$$\varphi(t) = \int_0^t \omega(t)\,dt \tag{5-30}$$

其中，$\omega(t)$为载波信号的瞬时频率，t为积分时间变量。因此，高频振荡可写成：

$$u_c(t) = U_{cm}\cos\int_0^t \omega(t)\,dt \tag{5-31}$$

当角频率不变时，瞬时相位是时间的线性函数，即有：

$$\varphi(t) = \int_0^t \omega(t)\,dt = \omega_c t + \varphi_o \tag{5-32}$$

调频时，高频载波的瞬时频率随调制信号变化而线性变化，即：

$$\omega(t) = \omega_c + k_f u_s(t) \tag{5-33}$$

式中$u_s(t)$为调制信号；ω_c为无调制时的角频率，称为中心频率，为一常数；k_f是比例系数，又称为调频灵敏度，它表示单位调制电压所产生的角频率偏移。

由式（5-33）可知：

$$\Delta\omega(t) = k_f u_s(t) \tag{5-34}$$

称为瞬时角频偏，它按调制信号的规律变化，其最大值称为最大角频偏，简称为角频偏，用$\Delta\omega_m$表示，即

$$\Delta\omega_m = k_f\,|u_s(t)|_{max} = k_f U_{sm} \tag{5-35}$$

由瞬时频率和瞬时相位的微积分关系可知，调频时的瞬时相位为：

$$\varphi(t) = \int_0^t \omega(t)\,dt = \omega_c t + k_f\int_0^t u_s(t)\,dt = \omega_c t + \Delta\varphi(t) \tag{5-36}$$

式中，$\Delta\varphi(t)$称为瞬时相位偏移，最大相移为：

$$\Delta\varphi_m = k_f\left|\int_0^t u_s(t)\,dt\right|_{max} \tag{5-37}$$

由式（5-36）可知调频波的数学表达式为：

$$u_{FM}(t) = U_{cm}\cos\varphi(t) = U_{cm}\cos\left[\omega_c t + K_f\int_0^t u_s(t)\,dt\right] \tag{5-38}$$

当单音调制时，即$u_s(t) = U_{sm}\cos\omega_s t$，则调频波的数学表达式可写成：

$$\begin{aligned} u_{FM}(t) &= U_{cm}\cos\left(\omega_c t + \frac{k_f U_{sm}}{\omega_s}\sin\omega_s t\right) = U_{cm}\cos\left(\omega_c t + \frac{\Delta\omega_m}{\omega_s}\sin\omega_s t\right) \\ &= U_{cm}\cos(\omega_c t + m_f\sin\omega_s t) \end{aligned} \tag{5-39}$$

式中，m_f称为调频系数，单位为弧度。即有：

$$m_f = \frac{k_f U_{sm}}{\omega_s} = \frac{\Delta\omega_m}{\omega_s} \tag{5-40}$$

由式（5-36）可知，单音调制时：

瞬时相位为：

$$\begin{aligned} \varphi(t) &= \omega_c t + k_f\int_0^t u_s(t)\,dt \\ &= \omega_c t + \frac{k_f U_{sm}}{\omega_s}\sin\omega_s t = \omega_c t + m_f\sin\omega_s t \end{aligned} \tag{5-41}$$

瞬时相位偏移为：

$$\Delta\varphi(t) = k_f\int_0^t u_s(t)\,dt = \frac{k_f U_{sm}}{\omega_s}\sin\omega_s t = m_f\sin\omega_s t \tag{5-42}$$

最大相偏为：

$$\Delta\varphi_m = k_f\left|\int_0^t u_s(t)\,dt\right|_{max} = \frac{k_f U_{sm}}{\omega_s} = m_f \tag{5-43}$$

瞬时频率为：

$$\omega(t)=\omega_c+k_f u_s(t)=\omega_c+k_f U_{sm}\cos\omega_s t$$
$$=\omega_c+\Delta\omega_m\cos\omega_s t \tag{5-44}$$

瞬时频偏为：

$$\Delta\omega(t)=k_f u_s(t)=k_f U_{sm}\cos\omega_s t \tag{5-45}$$

最大频偏为：

$$\Delta\omega_m=k_f\left|u_s(t)\right|_{max}=k_f U_{sm}$$
$$=m_f\omega_s \tag{5-46}$$

由表达式（5-39）、(5-46）可知，已调频波的波形属于等幅波，其瞬时频率随调制信号的瞬时幅度变化而线性变化。调频波的波形如图 5-22c 所示。

5.6.2 调相波的数学表达式和波形

调相时，高频载波的瞬时相位随调制信号的变化而线性变化，即：

$$\varphi(t)=\omega_c t+k_p u_s(t)$$

式中，$u_s(t)$为调制信号，k_p为调相灵敏调。最大相偏为：

$$\Delta\varphi_m=k_p\left|u_s(t)\right|_{max}$$

则调相波的数学表达式为：

$$u_{PM}(t)=U_{cm}\cos\varphi(t)=U_{cm}\cos[\omega_c t+k_p u_s(t)] \tag{5-47}$$

由式（5-47）可知，调相波的瞬时频率为：

$$\omega(t)=\omega_c+k_p\frac{du_s(t)}{dt}=\omega_c+\Delta\omega(t) \tag{5-48}$$

式中，$\Delta\omega(t)=k_p\frac{du_s(t)}{dt}$为其频偏，而最大频偏为：

$$\Delta\omega_m=k_p\left|\frac{du_s(t)}{dt}\right|_{max} \tag{5-49}$$

可见，调相波也是一个等幅的波形，其瞬时相位的变化反映了调制信号的信息。

调频波和调相波的波形如图 5-22 所示。

如果调制信号为单音信号，即 $u_s(t)=U_{sm}\cos\omega_s t$，则调相波的数学表达式为：

$$u_{PM}(t)=U_{cm}\cos[\omega_c t+k_p u_s(t)]=U_{cm}\cos(\omega_c t+k_p U_{sm}\cos\omega_s t)$$
$$=U_{cm}\cos(\omega_c t+m_p\cos\omega_s t) \tag{5-50}$$

由式（5-50）可知：

瞬时相位为：

$$\varphi(t)=\omega_c t+k_p u_s(t)=\omega_c t+k_p U_{sm}\cos\omega_s t=\omega_c t+m_p\cos\omega_s t \tag{5-51}$$

瞬时相位偏移为：

$$\Delta\varphi(t)=k_p u_s(t)=k_p U_{sm}\cos\omega_s t=m_p\cos\omega_s t \tag{5-52}$$

式中，m_p称为调相系数，它也等于最大相偏，即：

$$m_p=\Delta\varphi_m=k_p U_{sm} \tag{5-53}$$

瞬时频率为：

$$\omega(t)=\omega_c+k_p\frac{du_s(t)}{dt}=\omega_c-k_p U_{sm}\omega_s\sin\omega_s t=\omega_c-\Delta\omega_m\sin\omega_s t \tag{5-54}$$

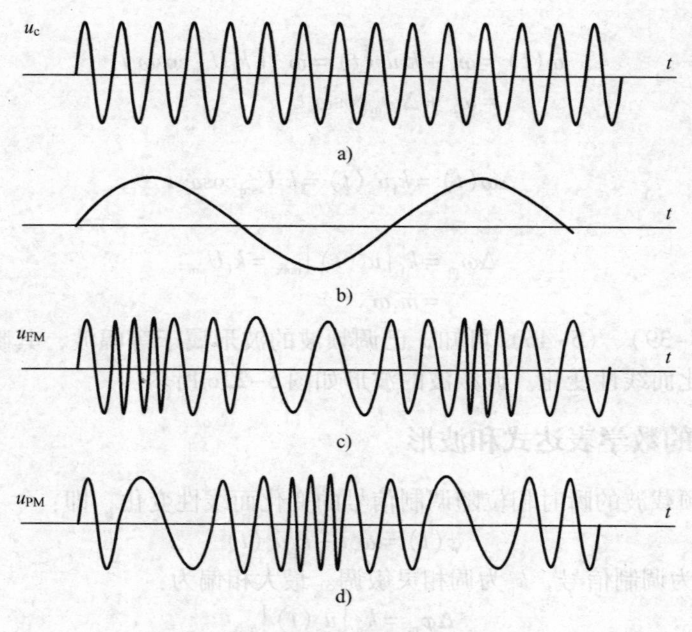

图 5-22　调频波和调相波的波形

瞬时频偏为：

$$\Delta\omega(t)=k_{p}\frac{\mathrm{d}u_{s}(t)}{\mathrm{d}t}=k_{p}U_{sm}\omega_{s}\sin\omega_{s}t \tag{5-55}$$

最大频偏为：

$$\Delta\omega_{m}=k_{p}U_{sm}\omega_{s}=m_{p}\omega_{s} \tag{5-56}$$

调相波的波形如图 5-22d 所示，由图 5-22d 可见，调相波也是一种等幅波。由式（5-38）和式（5-48）可知：若先对调制信号进行积分，再对积分后的信号对载波进行调相，就可以得到调制信号的调频波；反之，若先对调制信号进行微分，再用微分后的信号对载波进行调频，就可以得到调制信号的调相波。

5.6.3　调频波与调相波的比较

调频波与调相波都属于等幅波，但调频是用瞬时频率的变化反映调制信号的信息，而调相是用瞬时相位的变化反映调制信号的信息，因此调频波与调相波瞬时频率都是变化的，只是调频波和调相波瞬时频率的变化规律不同。

为清楚地看出调频与调相的区别，可用如表 5-1 所示来进行比较。

表 5-1　调频与调相的比较

调制信号 $u_s(t)=U_{sm}\cos\omega_s t$　载波信号 $u_c(t)=U_{cm}\cos\omega_c t$		
	调频波	调相波
瞬时频率 $\omega(t)$	$\omega_c+k_f u_s(t)=\omega_c+k_f U_{sm}\cos\omega_s t$ $=\omega_c+\Delta\omega_m\cos\omega_s t$	$\omega(t)=\omega_c+k_p\frac{\mathrm{d}u_s(t)}{\mathrm{d}t}=\omega_c-k_pU_{sm}\omega_s\sin\omega_s t$ $=\omega_c-\Delta\omega_m\sin\omega_s t$

（续）

调制信号 $u_s(t)=U_{sm}\cos\omega_s t$　　载波信号 $u_c(t)=U_{cm}\cos\omega_c t$		
	调频波	调相波
瞬时相位 $\varphi(t)$	$\omega_c t+k_f\int_0^t u_s(t)\mathrm{d}t=$ $\omega_c t+\dfrac{k_f U_{sm}}{\omega_s}\sin\omega_s t=\omega_c t+m_f\sin\omega_s t$	$\varphi(t)=\omega_c t+k_p u_s(t)$ $=\omega_c t+k_p U_{sm}\cos\omega_s t=\omega_c t+m_p\cos\omega_s t$
数学表达式	$u_{FM}(t)=U_{cm}\cos\left[\omega_c t+k_f\int_0^t u_s(t)\mathrm{d}t\right]$ $=U_{cm}\cos(\omega_c t+m_f\sin\omega_s t)$	$u_{PM}(t)=U_{cm}\cos[\omega_c t+k_p u_s(t)]$ $=U_{cm}\cos(\omega_c t+m_p\cos\omega_s t)$
调制系数	$m_f=\dfrac{\Delta\omega_m}{\omega_s}=\dfrac{k_f U_{sm}}{\omega_s}$	$m_p=\Delta\varphi_m=k_p U_{sm}=\dfrac{\Delta\omega_m}{\omega_s}$
最大频偏 $\Delta\omega_m$	$\Delta\omega_m=k_f\|u_s(t)\|_{max}=k_f U_{sm}$ $=m_f\omega_s$	$\Delta\omega_m=k_p U_{sm}\omega_s=m_p\omega_s$
最大相偏 $\Delta\varphi_m$	$\Delta\varphi_m=k_f\left\|\int_0^t u_s(t)\mathrm{d}t\right\|_{max}=m_f$	$\Delta\varphi_m=k_p\|u_s(t)\|_{max}=m_p$

由表 5-1 可以看出，调频波和调相波的区别，特别要注意的是，在调频中，最大频偏 $\Delta\omega_m$与调制信号振幅 U_{sm}成正比，而与调制信号频率 ω_s无关，调频系数 m_f与调制信号振幅成正比，与调制信号频率成反比；调相中，调相系数 m_p与调制信号振幅成正比，而与调制信号频率无关，$\Delta\omega_m$则与 $U_{sm}\omega_s$成正比。调频和调相中 ω_s、$\Delta\omega_m$、U_{sm}、m_f、m_p 这几者之间的关系必须特别注意区分，调角波调制系数、频偏和调制频率的关系如图 5-23 所示。

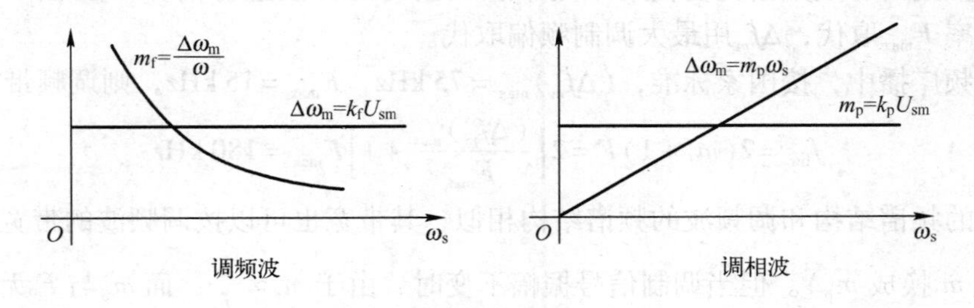

图 5-23　调角波调制系数、频偏和调制频率的关系

5.6.4　调频波的频谱与带宽

受同一信号调制的调频波和调相波，它们的频谱结构是有差异的。但当单音调制时，调频波和调相波的数学表达式很相似，它们的频谱结构也很相似，而且它们的分析方法也是相同的，因此，只要分析调频波的频谱和频带宽度，则对调相波也是适用的。下面仅讨论单音调制的调频波为例分析调角波的频谱结构。为简单起见，令调频波的幅度为 1 V，则调频波的数学表达式可写成：

$$u_{FM}(t)=U_{cm}\cos(\omega_c t+m_f\sin\omega_s t)=\mathrm{Re}[\mathrm{e}^{\mathrm{j}\omega_c t}\cdot\mathrm{e}^{\mathrm{j}m_f\sin\omega_s t}] \tag{5-57}$$

分析表明，式（5-57）可进一步展开为：

$$u_{FM}(t) = \mathrm{Re}\Big[\sum_{n=-\infty}^{\infty} J_n(m_f)\mathrm{e}^{\mathrm{j}(\omega_c+n\omega_s)t}\Big]$$

$$= \sum_{n=-\infty}^{\infty} J_n(m_f)\cos[(\omega_c + n\omega_s)t]$$

$$= J_0(m_f)\cos\omega_c t + J_1(m_f)\cos(\omega_c + \omega_s)t - J_1(m_f)\cos(\omega_c - \omega_s)t$$

$$+ \cdots + \sum_{n=2}^{\infty}[J_n(m_f)\cos(\omega_c + n\omega_s)t + (-1)^n J_n(m_f)\cos(\omega_c - n\omega_s)t] \quad (5\text{-}58)$$

$J_n(m_f)$是贝塞尔函数。其值可查贝塞尔函数或者查贝塞尔曲线。

由式（5-58）可知，单音调制时调频波有如下特点：

1）已调频波频谱不是调制信号频谱的线性搬移，而是非线性搬移，它由载频分量和无数对边频分量组成。当 n 为偶数时，上、下边频分量振幅相等，极性相同；当 n 为奇数时，上、下边频分量振幅相等，极性相反。

2）边频分量的振幅随 m_f而变化，调制系数越大，具有较大振幅的边频分量越多。如果忽略振幅较小的边频分量，则调频波的带宽是有限的，如果忽略振幅小于未调制振幅的10%的边频分量，保留下来的频谱成分就确定了调频波的频带宽度，它可由下式进行估算：

$$f_{bw} = 2(m_f + 1)F = 2(\Delta f_m + F) \quad (5\text{-}59)$$

其中，F 为调制信号的频率。当 m_f不为整数时，应取大于并接近于该数值的整数。

3）根据大小的不同，调频分为窄带调频和宽带调频两种。一般 $m_f < 0.2$ 时称窄带调频，此时带宽 $f_{bw} \approx 2F$，即窄带调频波的带宽与调幅波的带宽基本相同；当 $m_f \geqslant 5$ 时，称为宽带调频，此时带宽 $f_{bw} \approx 2\Delta f_m$。

以上讨论的是单音调制时的频谱，当调制信号为复杂信号时，频谱分析非常麻烦，但实践表明，调频波的有效频谱宽度仍可采用单音调制时的方法进行估算，但需将 F 用调制信号的最高频率 F_{max} 取代，Δf_m用最大调制频偏取代。

例如调频广播中，按国家标准，$(\Delta f_m)_{max} = 75\,\mathrm{kHz}$，$F_{max} = 15\,\mathrm{kHz}$，则调频带宽为：

$$f_{bw} = 2(m_f + 1)F = 2\Big[\frac{(\Delta f_m)_{max}}{F_{max}} + 1\Big]F_{max} = 180\,\mathrm{kHz}$$

调相波的频谱结构和调频波的频谱结构相似，其带宽也可以按调频波的带宽计算方法进行计算（把 m_f换成 m_p）。但当调制信号振幅不变时，由于 $m_f \propto \frac{1}{F}$，而 m_p与 F 无关，结果当调制信号频率 F 增加时，调频波的 Δf_m不变，而带宽变化很小；而调相波的 Δf_m与 F 成正比，其带宽随 F 成比例增加。当调制信号频率不变，振幅增加时，调频波和调相波的带宽都随之增加。

5.7 调频电路

对调频电路主要的要求是：1）已调波的瞬时频偏与调制信号成正比；2）获得尽可能大的频偏，且频偏与调制信号频率无关；3）载波频率或调频波的中心频率尽可能稳定；4）寄生调幅尽可能小。

调频是频谱的非线性变换。实现调频有两种基本的方法，即直接调频和间接调频，可以使用压控振荡器来实现调频。

5.7.1 压控振荡器

晶体振荡器等产生的频率是基本固定不变的，不能实现自动控制。随着电子产品的不断发展，现代电子技术中有时要求振荡器的频率受控，这就需要由压控振荡器来实现。压控振荡器简称为 VCO，是一个“电压 - 频率”转换装置，它将电压信号的变化转换成频率的变化。

1. VCO 原理

在移动通信中，要求手机能自动搜索信道。例如在等待状态进入公用信道，在通话时转入空闲的语音信道，这种情况可看成自动改频入网，这与电视机节目自动搜索的原理是相似的。这就要求振荡器的频率能够改变。如何做到这一点呢？办法是在振荡频率形成网络中加入变容二极管。这个转换过程中电压控制功能的完成是通过一个特殊器件——变容二极管来实现的，控制电压实际上是加在变容二极管两端的。在压控振荡器中，变容二极管是决定振荡频率的主要器件之一。

变容二极管是一种非线性电抗元器件，它工作在反偏工作状态，变容二极管电容电压关系如图 5-24 所示。

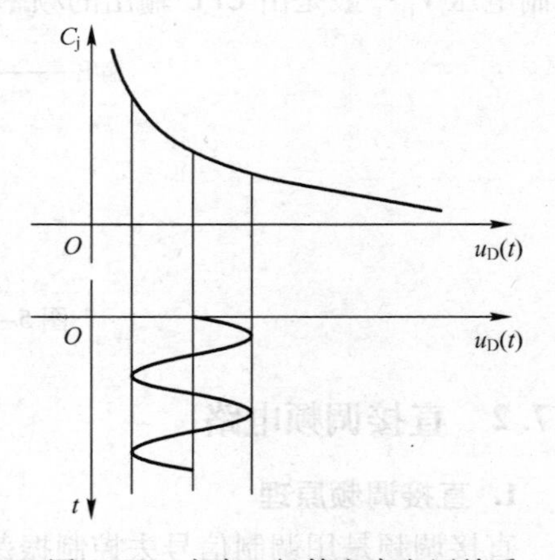

图 5-24　变容二极管电容电压关系

在图 5-24 中，$u_D(t)$为变容二极管两端所加的反偏电压，C_j为变容二极管的结电容，变容二极管两端所加的电压越大，其结电容越小，就可以改变振荡频率，将电压变化转化为频率的变化。由于是用电压 U_D来控制频率的变化，从这个意义上讲，这样的振荡器称为压控振荡器。

当然，压控振荡器的控制特性只有有限的线性控制范围，超出这个范围之后控制灵敏度将会下降。

压控振荡器的电路形式很多，分立元器件 VCO 主要是由变容管控制的三点式振荡器，压控振荡器 VCO 原理如图 5-25 所示。图 5-25a 为变容管控制的电容三点式振荡器，$u_c(t)$改变变容二极管的电容量 C_j，则输出频率也就受控而改变。图 5-25b 为变容管控制的克拉泼振荡器，这种振荡器能用较小的电容量来改变振荡频率。图 5-25c 是一个由 JFET 构成的变容管控制的电感三点式振荡器，其 VCO 的频率控制范围很宽。读者可自行分析具体的压控振荡电路的实现过程。

2. VCO 实际应用

在现代通信机中，常用压控振荡器提供高精度的频率振荡，或实现信道（频率）搜索等系统功能。

实际中，除了由变容二极管、晶体管（或场效应晶体管、集成电路）、外围元器件等组成的分立式晶振 VCO 外，还常常将 VCO 做成一个组件。如手机中的 13 MHz VCO 组件，就是将 13 MHz 的晶体及变容二极管、晶体管（或场效应晶体管）、R、C 等构成的振荡电路整体封装在一个屏蔽盒内，组件本身就是一个完整的晶振 VCO，可以直接输出 13 MHz 时钟信号，使用、更换十分方便。

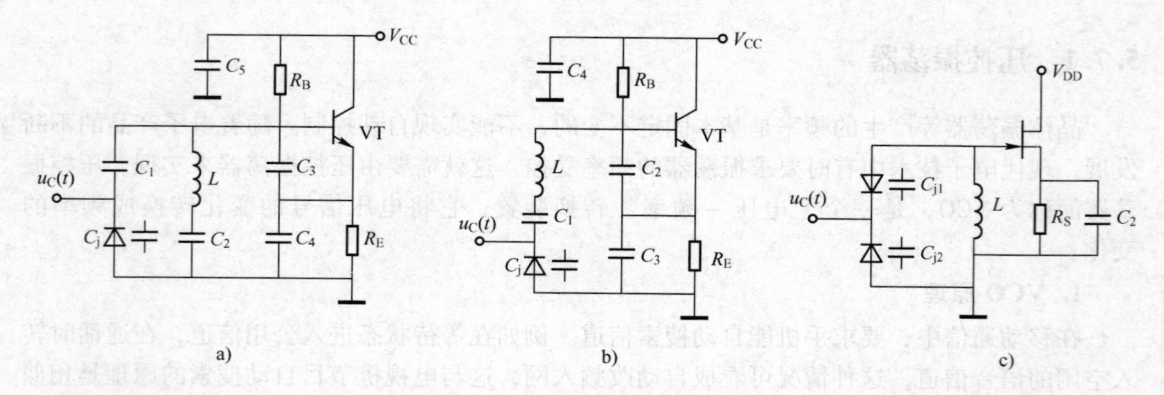

图 5-25　压控振荡器 VCO 原理

a）电容三点式　b）克拉泼振荡器　c）电感三点式振荡器

常见的晶振 VCO 标准组件一般有 4 个端口，晶振 VCO 标准组件如图 5-26 所示。其中，控制电压 V_D一般是由 CPU 输出的频率控制电压 AFC。

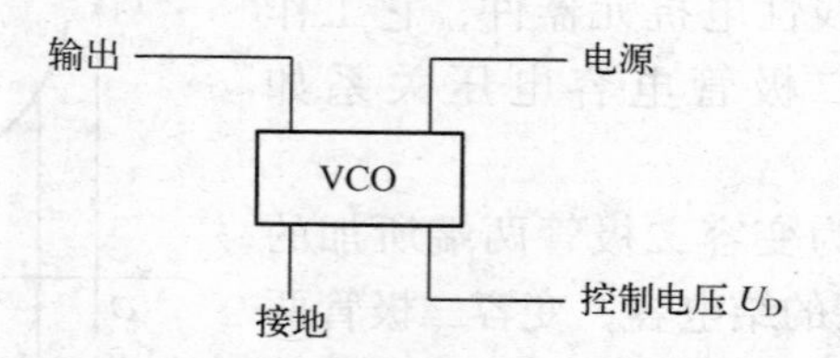

图 5-26　晶振 VCO 标准组件

5.7.2　直接调频电路

1. 直接调频原理

直接调频是用调制信号去控制振荡器的工作状态，改变其振荡频率，使其频率随调制信号线性变化，以产生调频信号。只要用调制信号去控制载波振荡器频率的元器件参数，并使瞬时频偏按调制信号规律变化，就可以实现直接调频。

在 *LC* 振荡器中，其振荡频率主要是由振荡回路的电感 *L* 和电容 *C* 的数值来决定。因此，可以在 *LC* 回路中并入可变电抗元器件，作为组成振荡回路的一部分，用调制信号去控制电抗元器件的参数，即可产生振荡频率随调制信号变化的调频波。可控电抗元器件种类较多，其中用得最多的是电压控制的变容二极管调频。

直接调频电路具有频偏大，调制灵敏度高和电路简单等优点，而其中心频率稳定度差的缺点可以通过频率合成技术加以解决。

2. 变容二极管直接调频电路

由于变容二极管工作在反偏状态，因此在变容二极管直接调频电路中，必须给变容二极管加直流负偏压，并且该直流偏置电压和调制信号串联作为变容二极管两端的电压，变容二极管直接调频原理电路如图 5-27 所示。因此变容二极管两端电压 $u_D(t)$ 的数学表达式为：

$$u_D(t) = -U_Q - u_s(t) \tag{5-60}$$

变容二极管直接调频的原理电路如图 5-26a 所示，其中高频扼流圈 L_1 对高频而言相当于开路，而对直流信号和低频调制信号相当于短路；高频滤波电容 C_2 对高频相当于短路，对直流信号和低频调制信号相当于开路。L_1 和 C_2 共同作用可防止高频振荡信号对调制信号源 $u_s(t)$ 的影响，同时使直流负偏压和调制信号能顺利加到变容二极管上。电容 C_1 对高频相当于短路，对直流信号和低频调制信号相当于开路，它可以保证直流信号和低频调制信号能有效地加到变容二极管上，而不被振荡回路电感 L 所短路。根据上述分析，图 5-27a 电路的等效电路如图 5-27b 所示，其中 C_j 为变容二极管的结电容，其两端电压 $u_D(t)$ 满足式（5-60）。

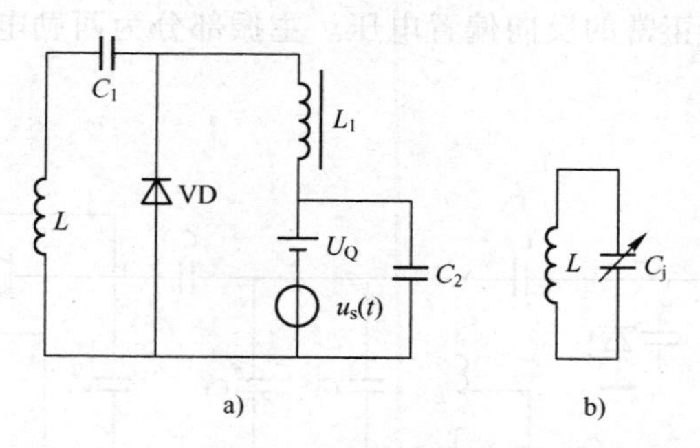

图 5-27　变容二极管直接调频原理电路

若调制信号 $u_s(t)=U_{sm}\cos\omega_s t$，则变容二极管两端的电压为：

$$u_D(t)=-U_Q-u_s(t)=-U_Q-U_{sm}\cos\omega_s t \tag{5-61}$$

变容二极管的结电容为：

$$C_j=\frac{C_{j0}}{\left(1-\frac{u_D}{U_{h0}}\right)^{\gamma}}=\frac{C_{jQ}}{(1+m\cos\omega_s t)^{\gamma}} \tag{5-62}$$

式中，U_{h0} 为与变容二极管 PN 结有关的电位差，γ 为变容指数，C_{j0} 为零偏时的结电容，$m=\frac{U_{sm}}{(U_{h0}+U_Q)}$ 称为调制深度，C_{jQ} 为静态工作点上的结电容。C_{jQ} 为：

$$C_{jQ}=\frac{C_{j0}}{\left(1+\frac{U_Q}{U_{h0}}\right)^{r}}$$

则振荡频率为：

$$f(t)=\frac{1}{2\pi\sqrt{LC_j}}=\frac{1}{2\pi\sqrt{\frac{LC_{jQ}}{(1+m\cos\omega t_s)^{\gamma}}}}=f_c(1+m\cos\omega_s t)^{\frac{\gamma}{2}} \tag{5-63}$$

式中，$f_c=\frac{1}{2\pi\sqrt{LC_{jQ}}}$ 为调制信号为零的振荡频率，即调频波的载波频率。若 $\gamma=2$，则振荡频率为：

$$f(t)=f_c(1+m\cos\omega_s t) \tag{5-64}$$

式（5-64）表明，若选取 $\gamma=2$ 的变容二极管，则图 5-26 的电路可实现线性调频。此时，调频波的中心频率等于载波频率 f_c，最大频偏 $\Delta f_m=mf_c$。

若 $\gamma\neq2$，在一定条件下近似为线性调频。由上面的分析可知，当 γ 一定，即变容二极管选定后，增大调制深度 m 可增大相对频偏，但同时也增大了非线性失真和中心频率偏移量。因此，为保证较小的失真和中心频率的稳定，调频波的最大频偏不能太大，必须兼顾调频过程中的非线性失真和中心频率偏移的问题；当然，当 m 一定时，提高载波频率 f_c 可增大最大频偏 Δf_m。

3. 电路举例

图 5-28a 是利用变容二极管实现直接调频的实用电路，图 5-28b 是它的简化电路。图中，变容二极管未加偏置电路，因为调制信号中含有适当的直流分量，图中采用直耦方式输入，变容二极管可以得到正常的反向偏置电压。主振部分为西勒电路，调节 C_4 可以调节载波频率。

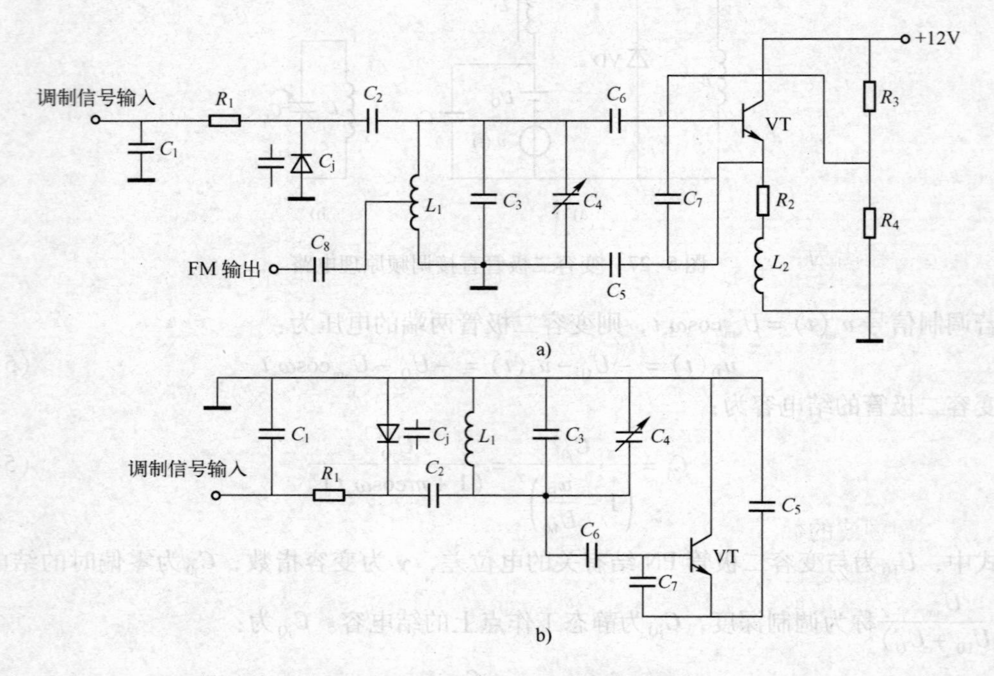

图 5-28　变容二极管直接调频电路实例

由前面的知识可知，此电路的振荡频率为：

$$f(t)=f_c(1+m\cos\omega_s t)^{\frac{\gamma}{2}}$$

当采用 $\gamma=2$ 的变容二极管时，振荡频率为：

$$f(t)=f_c(1+m\cos\omega_s t) \tag{5-65}$$

其中，$m=\dfrac{U_{sm}}{(U_{h0}+U_Q)}$，此电路中 $U_Q=0$，则 $m=\dfrac{U_{sm}}{U_{h0}}$，由此可知，此电路的变容二极管调制深度只与变容二极管的特性与调制信号的振幅有关，当变容二极管选定和调制信号的振幅一定的情况下，调制深度为常数，此电路则可以实现线性调频。

式（7－38）中，f_c为载波频率，由图 5-28b 可知，其值为：

$$f_c=\frac{1}{2\pi\sqrt{LC_{总}}}$$

$$C_{总}=(C_5串 C_6串 C_7)并 C_3并 C_4并[C_1并 C_j串 C_2]$$

5.7.3　间接调频电路

1. 间接调频原理

由于调频与调相电路之间有着紧密的联系，因此，可以先将调制信号积分，再对载波信号进行调相，即可实现调频，这种方法称为间接调频。其原理框图如图 5-29 所示。

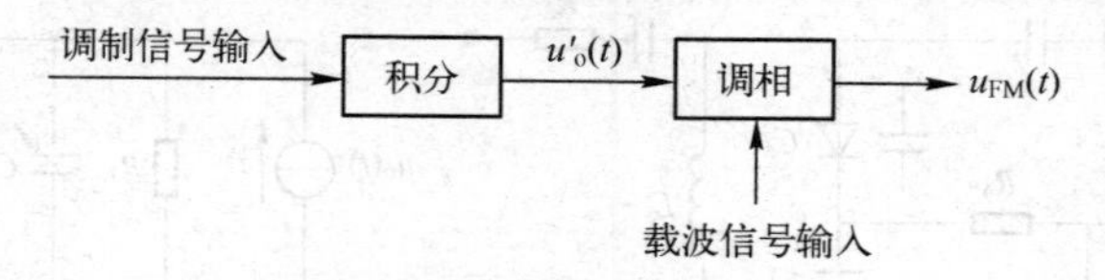

图 5-29　间接调频原理框图

设调制信号为：

$$u_s(t) = U_{sm}\cos\omega_s t$$

载波信号为：

$$u_c(t) = U_{cm}\cos\omega_c t$$

则积分器输出为：

$$u'_o(t) = \int u_s(t)\mathrm{d}t = \int U_{sm}\cos\omega_s t\mathrm{d}t = \frac{U_{sm}}{\omega_s}\sin\omega_s t = m_f\sin\omega_s t$$

再用载波信号对此信号进行调相，根据式（5-47）可知，此时的调相波为：

$$\begin{aligned} u_{PM}(t) &= U_{cm}\cos[\omega_c t + k_p u'_o(t)] = U_{cm}\cos\left[\omega_c t + \frac{k_p U_{sm}}{\omega_s}\sin\omega_s t\right] \\ &= U_{cm}\cos[\omega_c t + m_f\sin\omega_s t] \end{aligned} \tag{5-66}$$

此式与调频波的数学表达式比较可知，$u_{PM}(t)$即为用调制信号 $u_s(t)$对载波信号进行调相而得到的调频波。

由于间接调频电路是通过对载波信号的相位进行调制来实现频率调制的，因此可采用石英晶体振荡器作为主振，使载波信号的频率十分稳定。

间接调频实现的关键是如何实现调相，所以下面主要介绍调相电路。

2. 调相电路

常见的调相电路有可变移相法调相电路和可变时延法调相电路，下面分别加以介绍。

（1）可变移相法调相电路

可变移相法调相电路的原理框图如图 5-30 所示。载波信号通过一可控移相网络，如果该移相网络的相移受调制信号的控制，且它们之间满足线性关系，则相移网络的输出信号即为调频波。

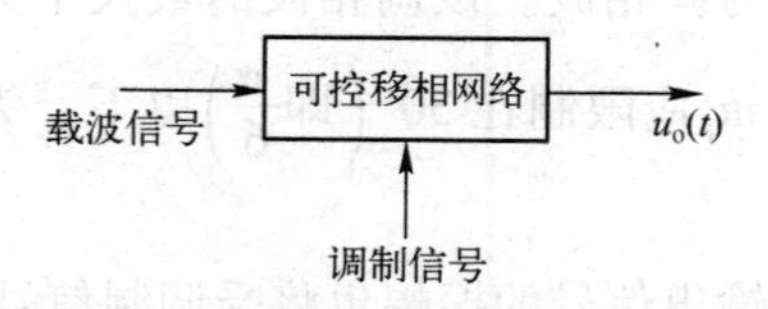

图 5-30　可变移相调相电路的原理框图

可控移相网络通常用 *LC* 谐振回路或 *RC* 网络构成，应用最多的是用变容二极管控制谐振回路相移的调相电路。图 5-31a 是这种变容二极管调相的基本电路。图中，$C_1 \sim C_4$均为隔直电容或滤波电容，其中 $C_1 \sim C_3$ 对高频短路，对低频开路；C_4 对高频和低频都短路。变容二极管的电容 C_j 和电感 L 构成谐振回路，作为可控移相网络；R_1 和 R_2 分别是谐振回路的输入输出的隔离电阻；电源经 R_3、R_4 和 L 给变容二极管 C_j 提供反向偏置电压。因此，变容二极管调相电路的等效原理电路如图 5-31b 所示。

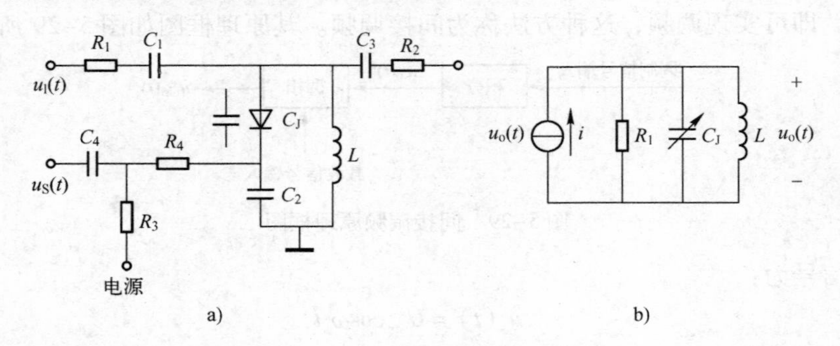

图 5-31　变容二极管调相的基本电路

当未加调制信号时，谐振回路的振荡频率 f_0 应等于载波频率 f_c，设调制信号为 $u_s(t)=U_{sm}\cos\omega_s t$，并设变容二极管采用 $\gamma=2$ 的超突变结变容二极管，则加上调制信号后的谐振频率为：

$$f_0(t)=f_c(1+m\cos\omega_s t)=f_c+\Delta f_0(t)$$

式中　$\Delta f_0(t)=f_0(t)-f_c=mf_c\cos\omega_s t$

对于 C_j、L 组成的谐振回路，其谐振频率为 $f_0(t)$，输入信号源频率为 f_c，则其相频特性为：

$$\varphi(t)=-\arctan Q\left[\frac{f_c}{f_0(t)}-\frac{f_0(t)}{f_c}\right]$$

当未加调制信号时，$f_0(t)=f_c$，代入上式可知 $\varphi(t)=0$，故相移为：

$$\Delta\varphi(t)=\varphi(t)=-\arctan Q\left[\frac{f_c}{f_0(t)}-\frac{f_0(t)}{f_c}\right]$$

式中，Q 为品质因数。若 $|\Delta\varphi(t)|<\frac{\pi}{6}$，则由于回路失谐不严重，上式可近似为：

$$\Delta\varphi(t)\approx -Q\left[\frac{f_c}{f_0(t)}-\frac{f_0(t)}{f_c}\right]\approx Q\,\frac{2\Delta f_0(t)}{f_c}=Qm\cos\omega_s t=m_p\cos\omega_s t \tag{5-67}$$

由式（5-67）可知：将频率恒定的等幅载波信号通过谐振频率受调制信号控制的谐振回路时，其输出信号的相位受调制信号的控制，即输出信号的相位随调制信号的变化而线性变化，即谐振回路的输出信号为调相波。该调相波的最大不失真相移为 m_p，受到谐振回路相频特性非线性的限制，通常 m_p 应限制在 $30°\left(即\frac{\pi}{6}\right)$ 以下，为增大相移 m_p，可以采用多节单回路的变容二极管调相电路。

值得注意的是，谐振回路输出信号的振幅也将受调制信号的控制，称为寄生调幅，应限制和克服，如采用限幅的方法。

（2）可变时延法调相电路

将载波信号通过可控时延网络，可变时延法调相电路如图 5-32 所示。

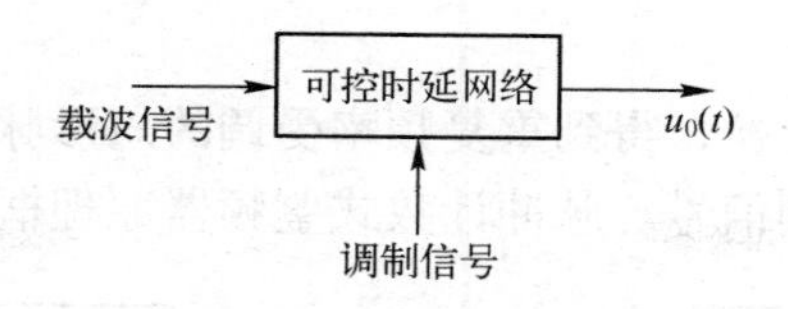

图 5-32　可变时延法调相电路

设时延网络的延时为 τ，当未加调制信号时，其输出信号为：

$$u_o(t)=U_c\cos[\omega_c(t-\tau)]$$

如果时延 τ 受调制信号 $u_s(t)=U_{sm}\cos\omega_s t$ 的控制，且它们的关系是线性的，即 $\tau=ku_s(t)$，则在加上调制信号时的输出信号为：

$$u_o(t)=U_{cm}\cos\omega_c[t-ku_s(t)]=U_{cm}\cos(\omega_c t-m_p\cos\omega_s t)$$

式中 $m_p=kU_{sm}\omega_c$。由上式可知，输出信号为调制信号的调相波。

显然，可变时延法调相电路的最大相移为 m_p，由 m_p 的表达式可知，该调相法可以获得较大的相移。

5.8　鉴频电路

从调频信号中取出原来的调制信号的过程，称为鉴频。由于调频波属等幅波，它所传送的信息包含在它的频率变化中，因此，鉴频器的输出信号必须与输入调频波的瞬时频率变化呈线性关系。调频信号若在传输、变换及处理的过程中，调频信号的幅度会出现变化，这种振幅的变化称为寄生调幅。鉴频器在解调时，寄生调幅会反应在输出信号上，并在输出端形成噪声和失真。

5.8.1　鉴频方法分类

鉴频器从工作原理区分主要有 4 种：

（1）斜率鉴频器

它先将等幅调频波变换为调频调幅波，然后采用包络检波的方法检出调制信号，斜率鉴频器原理框图如图 5-33 所示。

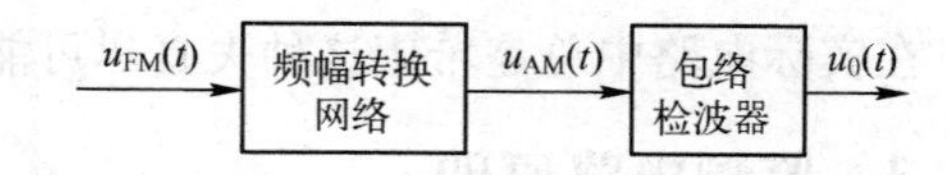

图 5-33　斜率鉴频器原理框图

上述的频幅转换网络常采用微分网络。设输入的调频信号为：

$$u_{FM}(t)=U_{cm}\cos(\omega_c t+m_f\sin\omega_s t)$$

则微分网络的输出信号为：

$$\begin{aligned}u_{AM}(t)&=k\frac{du_{FM}(t)}{dt}=-kU_{cm}(\omega_c+m_f\omega_s\cos\omega_s t)\sin(\omega_c t+m_f\sin\omega_s t)\\&=-kU_{cm}(\omega_c+\Delta\omega_m\cos\omega_s t)\sin(\omega_c t+m_f\sin\omega_s t)\end{aligned}\qquad(5\text{-}68)$$

显然，$u_{AM}(t)$ 即为调频调幅波，采用包络检波可恢复原调制信号。

（2）相位鉴频器

它先将等幅的调频波变换为调相波，然后采用相位检波的方法检出原调制信号，相位鉴频器原理框图如图 5-34 所示。

(3) 脉冲计数式鉴频器

它先将调频波进行波形变换，得到重复频率受调的矩形脉冲序列，然后在单位时间内对脉冲序列计数，即可检出调制信号。脉冲计数式鉴频器原理框图如图 5-35 所示。

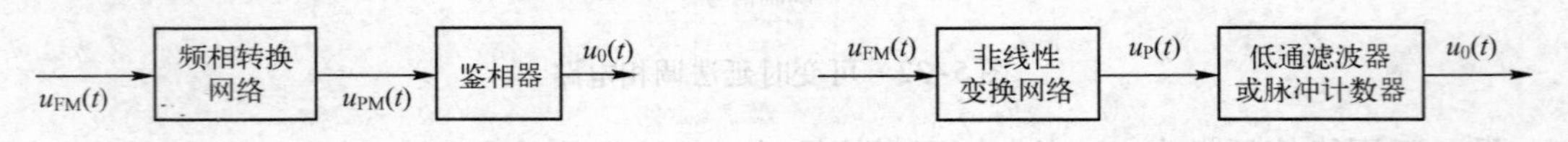

图 5-34 相位鉴频器原理框图　　图 5-35 脉冲计数式鉴频器原理框图

(4) 锁相环路鉴频器

锁相环路鉴频器将在第 6 章讨论，此处不再详述。

5.8.2 鉴频器的主要性能指标

鉴频器的输出信号随输入调频波频偏的变化称为鉴频特性。鉴频特性常用直角坐标系来描述，称为鉴频特性曲线。图 5-36 是一个典型的鉴频特性曲线，由于它的形状像英文字母的“S”形，故又称为S曲线。图中f_1为调频信号的中心频率，对应的输出电压为 0，当信号频率向左右偏离时，分别得到正负电压输出。鉴频特性除了如图中实线所示的正向特性外，还有如图虚线所示的负向特性。

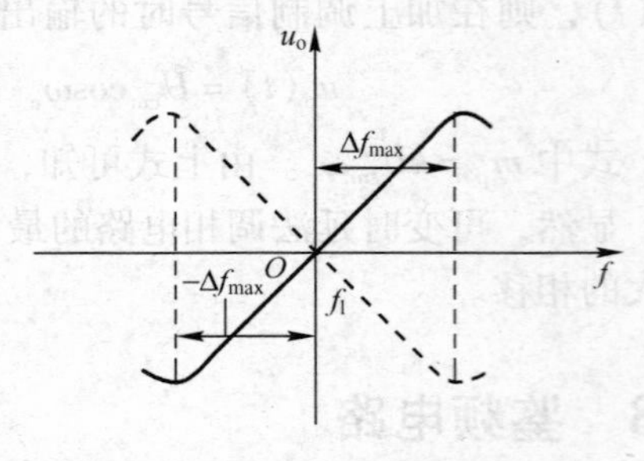

图 5-36 典型的鉴频特性曲线

对鉴频器的主要性能指标有：

1) 灵敏度。鉴频灵敏度即为在中心频率附近曲线的切线斜率。灵敏度越高，鉴频曲线越陡。

2) 线性范围。鉴频特性要求在中心频率附近曲线是一条直线，而且希望这段频率范围大。从图中看，鉴频器的线性范围为：在中心频率左右$2\Delta f_{max}$的范围内。

3) 非线性失真。在线性范围内，鉴频特性只是近似的线性，实际上仍然存在非线性失真，在实际电路中总是希望这种失真尽可能小。

5.8.3 鉴频电路原理

1. 斜率鉴频器

前面已讨论了斜率鉴频器的基本工作原理，其关键是频幅转换网络。在实际电路中可以使谐振回路工作在失谐状态即可以完成频幅转换功能。斜率鉴频器根据失谐回路的不同，可分为单失谐回路的斜率鉴频器和双失谐回路的斜率鉴频器。

(1) 单失谐回路斜率鉴频器

单失谐回路斜率鉴频器的原理示意图如图 5-37 所示，它由 LC 和二极管包络检波器或者同步检波器构成。

在图 5-36 中，高频变压器 Tr 的次级电感与电容 C 构成谐振回路，单失谐回路斜率鉴频器幅鉴转换的过程可用图 5-38 来描述。

其中，图 5-38a 为由变压器次级电感和电容 C 组成的谐振回路的幅频特性，图 5-38c 为输入的调频信号的瞬时频偏波形，图 5-38b 是频幅转换网络输出的调频调幅波。由此图

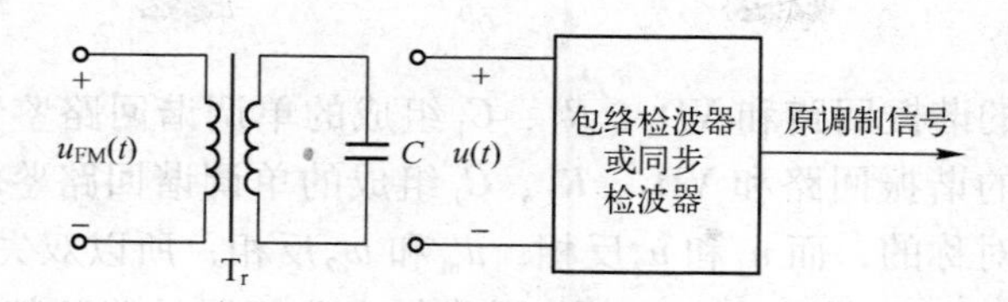

图 5-37　单失谐回路斜率鉴频器的原理示意图

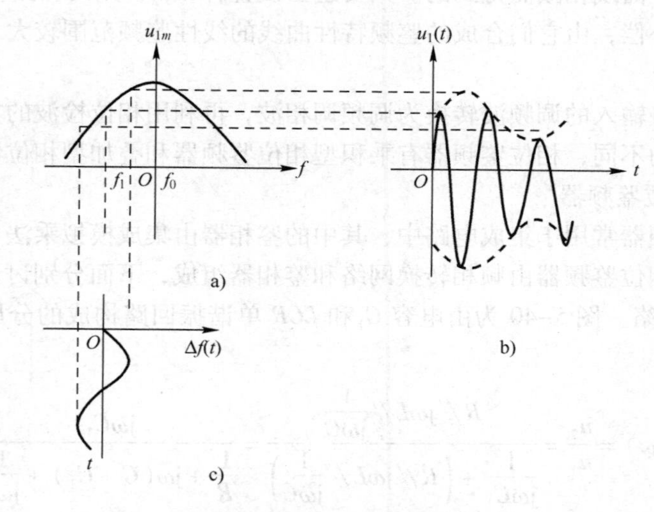

图 5-38　单失谐回路斜率鉴频器幅鉴转换的过程

可知，调谐回路工作在失谐的状态下，整个调频瞬时频偏只能在谐振回路幅频特性的一边。为了获得线性的鉴频特性，应使输入信号的载频f_1处在谐振回路幅频特性曲线斜线部分中接近直线的中点位置。

（2）双失谐回路斜率鉴频器

单失谐回路斜率鉴频器是用一个谐振频率偏离载波频率的谐振回路实现频幅转换的，由于它的幅频特性曲线倾斜部分的线性很差，所以它的非线性失真较为严重，线性鉴频范围很窄。为改善单失谐回路斜率鉴频器的上述缺点，提出了双失谐回路斜率鉴频器。

双失谐回路斜率鉴频器的原理示意图及特性曲线如图 5-39a 所示。

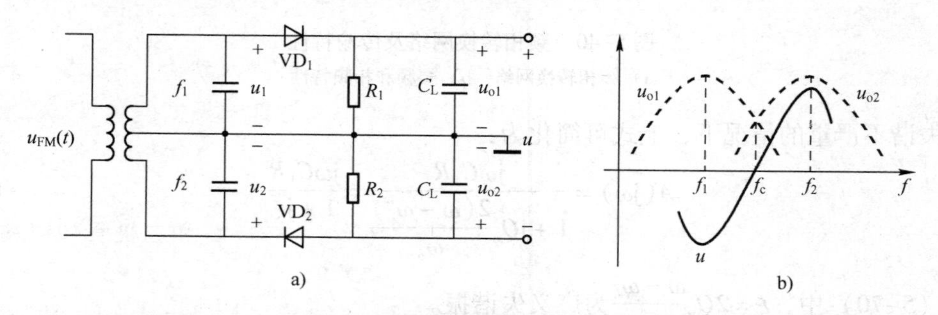

图 5-39　双失谐回路斜率鉴频器的原理示意图及特性曲线

图 5-39b 是它的特性曲线，即鉴频特性。从原理图中看，双失谐回路斜率鉴频器有两个谐振回路，它们分别谐振在f_1和f_2的中心频率上。其中$f_1<f_c$；$f_2>f_c$，且有$f_c-f_1=f_2-f_c$，

即f_1和f_2关于f_c对称。

由中心频率为f_1的谐振回路和 VD_1、R_1、C_L组成的单调谐回路鉴频特性如图 5-39a 所示；由中心频率为f_2的谐振回路和 VD_2、R_2、C_L组成的单调谐回路鉴频特性如图 5-39a 所示，由于电路是完全对称的，而 u_1 和 u_2反相，u_{o1}和 u_{o2}反相，所以双失谐振回路斜率鉴频器的鉴频特性曲线如图 5-39b 所示，即双失谐回路斜率鉴频器的鉴频特性是两个单失谐回路斜率鉴频器鉴频特性曲线相减而得到的。只要适当设置f_1和f_2，则两回路幅频特性曲线的弯曲部分就可以相互补偿，由它们合成的鉴频特性曲线的线性鉴频范围较大。

2. 相位鉴频器

相位鉴频器是将输入的调频波转换为调频调相波，再利用相位检波的方法进行解调。根据鉴相器工作原理的不同，相位鉴频器有乘积型相位鉴频器和叠加型相位鉴频器。

（1）乘积型相位鉴频器

乘积型相位鉴频器常用于集成电路中，其中的鉴相器由集成模拟乘法器构成，称为乘积型鉴相器。乘积型相位鉴频器由频相转换网络和鉴相器组成，下面分别讨论其工作原理。

1）频相转换网络。图 5-40 为由电容 C_1和 LCR 单谐振回路构成的分压电路，其传输系数为：

$$A(\mathrm{j}\omega)=\frac{u_2}{u_1}=\frac{R/\!/\mathrm{j}\omega L/\!/\dfrac{1}{\mathrm{j}\omega C}}{\dfrac{1}{\mathrm{j}\omega C_1}+\left(R/\!/\mathrm{j}\omega L/\!/\dfrac{1}{\mathrm{j}\omega C}\right)}=\frac{\mathrm{j}\omega C_1}{\dfrac{1}{R}+\mathrm{j}\omega(C+C_1)+\dfrac{1}{\mathrm{j}\omega L}} \tag{5-69}$$

其中：

$$\omega_o=\frac{1}{\sqrt{L(C+C_1)}},\quad Q_e=\frac{R}{\omega_o L}\approx\frac{R}{\omega L}=\omega(C+C_1)R$$

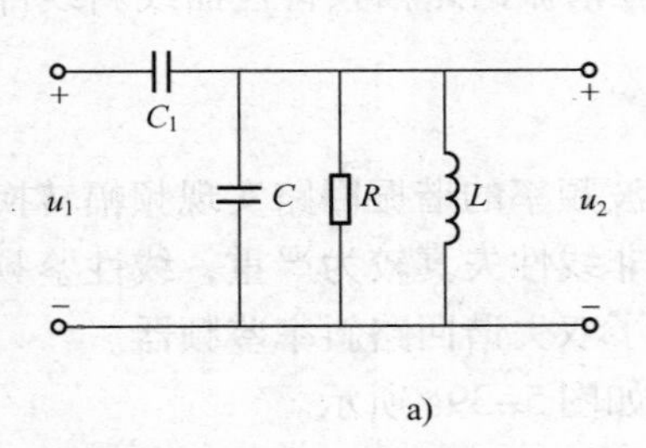

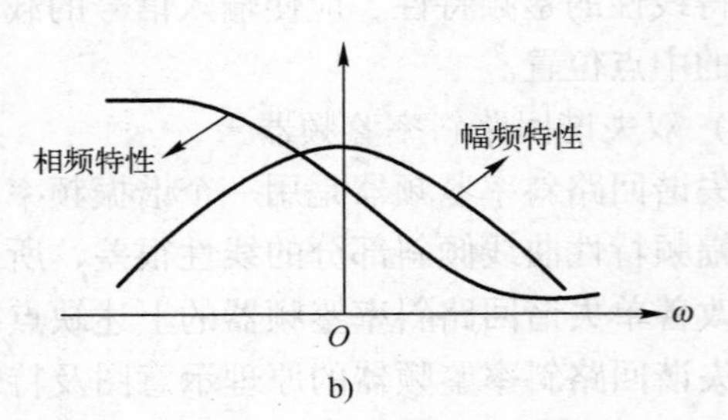

图 5-40 频相转换网络及传输特性

a）频相转换网络 b）幅频和相频特性

在失谐不严重的情况下，上式可简化为：

$$A(\mathrm{j}\omega)=\frac{\mathrm{j}\omega C_1 R}{1+\mathrm{j}Q_e\dfrac{2(\omega-\omega_o)}{\omega_o}}=\frac{\mathrm{j}\omega C_1 R}{1+\mathrm{j}\xi} \tag{5-70}$$

式（5-70）中，$\xi=2Q_e\dfrac{\omega-\omega_o}{\omega_o}$为广义失谐振。

则此谐振回路的幅频特性和相频特性为：

$$A(\omega)=\frac{\omega C_1 R}{\sqrt{1+\xi^2}}\qquad \varphi(\omega)=\frac{\pi}{2}-\arctan\xi \tag{5-71}$$

由式（5-71）可画出相应的幅频特性曲线和相频特性曲线，如图 5-40b 所示。

当失谐量 ξ 很小时，通常限制 $\arctan\xi < \frac{\pi}{6}$，则式（5-71）的相频特性可近似为：

$$\varphi(\omega) \approx \frac{\pi}{2} - \xi = \frac{\pi}{2} - 2Q_e \frac{\omega - \omega_o}{\omega_o} \tag{5-72}$$

设输入信号的角频率为：

$$\omega(t) = \omega_c + \Delta\omega(t)$$

并令 $\omega_o = \omega_1$，则将上式带入（5-72）有：

$$\varphi(\omega) = \frac{\pi}{2} - 2Q_e \frac{\omega - \omega_o}{\omega_o} = \frac{\pi}{2} - \frac{2Q_e}{\omega_c}\Delta\omega(t) \tag{5-73}$$

由式（5-73）可知：当失谐较小时，该频相转换网络的瞬时相位与所加输入信号的瞬时频偏呈线性关系，较好地实现了频相转换。

2）乘积型相位鉴频器。乘积型相位鉴频器由模拟乘法器和低通滤波器构成，乘积型相位鉴频器原理框图如图 5-41 所示。

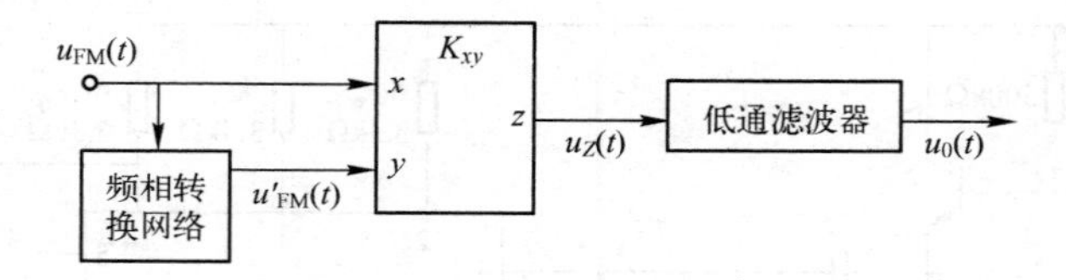

图 5-41　乘积型相位鉴频器原理框图

设输入的调频信号为：

$$u_{FM}(t) = U_{cm}\cos(\omega_c t + m_f \sin\omega_s t)$$

频相转换网络的输出信号为：

$$u'_{FM}(t) = A(\omega_o)U_{cm}\cos(\omega_o t + m_f \sin\omega_s t + \varphi) \tag{5-74}$$

其中，φ 为频相转换网络的相移，其值是信号频率的函数。

模拟乘法器的输出信号为：

$$\begin{aligned} u_z(t) &= K_{xy}U_{cm}^2 A(\omega_o)\cos(\omega_c t + m_f \sin\omega_s t)\cos(\omega_c t + m_f \sin\omega_s t + \varphi) \\ &= \frac{1}{2}K_{xy}U_{cm}^2 A(\omega_o)\cos(2\omega_c t + 2m_f \sin\omega_s t + \varphi) + \frac{1}{2}K_{xy}U_{cm}A(\omega_o)\cos\varphi \end{aligned} \tag{5-75}$$

上述信号通过低通滤波器的输出信号为：

$$u_o(t) = \frac{1}{2}K_{xy}U_{cm}^2 A(\omega_o)\cos\varphi \tag{5-76}$$

把式（7-46）带入式（7-49）中，有：

$$\begin{aligned} u_o(t) &= \frac{1}{2}K_{xy}U_{cm}^2 A(\omega_o)\cos\varphi = \frac{1}{2}K_{xy}U_{cm}A(\omega_o)\cos\left[\frac{\pi}{2} - \frac{2Q_e}{\omega_c}\Delta\omega(t)\right] \\ &= \frac{1}{2}K_{xy}U_{cm}^2 A(\omega_o)\sin\frac{2Q_e\Delta\omega(t)}{\omega_c} \end{aligned} \tag{5-77}$$

当失谐很小时，式（5-77）可近似为：

$$u_o(t) = \frac{1}{2}K_{xy}U_{cm}^2 A(\omega_o)\sin\frac{2Q_e\Delta\omega(t)}{\omega_c} \approx \frac{1}{2}K_{xy}U_{cm}^2 A(\omega_o)\frac{2Q_e\Delta\omega(t)}{\omega_c} \tag{5-78}$$

把调频信号瞬时频偏 $\Delta\omega(t)=k_f U_{sm}\cos\omega_s t$ 的表达式代入式（5-78）有：

$$u_o(t)\approx\frac{1}{2}K_{xy}U_{cm}^2 A(\omega_o)\frac{2Q_e\Delta\omega(t)}{\omega_c}=K_{xy}U_{cm}^2 A(\omega_o)Q_e\frac{k_f U_{sm}}{\omega_c}\cos\omega_s t \tag{5-79}$$

当 $\omega=\omega_o=\omega_c$ 时，频相转换网络的幅频特性为：

$$A(\omega_o)=\omega_o C_1 R=\omega_1 C_1 R \tag{5-80}$$

把式（5-80）代入式（5-79）有：

$$u_o(t)\approx K_{xy}U_{cm}^2 A(\omega_o)Q_e\frac{k_f U_{sm}}{\omega_c}\cos\omega_s=K_{xy}U_{cm}^2 Q_e C_1 R k_f U_{sm}\cos\omega_s t$$

$$=U'_{sm}\cos\omega_s t \tag{5-81}$$

式（5-81）中，$U'_{sm}=K_{xy}U_{cm}^2 Q_e C_1 R k_f U_{sm}$。由式（5-81）知，输出信号 $u_o(t)$ 正比于原调制信号，实现了线性鉴频。

图 5-42 是用 BG314 构成的乘积型相位鉴频器电路实例。其中，C_1、C_2、L、R 构成频相转换网络，RC、C_3 构成低通滤波器。

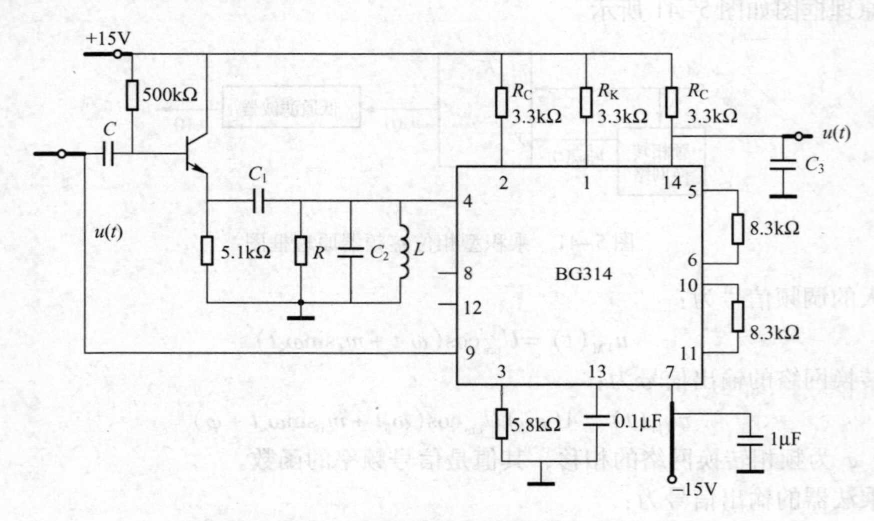

图 5-42　用 BG314 构成的乘积型相位鉴频器电路

（2）叠加型相位鉴频器

叠加型相位鉴频器的原理框图如图 5-43 所示。

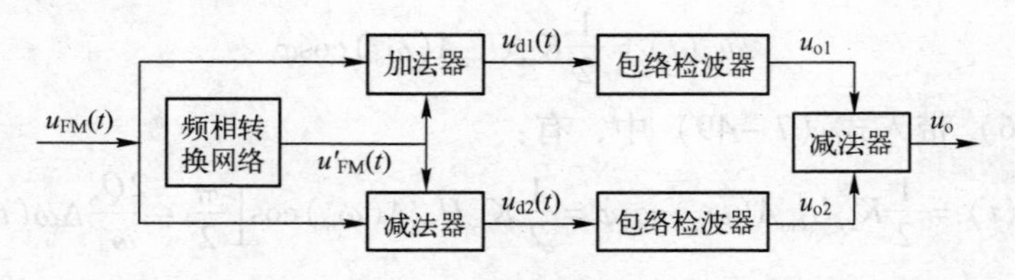

图 5-43　叠加型相位鉴频器的原理框图

设频相转换网络是理想的，即频相转换网络的输出信号瞬时相位与输入信号的瞬时相位之差与输入信号的频偏成正比，而频相转换网络的输出信号振幅与输入信号振幅相同。

为分析方便，设频相转换网络的相频特性曲线如图 5-44 所示。

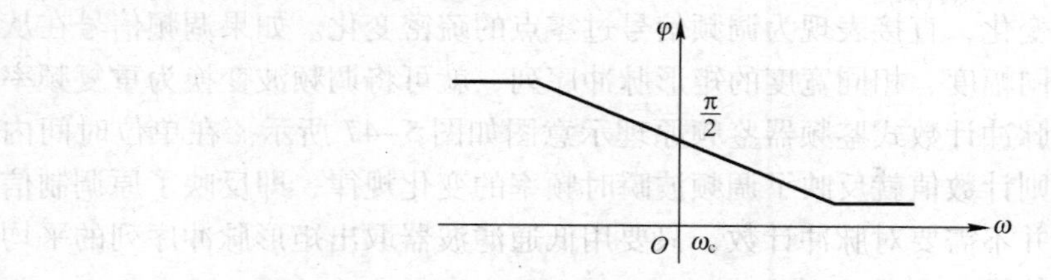

图 5-44　频相转换网络的相频特性曲线

即当输入信号频率等于载波频率时，输出信号与输入信号的相位差为$\frac{\pi}{2}$；随着输入信号频率的上升，输出信号与输入信号的相位差小于$\frac{\pi}{2}$；随着输入信号频率的下降，输出信号与输入信号的相位差大于$\frac{\pi}{2}$。则叠加型相位鉴频器的基本原理可用图 5-45 所示的矢量图来描述。

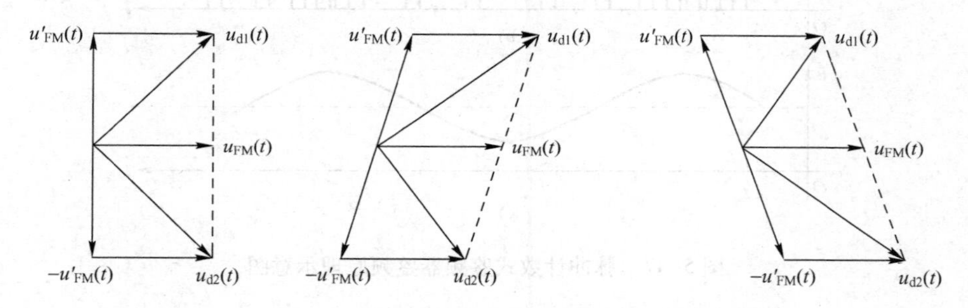

图 5-45　叠加型相位鉴频器的矢量图描述

在原理框图中，两个包络检波器的特性完全相同，所以它们的检波效率 K_d 也相同，而 $u_{d1}(t)$ 和 $u_{d2}(t)$ 的振幅分别 $|u_{d1}(t)|$ 和 $u_{d2}(t)$，故两个包络检波器的输出电压 u_{o1}、u_{o2} 分别为：$u_{o1}=K_d|u_{d1}(t)|$、$u_{o2}=K_d|u_{d2}(t)|$，则叠加型相位鉴频器的输出信号为：

$$u_o=u_{o1}-u_{o2}=K_d(|u_{d1}(t)|-|u_{d2}(t)|) \tag{5-82}$$

通过以上的分析可知：当输入信号的频率等于载波频率时，即 $\omega=\omega_c$ 时，$u_o=0$；随着输入信号频率的变化，$|u_{d1}(t)|$ 与 $|u_{d2}(t)|$ 的差值增加，u_o 的绝对值增加，由以上的分析可知，这种变化是线性的。当 $\omega>\omega_c$ 时，$u_o>0$；当 $\omega<\omega_c$，$u_o<0$。从而完成调频波的解调。

值得注意的是，由频相转换网络的相频特性可知，输入信号的最大频率是受限的，如果输入信号的频偏超过此值，则鉴频线性指标将大大下降，甚至不能正常解调。

(3) 脉冲计数式鉴频器

脉冲计数式鉴频器原理框图如图 5-46 所示。其中过零点处脉冲形成的作用是在输入信号从正变负的过零点处形成相同宽度和相同幅度的矩形脉冲；而低通滤波器的作用是取出产生的矩形脉冲序列的平均分量，还原为原调制信号。

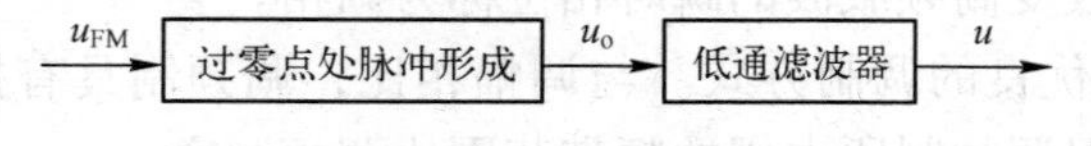

图 5-46　脉冲计数式鉴频器原理框图

调频信号瞬时频率的变化，直接表现为调频信号过零点的疏密变化。如果调频信号在从正变负的过零点处产生相同幅度、相同宽度的矩形脉冲序列，就可将调频波变换为重复频率受调制的矩形脉冲序列，脉冲计数式鉴频器鉴频原理示意图如图 5-47 所示。在单位时间内对该矩形脉冲进行计数，则计数值就反映了调频波瞬时频率的变化规律，即反映了原调制信号的变化规律。实际上，并不需要对脉冲计数，只要用低通滤波器取出矩形脉冲序列的平均分量，即可解调出原调制信号。

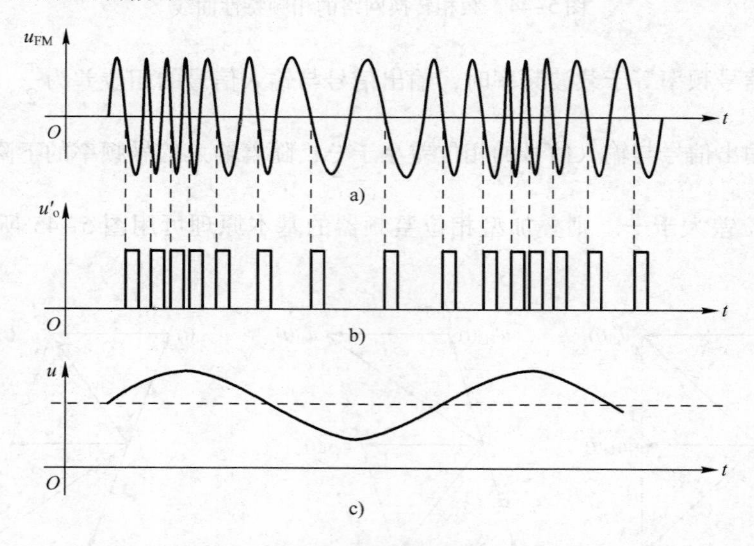

图 5-47　脉冲计数式鉴频器鉴频原理示意图

5.9　本章小结

1）普通调幅波的包络变化反映了调制信号的变化规律。其频谱包括载频、上边频和下边频。由于载频并不携带任何调制信号的信息，调制信号仅包含在上下两个边带信号中，因此，可以抑制载频获得双边带调制。而双边带信号的上下两个边带都完整的包含了调制信号的信息，因此可以在抑制载频的基础上再抑制一个边带获得单边带调制。

2）调幅的实现有高电平调幅和低电平调幅，高电平调幅一般采用晶体管、场效应晶体管等分离件实现，而低电平调幅一般采用模拟乘法器实现。

3）检波有包络检波和同步检波两种。同步检波可以实现任何一种调幅波的解调，但要求必须在接收端恢复出与发送端同频同相的载频信号；包络检波可以实现一般调幅波的解调，但必须考虑抑制对角线切割失真和负峰切割失真。

4）调频波和调相波都属调角波，它是用调制信号去改变高频载波的瞬时频率或瞬时相位。调制后用高频载波信号携带调制信号的信息，用调制信号去改变高频载波的瞬时频率称为调频；用调制信号去改变高频载波的瞬时相位称为调相。

5）调频是一种性能优良的调制方式。与调幅相比，调频制具有抗干扰能力强，信号传输的保真度高等优点。但调频制所占用的频带范围比调幅制宽。

6）实现调频的方法有直接调频和间接调频。前者具有频偏大、调制灵敏度高等优点，但中心频率不够稳定；后者中心频率比较稳定，但频偏相对较小。

7）鉴频的方法很多，相应的电路也很多。常见的是把调频波转换为调频调幅波，再用一般调幅解调的方法进行鉴频；也可以转换为调频调相波，然后用鉴相的方法实现鉴频；还可以对调频波的过零点进行检测，即对调频波的过零点进行计数，然后用滤波的方法取出原调制信号。

5.10 习题

1. 填空题

（1）连续波调制一般分为________、________和________3 种。

（2）调幅波的数学表达式为__________，单一频率信号调制时，调幅波的带宽为________。

（3）按照产生调幅波方式的不同，调幅电路可分为________、________、________和________4 种调制方式。

（4）高电平调幅主要有________和________两种。

（5）对于大信号包络检波，若电路参数选择不当，会产生各种失真，其中主要的失真________是________和________。

（6）单一频率信号调制时，调幅波的带宽为________，窄带调频波的带宽为________，宽带调频波的带宽为________。

（7）实现调频的两种基本方法是________和________。

（8）间接调频电路主要由________和________两部分组成。

（9）鉴频器特性的主要性能指标有________、________和________。

（10）相位鉴频器有________和________两大类。

2. 判断题

（1）调频制的抗干扰性能优与调幅波。

（2）调频指数表示调频波中相位偏移的大小。

（3）调频指数越大，调频波的带宽越大。

（4）间接调频电路的频偏较小，可以通过倍频或混频的方法扩展瞬时频偏。

3. 简答题

（1）为什么调制必须利用电子器件的非线性特性才能实现？它和放大器在本质上有什么不同？

（2）为什么调幅系数 m_a 不能大于 1？

（3）比较连续波调制的三种调制方式。

（4）根据集电极调制原理的分析，说明载波激励电压 $u_\omega(t)$ 是采用恒压源激励好。还是采用恒流源激励好。

（5）简述大信号包络检波电路中惰性失真和负峰切割失真产生的原因，并提出改进的措施。

（6）分析变容二极管调频的基本原理，变容二极管调频器获得线性调频的条件是什么？分别说明对回路总电容和变容二极管的要求。

（7）简单分析调频波和调相波的区别。

（8）间接调频和直接调频各有何优缺点？

（9）在调频器中，如果加到变容二极管的交流电压超过直流偏压，对调频电路的工作有什么影响？

（10）斜率鉴频器中应用单谐振回路和小信号选频放大器中应用单谐振回路的目的有何不同？Q 值高低对于二者的工作特性各有何影响？

（11）为什么通常在鉴频器之前要采用限幅器？

（12）为什么比例鉴频器有抑制寄生调幅的作用？

（13）假若想把一个调幅收音机改成能够接收调频广播，同时又不打算作大的改动，而只是改变本振频率。你认为可能吗？为什么？如果可能，试估算接收机的通频带宽度，并与改动前比较？

4. 画出下列已调波的波形和频谱图（已知 $\omega_1=2\,\Omega$）

（1）$(1+\cos\Omega t)\cos\omega_c t$

（2）$\left(1+\dfrac{1}{2}\cos\Omega t\right)\cos\omega_c t$

（3）$\cos\Omega t\cdot\cos\omega_c t$（假设 $\omega_c=5\,\Omega$）

5. 有一调幅方程为

$$u=25(1+0.7\cos2\pi5000t-0.3\cos2\pi\cdot10000t)\sin2\pi\cdot10^6 t$$

试求它所包含的各分量的频率和振幅。

6. 按题图 5-48 所示调制信号和载波频谱，画出调幅波频谱。

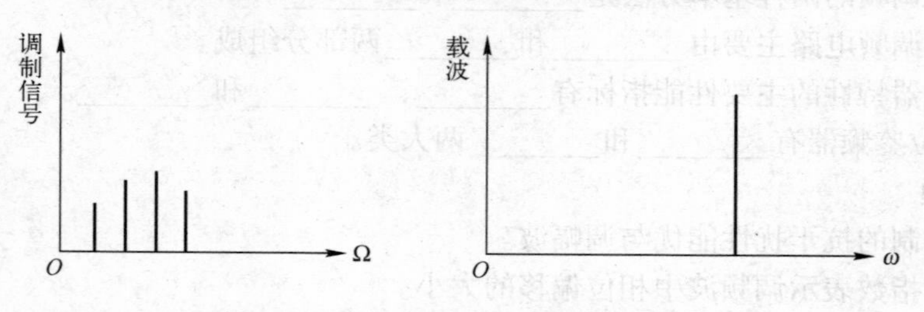

图 5-48　调制信号和载波频谱

7. 已知某调幅波的最大振幅是 200 mV，调幅系数 $m_a=0.5$，求该调幅信号的最小振幅是多少？

8. 有一调幅波，载波功率为 100 W，试求 $m=1$ 与 $m=0.3$ 时每一边频的功率。

9. 一个调幅波总功率为 1245 W，而载频功率是 1000 W，则调制系数 m_a 是多少？总的边频功率是多少？

10. 某调幅广播电台采用一般调幅，已知其载频为 1200 kHz，音频信号的频率范围为 0.3～3.4 kHz，试画出该电台发射信号的频谱图，并计算带宽。

11. 某普通调幅发射机的载频频率为 640 kHz，载波功率为 500 kW，调制信号频率为 4～20 kHz，平均调制系数 $m_a=0.3$。试求（1）该调幅波占据的频带宽度；（2）该调幅波在平均调制系数下的总功率和最大调制（$m_a=1$）时的总功率。

12. 已知某一已调波的电压表示式为

$$u_o(t) = (8\cos200\pi t + \cos180\pi t + \cos220\pi t)\,V$$

说明它是何种已调波？画出它的频谱图，并计算它在负载 $R = 1\,\Omega$ 时的平均功率及有效频带宽度。

13. 某集电极调幅电路，若要求载波输出功率$(P_o)_C = 12\,W$，调幅系数 $m_a = 0.8$，集电极效率 $\eta_c = 0.8$，试问在选择管子时 P_{cm}多大才能满足要求。

14. 已知某非线性器件的伏安特性为：$i = a_0 + a_1 u + a_3 u^3 + a_4 u^4$，该非线性器件能否实现调幅？如果不能，非线性器件应具有什么形式的伏安特性才能实现调幅功能？

15. 某接收机收到的信号为：$u_{AM}(t) = 10(1 + 0.5\cos\Omega t)\cos\omega_1 t$，该接收机产生的本地振荡信号为 $\cos(\omega_1 t + 45°)$，则该接收机解调的信号有何影响？当该接收机产生的本地振荡信号为 $\cos(\omega_1 t + 90°)$，则该接收机解调的信号有何影响？

16. 已知载波频率 $f_0 = 100\,MHz$，载波电压幅度 $U_{cm} = 5\,V$，调制信号 $u_\Omega(t) = 1\cos 2\pi \times 10^3 t + 2\cos2\pi \times 500t$，试写出调频波的数学表示式（设最大频偏 Δf_{max}为 20 kHz）。

17. 给定调频信号中心频率为$f_0 = 50\,MHz$，频偏 $\Delta f = 75\,kHz$。

1）调制信号频率为 $F = 300\,Hz$，求调制指数 m_f、频谱宽度 B_f；

2）调制信号频率为 $F = 3\,kHz$，求 m_f、B_f；

3）调制信号频率为 $F = 15\,kHz$，求 m_f、B_f。

18. 调频波中心频率为$f_0 = 10\,MHz$，最大频移为 $\Delta f = 50\,kHz$，调制信号为正弦波，试求调频波在以下 3 种情况下的频带宽度（按 10% 的规定计算带宽）。

1）$F_\Omega = 500\,kHz$；

2）$F_\Omega = 500\,Hz$；

3）$F_\Omega = 10\,kHz$，这里 F_Ω为调制频率．

19. 若调制信号频率为 400 Hz，振幅为 2.4 V，调制指数为 60，求频偏。当调制信号频率减小为 250 Hz，同时振幅上升为 3.2 V 时，调制指数将变为多少？

20. 载频振荡的频率为$f_c = 25\,MHz$，振幅为 $U_c = 4\,V$，调制信号为单频正弦波，频率为 $F = 400\,Hz$，频偏为 $\Delta f = 10\,kHz$。

（1）写出调频波和调相波的数学表达式；

（2）若仅将调制频率变为 2 kHz，其他参数不变，试写出调频波与调相波的数学表达式。

21. 已知某调频波的数学表达式 $u_{FM}(t) = 10\cos[2\pi \times 10^7 t + 5\cos(2\pi \times 10^4 t)]\,V$，试求（1）载波频率和调制信号频率；（2）瞬时频率偏移和瞬时相位偏移；（3）调频系数；（4）带宽。

22. 已知某间接调频原理如图 5-49 所示，写出 A、B 两点的数学表达式。

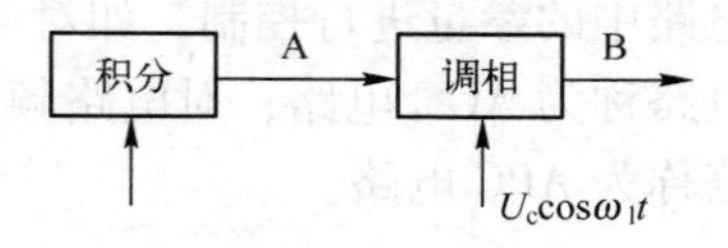

图 5-49　间接调频原理示意图

第6章　反馈控制电路

应知应会要求：

1）理解自动增益控制的基本原理和实际应用。

2）理解自动频率控制的基本原理和实际应用。

3）掌握锁相环PLL基本模型，理解其工作原理。

4）了解锁相环PLL典型应用，如锁相倍频、分频、混频、解调器等。

5）熟悉频率合成的基本方法，掌握常用合成方法框图。

6）会测试VCO压控振荡器，掌握试验方法。

7）了解集成锁相环CD4046的特点，能用其完成锁相环鉴频，并能实际测试。

6.1　反馈控制电路概述

如果有一个系统利用某种方法对系统的某些参数进行控制，则称为自动控制系统。在日常生活中，可以举出无数自动控制系统的例子。人的机体就是一个极好的自动控制系统。人的行动，几乎全是自动控制的产物。例如，当行路中遇到障碍物时，通过人的眼睛看到障碍物，信息传到大脑，大脑立刻对脚和腿发出控制信号，使人体躲过障碍物；当闻到难闻的气味时，通过人的鼻子闻到气味，信息传到大脑，大脑立刻对手发出控制信号，用手捂上鼻子，同时对脚和腿发出控制信号，使人体离开难闻气味的地区。这样的例子不胜枚举。

在电子技术中广泛采用了自动控制电路。例如前面学习的负反馈电路，当放大器采用负反馈后，可以增大带宽，减小失真，提高放大器的稳定性。

在一般情况下，需要自动调节系统中的某一参数，首先要通过测量装置把被调节的参数测量出来，并将测得的信号反馈到控制器的比较装置中，与给定的标准信号进行比较，比较得到的误差信号反映了系统中被调节的参数值与给定的标准值之间的误差。然后对误差信号进行一定的处理，再送到调节对象上，以控制参数的变化，使之朝着原来设定的预定值变化，并恢复到接近原来设定的值。

反馈控制系统之所以能够控制参量并使之稳定，其主要原因是它能够利用存在的误差来减小误差。因此，当系统误差出现时，自动控制系统只能减小误差，却不能完全消除误差。

在电子技术中，常需要对电路中的参量进行控制，如对放大器的增益、频率及相位进行控制。对电路增益的自动控制电路称为AGC电路；对电路频率的自动控制电路称为AFC电路；对电路相位的自动控制电路称为APC电路。

6.2　自动增益控制（AGC）电路

1. AGC电路的作用

AGC电路是某些电子设备的重要辅助电路之一，它的主要功能是使设备的输入电平在大范围变化时保持其输出电平在很小的电平范围内变化。

AGC 电路中被控制的对象是增益可控的电路或放大器，要保证输入信号在大范围变化时，输出信号基本稳定，则要求在输入信号很弱时，使放大器的增益高；当输入信号很强时，使放大器的增益低。

为实现自动增益控制，必须有一个随输入信号改变而改变的控制电压，称为 AGC 电压。利用此电压去控制放大器的增益，达到 AGC 控制的目的。

AGC 电路经常用在接收机中，如电视机、收音机及移动电话等。而接收机在工作时，其输出信号取决于输入信号和接收机的增益。接收机的输入信号由于发射台的发射功率、接收机与发射台距离的远近、接收环境的改变等原因而差别很大。前已述及，必须设置 AGC 电路，保证接收机的输出信号基本稳定。图 6-1 为一具有 AGC 功能的接收机原理框图。

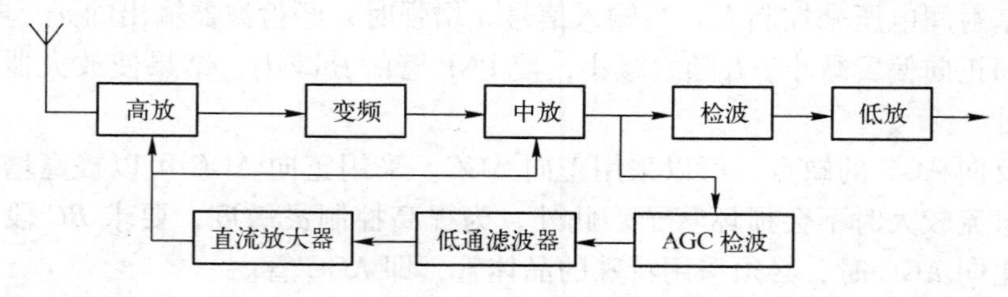

图 6-1　具有 AGC 功能的接收机原理框图

图 6-1 中，天线接收到的信号经高频放大、频率变换和中频放大后得到中频信号，中频信号一方面经检波后获得原始低频信号，经低频放大后去推动负载；另一方面，中频放大器输出的中频信号经 AGC 检波和低通滤波器后获得反映输入信号大小的直流信号，经直流放大器放大后获得 AGC 电压，AGC 电压反映了输入信号的强弱。利用 AGC 电压去控制高频放大器和中频放大器的增益，使输入信号强时，放大器的增益小；输入信号弱时，放大器的增益大，从而达到自动增益控制（AGC）的目的。有时 AGC 控制电压只控制中频放大器的增益而不控制高频放大器的增益。当要求 AGC 控制范围比较大时，才会去控制高频放大器的增益。

在实际放大电路中，AGC 检波和恢复低频信号的检波一般共用一个检波器。

2. 放大器的增益控制方法和电路

可控增益电路通常是一个可变增益放大器。实现 AGC 的方法很多，在此仅介绍其中的两种。

（1）改变工作点电流

调谐放大器的增益或者宽带放大器的增益直接与晶体管的参数 β 有关，而 β 又与晶体管的工作点电流密切相关，因此可以通过改变放大器的工作点电流来控制放大器的增益。

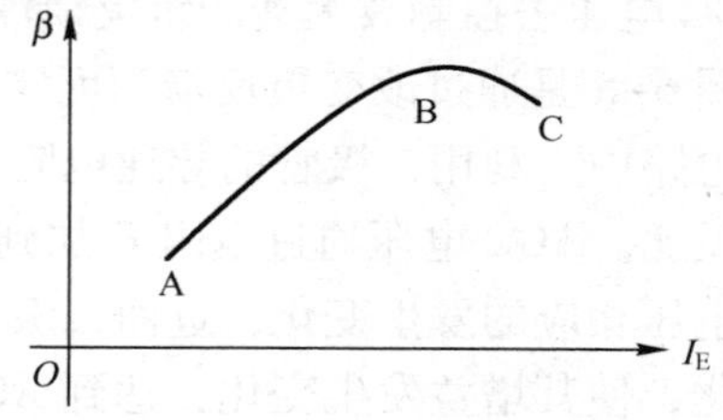

图 6-2　放大器增益与工作点的关系

图 6-2 为典型的中频放大管的 $\beta - I_E$ 的关系曲线，由图 6-2 可以看出，当 I_E 较小时，β 随 I_E 的增加而增加（如图 *AB* 段）；当 I_E 增加至某一数值时，β 将随 I_E 的增加而减小（如图 *BC* 段）。因此，可以利用 AGC 电压去控制电流 I_E，就可以实

现 AGC 功能。

由图可以看出，利用曲线的上升部分（AB 段）和下降部分（BC 段）都可以实现 AGC 功能，前者称为反向 AGC，后者称为正向 AGC。在反向 AGC 中，当工作点电流 I_E减小时，β 也跟着减小；在正向 AGC 中刚好相反。

一般的 AGC 管 AB 段较陡，BC 段较平缓，所以 AGC 控制一般采用反向 AGC，使增益控制灵敏。反向 AGC 的优点是对晶体管的要求不高，使用普通的中、高频管即可，而且管子的电流不大，不致使管子的集电极损耗超过允许值；其缺点是当输入信号过强时，要求放大器的增益很小，则放大器的工作点电流 I_E很小，会使放大器进入非线性区甚至截止而产生严重的失真，即采用反向 AGC 时，放大器的动态范围小，增益控制范围窄。

图 6-3 是反向 AGC 的一个典型电路。从检波器来的 AGC 电压 u_{AGC}经 R_3加到晶体管的基极上，改变基射间电压来控制 I_E，当输入信号 u_i增强时，经检波器输出的 u_{AGC}电压增大，使 PNP 管基射间正向偏置减小，I_E随之减小，使 PNP 管的 β 减小，结果使放大器的增益下降；反之增益上升。

为克服反向 AGC 的缺点，可以采用正向 AGC。采用正向 AGC 可以提高增益控制范围，但要求工作电流较大时不会损坏管子。此外，为提高控制灵敏度，要求 BC 段应该较陡峭。因此，采用正向 AGC 时，必须采用特殊的晶体管，即 AGC 管。

图 6-4 是正向 AGC 的一个典型电路。当输入信号 u_i增强时，u_{AGC}上升，u_{AGC}经 R_1、R_2加到晶体管的基极，使 NPN 管基射间正向偏置增加，I_E增加，放大器的增益下降。

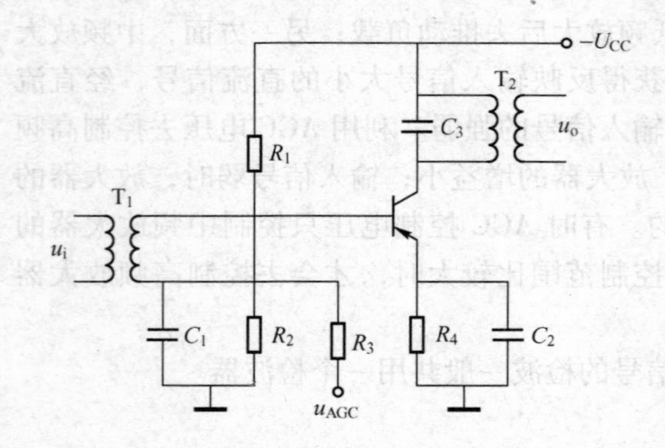

图 6-3　反向 AGC 的一个典型电路

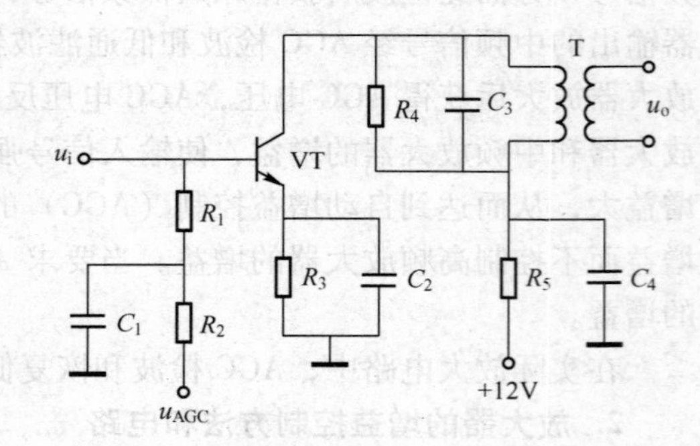

图 6-4　正向 AGC 的一个典型电路

（2）改变放大器的反馈深度

前已讨论，放大器的增益将随着负反馈的加深而下降，随着负反馈的减弱而上升。因此用 AGC 电压去控制放大器的负反馈深度也能实现 AGC 功能。

图 6-5 是通过改变负反馈深度实现 AGC 功能的典型电路。两只二极管接在差分对管的射极电路中，利用二极管的导通电阻形成电流串联负反馈，二极管的导通电阻与其流过的电流成反比。AGC 电压通过电阻 R 加到两个二极管的反向端，当 AGC 电压变化时，二极管的反向电压相应的发生变化，进而二极管的导通电阻发生变化，则差分放大器的负反馈深度发生变化，使其增益发生变化，达到 AGC 控制的目的。

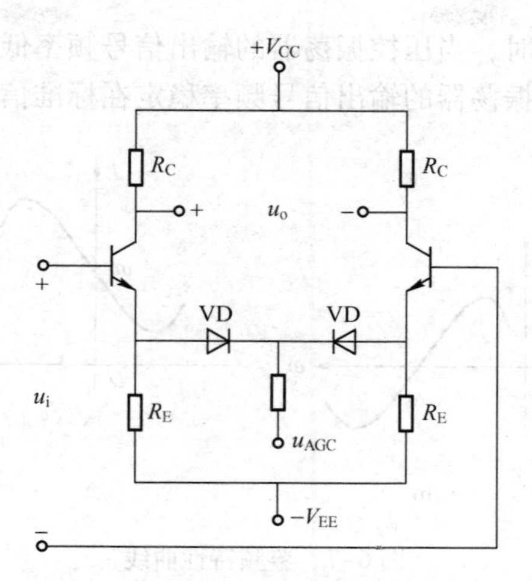

图 6-5　通过改变负反馈深度实现 AGC 功能的典型电路

6.3　自动频率控制（AFC）电路

在电子设备中，除了采用自动增益控制电路外，还广泛采用自动频率控制电路（AFC）。自动频率控制又称为自动频率微调，它能自动调节振荡器的频率，使之稳定在某一预期的标准频率附近。

1. AFC 的工作原理

AFC 的原理框图如图 6-6 所示。图中，标准频率源可采用石英晶体振荡器，压控振荡器（VCO）是一个振荡频率受控制电压控制的振荡器，通常用它产生所需要的频率信号。频率比较器对标准信号频率和压控振荡器产生的频率进行频率比较，产生一个反映两者频率差的误差信号，经滤波后去控制压控振荡器的频率，使之稳定在接近标准信号的频率上。

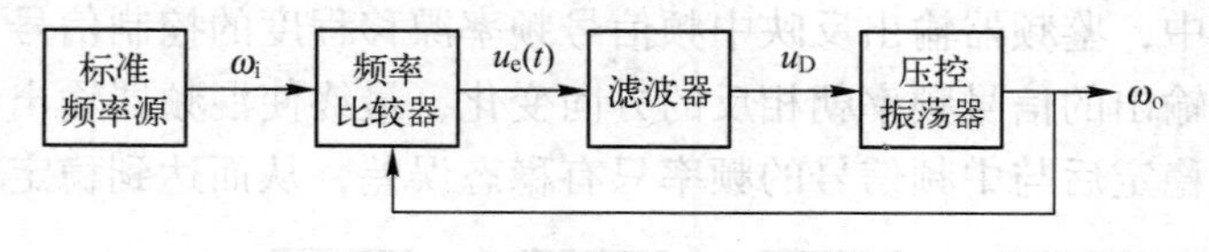

图 6-6　AFC 的原理框图

其中，频率比较器一般采用鉴频器，它有两种鉴频曲线，即正鉴频特性和反向鉴频特性，分别如图 6-7a、b 所示。压控振荡器也有两种压控特性，即正压控特性和负压控特性，分别如图 6-7c、d 所示。

设图 6-7 中的频率比较器采用具有图 6-7a 所示的鉴频特性，压控振荡器采用具有图 6-7d 所示的压控特性。则当压控振荡器的输出频率高于标准信号的频率时，这两路信号同时加到鉴频器中。根据鉴频器的鉴频特性（见图 6-7a），此时鉴频器输出的误差信号 $u_e(t)$ 大于 0，经滤波后的控制信号 u_D 大于 0。此控制信号加到压控振荡器中，根据压控振荡器的压控特性（见图 6-7d）可知，压控振荡器的振荡频率将下降。显然，压控振荡器输出信号的频率比标准频率高得越多。鉴频器输出的误差信号越大，经滤波后的控制信号也就越大，压控振荡器输出的信号频率下降得越多，从而达把压控振荡器的输出信号频率稳定在标准信号频率附近的目的；同时，当压控振荡器的输出信号频率低于标准信号的频率时也具有类似的效果，也能够把压控振荡器的输出信号频率稳定在标准信号频率附近。

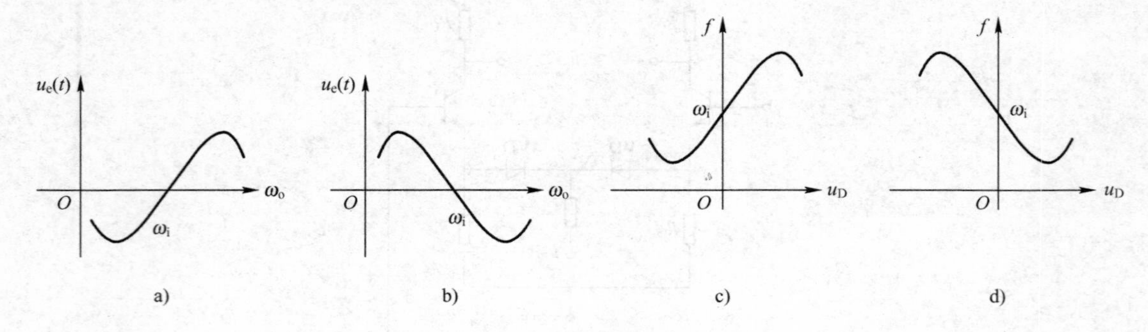

图 6-7　鉴频特性曲线

不难分析得到，要能够实现 AFC 功能，则要求鉴频器的鉴频特性和压控振荡器的压控特性必须相反，即当鉴频器采用正鉴频特性时，压控振荡器必须采用负压控特性；当鉴频器采用负鉴频特性时，压控振荡器必须采用正压控特性。

2. AFC 的应用

AFC 电路的应用范围非常广泛，可应用于调频波的调制和解调、也可应用于超外差接收机的自动频率微调中。下面以超外差接收机中自动频率微调电路为例，简单介绍自动频率微调的工作过程。

利用 AFC 电路可自动控制超外差接收机的本振频率，使其与外来信号的频率维持在一个固定的中频频率上。图 6-8 是超外差接收机的一个典型框图，通常情况下，外来信号——即高放输出信号的频率稳定度较高，而压控振荡的频率稳定度较低。在理想情况下，外来信号与本振信号频率之差为固定的中频频率，但由于不稳定因素的影响，使本振频率产生漂移，混频后，中频信号也将产生同样的频率漂移。此漂移后的中频信号经中频放大器放大后加入到鉴频器中，鉴频器输出反映中频信号频率漂移程度的控制信号，加到压控振荡器中，使压控振荡器输出的信号频率朝相反的方向变化，最终使混频器输出信号的频率稳定在中频频率附近，即稳定后与中频信号的频率只有稳态误差，从而达到稳定中频的目的。

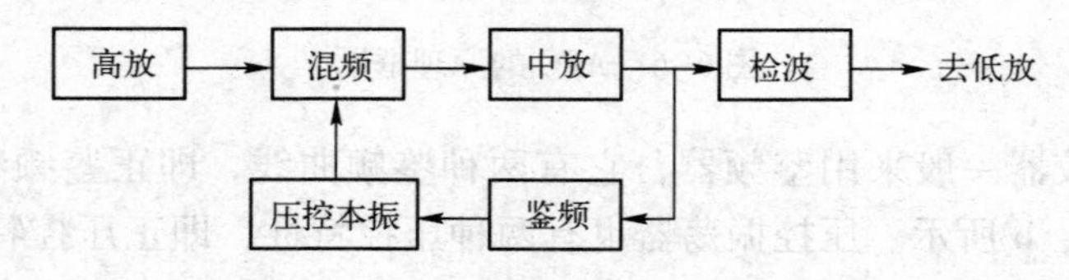

图 6-8　超外差接收机的一个典型框图

6.4　锁相环路

6.4.1　锁相环路概述

锁相环路（PLL）是实现自动相位控制（APC）的反馈控制电路。它将输出信号的相位与参考信号的相位进行比较，产生相位误差电压去调整输出信号的相位，使其与参考信号的相位维持在一个数值很小的稳态相差上，这种控制电路称为锁相环路。在相位锁定状态下，输出信号的频率与参考信号的频率严格相等，而相位只有一固定的相位差。因此，锁相环路对频率而言是一个无差系统，而对于相位则是一有差系统。

锁相技术广泛应用与通信、雷达、导航、遥控、遥测、测量、广播电视及计算机技术等领域。目前，锁相技术正朝着多用途、集成化、数字化及系列化方向发展。锁相环路根据相位比较器输出信号的不同分为模拟锁相环和数字锁相环。相位比较器输出的误差信号是连续的，环路对输出相位的调节也是连续的；而数字锁相环则与之相反，相位比较器输出的误差信号是离散的，环路对输出相位的调节也是离散的。本书仅讨论模拟锁相环。

6.4.2 锁相环路的基本原理

1. 锁相环路的基本组成

锁相环路的基本组成框图如图 6-9 所示，它由鉴相器（PD）、低通滤波器（LPF）及压控振荡器（VCO）3 个基本部件组成的一个闭环自动控制系统。

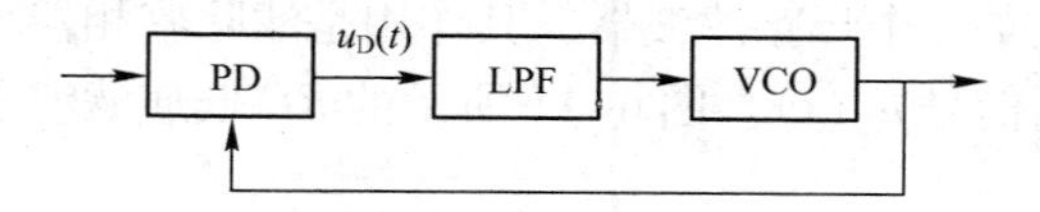

图 6-9　锁相环路的基本组成框图

锁相环路的工作过程如下：当压控振荡器的振荡频率由于某种原因发生变化时，其相位必然也产生相应的变化。这个相位变化反馈到鉴相器中，与参考信号的稳定相位相比较，然后输出一个与相位误差成比例的误差电压，经低通滤波后，输出直流电压分量，去控制压控振荡器压控元器件的参数，使压控振荡器的振荡频率回到原稳定值。这样，压控振荡器的振荡频率稳定度即由参考频率源决定，环路处于锁定状态。

瞬时频率和瞬时相位之间有如下关系：

$$\omega(t) = \frac{\mathrm{d}\varphi(t)}{\mathrm{d}t} \qquad \varphi(t) = \int_0^t \omega(t)\,\mathrm{d}t + \varphi_o$$

相同的，两个信号的频率差 $\Delta\omega_e(t)$ 与相位差 $\varphi_e(t)$ 的关系为

$$\Delta\omega_e(t) = \frac{\mathrm{d}\varphi_e(t)}{\mathrm{d}t} \qquad \varphi_e(t) = \int_0^t \Delta\omega_e(t)\,\mathrm{d}t + \varphi_o$$

有上述关系可知：当两个信号的瞬时相位差为常数时，两者的频率必然相等；当两者的频率相等时，两者的瞬时相位差必然是一个常数。

由以上的分析可知，锁相环路在相位锁定时，输出信号与参考信号之间频率相等，而两者之间存在固定的相位差（即稳态差）。此稳态差经过鉴相器和低通滤波器转化为一固定的直流误差信号，去控制压控振荡器的振荡频率，使输出信号的频率与参考信号的频率严格相等，而两者的相位只有一个固定的相位差。锁相环路的这种状态称为锁定状态。如果由于某种原因使振荡器的振荡频率发生变化，则输出信号的频率和参考信号的频率不再相等，两者的相位差必将发生变化。这个变化的相位差加到鉴相器中，鉴相器输出信号经过低通滤波器后输出的误差控制信号也将发生相应的变化。这个变化的误差控制信号去控制压控振荡器的

振荡频率，使压控振荡器的振荡频率向参考信号的频率变化，直到压控振荡器的振荡频率等于参考信号的频率为止，即重新锁定。

2. 锁相环路的相位模型

为获得锁相环路的相位模型，先对锁相环路的各个部件的相位模型进行分析

(1) 鉴相器

在锁相环路中，鉴相器作为相位比较器，它有两个输入信号即参考信号 $u_I(t)$ 和压控振荡器的输出信号 $u_o(t)$ 和一个输出信号 $u_D(t)$，输出信号 $u_D(t)$ 反映了两个输入信号的相位差。由第 7 章的知识可知，当鉴相器采用模拟乘法器时，其输出信号与输入信号之间有如下关系：

$$u_D(t) = K_d \sin\varphi_e(t)$$

式中，$\varphi_e(t) = \varphi_i(t) - \varphi_o(t)$，即 $\varphi_e(t)$ 为鉴相器两输入信号的相位差；K_d 为与鉴相器本身有关的一个常数，称为鉴相灵敏度，显然，它表示鉴相器的最大输出电压。

由以上的分析可知，鉴相器的相位模型如图 6-10 所示。

(2) 低通滤波器

低通滤波器实际上就是一个环路滤波器，其作用是滤除鉴相器输出误差信号中的高频分量和干扰信号，获得控制信号 $u_C(t)$。图 6-11 所示的 RC 低通滤波器为例分析环路滤波器的传输函数。

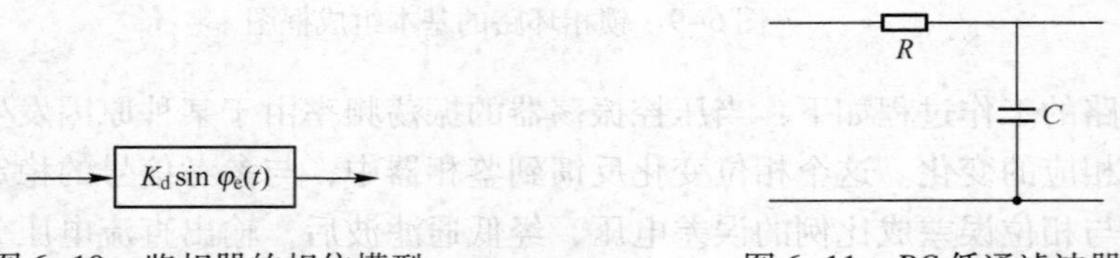

图 6-10　鉴相器的相位模型　　　图 6-11　*RC* 低通滤波器

设低通滤波器的传输函数为 $F(p)$，其中，p 为微分算子，则环路滤波器的相位模型为：

$$F(p) = \frac{1}{1 + p\tau}$$

其中，$\tau = RC$

环路滤波器还有其他的电路形式，不管它具有什么样的电路形式，其作用是一致的，因此，可以用图 6-12 描述环路滤波器的相位模型。

F (P)

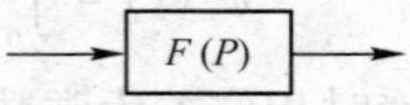

图 6-12　环路滤波器的相位模型

(3) 压控振荡器

压控振荡器的作用是产生频率随控制电压变化而变化的振荡信号。压控振荡器的电路很多，在调频技术中已讨论过多种，这里不再讨论。根据其作用，可以描述其输出信号与输入信号的关系：

$$\varphi_o(t) = \frac{K_o}{p} u_c(t)$$

其中，K_o 为压控特性在 $u_c(t) = 0$ 时的斜率，p 为微分算子。

则压控振荡器的相位模型可用图 6-13 来描述。

（4）锁相环路的相位模型和基本方程

由前面的分析可知，锁相环路的相位模型可用图 6-14 描述。

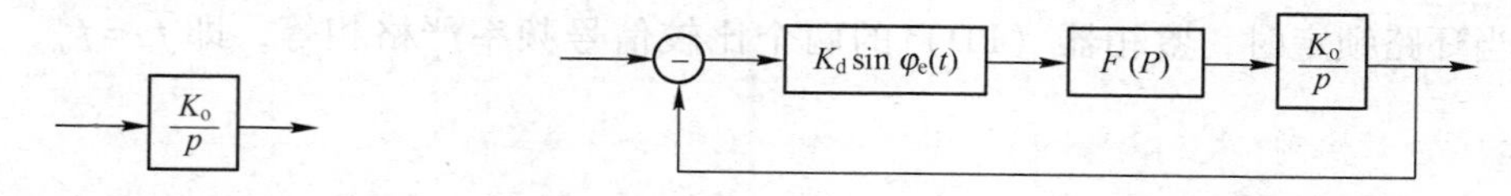

图 6-13　压控振荡器的相位模型　　　图 6-14　锁相环路的相位模型

根据图 6-14 所示的相位模型，可以写出锁相环路的基本方程：

$$\varphi_e(t)=\varphi_i(t)-\varphi_o(t)=\varphi_i(t)-K_dK_o\frac{1}{p}\sin\varphi_e(t) \tag{6-1}$$

即

$$p\varphi_e(t)+KF(p)\sin\varphi_e(t)=p\varphi_i(t) \tag{6-2}$$

式中，$K=K_dK_o$。式（6-2）为锁相环路的非线性微分方程。其中，$p\varphi_e(t)=\dfrac{d\varphi_e(t)}{dt}=\dfrac{d\varphi_i(t)}{dt}-\dfrac{d\varphi_o(t)}{dt}=\Delta\omega_e(t)=\omega_i-\omega_o$，即式（6-2）中第 1 项为压控振荡器输出信号频率偏离输入信号频率的数值，称为瞬时频差，用 $\Delta\omega_e(t)$ 表示；第 2 项表示压控振荡器在控制电压的作用下振荡频率偏离振荡器固有频率的数值，称为控制频差，用 $\Delta\omega_o(t)$ 表示；第 3 项表示输入信号频率偏离振荡器固有频率的数值，称为环路的固有频差，用 $\Delta\omega_i(t)$ 表示。根据锁相环路的基本方程可知：锁相环路的固有频差等于瞬时频差与控制频差之和。即

$$\Delta\omega_i(t)=\Delta\omega_e(t)+\Delta\omega_o(t)$$

如果环路的固有频差 $\Delta\omega_i(t)$ 固定不变，则环路在进入锁定的过程中，控制频差 $\Delta\omega_o(t)$ 不断增大，瞬时频差 $\Delta\omega_e(t)$ 则不断减小，直到瞬时频差等于 0。此时 $\omega_o=\omega_i$，即压控振荡器的输出信号频率严格等于输入信号频率，而控制频差等于瞬时固有频差，环路进入锁定状态。由于此时 $\omega_e(t)=0$，则瞬时相位差为一常数，称为环路的稳态位差，用 $\varphi_{e\infty}$ 表示。

在锁相环路中有两种不同的相位自动调整过程：一种是环路原先是锁定的，然后输入参考信号的频率发生变化，环路通过自身的调节来维持锁定的过程，即始终保持振荡器输出信号频率等于输入参考信号频率的过程，称为跟踪过程或同步过程。相应的，能够维持锁定所允许的输入参考信号频率偏离振荡器输出信号频率的最大值，称为锁相环路的跟踪带或同步带。另一种是环路原先是失锁的，即环路不能通过相位调节达到锁定。则当减小振荡器输出信号频率与输入参考信号频率差到某一数值时，环路能够通过相位调节达到锁定，这种由失锁进入锁定的过程称为环路的捕捉过程。相应的，能够由失锁进入锁定所允许的最大频差称为捕捉带。

6.4.3　锁相环路的典型应用

锁相环路具有良好的跟踪及同步特性，当环路锁定时，其剩余频差为零，即振荡器的输出信号频率等于输入参考信号频率。所以，锁相环路可以实现各种性能优良的频谱变换功能，在通信、电视、广播及仪器仪表等方面获得广泛的应用。下面介绍其主要应用：

1. 锁相倍频电路

锁相倍频电路是在基本锁相环路的反馈通道中插入一分频电路构成，锁相倍频电路的组成框图如图6-15所示。

当环路锁定时，鉴相器（PD）的两个比较信号频率严格相等，即$f_r = f'_o$，而$f'_o = \frac{f_o}{N}$，则有：

$$f_r = f'_o = \frac{f_o}{N}$$

所以：

$$f_o = Nf_r$$

即锁相环路的输出信号频率为输入参考信号频率的N倍，实现倍频功能。

2. 锁相分频电路

锁相分频电路与锁相倍频电路类似，只不过在锁相环路的反馈通道中插入一倍频电路，即可以实现分频功能。锁相分频电路的组成框图如图6-16所示。

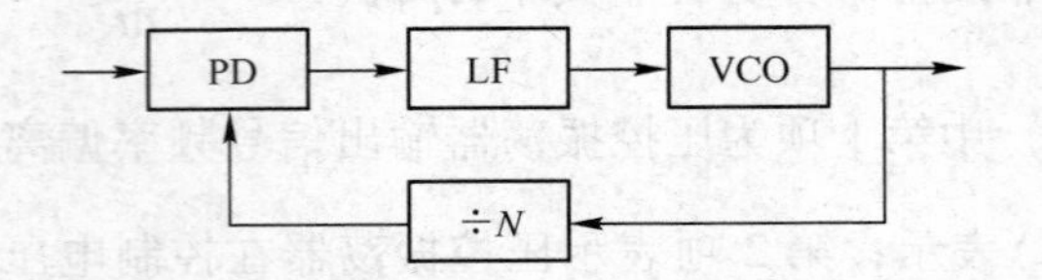

图6-15　锁相倍频电路的组成框图

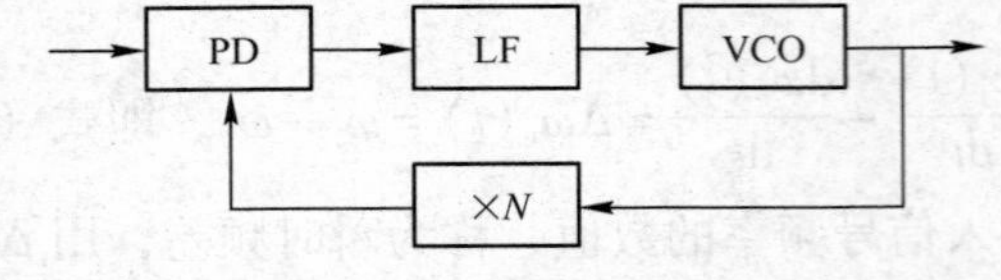

图6-16　锁相分频电路的组成框图

相应的，当环路锁定时，鉴相器的两个比较信号频率严格相等，即有$f_r = f'_o$，$f'_o = Nf_o$。则有：

$$f_r = f'_o = Nf_o$$

所以：

$$f'_o = \frac{f_r}{N}$$

即锁相环路的输出信号频率为输入参考信号频率的$\frac{1}{N}$，实现分频功能。

3. 锁相混频电路

锁相混频电路的组成框图如图6-17所示，它在锁相环路的反馈通道中插入中频放大电路和混频电路，即可实现混频功能。

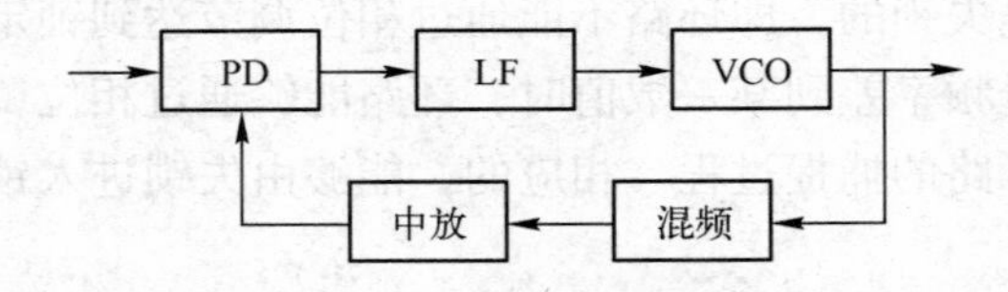

图6-17　锁相混频电路的组成框图

设混频器的本振频率为f_1，振荡器的输出信号频率为f_o，输入参考信号频率为f_r，则混频器输出信号频率为$|f_o - f_r|$。当环路锁定时，鉴相器的两个比较信号频率严格相等，即有：

$$f_r = |f_o - f_1|$$

则 $f_o = f_1 \pm f_r$

当取 + 号时，可以实现向上混频；相反，则可以实现向下混频。

4. 锁相调频电路

锁相调频电路的组成框图如图 6-18 所示。其中要求环路滤波器的通频带较窄，必须小于调制信号的最低频率。这样，鉴相器输出的控制信号中才没有调制信号分量。它利用锁相环路的稳频作用实现振荡器中心频率的稳定，可以克服直接调频电路中的中心频率稳定度不够高的缺点。

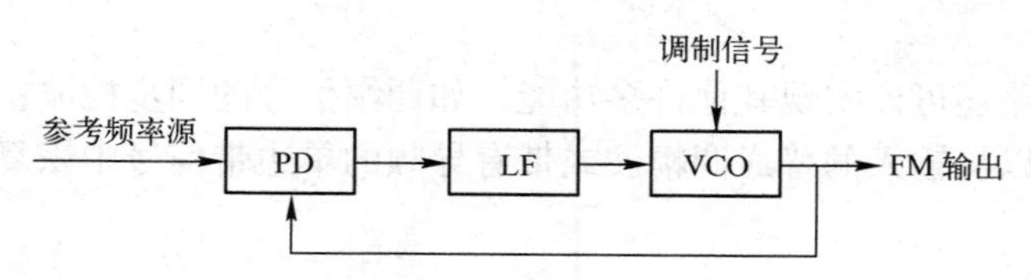

图 6-18　锁相调频电路的组成框图

5. 锁相鉴频电路

锁相鉴频电路的组成框图如图 6-19 所示。当输入调频波时，如果将环路滤波器的带宽设计得足够宽，能使鉴相器的输出电压顺利通过，则振荡器就能跟踪输入调频波中反映调制规律变化的瞬时频率，即振荡器输出是一个具有与调制规律相同的调频波。而这时环路滤波器输出加到振荡器的控制电压就是调频波的解调电压。

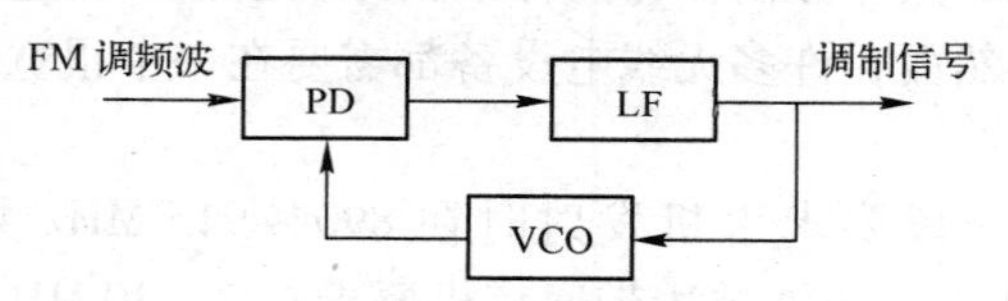

图 6-19　锁相鉴频电路的组成框图

图 6-20 是用 CD4046 构成的锁相环鉴频器，可以实现调频波的解调。CD4046 是一通用的单片集成锁相环，采用 CMOS 电路，工作频率可达 20 MHz，功耗极低。从其内部结构可

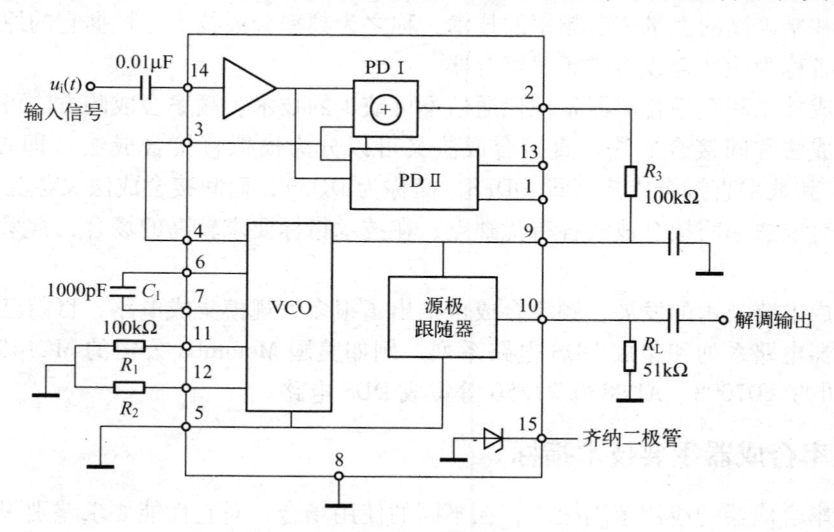

图 6-20　CD4046 构成的锁相环鉴频器

以看出，整个电路由鉴相器 PDⅠ、鉴相器 PDⅡ、压控振荡器 VCO、源极跟随器和一个 5 V 左右的稳压二极管等组成。14 脚为信号输入端，3 脚为反馈输入端，环路滤波器接在 2 脚或 13 脚，实为 RC 积分滤波器。9 脚是 VCO 的控制断，6、7 脚接定时电容 C_1，11、12 脚外接电阻 R_1、R_2可以改变振荡频率，稳压二极管可以提供与 TTL 兼容的 5 V 电源。

图 6-20 中，输入信号 $u_i(t)$ 是一个调频信号，实为变频后的中频信号，其载频为 10 kHz、调制信号为音频信号（典型频率 400 Hz）。C_1、R_1、R_2值的选取应满足 VCO 振荡频率在 10 kHz 附近。VCO 的控制电压作为调频波的解调输出电压，经源极跟随器后从 10 脚输出。

当然，锁相环路还可以实现其他许多功能，如调幅信号的同步检波：利用锁相环路的载波跟踪特性，就可以从输入的普通调幅波或带有导频的单边带信号中恢复出与发送端同频同相的载波信号。

6.5 频率合成器

6.5.1 频率合成器概述

随着无线电技术的发展，要求信号的频率越来越稳定和精确，一般振荡器是不能满足要求的。于是常用高稳定度的晶体振荡器作为标准信号发生器。但它们的频率往往是单一的或只能在极小范围内微调。然而，许多无线电设备都需要在一个很宽的频段范围内具有很多的频率点。

例如，GSM900 MHz 频段要求手机发射时在 890 ~ 915 MHz 共 25 MHz 范围内提供以 25 kHz 为间隔的 1000 个频点，短波单边带通信机要求在 2 ~ 30 MHz 范围内提供以 100 Hz 为间隔的 28 万个频率通道，而每个频率点又都需要具有与晶体振荡器标准相同的稳定度和准确度。为了解决频率既要稳定、准确，又要在大范围内可变这一矛盾，就需要频率合成技术。

频率合成就是将一个高稳定度和高精度的参考频率经过加、减、乘、除的四则运算产生同样稳定度和精确度的大量离散频率的技术，称之为频率合成技术。根据它的原理组成的电路或仪器设备称为频率合成器或频率综合器。

频率合成技术和频率合成器是现代通信不可缺少的技术。频率合成的方法可以分为两大类：直接合成法和间接合成法。直接合成法又可以分为模拟直接合成法（即古典合成法，简称为 DS）和数字直接合成法（即 DDFS，简称为 DDS），而间接合成法又称为锁相频率合成法。直接合成法和间接合成法各有优缺点，在技术指标要求较高的场合，常采用组合式频率合成法。

随着集成电路技术的发展，频率合成也推出了很多大规模集成电路，目前已出现了大量的集成合成器电路系列和集成 DDS 电路系列，例如美国 MotoroLa 公司的 MC145146-201 系列、AD 公司的 AD7008、AD9830/31/50 等集成 DDS 电路。

6.5.2 频率合成器主要技术指标

由于频率合成器的应用范围很广，在不同的使用场合，对它性能要求差别很大，很难用统一的指标来表征所有频率合成器的性能。这里介绍频率合成器的主要技术指标。

1. 频率范围

频率范围是指频率合成器输出最低频率和最高频率之间的变化范围。通常要求在规定的频率范围内，在所有离散频率点上，频率合成器均能正常工作，并满足其他性能指标。

2. 频率分辨率——输出频率间隔

频率分辨率是指相邻两个输出频率之间的间隔，故也称之为输出频率间隔，或频率步进间隔。

在通信系统中希望波段内的频率通道尽可能多，以满足通信的要求。所以，希望频率间隔尽可能小。实践中 VHF 波段的调频通信机的频率点间隔是 25 kHz、12. 5 kHz 或 5 kHz，而短波段的 SSB 通信机，其频率间隔为 100 Hz、10 Hz 或 1 Hz。目前 PLL 频率合成器可以做到为 100 Hz、10 Hz 或 1 Hz，而 DDS 合成器则可以做到 1 Hz 以下。

3. 频率准确度

频率准确度是指频率合成器的实际输出频率偏离标称频率的程度。标称频率是指国际和国内统一定标的基准频率。若设频率合成器实际输出频率为 f_g，标称频率为 f，则频率准确度定义为

$$A_f = (f_g - f)/f = \Delta f/f$$

晶体振荡器在长期工作时，频率会发生漂移，因此不同时刻的频率准确度是不同的。

4. 频率稳定度

频率稳定度是指在一定时间间隔内合成器输出频率准确度的变化。频率准确度和稳定度之间既有区别也有联系，只有稳定了才能准。故实践中通常将输出频率相对于标称频率的偏差也计在不稳定偏差之内，所以只提频率稳定度指标。

频率稳定度可以分为长期稳定度、短期稳定度和瞬时稳定度，但期间无严格的界限。长期稳定度是指一年、一月内的频率变化，主要由晶体和元器件老化所决定。短期稳定度是指日、小时内的频率变化，主要因素是内部电路参数的变化、外部电源的波动、温度变化及其他环境因素的变化。瞬时稳定度是指秒、毫秒间隔内的随机频率变化，主要因素是干扰和噪声。实践中瞬时稳定度在频域范围内表现为相位噪声频谱，通常用“功率频谱密度”表示。

在模拟直接频率合成器、锁相频率合成器和 DDS 合成器中，输出频率的稳定度主要取决于参考频率的稳定度。

5. 换频时间 t_S

换频时间 t_S 是指合成器输出频率从一个频率点转换到另一个频率点并稳定工作所需要的时间。不同合成方式的换频时间是不同的：对于模拟直接合成法 t_S 可以做到毫秒级以下，甚至可以达到微秒级；而对 DDS 合成法，目前已可以做到纳秒级；而 PLL 合成法 t_S 主要取决于环路的锁定时间，目前 PLL 频率合成的换频时间 t_S 大约为参考频率周期的 25 倍左右。

在通信系统中，一般要求频率合成器的 t_S 小于几十个毫秒。而在时分多址和跳频体制的通信系统中，则要求 t_S 在微秒级、甚至纳秒级，这种要求目前只能采用 DDS 合成法和组合式 DDS 合成法。

6. 频谱纯度

频谱纯度是指频率合成器输出频率信号接近纯正弦波的程度，是衡量输出信号质量的一个重要指标。实际合成器的输出信号中含有大量不需要的频谱分量，这些分量主要表现为两种形式，即寄生干扰和相位噪声。

寄生干扰频率又可以分为两种形式：谐波和杂散干扰频率。谐波一般由放大器的非线性特性产生，而杂散干扰频率实际上是混频组合频率干扰。因此混频器的非线性将是寄生干扰的主要来源。而减少寄生干扰的方法是合理选择混频电路、合理选择混频输入信号幅度比，以保证混频器工作在线性状态；同时应设计性能好的滤波器，滤除干扰杂波。

频率合成器输出信号中的寄生干扰和相位噪声如图 6-21 所示。相位噪声在频谱上呈现主频两边的连续噪声频谱。对 PLL 频率合成器而言，相位噪声主要来源于 VCO，而 PLL 对 VCO 的开环相位噪声有抑制作用。对 DDS 合成器，相位噪声取决于内部器件的非相干噪声。

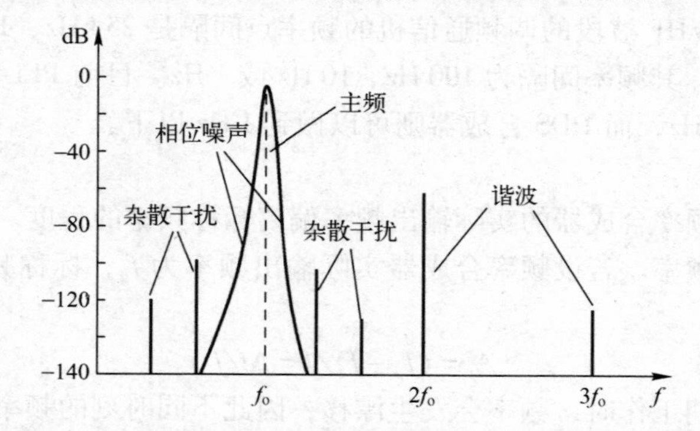

图 6-21　频率合成器输出信号中的寄生干扰和相位噪声

6.5.3　频率合成的基本方法

1. 模拟直接频率合成

模拟直接频率合成是最早的经典方法。它是由谐波发生器、滤波器、倍频器、分频器和混频器等组合成的一组或多组电路，由一个或多个参考频率来合成一系列所需要的实用频率。

根据合成产生频率过程中所用参考频率数目的不同，又可以分成非相干直接频率合成和相干直接频率合成两类。所谓非相干合成是指由许多晶体振荡器组成参考频率，合成一系列所需要的频率，非相干模拟直接频率合成如图 6-22 所示。该合成器用了两组晶体振荡器，一个混频器和一个带通滤波器。8 MHz 晶振组可产生 8.00～8.09 MHz 的 10 个参考频率（频率间隔为 10 kHz），47 MHz 晶振组产生 47.0～47.9 MHz 的 10 个参考频率。混频器输出取和频，合成器输出频率范围为 55.00～55.99 MHz，共 100 个点频，频率间隔为 $\Delta f = 10\,\text{kHz}$。

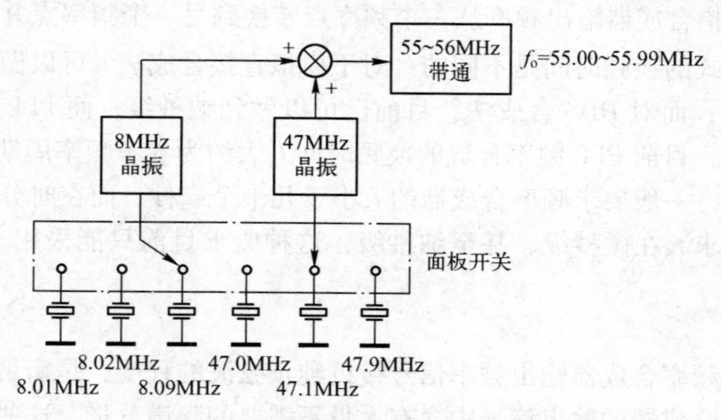

图 6-22　非相干模拟直接频率合成

从图中可以看出，多参考频率的非相干合成利用了混频和外差原理。因此，输出信号的频率稳定度、准确度和相位噪声是各参考晶体振荡器频率稳定度、准确度和相位噪声之和。这就要求每个参考频率有足够高的频率稳定度、准确度和足够低的相位噪声。实践中还有利用混频相减外差原理进行非相干频率合成，以便抵消相位噪声。

所谓相干合成是指由一个高稳定度的晶体振荡器的参考频率合成一系列的所需频率。相干频率合成除了相干直接频率合成外，后面所要介绍的锁相频率合成和 DDS 频率合成也都属于相干频率合成。目前，相干频率合成已成为频率合成技术的主要方法。图 6-23 为相干直接频率合成原理框图。

若要从高稳定晶体振荡器输出的 5 MHz 信号中获得频率为 21.6 MHz 的信号，可以先将 5 MHz 信号经 5 分频后，得到参考频率为 $f_r = 1$ MHz 的信号，然后将 1MHz 信号输入谐波发生器中产生各次谐波，从谐波发生器中选出 6 MHz 信号，经分频器除以 10 变成 0.6 MHz 信号。从谐波发生器中再选出 1 MHz 信号，使它与 0.6 MHz 信号同时进入混频器进行混频，得到 1.6 MHz、0.4 MHz 信号。经滤波器选出 1.6 MHz 信号并除以 10 以后，得到 0.16 MHz 信号。再将它与谐波发生器选出的 2 MHz 信号进行混频，得到 2.16 MHz、1.84 MHz 信号。经滤波器选出 2.16 MHz 信号，最后经过 10 倍频后，得到所需的 21.6 MHz 信号。

从图 6-23 可以看出，为了得到 21.6 MHz 信号，只需把频率合成器的开关放在 2 MHz、1 MHz、6 MHz 位置上即可。如需要得到 31.5 MHz 的频率信号，只需把开关放在 3 MHz、1 MHz、5 MHz 位置上。

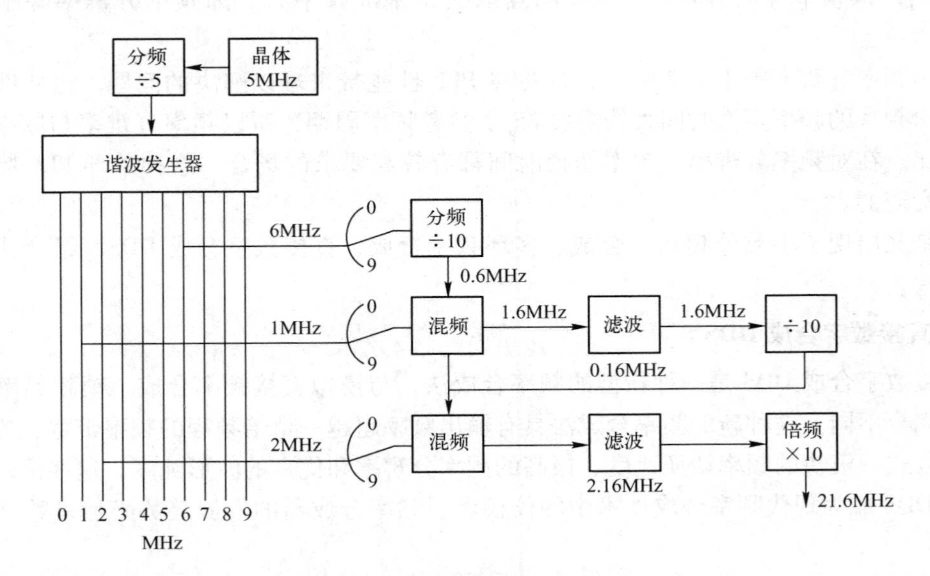

图 6-23　相干直接频率合成原理框图

模拟直接频率合成能实现快速频率切换，能输出具有很高的频率分辨率、很低的相位噪声的信号。但是，直接频率合成需要很多振荡器、倍频器、混频器、带通滤波器和分频器等硬件设备，而且其输出频率中难免包含大量由混频和倍频产生的无用寄生频率，这是直接频率合成的主要缺点。

2. 锁相频率合成

应用锁相环路 PLL 实现频率合成的方法称之锁相频率合成。由于这一方法是由一个参考频率源利用锁相技术进行合成的，所以又称为相干间接频率合成法。

手机中常用的锁相倍频电路就是典型的锁相频率合成器。锁相频率合成克服了直接频率合成的固有缺点，成为现代频率合成技术的主流。单环锁相频率合成器框图如图 6-24 所示，它是在基本 PLL 中插入了一个可变分频器 N。当环路锁定时，鉴相器 PD 的两输入频率必须是相等的，有 $f_B = Nf_A$，即压控振荡器的输出频率锁定在基准频率的 N 次倍频上。

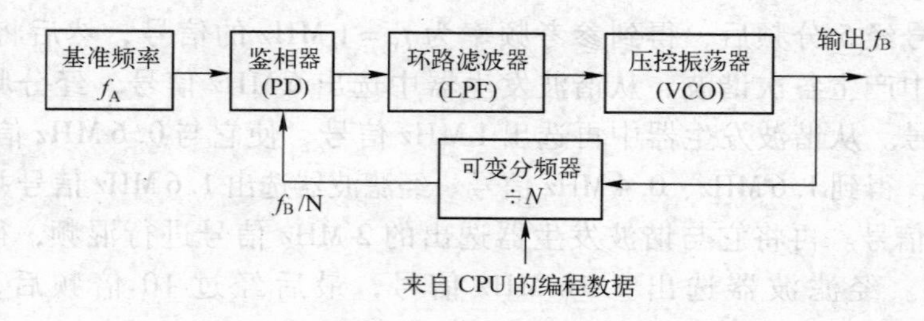

图 6-24　单环锁相频率合成器框图

通常 N 为正整数。在一定范围内改变 N 值，就可以输出一系列频率，即实现频率合成。显然，该频率合成器的最小频率间隔取决于基准频率 f_A，即频率分辨率等于参考频率 f_A。

输出频率分辨率等于参考频率，这将对 PLL 性能带来难以解决的问题。由实践经验可知，输出频率的频率切换时间大约需要 25 个参考频率周期，所以频率分辨率与频率切换时间成反比。在对频率分辨率、频率切换时间都有较高要求的场合，这种单环 PLL 频率合成是不能实现的。

于是又出现了小数分频频率合成、多环频率合成、直接数字合成 DDS、组合式频率合成等方法。

3. 直接数字合成 DDS

直接数字合成 DDS 是一种新型的频率合成法，与模拟直接频率合成、锁相频率合成在原理上完全不同。这种新的频率合成法具有输出频率超越一个倍频程的频率带宽、连续的相位变换方式、极快的频率切换速度、极高的频率分辨率和优良的波形纯度，这些优越的性能特点使 DDS 成为现代频率合成技术中的佼佼者。频率合成器的发展趋势必然是数字化和集成化。

直接数字合成 DDS 技术是一种把一系列数字量形式的信号通过数 - 模转换器转换成模拟量形式的信号合成技术。

直接数字合成有两种基本合成方式：一种是根据正弦函数关系式，按照一定的时间间隔，利用计算机进行数字递推关系计算，求解瞬时正弦函数幅值并实时地送入数 - 模转换器，从而合成出所要求频率的正弦波信号。这种合成方式具有电路简单、成本低、合成信号频率的分辨率可做得很高等优点。但由于受计算机速度的限制，合成信号频率较低，一般不到 1 MHz。另一种合成方式是用硬件电路取代计算机的软件运算过程，即利用高速存储器将正弦波的 M 个样品存在其中，然后以查表的方式按均匀的速度把这些样品输入到高速数－模转换器，变换成所设定频率的正弦波信号。这就是目前使用最广泛的一种 DDS 频率合成方式，其输出频率高达数百兆赫兹。

图 6-25 所示为直接数字频率合成 DDS 的原理框图。图中“存储器”中存储了一个周期的正弦波波形幅值，其中每个存储单元地址就是正弦波的相位量化取样地址，存储单元的内容是已经量化了的正弦波幅值，所以该存储器实质是一个正弦波波形只读存储器。

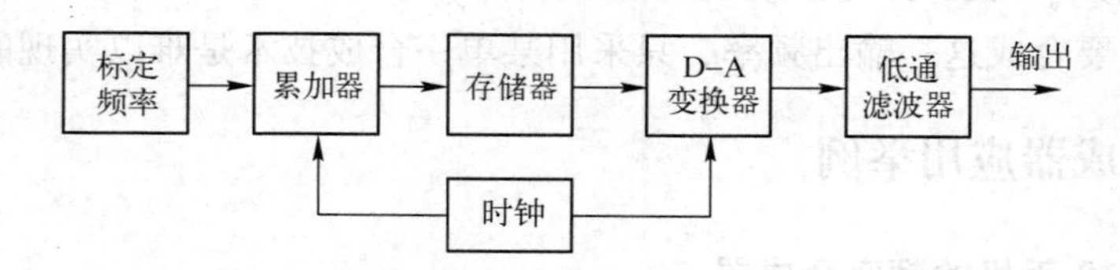

图 6-25　直接数字频率合成 DDS 的原理框图

“时钟”为一高稳定度晶体振荡器产生的参考频率，“累加器”和“D－A”变换器在时钟频率信号作用下正常工作。

“标定频率”就是所要设定的输出频率（数据），该频率数据控制“累加器”输出循环扫描地址的次数，即控制“存储器”送出正弦波数据的周期数，这些数据再由“D－A 变换器”转换成一系列正弦波形，再经“低通滤波器”滤除杂散，输出端就能得到纯净的设定频率的正弦波信号。

常用的数字频率合成 DDS 产品很多，典型集成电路如美国 ADI 公司的 AD9850 等。AD9850 集成电路配上精密时钟源，就可产生频谱纯净、频率和相位都可编程控制的模拟正弦波。

4. 组合式频率合成

可以看出，模拟直接频率合成、锁相频率合成及直接数字合成各有优缺点。例如：锁相频率合成方法成本低、控制灵敏、切换频率方便及波段覆盖范围宽，但它存在换频时间长、频率分辨率低等缺点；直接数字合成 DDS 具有频率切换速度快、频率分辨率高及切换频率方便等优点，但它存在输出频率低、输出噪声较高等缺点。在技术指标要求高的场合，常采用上述多种技术相结合的合成方法，即组合式频率合成法。

组合式频率合成可有很多方法，常用的有模拟直接合成＋DDS，PLL＋DDS，模拟直接合成＋PLL＋DDS 等方法。

图 6-26 就是模拟直接合成＋PLL＋DDS 的组合式频率合成框图。图中晶振 f_1、谐波发

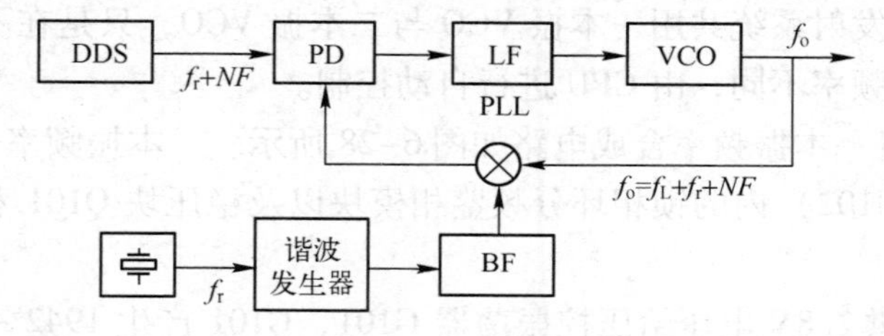

图 6-26　模拟直接合成＋PLL＋DDS 的组合式频率合成框图

生器和带通选频滤波器 BF 构成模拟直接合成法，产生频率 f_L，PLL 为混频相加环，它把直接数字合成 DDS 输出的高分辨率频率（f_r+NF）与 f_L 相加后作为 f_o 输出，即

$$f_o=f_r+NF+f_L$$

式中 F 为直接数字合成 DDS 的频率分辨率，可以在 1 Hz 以下，N 为某一范围内的正整数。例如：若要求输出 $f_o=502.5$ MHz 左右的高频信号，占据带宽为 300 kHz，包含 100 频率点。则 $F=3$ kHz，$N=1\sim99$，$f_r=2.35$ MHz，即 DDS 输出频率（$2.35+N\times0.003$）MHz，而 $f_L=500$ MHz，所以 $f_o=502.35+N\times0.003$ MHz，即 $f_o=502.353\sim502.650$ MHz，频率分辨率为 3 kHz。显然，要合成这一输出频率，只采用某单一合成技术是难以实现的。

6.5.4 频率合成器应用举例

1. 诺基亚 3210 手机的频率合成器

诺基亚 3210 手机的频率合成器框图如图 6-27 所示。

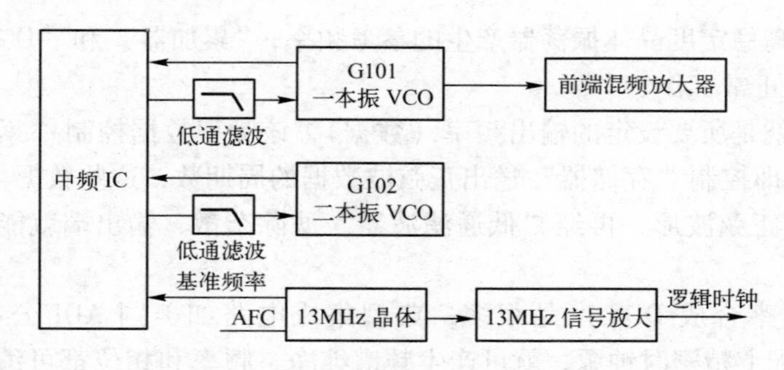

图 6-27 诺基亚 3210 手机的频率合成器框图

频率合成器包括 4 部分：第 1 部分为基准信号（或逻辑时钟）产生电路，第 2 部分为鉴相器（在中频 IC 内部），第 3 部分为低通滤波器，第 4 部分为一本振 VCO 与二本振 VCO。实际上，该手机有一本振与二本振两个频率合成器。

基准信号为 13 MHz 由 13 MHz 晶振模块产生。时钟信号一方面送中频 IC 作为基准频率信号，另一方面又经放大后送逻辑部分作为逻辑时钟。

一本振 VCO 产生的信号一方面送前端混频放大器用作收发混频的本振信号，另一方面送中频 IC 进行鉴相后产生误差信号，并经低通滤波器滤波产生锁相环控制信号。二本振 VCO 产生的信号送入中频 IC 进行接收二混频，也作为发射调制载波。

需指出，接收、发射系统共用一本振 VCO 与二本振 VCO，只是在不同状态分频比例不同，产生的本振信号频率不同，由 CPU 进行自动控制。

诺基亚 3210 手机一本振频率合成电路如图 6-28 所示。一本振频率合成主要由压控振荡器 G101、中频 IC（U102）内的锁相环分频鉴相模块以及稳压块 Q101 和前端混频放大电路 U101 局部组成。

稳压块 Q101 提供 2.8V 电压给压控振荡器 G101，G101 产生 1942～2017 MHz 的本振信号，经耦合电容 C_{608}、限流电阻 R_{619} 后，送入 U101 的第④脚，此信号一方面直接供 1800 MHz

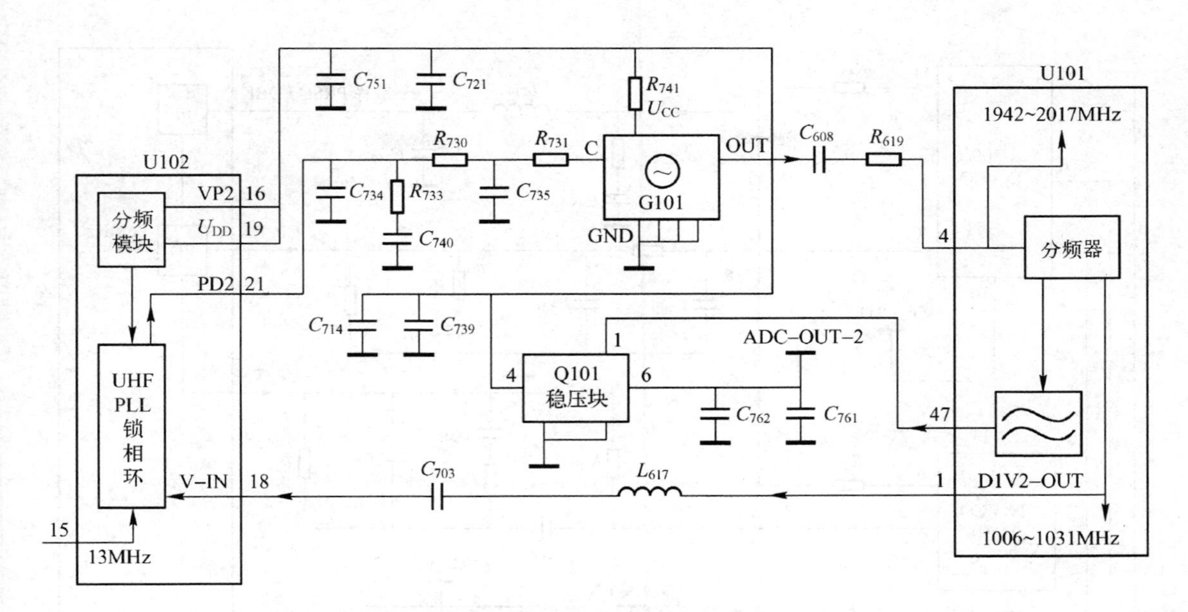

图 6−28　诺基亚 3210 手机一本振频率合成电路

频段混频用，另一方面送入分频器，分频后的 1006 ~ 1031 MHz 信号一方面直接供900 MHz 频段混频用，同时还通过 U101 的第①脚、C_{703}、L_{617}组成的匹配电路反馈回 U102 的锁相环模块，经过调整、鉴相，再由 U102 的第 21 脚送出误差信号，经滤波后送压控振荡器 G101 的输入端，从而在压控振荡器、中频 IC 和前端混频放大电路之间形成一闭环回路。13 MHz 信号为 U102 内部鉴相所用。

2. 摩托罗拉 V60 型手机频率合成器

V60 型手机是三频手机，可以工作在 GSM、PCS 和 DCS 3 个频段。其频率合成器主要由本振 VCO、环路滤波器、分频鉴相器（中频 U201 内）、26 MHz 基准频率等组成，摩托罗拉 V60 型手机频率合成器电路如图 6−29 所示。VCO 分别有接收 RXVCO、发射 TXVCO 两个环路，这两个环路共用中频 U201 内的分频器、鉴相器和基准频率，使电路更加简化。

下面分析一下 V60 手机 RXVCO 环路。手机工作于 GSM 频段时，RXVCO U300 产生的一本振频率为 1335. 2 ~ 1359. 8 MHz 中的某一个频点，该信号与基站发来的 935. 2 ~ 959. 8 MHz 的信号进行混频。工作在 PCS 频段时，产生的频率为 1530. 2 ~ 1589. 8 MHz，DCS 频段时为 1405. 2 ~ 1479. 8 MHz。

RXVCO（U300）输出的本振信号从第 11 脚经过 L_{214}进入中频 IC（U201）内部，经过内部分频后与 26 MHz 参考频率源在鉴相器 PD 中进行鉴相，输出误差电压经充电泵 CHARGE PUMP 滤波后从 CP_RX 脚输出，控制 RXVCO 的振荡频率。控制电压 CP_RX 越高，RXVCO（U300）产生的振荡频率就越高，反之越低。摩托罗拉 V60 型手机 RXYCO 频率合成器原理如图 6−30 所示。

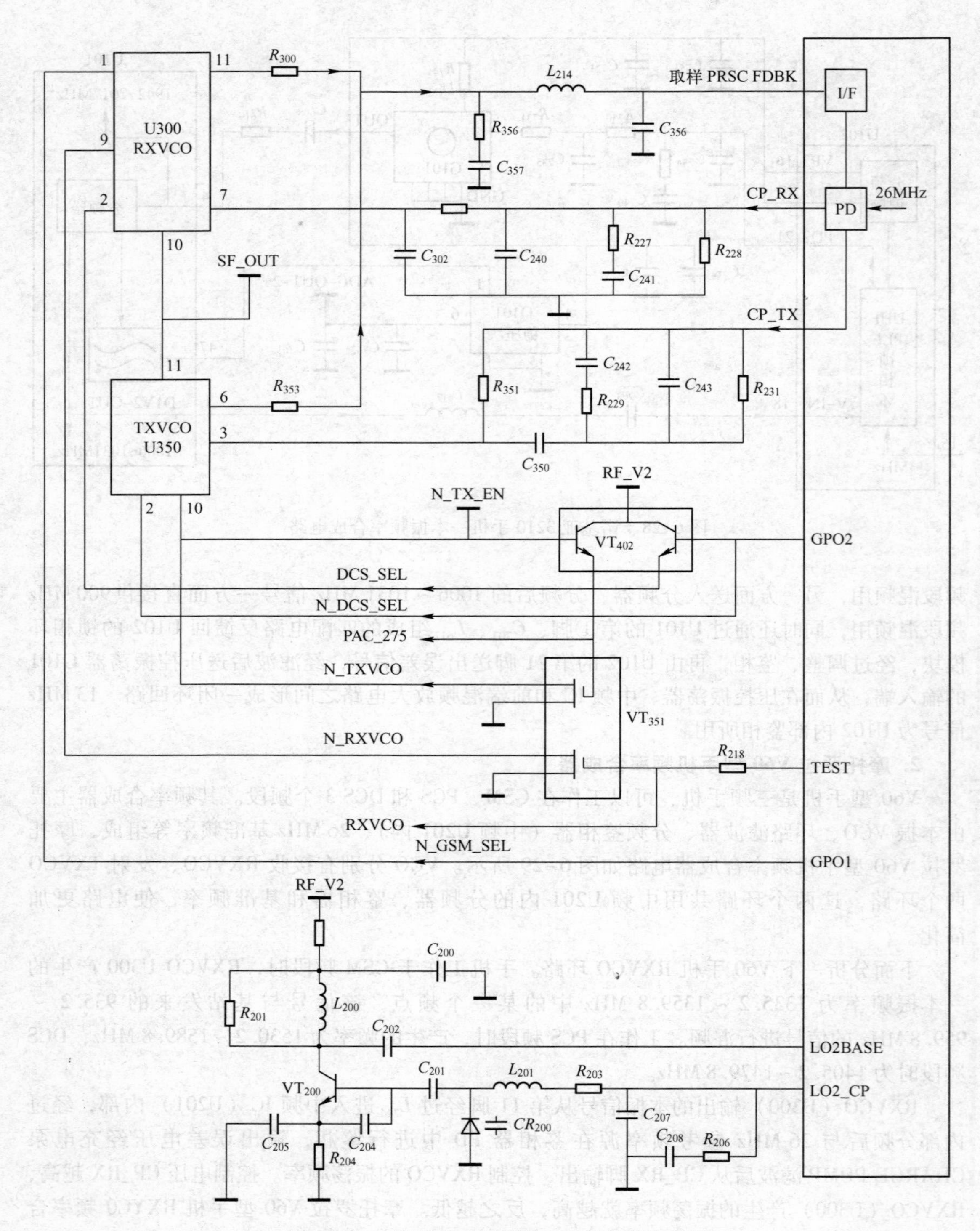

图 6-29 摩托罗拉 V60 型手机频率合成器电路

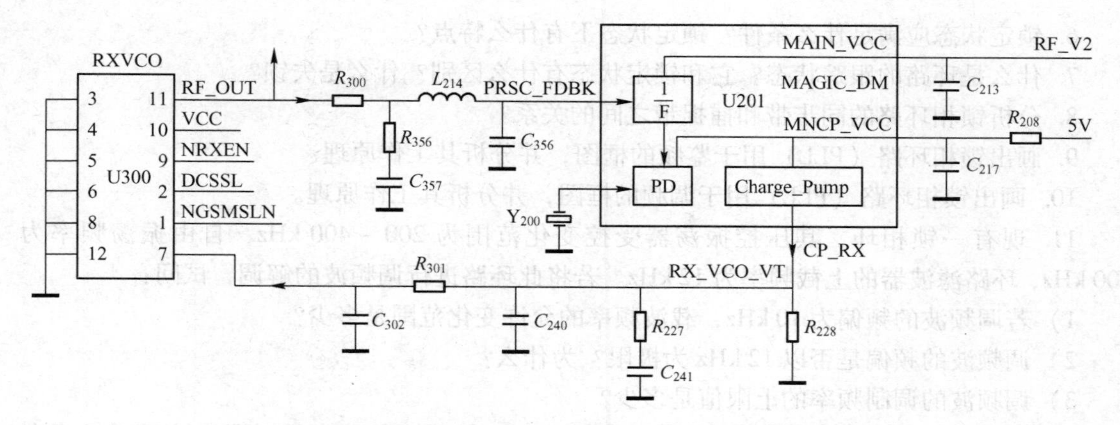

图 6-30　摩托罗拉 V60 型手机 RXVCO 频率合成器原理

6.6　本章小结

1）反馈控制系统是利用环路存在的误差，通过环路自身的调节作用，实现减小系统误差的一种控制系统。它包括自动增益控制（AGC）、自动频率控制（AFC）、自动相位控制（APC）等。

2）自动增益控制是指接收机中，当输入信号发生变化时，为了使后端电路的信号电平保持基本不变，则应该改变系统增益，利用自动增益控制电路去控制系统增益的电路称为自动增益控制电路。

3）自动频率控制，指通过与标准频率源的频率比较去控制振荡器的振荡频率，使振荡器的振荡频率稳定在某一稳定值附近的自动控制电路。

4）锁相环路是一个相位负反馈系统，它主要由鉴相器、环路滤波器和压控振荡器组成。锁相环路进入锁定状态时，压控振荡器的振荡频率等于输入信号频率，二者的相位差等于某一个恒定值。

5）锁相环路的基本特征有锁定特性、跟踪特性和窄带滤波特性，在通信、广播、电视和空间技术等方面广泛使用，如调频与鉴频、调幅信号的同步检波、频率合成等。

6）频率合成技术和频率合成器是现代通信不可缺少的技术，频率合成就是将一个高稳定度和高精度的参考频率经过加、减、乘、除的四则运算产生同样稳定度和精确度的大量离散频率的技术。频率合成的方法可以分为两大类：直接合成法和间接合成法。

6.7　习题

1. 画出 AGC 的组成框图，并分析其工作原理。
2. 锁相与自动频率微调有何区别？为什么说锁相环相当于一个窄带跟踪滤波器？
3. 利用锁相环路调频具有什么样的优点？
4. 测量锁相环路的同步带和捕捉带需要那些仪器？
5. 什么是锁相环的阶？一个基本锁相环是几阶锁相环？

6. 锁定状态应满足什么条件？锁定状态下有什么特点？

7. 什么是环路的跟踪状态？它和锁定状态有什么区别？什么是失锁？

8. 分析锁相环路的同步带和捕捉带之间的关系？

9. 画出锁相环路（PLL）用于鉴频的框图，并分析其工作原理

10. 画出锁相环路（PLL）用于调频的框图，并分析其工作原理。

11. 现有一锁相环，其压控振荡器受控变化范围为 200 ~ 400 kHz，自由振荡频率为 300 kHz，环路滤波器的上截频率为 12 kHz。若将此环路进行调频波的解调，试问：

1）若调频波的频偏为 10 kHz，载波频率的允许变化范围是多少？

2）调频波的频偏是否以 12 kHz 为极限？为什么？

3）调频波的调制频率的上限值是多少？

12. 为什么用锁相环接收信号可以相当于一个 Q 值很高的带通滤波器？它受什么条件限制？

13. 已知某频率合成器的组成框图如图 6-31 所示，$N=10$、$M=100$、参考频率源频率为 100 MHz，试分析该频率合成器的输出信号频率间隔是多少？共有多少个频率点？

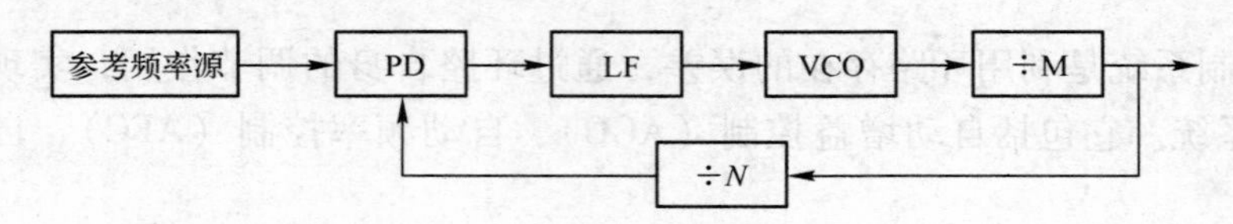

图 6-31　频率合成器的组成框图

14. 设锁相环中的压控振荡器的控制频率的元器件是变容二极管。如果鉴相器输出端与变容二极管的连接方式，由原来的输出端和变容二极管的正极相连，改为和负极相连，锁相环是否会从负反馈系统变为正反馈系统？

第7章　接收机与发射机

应知应会要求：

1）了解接收机、发射机主要技术指标。

2）掌握发射机和接收机常用的电路结构。

3）了解发射机的阻抗匹配网络。

4）了解现代数字通信机的特点。

5）掌握现代数字发射机与接收机结构。

7.1　接收机的技术指标

接收无线电信号的设备称为无线电接收机，常见的如电视机、收音机、手机、小灵通以及无绳电话等。各种无线电台与无线电干扰源都向空中辐射电磁波，都可能在接收天线上感应出电动势。无线电接收机的任务就是从许多电台信号与干扰信号中把需要的信号选出，进行放大，解调变换成低频信号（即原来的调制信号），以推动扬声器或其他终端设备。

为了衡量接收机性能优劣我们对其提出了性能的质量指标。

1. 灵敏度

灵敏度是接收机主要质量指标之一，用以表示接收微弱信号的能力。

接收机正常工作（在规定的输出功率与一定的信号噪声比）时，接收天线上必需的感应电动势称为接收机的灵敏度。如某电视机灵敏度为 50 μV/m，数字寻呼机灵敏度为 5 μV/m，GSM 手机灵敏度一般为 -102 dBm。

通信接收机应具有较高的灵敏度，必需的感应电动势越小，也就是能接收到的信号越微弱，则说明该接收机的灵敏度越高。在一定的条件下（如发射机输出功率一定），接收机灵敏度越高，则通信距离越远；如果通信距离一定，提高接收机的灵敏度，就可以减小发射机的输出功率。

2. 选择性

在天空中，同一时间里有许多电波，接收机必须从许多的电波与干扰中选择出所希望的信号，并排斥其他电波，这种抑制干扰而选择有用信号的能力称为接收机的选择性。

接收机选择信号的作用是靠解调（检波）以前各级调谐电路完成的。调谐电路的 Q 值、调谐电路的级数及电路同步调谐的程度等，是决定选择性优劣的重要因素。

选择性是针对抑制干扰而言的，而干扰的种类与情况很复杂，常见的有中频干扰和镜像干扰，这在5章模拟乘法器与频率变换中已介绍过，在此仅举例说明：

中频干扰的频率接近或恰等于接收机的中频频率，例如：某接收机中频为 1.5 MHz，而外来一干扰频率就在 1.5 MHz 附近，这干扰就会通过各种途径串过高频放大器，混频，经中频放大而解调出一定的输出，对有用信号造成干扰。接收机对中频干扰的抑制程度称为中频抗拒比（也称中频抑制比），它用来衡量接收机对中频干扰的抑制能力。短波接收机要求中频抗拒比大于 60 dB。

镜像干扰的频率和信号频率相对于本振频率成镜像关系。例如：已知接收机中频为 455 kHz，当接收的电台信号为 14.090 MHz 信号时，本振频率为 14.545 MHz（14.545 MHz − 14.090 MHz = 0.455 MHz），这时有一较强干扰信号，其频率为 15.000 MHz，只要该信号能到达变频器输入端，就可与本振信号进行变频，同样得到 455 kHz 的中频输出（15.000 MHz − 14.545 MHz = 0.455 MHz），通过中频放大器形成干扰，镜像干扰的形成如图 7−1 所示。

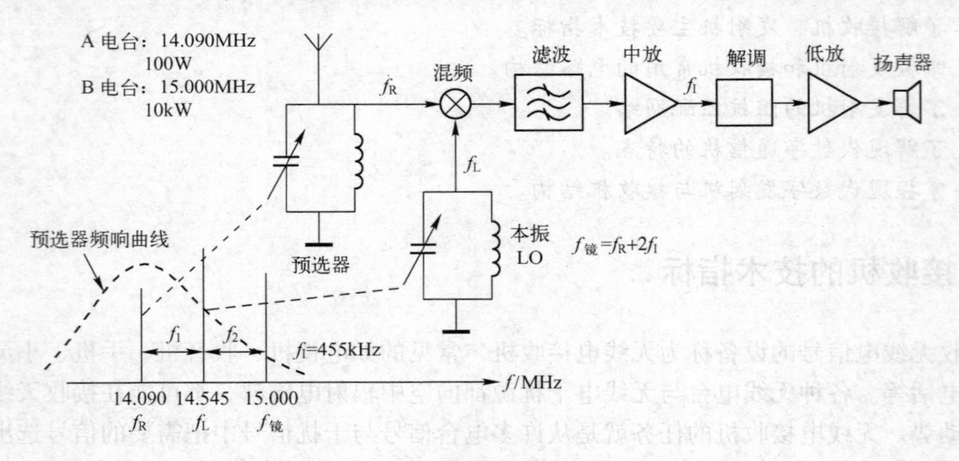

图 7−1　镜像干扰的形成

接收机对镜像干扰的抑制能力用镜像抗拒比表示，它用来衡量接收机对镜像干扰的抑制能力。通常要求镜像抗拒比大于 80 dB。

3. 失真度

失真度是衡量接收机所输出的信号波形与原来传送的信号波形相比是否失真的指标。实际上，信号通过接收机不可避免地会产生失真，失真越小，保真度越高。

接收机产生失真的种类很多，可分为以下几种：

1）频率失真，即对不同频率的振幅响应不同所造成的失真。一般传输声音信息的接收机要求在 300 − 3400 Hz 范围内的振幅频率特性的不均匀性小于 10 ~ 15 dB。

2）非线性失真，又称为非线性畸变或谐波失真，它是由于接收机中的晶体管、电子管、变压器铁心等器件特性曲线的非线性引起的。它使输出信号中产生新的谐波成分，改变了原信号的频谱。非线性失真系数达到 10% 时，发出的声音就变得闷塞，嘶哑。接收话音信号时，对非线性失真要求不是很严格，一般不超过 10% 就可以，对于高保真度的接收机，须小于 1%。

3）相位失真，当信号通过接收机的某一系统，由于元器件的相位移动作用，引起信号中各频率分量的相位关系发生变化而形成的失真，叫作相位失真。因为人耳不能分辨相位移动，所以这种失真对语音通信影响不大，可以忽视。但是在接收图像或脉冲信号时，相位失真需加以重视。

4. 波段覆盖

接收机的波段覆盖具体要求为：一是要求接收机在给定的整个频段范围内，可以调谐在任何一个频率上；二是要求在整个波段内的任何一个频率上，接收机的主要质量指标都能达到规定的要求。

对于宽波段接收机，如工作频率为 2 ~ 30 MHz，用一个调谐元器件覆盖整个波段是困难的，因此，必须将整个波段分成几个分波段才能满足上述要求。

5. 工作稳定性

接收机在正常工作过程中，应能使接收的信号非常稳定地工作。

稳定性主要是指工作频率、灵敏度、通带宽度和选择性的稳定性。在使用过程中，引起不稳定的原因，主要是接收的参数（如增益通频带等）会因电源电压和环境温度的变化而改变，因此应根据不同情况采取适当防止措施。

7.2 接收机的组成结构

接收机电路结构常用的有直接解调式、单次超外差式、二次变频超外差式 3 种。

1. 直接解调式接收机

直接解调式接收机组成框图如图 7–2 所示，对天线接收到的高频信号，放大后直接进行解调（检波），把低频信号从已调的高频信号中取出，再经放大后送到扬声器/显示器等其他终端设备。

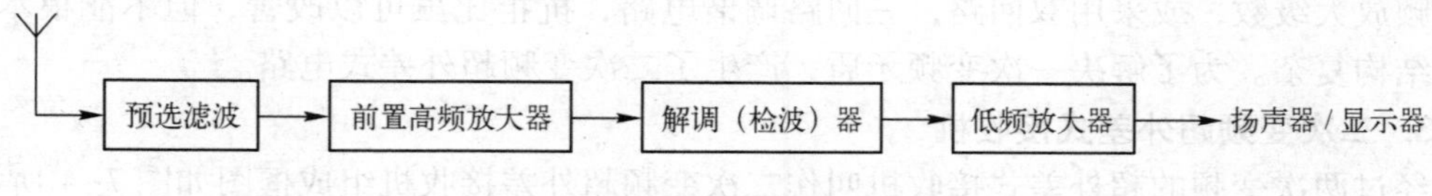

图 7–2　直接解调式接收机组成框图

直接解调式接收机电路简单，易于安装，但选择性、灵敏度等性能不够理想，一般实用于单一频点的调幅接收机。当接收机从接收某一信号频率转换到接收另一个频率较高的信号时，输入回路及所有高频放大器都要重新调谐到被接收信号的频率上，其放大和选择信号的能力会变差。此外容易产生振荡工作不稳定。

2. 单次超外差式接收机

单次超外差式接收机的结构框图如图 7–3 所示。

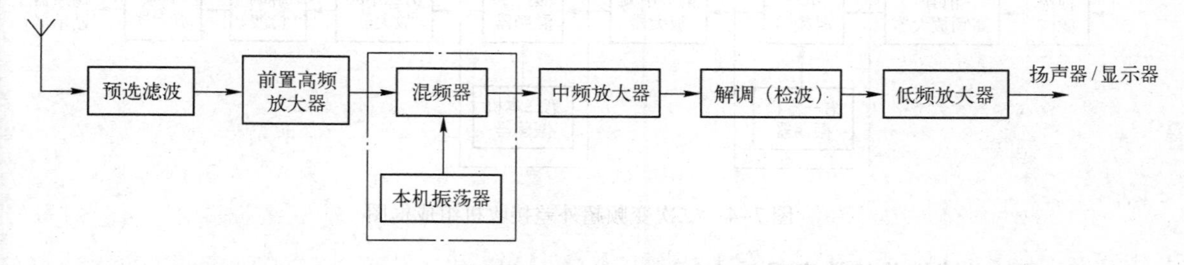

图 7–3　单次超外差式接收机的结构框图

超外差式接收机在解调前加入了载波频率变换与中频放大，它的增益与选择性较高，在整个频段内增益比较平稳。

其工作原理是：从天线接收到的已调信号，经过输入电路和高频放大器的选择和放大进入变频器，经过变频器使原来的载波信号变为固定频率的中频信号，再经过中频放大器进行放大，由于中频放大器的工作频率固定，而且通常比接收到的信号频率低，这样便于提高放大量，也便于采用复杂调谐电路，提高接收机的选择性。

变频过程：本机振荡器产生一个等幅正弦振荡波，与外来的载波信号在变频器内经过混频，得到一个与外来信号调制规律相同，频率固定不变的较低载频的调制信号，这个载频叫中间频率，即中频。

但是这个中频信号仍是已调信号，必须用解调（检波）器把原来的低频调制信号取出来，并滤除残余的中频分量，再由低频放大器放大传送到扬声器或显示器。

超外差式接收时，应先把接收到的载频信号变为固定的中频信号。当接收到的载频信号改变时，与之混频的本机振荡器产生的等幅正弦振荡波也应随之作相应改变。因此，超外差式接收机的输入调谐回路与决定本机振荡器频率的调谐回路要采用统一的调谐机构，从而使两者的频率之差始终保持为固定值。

由于中频是固定的，其谐振电路一次调准后，不需随时调整，所以它的选择性好，增益高，工作稳定。

但一次变频的超外差式电路，整机的增益和邻近波道选择性主要依靠中频放大器。为了得到高的增益和窄的通频带，中频频率不能太高，所以一次变频的接收机，其中频总是较低（低于载波频率）。然而，镜像抗拒比与中频频率有关，中频低，则镜像抗拒比差。如果增加高频放大级数，或采用双回路，三回路调谐电路，抗拒比虽可以改善，但不能根本改善，且使结构复杂。为了解决一次变频矛盾，产生了二次变频超外差式电路。

3. 二次变频超外差式接收机

经过两次变频的超外差式接收机叫作二次变频超外差接收机组成框图如图 7-4 所示。

经过两次变频，有两个不同频率的中频，第 1 个中频频率较高，第 2 个中频频率较低。二次变频超外差式接收机对镜像干扰与邻道干扰都有较大的抑制能力。

第 1 个中频频率选得高些，使镜像干扰远离接收机的调谐频率，因而镜像干扰在高频放大器中有显著减弱；第 2 个中频选得低些，便于采用性能良好的带通滤波器，可以对靠近信号频带附近的邻道干扰有较大的衰减。但电路较复杂。

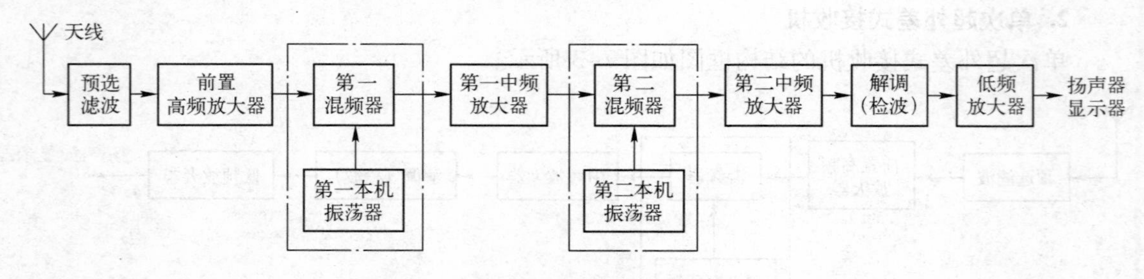

图 7-4　二次变频超外差接收机组成框图

4. 超外差式接收机的实现

从前面的学习可以得知，接收机电路应从天线收信开始，直至低放、终端（扬声器/显示器）为止的整个电路，其中包括：预选滤波器、前置高频放大器、混频电路、本振电路、中频滤波器、中频放大器、解调电路、低频放大器和终端等。

（1）单次变频超外差式接收机的实现

图 7-5 为一实际的单次变频超外差式接收机结构。图中接收信号频率范围是 500 kHz ~

30 MHz，即中、短波段。图中预选器让这一频率范围的选取信号都能通过，而其他频率的信号则全部滤除，因而预选器送入混频器的信号就是所要接收的 500 kHz ~ 30 MHz 信号。送入混频器的本地振荡信号频率比接收频率高出 455 kHz，即 955 kHz ~ 30. 455 MHz。混频器把这两个输入信号混频以后由中频滤波器取出差频 455 kHz，这差频 455 kHz 就是常说的中频信号。

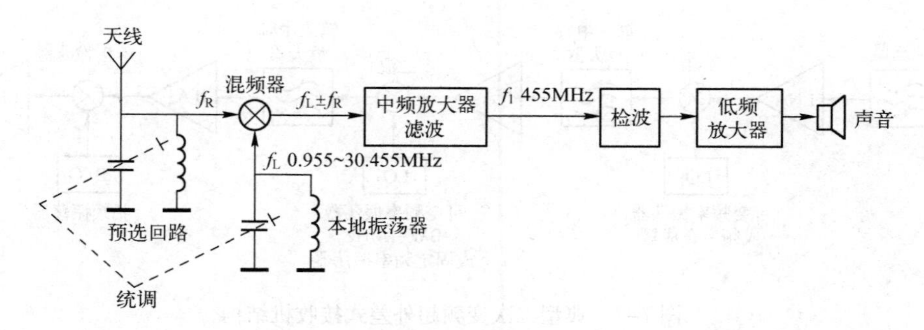

图 7-5　实际的单次变频超外差式接收机结构

应当指出，不论如何去调谐接收机，中频是永远不变的，所以对所有接收频率都变成处理一个相同频率的信号。这就是超外差式接收至今还被认为是一种最佳设计方案的原因。455 kHz 的中频信号仍然包含有从天线进入的信号的信息，它在中频放大器中被选频放大后，进入检波器实现检波解调；再经低频放大器放大后，送入扬声器变换成声音。

为保证本振频率始终高出接收频率 455 kHz，必须使预选回路和本振回路实现统调。统调的简单办法可以使预选回路电容和本振回路电容采用一个同轴的双联可调电容，这一办法是可行的，只要这两个电容变化量选得合适，就可以使本振频率在接收波段内永远高出接收频率 455 kHz。例如：若接收频率 f_R 正好调谐在 1 MHz 上，则本振频率 f_L 就能准确地调谐在 l. 455 MHz 上，单次变频超外差式接收机统调原理如图 7-6 所示。这一统调方法直到现在还在采用。若波段范围太宽，则实际中可采用多个回路覆盖全波段。目前新型接收机中，调谐元器件已不是这种机械的同轴可调电容器，而是采用变容二极管的电子调谐方式。

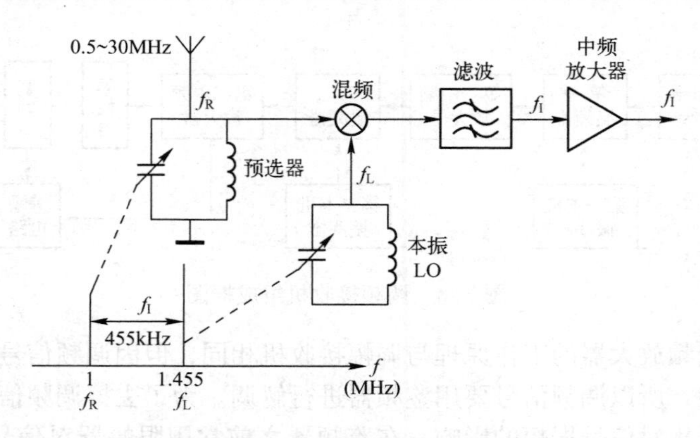

图 7-6　单次变频超外差式接收机统调原理

（2）二次变频超外差式接收机的实现

这种接收机实现两次变换频率，典型二次变频超外差式接收机结构如图 7-7 所示。第一步用一个本地振荡器 LO_1 将频率变换到比先前讲过的 455 kHz 还高的频率，典型值为 5.5 MHz，9 MHz，10.7 MHz，21.4 MHz 或 41 MHz，目的在于使镜像频率足够高，以便在预选器中将其抑制掉。这个第一中频滤波是用 LC 滤波器或晶体滤波器。为了获得较好的选择性，第二次变频变换到 455 kHz。滤波器可采用 LC 滤波器或陶瓷滤波器。第二个振荡器是一个可变振荡器，变化范围一般为 1 MHz（或 500 kHz）。

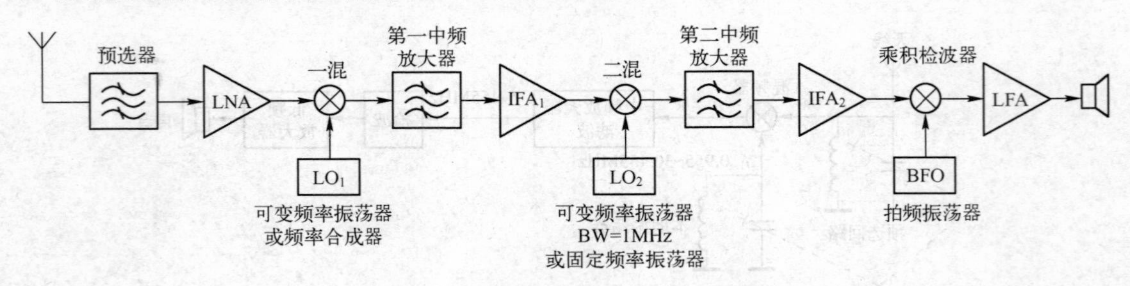

图 7-7 典型二次变频超外差式接收机结构

图 7-7 中的第一中频的带宽应等于第二振荡器的频率覆盖范围，通常考虑带宽为 1 MHz。有时第一中频放大器采用可调节预选器，通常称为可变通带中频。在更多的接收机中，可变通带的调整是借助于把变容二极管当作一个可变电容器来进行电调谐的。加在可变电抗器（变容二极管）上的正确偏压跟踪接收信号的频率。这个电压受到来自由数模变换技术的可变频率振荡器控制。第三个混频器用作乘积检波器，对接收连续波（CW）和单边带（SSB）信号是必要的，第三振荡器称作拍频振荡器（BFO）。

为了能使第一中频（高中频）成为便于放大处理的单一频率，例如 41 MHz。目前出现的接收机的一混本振通常为可变振荡器或频率合成器，而二混本振则为单一频率，二中频放大器通常也为单一频率，例如 455 kHz 或 9 MHz 等。

（3）调频接收机

接收调频信号的接收机称为调频接收机，这种接收机通常都采用双超外差式电路，调频接收机组成框图如图 7-8 所示。

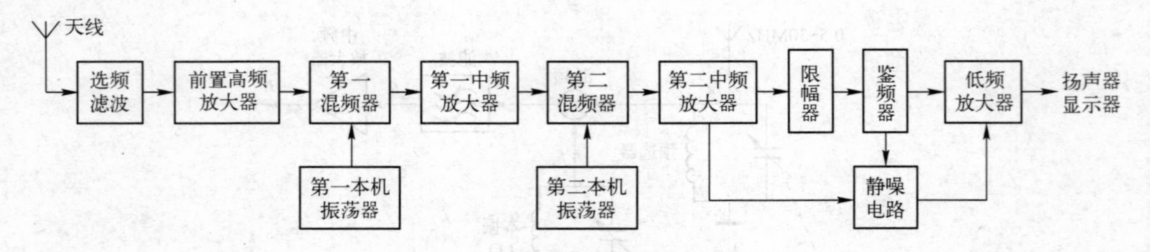

图 7-8 调频接收机组成框图

调频接收机低频放大器的工作原理与调幅接收机相同，但因调频信号的振幅不变，信号包含在频率变化中，所以调频信号要用鉴频器进行解调。为了去掉调频信号在传输信道中产生的寄生调幅和干扰对信号振幅的影响，在鉴频器之前常用限幅器对信号进行限幅。另外，调频接收机增设有静噪电路，以减除无信号输入或信号较弱时产生的噪声。

5. 接收机实际电路分析

图 7-9 所示为一实际的二次变频超外差式接收机，其接收频段范围 2～30 MHz。该设备

中，第一中频采用75 MHz，第一中频滤波采用75 MHz 单片晶体滤波器，带宽 BW 为10 kHz。第一混频器的本振是一个锁相频率合成器，它在其频率范围内以每步10 kHz 提供粗调。精确调谐在第二变频中用另一频率合成器来实现。该频率合成器是在10 kHz 的粗调频带内提供每隔100Hz 的分辨率。第二中频工作在9 MHz，这是因为在这个频率上有较好的晶体滤波器。因此，在这个中频上用了这种双边带晶体滤波器。

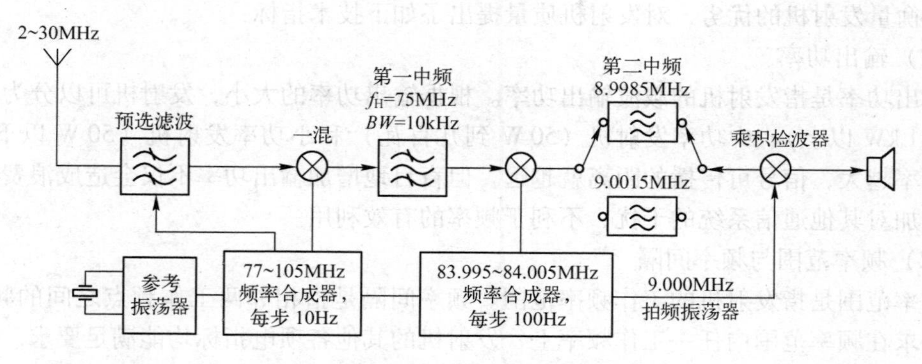

图 7-9　实际的二次变频超外差式接收机

在2 ~30 MHz之间的任一射频信号，经过天线进入第一混频器，通过第一本振减去信号得到75 MHz 中频。这个本振是工作在77 ~105 MHz 每步0. 01 MHz（10 kHz）的第一个频率合成器。为了使第二本振可以在第二中频中进行细调，第一中频最小带宽应为10 kHz，从74. 995 ~75. 005 MHz。如果远地有一个 25 MHz 的无线电台，它的三次谐波电平足够大（75 MHz），这就有很好的机会进入接收机的天线，形成干扰。但通常接收机的预选器会对75 MHz 信号大幅度的衰减，这种干扰也就消失了。

7. 3　发射机的技术指标

在无线通信中，通信发射机的作用是产生一个功率足够大的高频振荡送给发射天线，通过天线转换成空间电磁波传送到接收端。

发射机基本模型如图 7-10 所示。

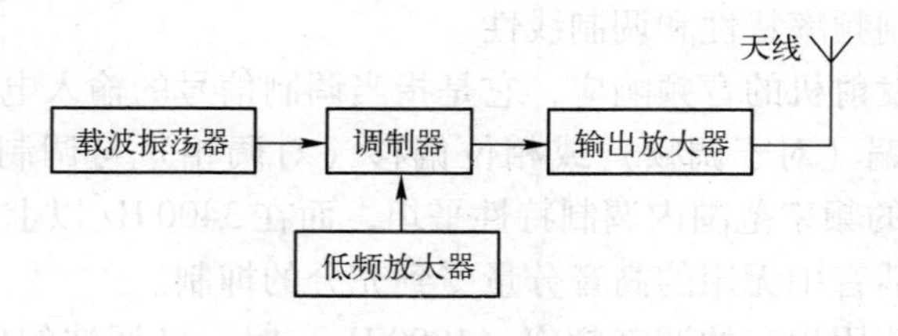

图 7-10　发射机基本模型

从发射机的用途出发，对发射机有如下技术要求：

1）频率稳定，振荡电路不受环境温度，湿度的影响，以提高接收效果，并避免产生对邻近信道信号的干扰。

2）输出功率足够，信号失真小。

3）频率占用宽度应当尽量狭窄，以提高频带的利用率。

4）寄生辐射应低，以减小干扰。

载波振荡器产生非常稳定的发射用载波信号；调制器将处理过的低频信息调制到载波上；输出放大器的主要作用就是在激励信号的频率上产生足够大的高频功率送给天线；低频放大器的作用是放大话音等信号，供给调制器所需的电压和功率。

为衡量发射机的优劣，对发射机质量提出了如下技术指标：

（1）输出功率

输出功率是指发射机的载波输出功率。根据输出功率的大小，发射机可以分为大功率发射机（1 kW 以上）、中功率发射机（50 W 到几百瓦）和小功率发射机（50 W 以下）。发射机的功率越大，信号可传播的距离就越远。但盲目地增加输出功率不仅会造成浪费，更主要的会增加对其他通信系统的干扰，不利于频率的有效利用。

（2）频率范围与频率间隔

频率范围是指发射机的工作频率范围。频率间隔是指相邻两工作频点之间的频率差值。通常要求在频率范围内任一工作频率上，发射机的其他各项电指标均能满足要求。

（3）频率准确度与频率稳定度

由于发射机内部高频振荡元器件的标准性与老化等因素，不同时刻发射机的频率准确度也不同，因而在说明频率准确度时必须说明测试时间。

频率稳定度反映发射机载波频率作随机变化的波动情况。根据对发射机观察时间的长短，频率稳定度可分为长期稳定度，短期稳定度和瞬时频率稳定度。

（4）邻道功率

邻道功率是指发射机在规定调制状态下工作时，其输出落入相邻波道内的功率。它常用邻道功率和发射机载波功率之比来表示，邻道功率的大小主要取决于已调波频带的扩展和发射机的噪声。

（5）寄生辐射

寄生辐射是指发射机有用频率以外的一切寄生频率的辐射。它包括载波频率的各次谐波以及晶振频率的高次谐波。发射机可能在很宽的频率范围内干扰其他发射机的正常工作，在电台密集的地区，必须严格限制各种发射机的寄生辐射。

（6）调制特性

调制特性包括调制频率特性和调制线性。

调制频率特性即发射机的音频响应，它是指当调制信号的输入电平恒定时，已调波振幅（对于线性调制）、频偏（对于调频）或相位偏移（对调相）与调制信号频率之间的关系。要求在 300 ~ 3400 Hz 的频率范围内调制特性平坦，而在 3400 Hz 以上，要求调制频率特性曲线迅速下降，以便使话音中无用的高音分量受到充分的抑制。

调制线性是指在使用规定的调制频率（1000 Hz）时，已调波的振幅（调幅波）或相移（调相波）随调制信号电平变化的函数关系的线性度。调制线性好，可以减少所传送信号的非线性失真。

线性程度通常用调制非线性失真系数来表示。

7.4 发射机的组成结构

发射机将包含信息的基带信号转换成高频大功率的已调振荡，然后由天线发射出去。因此，其电路结构必然包括基带电路（含信源）、调制电路、功放电路以及天线等部分。

1. 射频直接调制发射机

图 7–11 所示为射频直接调制发射机框图，这是个经典的发射电路结构，调制可以在功率放大管放大电路中实现。在基极回路中加入基带信号实现调制，称之基极回路调制（调幅）。在集电极回路中加入基带信号实现调制，称之集电极调幅。因此，这一发射机实际上是传统的调幅模拟通信发射系统。为保证不失真地发送已调信号，系统中的功率放大电路必须是线性功率放大器。对于模拟通信中的调频发射系统，由于其已调波的包络恒定，则功率放大器可以采用非线性功率放大。

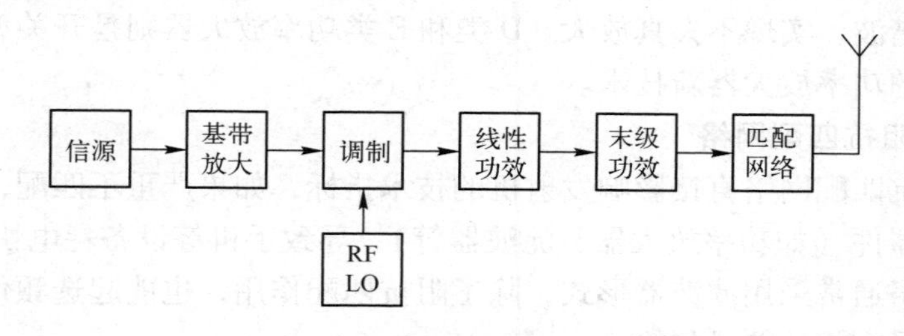

图 7–11　射频直接调制发射机框图

2. 间接调制发射机

图 7–12 所示为间接调制发射机框图。图中包括：信源，基带电路、调制（调幅、调频或相等）、中频振荡器 IFLO、中频放大器 IFA、混频（上变频）、射频振荡器 RFLO、滤波匹配网络、功率放大器激励电路、匹配网络、末级功率放大器、匹配网络及天线。这种发射系统是随集成 IC 技术的发展而产生的，目前在中频放大器 IFA 之前的所有功能块已有 ASIC 产品；而 RFLO 和上变频混频电路也有 ASlC 产品。

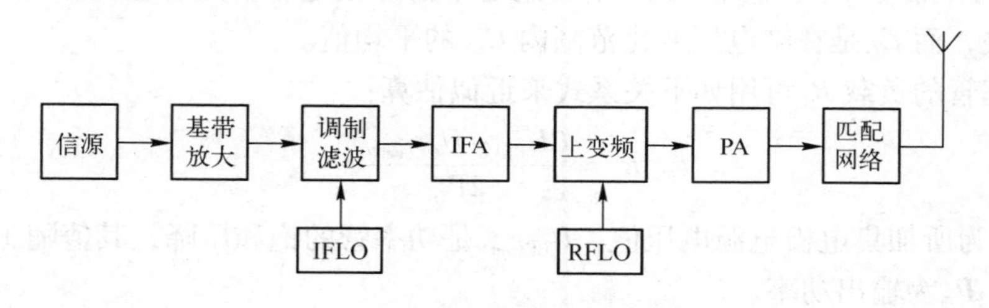

图 7–12　间接调制发射机框图

3. 射频功率放大器

射频功率放大器（RFPA）是对输出功率、激励电平、功耗、失真、效率、尺寸和重量等问题作综合考虑的电子电路。射频功率放大器是发射机的关键部件之一，也是发射机中的易损部件。对功率晶体管的要求，主要是考虑击穿电压、最大集电极电流和最大管耗等参数。

在发射系统中，功率放大器输出功率的范围可小至毫瓦级（小灵通、便携式电台）、大至上千瓦级（发射广播电台），目前手机及基站的发射功率一般在0.5~50 W范围。

功率放大器的功率范围是指末级功率放大器的输出功率。为了要实现大功率输出，末级前端就必须要有足够高的激励功率电平。显然大功率发射机中，往往由二到三级甚至于要四级以上功率放大器组成射频功率放大器，而各级的工作状态也往往不同。

由于功率放大器输出功率大，从直流电能转换成交流输出功率的转换效率就是功率放大器重要指标之一。为提高效率，将放大器的工作状态从A类（甲类）设计成B类（乙类）；又进一步从B类设计为C类（丙类）、D类（丁类）、E类（戊类）。

A类放大器是线性放大器，它对输入正弦波的响应是正弦波输出，一般失真不大，而且输出频率与输入频率相同。B类放大器的输出是输入的半个正弦波，形成半波失真，从而产生很多谐波。如果用功率管导通时间来区别放大器工作状态的话，A类在输入正弦波的一个周期内全部导通；而B类则只有半个周期功率管是导通的，即通角为π/2；C类的通角则小于π/2，半波失真更大，谐波也就更丰富。通常在射频功率放大器中，可以用*LC*谐振回路选出基频或某次谐波，实现不失真放大。D类和E类功率放大器则是开关型功率放大器，是近几年发展起来的功率放大器新技术。

4. 发射机的阻抗匹配网络

发射机的阻抗匹配网络直接影响发射机的技术指标，如果严重不匹配，还会增大电路损耗，烧坏高频元器件（如功率放大器、滤波器等），导致手机等设备耗电快、发热等故障。

阻抗匹配网络通常采用滤波器形式，除了阻抗匹配作用，也能起选频作用。匹配是为了实现级与级之间最有效的能量传输。

（1）射频功率管的输入、输出阻抗

射频功率管的输入阻抗较低，而且射频功率管的功率越大，其输入阻抗越低。因此，对射频功率管而言匹配问题就显得极为重要。该输入阻抗应与振荡源或前级放大器的输出阻抗匹配。振荡源内阻通常为50 Ω，阻抗变换比可能达到10~20，级间匹配常为复阻抗匹配，匹配网络比较复杂。

射频功率管的输出阻抗仅包括输出电容C_O和集电极引线电感L_C（L_C很小，可以忽略），输出电容C_O与小信号参数$C_{b'c}$有关，$C_{b'c}$为集电结的势垒电容，其容量与集电结上所加的反偏电压值有关，而C_O是在结电压变化范围内$C_{b'c}$的平均值。

射频功率管的负载R_L可用如下关系式来近似估算：

$$R_L \approx \frac{(U_{CC} - U_{CE(sat)})}{2P_O}$$

式中U_{CC}为所加集电极电源电压值，$U_{CE(sat)}$是功率管的饱和压降，其值随工作频率增加，约为2~3 V，P_O为输出功率。

由上式表明，除$U_{CE(sat)}$外，负载阻抗的大小与射频功率管本身无关，而由输出功率及峰值电压决定。所以，负载阻抗与射频功率管的输出阻抗是不匹配的，其中间必须插入阻抗匹配网络，以实现阻抗匹配。

（2）阻抗匹配网络

射频功率放大器中，阻抗匹配网络介于功率管和负载之间，阻抗匹配网络如图7-13所示。图中负载一般是天线网络，也可以是后级功率放大器的基极输入电路的输入阻抗。

实践中对阻抗匹配网络提出如下3个主要要求：

1）实现将负载阻抗变换为功率放大管所要求的匹配负载阻抗，以保证射频功率放大管能输出所需的功率；

2）能滤除不需要的各次谐波分量，以保证负载上能获得所需频率的高频功率；

3）匹配网络本身的损耗要小，即网络的功率传输效率要尽可能高。

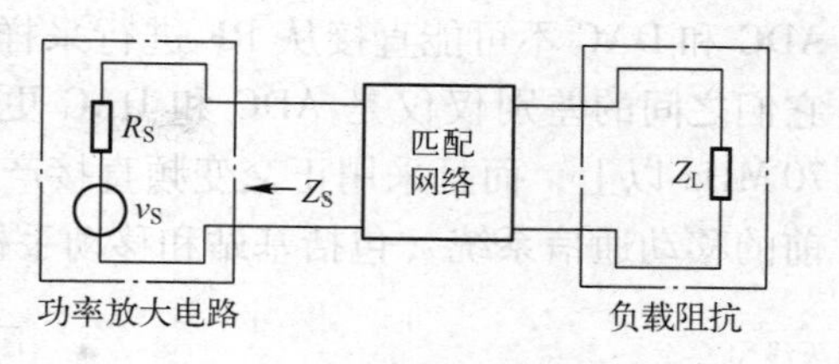

图 7-13　阻抗匹配网络

射频功率放大器常用的匹配网络有 L 型、π 型和 T 型，如图 7-14 所示。

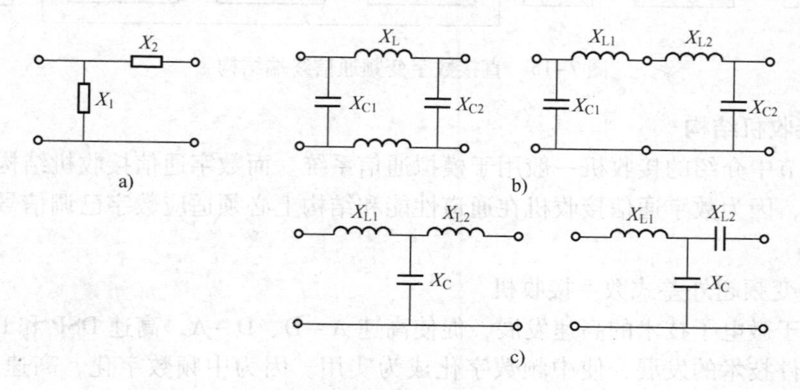

图 7-14　射频功率放大器常用的匹配网络结构

a）L 型匹配网络　b）π 型匹配网络　c）T 型匹配网络图

7.5　现代数字通信终端

所谓数字通信，实际上是用数字编码来传递信息，将模拟调制改为数字调制。大家熟知的 GSM、CDMA 移动通信都是数字通信系统。与模拟调制相比，数字调制可以提供更大的信息容量，更高的安全性以及更好的通信质量。随着无线电通信的集成化、小型化、数字化、智能化和网络化，无线电通信已开始从模拟型转向数字型，而且正在向软件型方向发展。与之相对应，通信终端的结构也会随之发生重大变化。

传统的接收机结构都是超外差式的，也就是将射频已调信号通过变频（一次变频或二次变频）变换到易于处理的中频上。然后对这一中频已调信号进行放大滤波与解调等处理，解调出包含信息的基带信号。

近年来，由于数字信号处理（DSP）技术、多层贴片（MCM）技术和专用集成电路（ASIC）等技术的高速发展，新一代接收机发展成数字中频式接收机和直接数字变频式接收机。

数字中频接收机其结构仍是超外差型，而仅仅是用模拟变频方法把射频已调信号变换到易于 DSP 的中频，然后再用 A－D 变换和 DSP 技术对这一中频已调信号进行提取和解调。而直接数字变频接收机已经接近软件无线电接收机了。它是利用现有的 A－D 技术和 DSP 技术，采用分阶段实现软件化的通信终端结构，直接数字变频通信终端结构如图 7-15 中所示。显然，直接数字变频通信机的结构与数字中频式接收机的结构还是类似的。因为现有的

ADC 和 DAC 不可能直接从 RF 进行采样处理，所以还必须保留超外差型的模拟变频电路。它们之间的差别仅仅是 ADC 和 DAC 更接近 RF，直接数字变频式处理的 IF 已调信号在 70 MHz 以上，而且采用正交变频直接产生 I/Q 中频信号送入 ADC、DAC 进行数字处理，目前的移动通信系统（包括基站和移动手机）都类似于这种直接数字变频式通信系统结构。

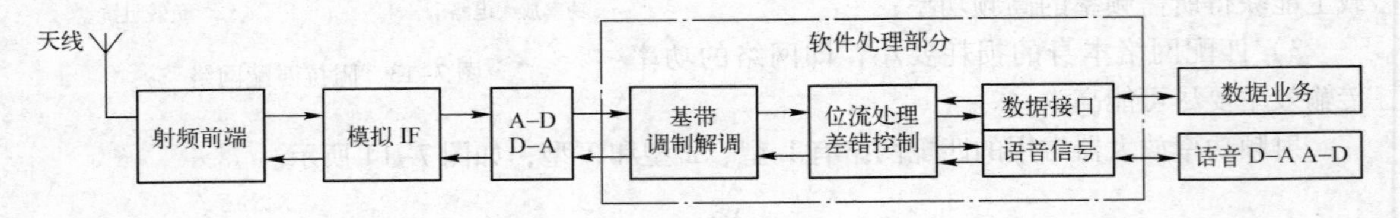

图 7–15　直接数字变频通信终端结构

1. 数字接收机结构

在前面几节中介绍的接收机一般用于模拟通信系统。而数字通信接收机结构是与模拟通信机有区别的，因为数字通信接收机在通道性能和结构上必须适应数字已调信号的传输和数字信号处理。

（1）单次变频超外差式数字接收机

近年来由于微电子技术的高速发展，促使高速 A – D、D – A，高速 DSP 和 FPGA 产品的问世，以及软件技术的发展，使中频数字化成为实用。因为中频数字化，高速 DSP 可以直接处理带有模拟信息的模拟中频信号，直至基带部分的数字信号处理，从而使通信终端的结构发生变化。但是，由于现有的 A – D 变换和 DSP 只能处理频率较低的中频信号，通常这一中频在 10 ~ 100 MHz 范围内，所以现代无线通信终端结构还不可能完全脱离超外差式的方案，一般常见的是单次超外差式结构，而且变频采用下变频方式，单次超外差式数字接收机框图如图 7–16 所示。

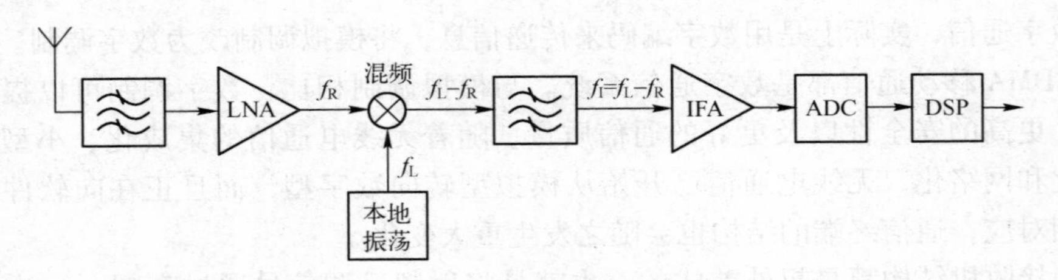

图 7–16　单次超外差式数字接收机框图

由图可知，接收信号经预选带通滤波器后，由低噪声前置放大器 LNA 放大，并直接与本振频率进行下变频，输出中频为 $f_I = f_L - f_R$。携带模拟信息的中频信号，经中频滤波、IFA 中频放大后，便送入 ADC 进行数字化，同时由 DSP 进行处理解调，取出基带信号送入终端。

（2）二次变频超外差式数字接收机

从前面的分析可知，超外差式结构可以通过选择中频和滤波器，以及中频放大电路获得好的选择性和高的灵敏度。二次变频超外差式数字接收机结构如图 7–17 所示。

射频滤波器 RPF 用来抑制带外信号和镜像干扰。本振 LO_1 为频率可调振荡器，它通过混频器 M_1 将射频搬到一个固定中频 IF 上，M_1 前的镜频抑制滤波器 IRF 和 M_1 的下变频可以把

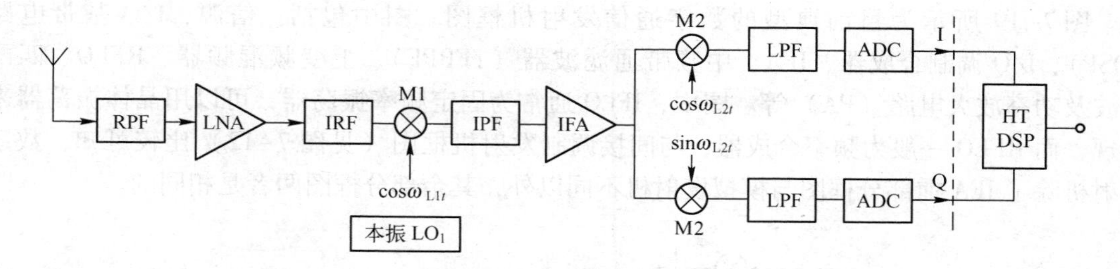

图 7-17　二次变频超外差式数字接收机结构

镜频干扰抑制到最低水平。M_1 后的中频滤波器 IPF，进一步抑制带外干扰，并选取中频信号。同时降低了后面各模块对动态范围的要求。值得注意的是，中频的选择对接收机选择性和灵敏度的影响很大。第二变频通常是正交的，因为输出的 I/Q 信号将使数字信号处理（DSP）变得容易。

图中镜像干扰抑制和信道选择所需的滤波器 RPF、IRF、IPF 等，都是高 Q 值带通滤波器，第一本振 LO_1 为一个频率可变的（与射频 RF 必须保持一个固定中频 IF 的频差）振荡器，目前均采用 PLL 频率合成器来实现。

（3）零中频式数字接收机

零中频接收机 IC 外接元器件最少，结构简单，整机体积也可做到最小，图 7-18 为零中频式数字接收机的结构。这是一个用于直接序列扩频系统的直接变频（零中频）接收机，部分 CDMA 手机采用了此结构。从结构框图上看，零中频接收机比超外差接收机少了镜频抑制滤波器 IRF、混频器 M_1、本振 LO_1、中频滤波器 IPF 和中频放大器 IFA 等 5 个模块。它仅包括射频滤波器 RPF、低噪声前置放大器 LNA、本振锁相环 PLL、接收信号场强指示器 RSSI、下变频器 M 和片上滤器 LPF 等，两只 ADC 输出分别为 I/Q 信号。

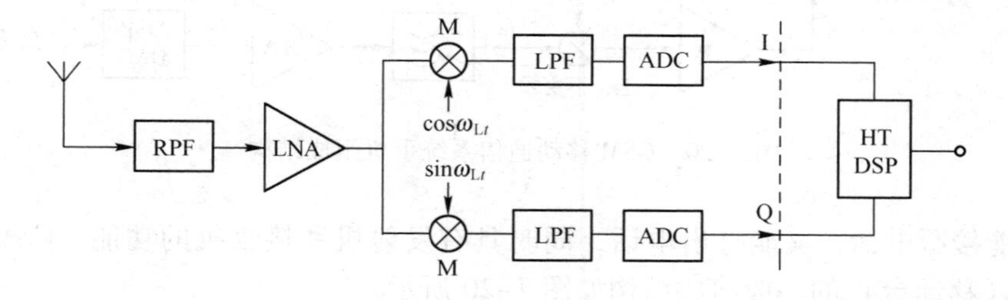

图 7-18　零中频式数字接收机结构

该结构中，本振 PLL 的频率等于射频，混频器 M 直接将全部射频频谱下变频到低频。由于只有一个本振用于下变频，所以减少了混频处理。显然，这种体系结构 IC 外接元器件大大减少了，具有很好的集成性。

该结构存在的问题是直流偏移和混频的高线性问题，即由于在下变频之前没有设置滤波器，为了减少失真（特别是互调失真）和干扰，就要求混频器具有高线性，这也给混频器的设计和集成增加了一定的难度。

2. 数字发射机结构

数字通信中的发射机，由于必须将数字基带 I/Q 信号，先通过调制合成模拟中频已调信号，其发射系统与模拟发射系统是有区别的。

图 7-19 所示为目前典型的数字通信发射机框图。图中包括：信源、I/Q 基带电路（DSP）、I/Q 调制合成器、IFA、中频带通滤波器（1FBPF）、上变频混频器、RFLO、匹配滤波及功率放大电路（PA）等。图中，IFLO 通常为固定频率振荡器，可以用晶体振荡器来实现，而 RFLO 一般为频率合成器，与间接调制发射机框图（见图 7-12）比较可知，数字发射机除了 IFA 前部分框图与模拟发射机不同以外，其余部分框图两者是相同的。

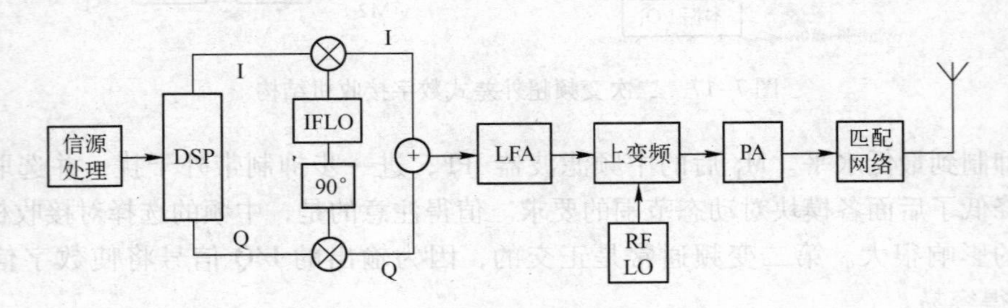

图 7-19 典型的数字通信发射机框图

3. 典型通信终端组成

为了对整个通信终端有全面的认识，下面以 GSM 移动通信系统中手机为例，介绍通信终端整机组成。

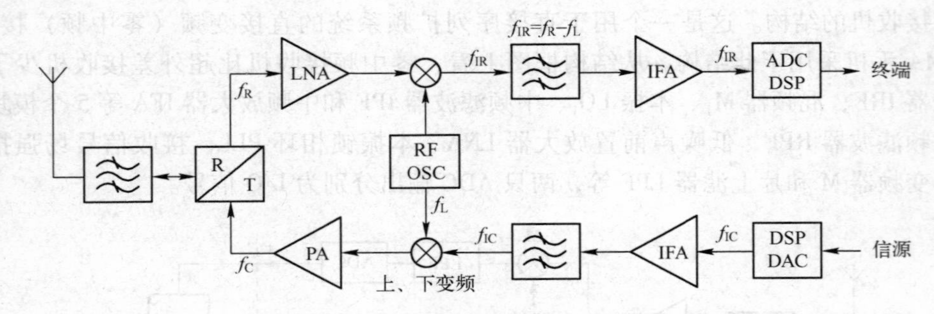

图 7-20 GSM 移动通信系统手机组成结构

手机既能接听电话，又能打出电话，同时具有发射机和接收机的功能，GSM 移动通信系统中手机（移动台）的一般组成结构如图 7-20 所示。

其中，R/T 框为收/发双工器（天线开关），完成接收与发射的隔离。LAN 为前端低噪声放大器，RFOSC 是射频振荡器，通常为锁相频率合成器，IFA 为中频放大器，PA 是射频功率放大器。终端可以是显示屏、扬声器及耳机等，信源主要是送话器（MIC）、键盘、摄像头等。

可以看出，接收时采用了超外差下变频方式，一中频 $f_{IR}=f_R-f_L$，本振频率 f_L 比 f_R 低一个中频 f_{IR}。发射时，将信息调制在射频振荡器 RFOSC 产生的载波上，由 PA 实现射频功率放大后，经天线开关、匹配滤波后，由天线发射出去。接收、发射共用同一天线。

4. 通信设备的小型化和通信电路的大规模集成

通信技术发展到移动通信和个人通信，就必然要求通信电台和通信设备的小型化和轻便化，而这种小型化和轻便化是基于通信电路的大规模集成技术发展基础上的。通信终端小型化的基本技术如表 7-1 所示。

表 7-1　通信终端小型化的基本技术

电路的小型化	电路构成法	元器件少的电路结构
		易于大规模集成的电路结构
	电路的大规模集成化	参照表 7-2
	电路器件、部件的小型化	高频、中频滤波器的小型化
		结构、音响部件（传声器、扬声器、拨号盘、连接件、开关等）的小型化
		天线的小型化
	高密度组装技术	采用片状元器件、小型封装件、多层布线基板等
		散热设计
	电池的小型化、高效率化	锰、碱性、镍镉、锂等电池
电路的低功耗化	LSI 的低功耗化	采用 CMOS、GaAs、BiCMOS、SiGe、LSI 等
	功率放大器的高效率化	采用 GaAs　FET，工作点的最佳化
	节电技术	声控发射，间歇发射、接收

要实现小型化，首要的问题是研究电路构成方法，必须采用元器件少，易于大规模集成化的电路结构。从前面的学习中可以知道，接收机和发射机结构不同，其电路复杂程度是不一样的。目前，将中频电路的第一、二混频器、第一、二本振源、中频限幅放大器，检波电路等作为一体的 LSI 器件得到了广泛的应用，使接收通道电路实现了小型化。基带电路中的语言和数字信号压缩电路，滤波器电路，限幅器和调制器相位同步电路等采用开关电容滤波器（SCF）技术和 CMOS LSI 化，使电路体积只有过去混合 IC 的 1/8，也实现了小型化。

另外，控制电路中将微处理器设计为移动台专用的处理器，使其功耗降低到通用处理器的 1/10 以下，并可实现单片 IC 控制，这又是移动台小型化的又一个重要措施。

移动台的 VHF 和 UHF 射频电路目前集成规模还比较小，射频模拟电路已有 2.5 GHz，功耗低于 20 mW 的 GaAs FET 单片 IC 放大器，但集成规模还较小，目前仍以混合集成电路为主。射频数字电路，目前已有 2 ~ 5 GHz 的单片集成频率合成器 IC、功耗也低于 20 mW。

通信终端电路大规模集成化一览表见 7-2。Si 双极型晶体管、GaAs FET 高速性好，适用于射频电路；GMOS　LSI 功耗低，适用于模拟电路和数字电路，或两者合用。

表 7-2　通信终端电路大规模集成化一览表

电路名称		器　件
射频模拟电路	收发混频器 VCO 频率合成器 缓冲放大器	Si 双极型器件　GaAs FET
射频数字电路	频率合成器前置分频器	Si 双极型器件　GaAs FET
中频电路	中频放大器 调制器、解调器 接收电平检测器 分集接收电路等	Si 双极型器件 + CMOS Bi - MOS

（续）

电路名称		器件
基带电路	各种基带滤波器 调制用 PLL 电路	CMOS
控制电路	CPU ROM RAM I/O 时钟、单音产生电路	CMOS

实现通信终端小型化，除电路大规模集成化之外，无源器件的小型化也是非常重要的。无源器件主要有：收发分路器（双工器）、射频滤波器、晶体滤波器、陶瓷滤波器及中频滤波器等。

声表面滤波器 SAW 是一种超小型滤波器。目前的产品工作频率已达到 2 GHz 以上，对手机的小型化来说，是一种有效的器件。手机的射频滤波器、边带滤波器，中频滤波器等都可以采用 SAW 滤波器，使其体积缩小到相同特性的介质滤波器的 1/100。SAW 滤波器的低损耗化正在取得进展，估计将来可以代替收发分路器、本振源、调制器和频率合成器的 VCO，从而使这部分器件的体积大大缩小。

实现通信终端小型化的另一个重要课题是使 LSI 器件低功耗化。这不仅关系到 LSI 能否高密集成化，而更重要的是可以缩小供电电池的体积。同时，功耗关系到散热和电池容量。要确保散热就会限制移动台的小型化，低功耗是手机小型化必须解决的问题。供电电池一般占手机体积的 15% ~25%，要减小电池体积也必须实现低功耗。

降低发射功耗的最有效办法是提高功率放大器的效率。由于器件的改进和合理选用功率管的工作状态，如今在 800 MHz 频段的功率放大器的效率已达 50%。而采用 GaAs FET 功率管的 E 类工作可使效率达 70%。

降低集成电路器件功耗可采用自调整新工艺生产微电极结构的 LSI。微电极结构是为高速电路或 VLSI（超大规模集成电路）而开发的。若将其设计为低速工作，就可以降低 LSI 工作电流，即降低功耗。因此，在射频电路中，将微电极双极器件或具有高速性的 GaAs LSI 设计成低速工作；在低频电路中，将 VLSI 工艺的 CMOS 设计成低速工作，这就是降低器件功耗的手段之一。另外，还应尽可能使器件的工作电压一致。

提高电池容量，缩小电池体积也是手机小型化的有效措施。而低功耗省电，则又是缩小电池容量和体积的方法，目前手机中已使用了省电技术。通常不发送时，断开发射机电源，仅在传声器输入时，才接通发射电源。更复杂的节电技术还有所谓间歇发送接收技术等。

7.6 本章小结

1）发射机和接收机主要是对电信号进行变换和处理，除放大外，最主要的功能是调制、解调来实现远距离通信。

2）接收机电路结构常用的有直接解调式、单次超外差式、二次变频超外差式 3 种。主要技术指标有灵敏度、选择性、失真度、波段覆盖和工作稳定性。

3）发射机是将包含信息的调制信号转换成高频大功率的已调振荡，然后由天线发射出去。因此，其电路结构必然包括基带电路（含信源）、调制电路、功率放大电路以及天线等部分。

4）数字中频接收机其结构仍是超外差型，而仅仅是用模拟变频方法把射频已调信号变换到易于 DSP 的中频，然后再用 A－D 变换和 DSP 技术对这一中频已调信号进行提取和解调。而直接数字变频接收机已经接近软件无线电接收机了，它是利用现有的 A－D 技术和 DSP 技术，采用分阶段实现软件化的通信终端结构。

7.7 习题

1. 填空

1）接收机的灵敏度是指____________________，其常用单位是____。

2）通信接收机应具有较高的灵敏度，____________________则说明该接收机的灵敏度越高。

3）接收机的选择性是针对抑制干扰而言的，常见的有____干扰和____干扰。选择信号的作用是靠____________________来完成的。

4）接收机的电路结构常用的有________、________和________3 种。

5）二次变频超外差式接收机的优点是____________________。

6）超外差式接收机中，为了保证一中频固定不变，必须使预选回路和本振回路实现______。

7）调频接收机中限幅器的作用是____________，静噪电路的作用是____________________________________。

8）发射机的作用是______________________________。

9）发射机中必然包括______、______、______以及______等部分。

10）发射机中阻抗匹配网络的作用是____________________。

11）天线的作用是____________________，它直接影响到接收灵敏度和发射性能。在电路图中通常用______来表示。

12）通信机要实现小型化，需要采用____________的电路结构，提高电池容量，缩小电池体积也是____________的有效措施。降低发射功耗的最有效办法是____________________。

2. 画出单次超外差式接收机结构，解释其基本工作原理。

3. 画出二次超外差式接收机电路框图，比较它与单次超外差式接收机的异同。

4. 画出射频直接调制发射机框图，解释其基本工作原理。

5. 画出间接调制发射机框图，解释其基本工作原理。

6. 比较单次超外差式数字接收机与普通接收机的区别和共同点。

7. 画出二次超外差式数字接收机框图，解释其基本工作原理。

8. 零中频式数字接收机有何特点？

9. 画出数字通信发射机框图，它与普通发射机有何不同之处？

第8章 测试工具使用与信号仿真测试

8.1 任务1 高频电子电路测试工具使用

1. 任务要求

1）理解高频电子电路主要测试工具的工作原理。

2）掌握测试工具的使用方法。

3）会利用测试工具进行电路的各种参数的测试。

2. 任务器材

1）频谱分析仪1台。

2）双踪示波器1台。

3）高频信号发生器1台。

4）万用表1块。

5）高频毫伏表1台。

3. 知识准备及任务原理

（1）示波器原理

示波器是一种用途十分广泛的电子测量仪器。它能把肉眼看不见的电信号变换成看得见的图像，便于人们研究各种电现象的变化过程。在被测信号的作用下，电子束就好像一支笔的笔尖，可以在平面上描绘出被测信号的瞬时值的变化曲线。利用示波器能观察各种不同信号幅度随时间变化的波形曲线，还可以用它测试各种不同的电量，如电压、电流、频率、相位差及调幅度等。

数字示波器则是数据采集、A-D转换、软件编程等一系列的技术制造出来的高性能示波器。数字示波器的工作方式是通过模拟转换器（ADC）把被测电压转换为数字信息。数字示波器捕获的是波形的一系列样值，并对样值进行存储，存储限度是判断累计的样值是否能描绘出波形为止，随后，数字示波器重构波形。

1）电压的测量。利用示波器所做的任何测量，都是归结为对电压的测量。示波器可以测量各种波形的电压幅度，既可以测量直流电压和正弦电压，又可以测量脉冲或非正弦电压的幅度。

2）时间的测量。示波器时基能产生与时间呈线性关系的扫描线，因而可以用荧光屏的水平刻度来测量波形的时间参数，如周期性信号的重复周期、脉冲信号的宽度、时间间隔、上升时间（前沿）和下降时间（后沿）、两个信号的时间差等。

3）相位的测量。利用示波器测量两个正弦电压之间的相位差具有实用意义，用计数器可以测量频率和时间，但不能直接测量正弦电压之间的相位关系。

4）频率的测量。对于任何周期信号，可用前述的时间间隔的测量方法，先测定其每个周期的时间 T，再用下式求出频率 f：$f=1/T$。

（2）频谱分析仪原理

频谱分析仪是研究电信号频谱结构的仪器，用于信号失真度、调制度、谱纯度、频率稳定度和交调失真等信号参数的测量，可用以测量放大器和滤波器等电路系统的某些参数，是一种多用途的电子测量仪器。频谱分析系统的主要功能是在频域里显示输入信号的频谱特性。

基于快速傅里叶变换（FFT）的现代频谱分析仪，通过傅里叶运算将被测信号分解成分立的频率分量，达到与传统频谱分析仪同样的结果。这种新型的频谱分析仪采用数字方法直接由模-数转换器（ADC）对输入信号取样，再经 FFT 处理后获得频谱分布图。

频谱分析仪的主要技术指标有频率范围、分辨力、分析谱宽、分析时间、扫频速度、灵敏度、显示方式和假响应。

4. 任务内容及步骤

1）用信号发生器输出一个 100 kHz、有效值为 500 mV 的正弦波。

2）调整示波器 T/DIV、V/DIV 等开关旋钮，测试出该信号的时间特性，画出测试图形，标明主要参数。

3）正确调整频谱分析仪，测试出该信号的频率特性，画出测试图形，标明主要参数。

4）用信号发生器输出一个 100 kHz、4 V 的方波，分别用示波器、频谱分析仪测试其时间特性和频率特性。并将测试结果与前两步比较，说明正弦波、方波的区别。

5）完成实训报告。

5. 任务完成报告

1）画出测试仪器连接图。

2）整理实训步骤，画出特性曲线图，分析测试数据。

【实验注意事项】

1）养成良好的实训操作习惯，严格遵守实训章程。

2）仔细阅读信号发生器、示波器、频谱分析仪的使用说明书，正确使用仪器。

8.2 任务2 高频电子电路信号仿真测试

1. 任务要求

1）掌握高频电子电路 EWB 仿真软件的操作使用。

2）掌握利用 EWB 仿真软件对高频电子电路进行仿真信号输入和输出测试。

3）会利用 EWB 仿真软件进行电路的各种参数的测试并判断电路正确与否，调整电路各项指标以完善电路功能和性能。

2. 任务器材

EWB 电路仿真软件和 1 台计算机。

3. 知识准备及任务原理

（1）EWB 的工作界面

启动 Electronics Workbench 5.12，屏幕上出现图 8-1 所示的 EWB 的工作界面。工作界面主要由标题栏、菜单栏、工具栏、元器件库栏、电路描述框、状态栏等部分组成。

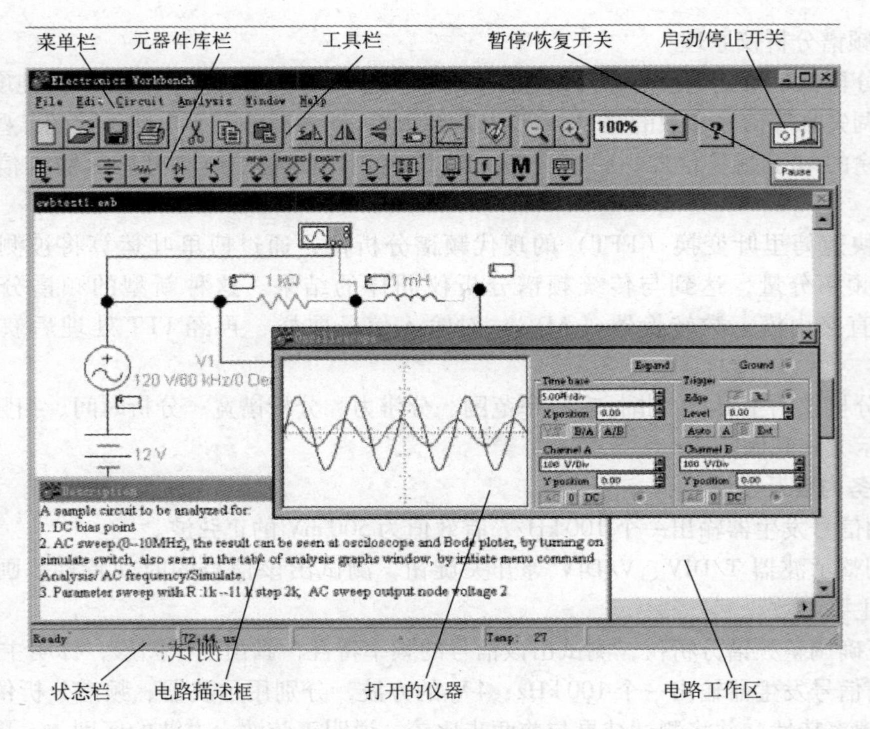

图 8-1 EWB 的工作界面

（2）标题栏

工作界面的最上方是标题栏，标题栏显示当前的应用程序名：Electronics Workbench。标题栏的左侧有一个控制菜单框，单击该菜单框可以打开一个命令窗口，执行相关命令可以对程序窗口进行操作。

（3）菜单栏

标题栏的下面是菜单栏，用于提供电路文件的存取、电路图的编辑、电路的模拟与分析及在线帮助等。菜单栏由 6 个菜单项组成，分别是：File（文件）、Edit（编辑）、Circuit（电路）、Analysis（分析）、Window（窗口）和 Help（帮助），而每个菜单项的下拉菜单中又包括若干条命令。

（4）工具栏

图 8-2 是 EWB 的工具栏，工具栏提供了编辑电路所需要的一系列工具，使用该栏目下的工具按钮，可以更方便地操作菜单。

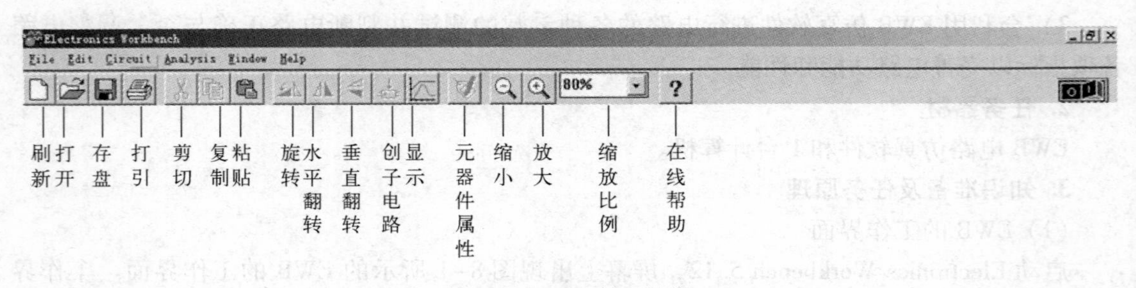

图 8-2 EWB 的工具栏

5. EWB 的元器件库

EWB 的元器件库位于工具条的下方，如图 8-3 所示。库中存放着各种元器件和测试仪器，用户可以根据需要随时调用。元器件库中的各种元器件按类别存放在不同的分库中，EWB 为每个分库都设置了图标，从左至右分别是：用户元器件库、电源库、基本元器件库、二极管库、晶体管库、模拟集成电路库、混合集成电路库、数字集成电路库、逻辑门电路库、数字模块库、指示元器件库、控制元器件库、其他元器件库和仪器库。

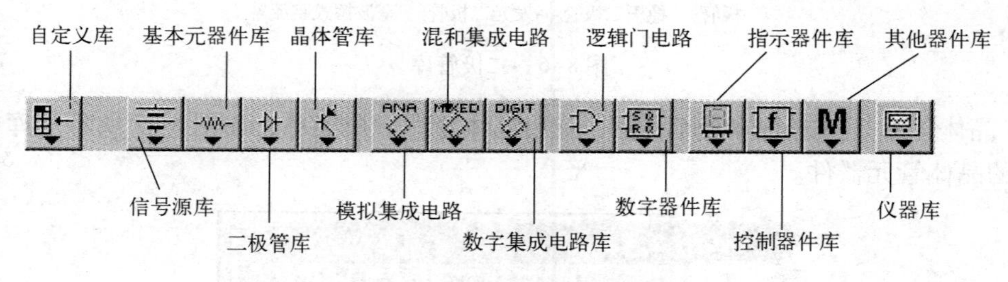

图 8-3　EWB 的元器件库

1）信号源库。单击电源库图标，弹出电源库下拉菜单，信号源库如图 8-4 所示。可见库中包含了各种独立电源和受控电源。

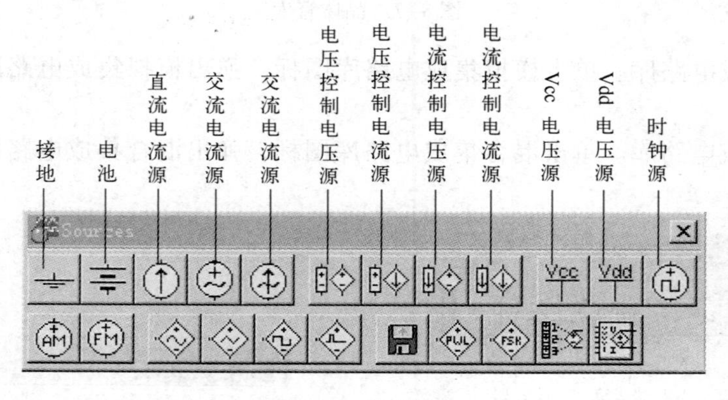

图 8-4　信号源库

2）基本元器件库。单击基本元器件库图标，弹出基本元器件库下拉菜单，如图 8-5 所示。库中包含了各种基本元器件。

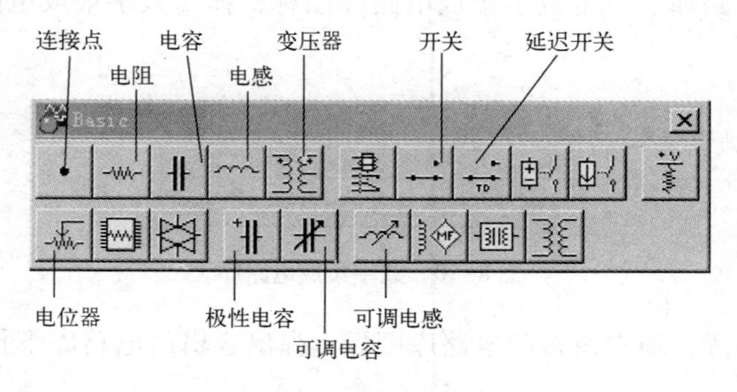

图 8-5　基本元器件库

3）二极管库。单击二极管库图标，弹出二极管库下拉菜单，如图 8-6 所示。可以从库中选择各种类型的二极管。

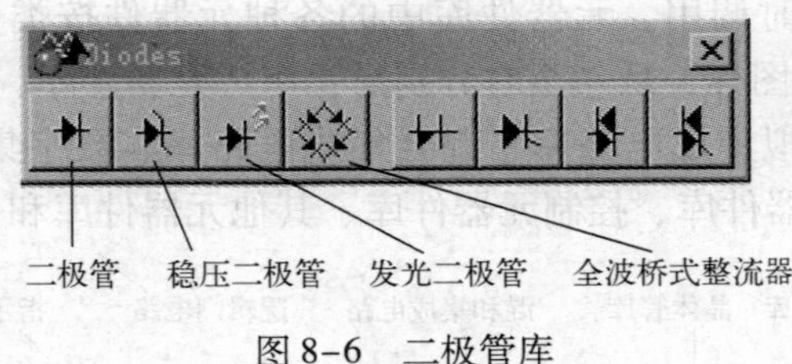

图 8-6　二极管库

4）晶体管库。单击晶体管库图标，弹出晶体管库下拉菜单，如图 8-7 所示。库中有各种类型的晶体管元器件。

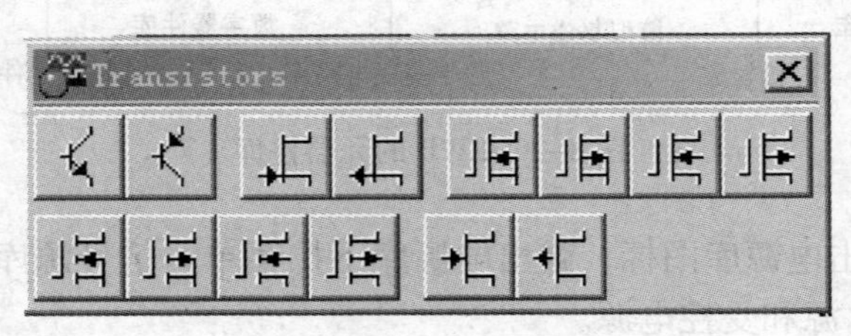

图 8-7　晶体管库

5）模拟集成电路库。单击模拟集成电路库图标，弹出模拟集成电路库下拉菜单，如图 8-8 所示。

6）混合集成电路库。单击混合集成电路库图标，弹出混合集成电路库下拉菜单，如图 8-9 所示。

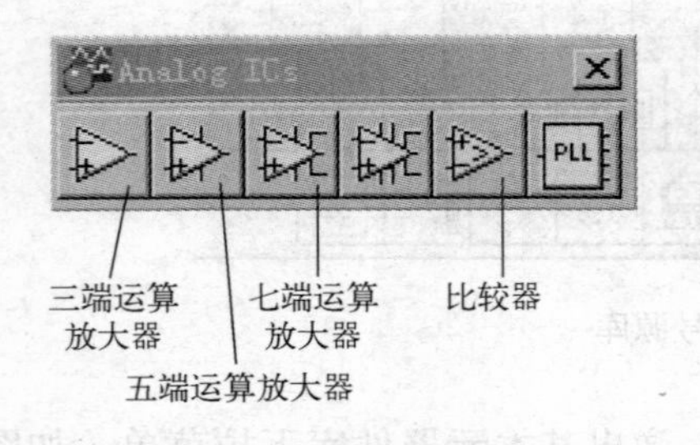

图 8-8　模拟集成电路库

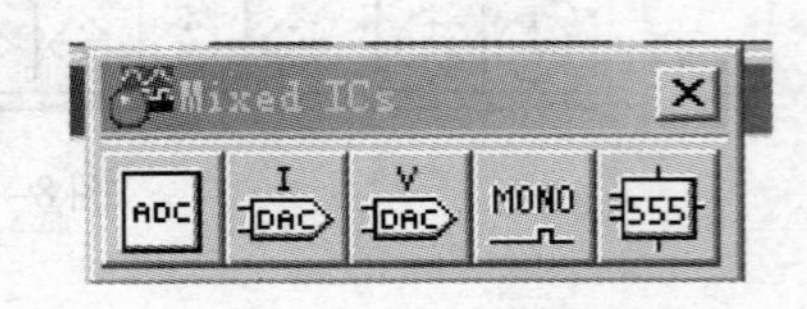

图 8-9　混合集成电路库

7）数字集成电路库。单击数字集成电路库图标，弹出数字集成电路库下拉菜单，如图 8-10 所示。

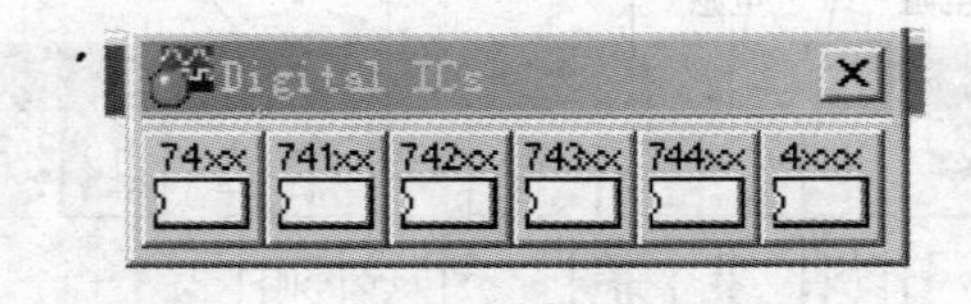

图 8-10　数字集成电路库

8）逻辑门电路库。单击逻辑门电路库图标，弹出逻辑门电路库下拉菜单，如图 8-11 所示。

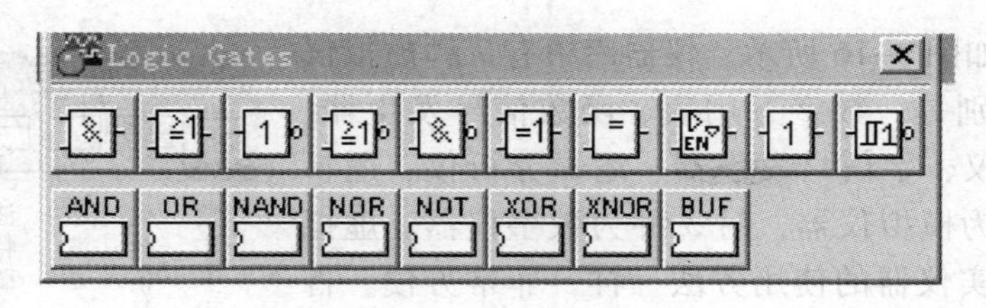

图 8-11　逻辑门电路库

9）数字模块库。单击数字模块库图标，弹出数字模块库下拉菜单，如图 8-12 所示。

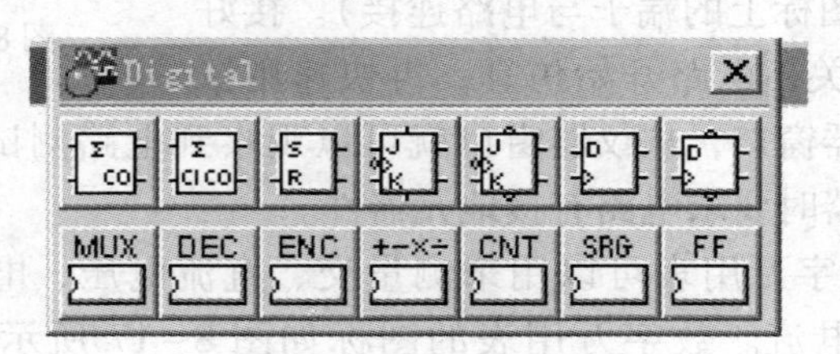

图 8-12　数字模块库

10）指示元器件库。单击指示元器件库图标，弹出指示元器件库下拉菜单，如图 8-13 所示。

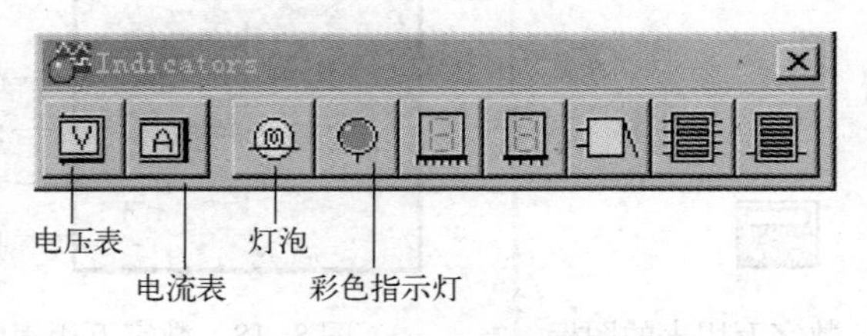

图 8-13　指示元器件库

11）控制元器件库。单击控制元器件库图标，弹出控制元器件库下拉菜单，如图 8-14 所示。

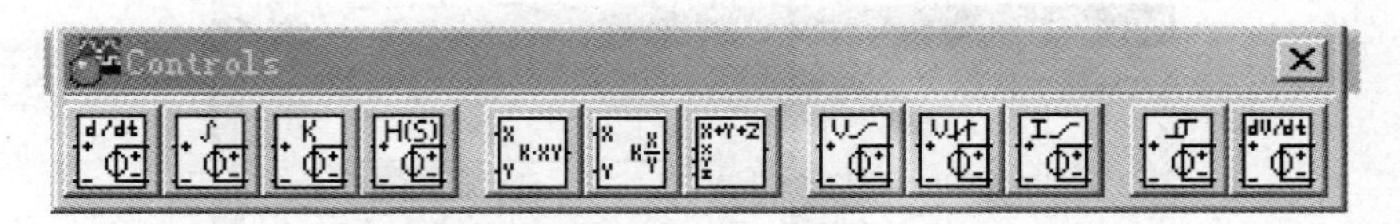

图 8-14　控制元器件库

12）其他元器件库。单击其他器件库图标，弹出其他器件库下拉菜单，如图 8-15 所示。

图 8-15　其他元器件库

6. EWB 的仪器使用方法

EWB5. 12 元器件库的最后一个分库是仪器库，用鼠标单击仪器库图标，弹出 EWB 的仪器库下拉菜单，如图8-16所示。仪器库中有7种虚拟仪器，从左到右分别是：数字万用表、函数信号发生器、示波器、波特图仪、字信号发生器、逻辑分析仪、逻辑转换仪，前4种为模拟仪器，后3种为数字仪器。虚拟仪器的使用和真实仪器的使用方法一样，非常方便。首先用鼠标选中某个虚拟仪器的图标，按住左键将其拖至电路工作区，放开左键，就可以进行仪器和电路的连接了（连接时仅允许仪器图标上的端子与电路连接）。接好仪器后单击仿真电源开关，电路开始仿真，再快速用鼠标双击仪器图标打开仪器窗口，从仪器窗口就可以观察到电路测试点的仿真波形或测试数据。注意，使用虚拟仪器时要求电路有接地元器件。

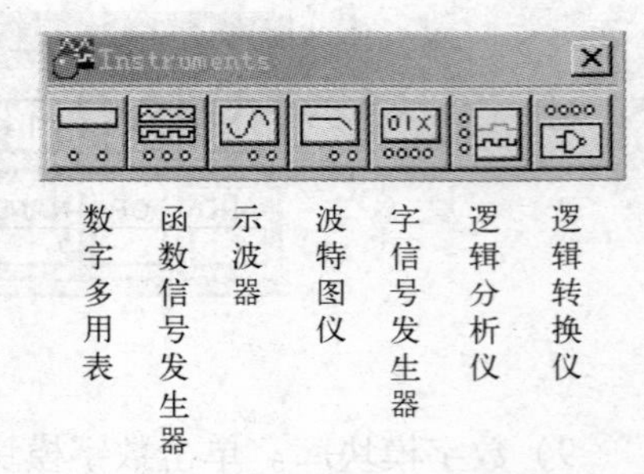

图8-16 EWB的仪器库

1）数字万用表。数字万用表可以用来测量交、直流电压、电流和电阻，也可以分贝（dB）形式显示电压或电流。数字万用表的图标如图8-17所示，数字万用表的面板如图8-18所示。

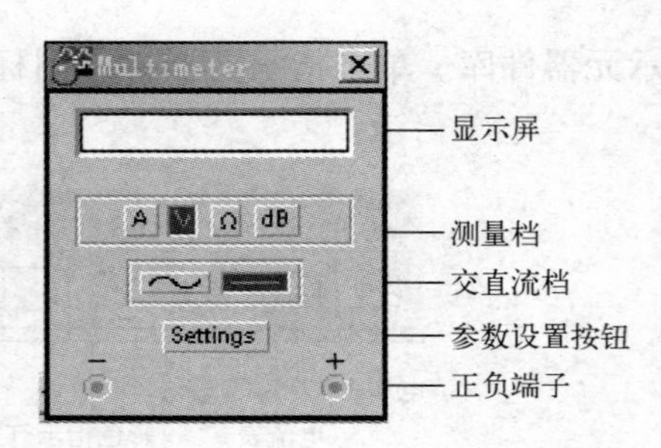

图8-17 数字万用表的图标　　图8-18 数字万用表的面板

单击数字万用表面板上的“Settings”（参数设置）按钮，弹出“数字万用表参数”设置对话框，如图8-19所示。从中可以对数字万用表内部参数进行设置。

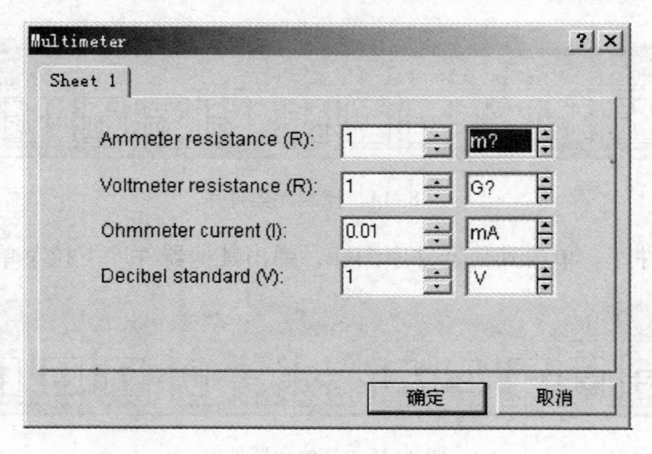

图8-19 “数字万用表参数设置”对话框

“Ammeter resistance”用于设置与电流表串联的内阻，其大小影响电流的测量精度。

“Voltmeter resistance”用于设置与电压表并联的内阻，其大小影响电压的测量精度。

"Ohmmeter current" 是指用欧姆表测量时，流过欧姆表的电流。

"Decibel standard" 用于设置分贝的标准。分贝标准是指设置 0 dB 的标准。若把 1 V 电压设为 0 dB 标准，当测量电压为 10 V，用 dB 表示时，数字为 20 lg10/1 dB，显示 20 dB；若把 6 V 电压设为 0 dB 标准，当测量电压仍为 10 V，用 dB 表示时，数字为 20 lg10/6 dB，显示 4.437 dB。通常习惯上把 1 μV、1 mA、1 V 作为 0 dB 标准。可见，用 dB 显示时，一定要设置 0 dB 对应的电压值。

2）函数信号发生器。函数信号发生器是用来产生正弦波、方波、三角波信号的仪器，函数信号发生器的图标如图 8-20 所示，函数信号发生器的面板如图 8-21 所示。

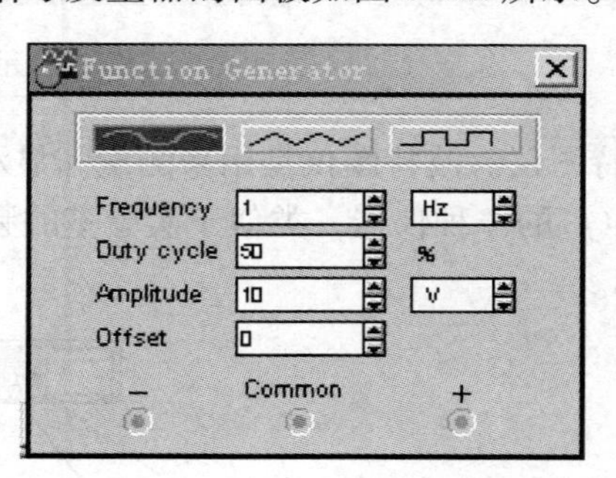

图 8-20　函数信号发生器的图标　　图 8-21　函数信号发生器的面板

函数信号发生器的使用如下所述。

在函数信号发生器面板的最下方有 3 个接线端子："+" 端子、"-" 端子、"Common" 端子（公共端）。从函数信号发生器的 "+" 端子与 "Common" 端子之间输出的信号称为正极性信号，而把从 "-" 端子与 "Common" 端子之间输出的信号称为负极性信号，两个信号大小相等，极性相反。注意：前提是必须把 "Common" 端子与 "Ground"（公共地）符号连接。使用函数信号发生器时，可以从 "+" 端子与 "Common" 端子之间输出，也可以从 "-" 端子与 "Common" 端子之间输出，还可以从 "+" 端子和 "-" 端子之间输出。

在仿真过程中要改变输出波形类型、大小、占空比或偏置电压时，必须先暂时关闭工作界面上的仿真电源开关，在对上述内容改变后，再启动仿真电源开关，函数信号发生器才能按新设置的数据输出信号波形。

3）示波器。示波器是用来观察信号波形并可测量信号幅度、频率和周期等参数的仪器，和实际示波器一样，可以双踪输入，观测两路信号的波形。示波器的图标和面板分别如图 8-22 和图 8-23 所示。图标上有 4 个接线端子，分别是 A 通道输入端、B 通道输入端、外触发端和接地端。

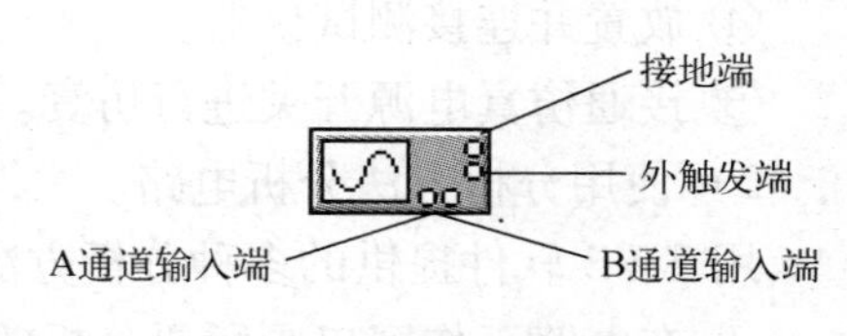

图 8-22　示波器的图标

示波器的使用如下所述。

拖动示波器图标到电路工作窗口；单击选择示波器图标的一个通道端子，当此端子变黑后拖动一线连接到电路中某测量点；当测量点变黑后松开鼠标左键。从电源工具栏中拖动一接地符号到电路工作窗口，并连接到示波器的接地端。

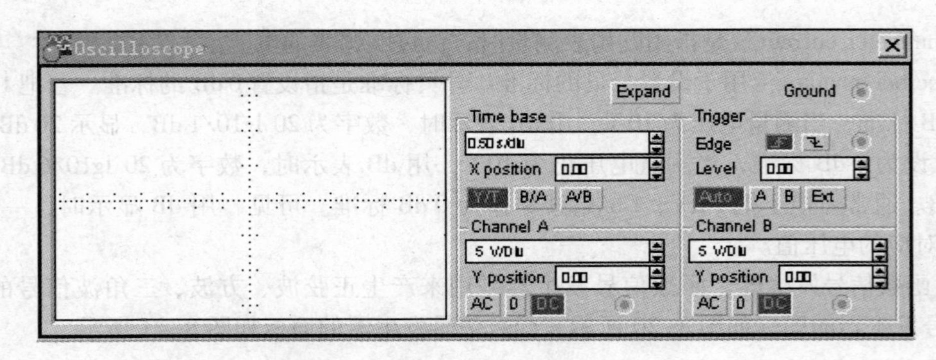

图 8-23　示波器的面板

4）波特图仪。波特图仪是用来测量和显示一个电路、系统或放大器的幅频特性 $A(f)$ 和相频特性 $\phi(f)$ 的一种仪器，类似于实验室的频率特性测试仪（或扫频仪），图 8-24 是波特图仪的图标。

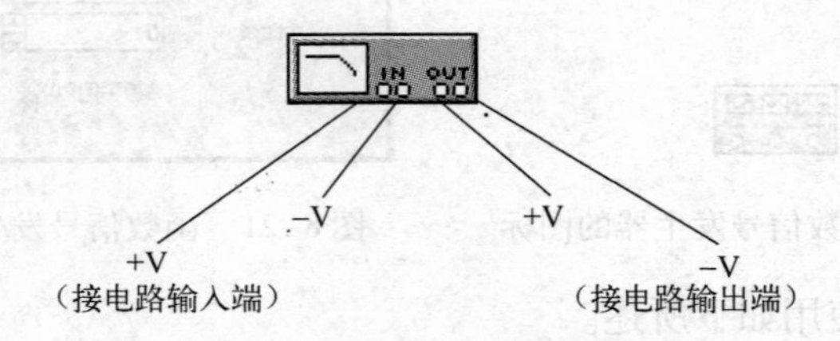

图 8-24　波特图仪的图标

（7）电子电路的仿真方法和步骤

用 EWB 软件对电子电路进行仿真有两种基本方法。一种方法是使用虚拟仪器直接测量电路，另一种是使用分析方法分析电路。

1）使用虚拟仪器直接测量电路。

用该方法分析电路就像在实验室做电子电路实验一样。具体步骤如下：

① 在电路工作窗口画所要分析的电路原理图。

② 编辑元器件属性，使元器件的数值和参数与所要分析的电路一致。

③ 在电路输入端加入适当的信号。

④ 放置并连接测试仪器。

⑤ 接通仿真电源开关进行仿真。

2）使用分析方法分析电路。

用 EWB 软件提供的多种分析方法仿真电子电路的具体步骤如下：

① 在电路工作窗口画所要分析的电路原理图。

② 编辑元器件属性，使元器件的数值和参数与所要分析的电路一致。

③ 在电路输入端加入适当的信号。

④ 显示电路的节点。

⑤ 选定分析功能、设置分析参数。

⑥ 单击仿真按钮进行仿真。

⑦ 在图表显示窗口观察仿真结果。

（8）EWB 的分析方法

EWB 以 SPICE（Simulation Program With Integrated Circuit Emphasis）程序为基础，可以对模拟电路、数字电路和混合电路进行仿真和分析。

EWB 对电路进行仿真的过程可分为 4 步。

1）电路图输入：输入电路图、编辑元器件属性、选择电路分析方法。

2）参数设置：程序自动检查输入内容，并对参数进行设置。

3）电路分析：分析运算输入数据，形成电路的数值解。

4）数据输出：运算结果以数据、波形、曲线等形式输出。

EWB 对电路进行仿真的方法有以下几种。

1）直流工作点分析（Analysis/DC Operating Point）。

直流工作点分析又称为静态工作点分析，目的是求解在直流电压源或直流电流源作用下电路中的电压和电流。例如，在分析晶体管放大电路时，首先要确定电路的静态工作点，以便使放大电路能够正常工作。直流工作点分析是其他分析方法的基础。在进行直流工作点分析时，电路中的交流信号源自动被置零，即交流电压源短路、交流电流源开路；电感短路、电容开路；数字器件被高阻接地。

2）交流频率分析（Analysis/AC Frequency）。

交流频率分析即频率响应分析，用于分析电路的幅频特性和相频特性。在交流频率分析中，电路中所有的非线性元器件都用它们的线性小信号模型来处理。所以，EWB 首先计算静态工作点以得到各非线性元器件的线性化小信号模型。其次，根据电路建立一个复变函数矩阵。要建立矩阵，所有直流电源需设为零，交流电源、电感、电容则由它们的交流模型来代替，这些模型是由静态工作点得到的，数字器件被视为高阻接地。在进行交流频率分析时，电路的输入信号将被忽略。例如，若输入信号为方波或三角波，分析时会被自动转成内部的正弦波进行分析。最后，计算电路随频率变化的响应。如果对电路中某节点进行计算，结果会产生该节点电压幅值随频率变化的曲线（即幅频特性曲线），以及该节点电压相位随频率变化的曲线（即相频特性曲线）。其结果与波特图仪分析结果相同。

3）暂态分析（Analysis/Transient）。暂态分析又称为时域暂态分析，用于分析电路指定节点的时域响应，即观察指定节点在整个显示周期中每一时刻的电压波形。EWB 软件把每一个输入周期分为若干个时间间隔，再对若干个时间点逐个进行直流工作点分析，这样，电路中指定节点的电压波形就是由整个周期中各个时刻的电压值决定。

在进行暂态分析时，直流电源保持常数；交流信号源随时间而改变，是时间的函数；电感和电容由能量存储模型来描述，是暂态函数。

4）傅里叶分析（Analysis/Fourier）。

傅里叶分析用于求解一个时域信号的直流分量、基波分量和谐波分量，即对时域分析的结果执行离散傅里叶变换，把时域中电压波形变为频域中的成分，得到时域信号的频谱函数。EWB 会自动进行时域分析，以产生傅里叶分析的结果。

在进行傅里叶分析时，必须首先在对话框里选择一个输出节点，以这个节点的电压作为输出变量进行分析。另外，分析还需要一个基本频率，一般将电路中交流激励源的频率上的设定为基频，若在电路中有多个交流激励源时，则基频设为这些频率的最小公因数。

4. 任务内容及步骤

实验 1　常用信号频谱分析

（1）实验过程

图 8-25 所示为傅里叶分析的基本电路。

1）按图 8-26 中的设置要求，并选择节点 1 作为输出节点，单击“Simulate”（按钮）就可以观察到图 8-27 所示的正弦波信号的频谱结构。

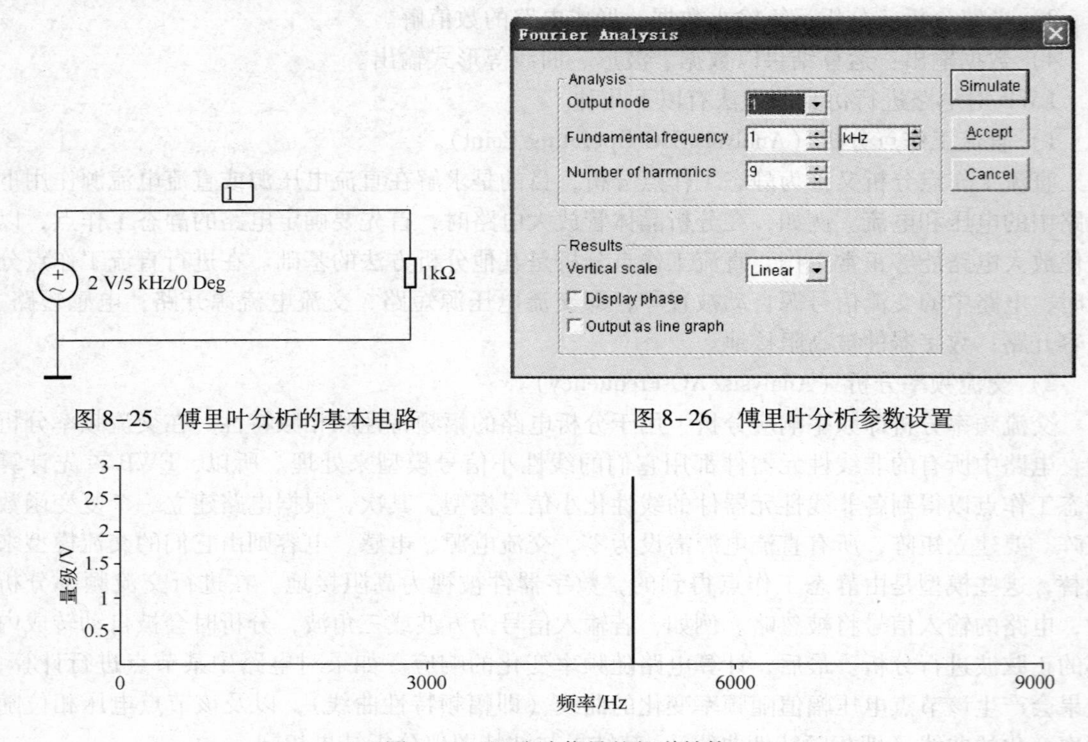

图 8-25　傅里叶分析的基本电路　　图 8-26　傅里叶分析参数设置

图 8-27　正弦波信号的频谱结构

2）将电路中的信号源改为 AM 电压源，幅度改为 1V，同样进行步骤 1）的设置，可以得到如图 8-28 所示的 AM 信号频谱结构。

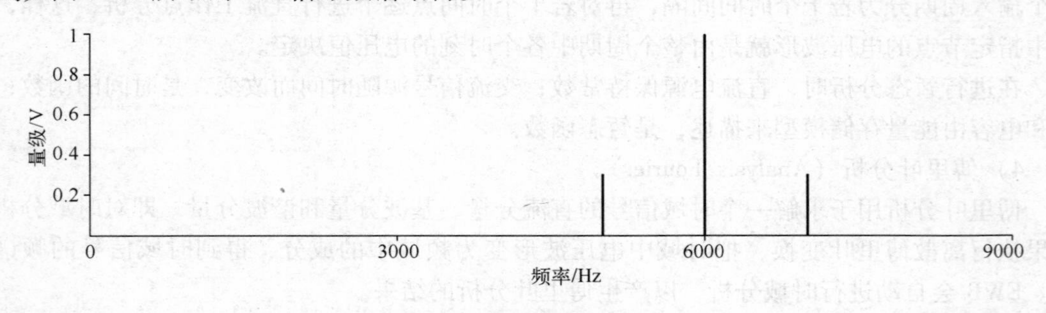

图 8-28　AM 信号频谱结构

3）将电路中的信号源改为 FM 电压源，幅度改为 1 V，同样进行步骤 1）的设置，可以得到 FM 信号的频谱结构。

4）将信号源改为FSK信号源并设置：调制信号频率为100 Hz，传号频率为1000 Hz，空号频率为500 Hz。重复步骤1）可得到FSK信号的频谱结构。

（2）实验数据分析及总结

1）从正弦波信号的频谱结构可以看出，正弦波信号仅有一根点谱线，振幅是有效值的$\sqrt{2}$倍。

2）从AM信号的频谱结构可以看出，AM仅有3根点谱线，频率分别为f_c-F，f_c和f_c+F，其信号的频带宽度为两倍的调制信号的最高频率。

3）FM信号的频谱比较复杂，其频带宽度不仅与调制信号的频率有关，而且与调制系数有关。

4）FSK信号的频谱结构也比较复杂，它相当于两个频率点的ASK信号的频谱，其带宽与调制信号的频率范围和传号频率与空号频率之间的距离有关。

实验2　高频小信号调谐放大器仿真分析

（1）构造实验电路

利用EWB软件绘制图8-29所示的高频小信号调谐放大器实验电路。

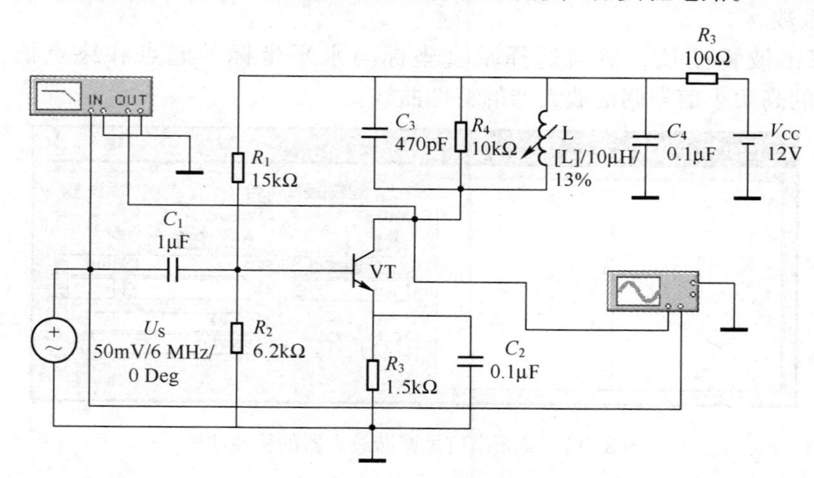

图8-29　高频小信号调谐放大器实验电路

（2）性能测试

1）静态测试。选择“Analysis”→“DC Operating Point”，设置分析类型为直流分析，高频小信号放大器直流分析如图8-30所示。

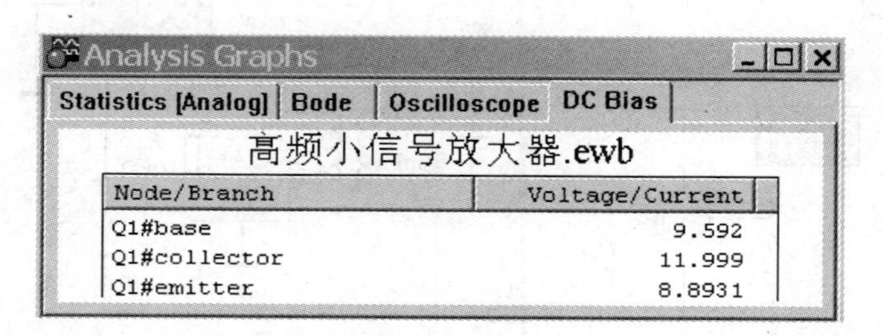

Node/Branch	Voltage/Current
Q1#base	9.592
Q1#collector	11.999
Q1#emitter	8.8931

图8-30　高频小信号放大器直流分析

2）动态测试。

① 电压增益。

当接上信号源 U_i 时，开启仿真器实验电源开关，用鼠标双击示波器，调整适当的时基及 A、B 通道的灵敏度，即可看到图 8-31 所示放大器的输入、输出波形。

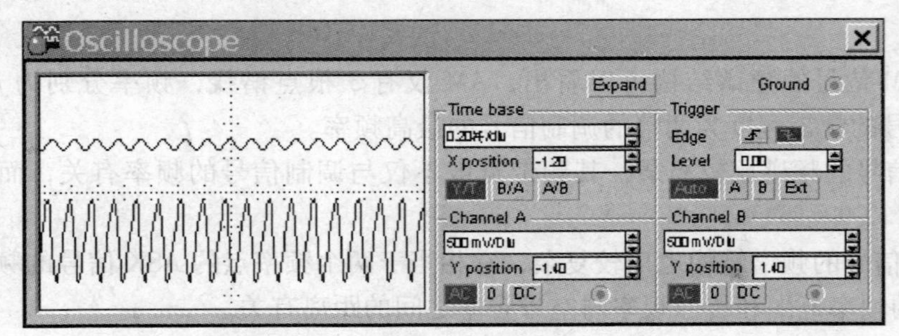

图 8-31　放大器的输入、输出波形

观察并比较输入、输出波形可知，放大器的放大倍数约为 -71.43。

② 矩形系数。

用鼠标双击波特图仪，适当选择垂直坐标与水平坐标的起点和终点值，即可看到图 8-32 所示的高频小信号调谐放大器的特性曲线。

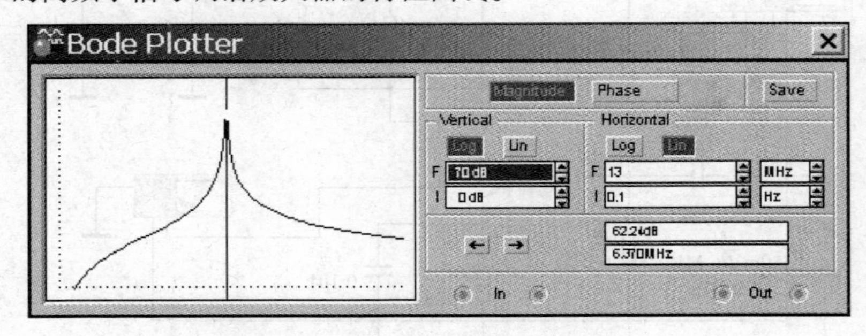

图 8-32　高频小信号调谐放大器的特性曲线

从图中可以估算出该高频小信号谐振放大器的带宽。

实验 3　高频谐振功率放大器仿真分析

（1）构造实验电路

利用 EWB 软件绘制高频谐振功率放大器图 8-33 所示的实验电路。

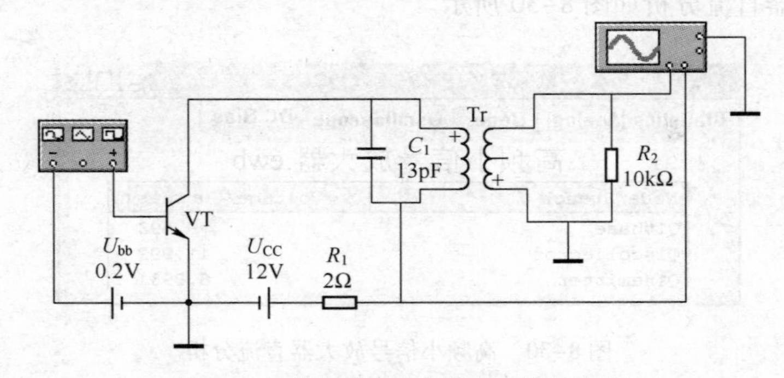

图 8-33　高频谐振功率放大器实验电路

对交流输入信号进行设置：正弦交流电有效值为 300 mV，工作频率为 2 MHz，相位为0°。对变压器进行设置：N 设定为 0.99，LE = 1e - 05H，LM = 0.0005H。其他元件参数编号和参数按图 8-38 所示设置。

（2）性能测试

1）静态测试。选择“Analysis”→“DC Operating Point”，设置分析类型为直流分析，高频谐振功率放大器的直流工作点如图 8-34 所示。

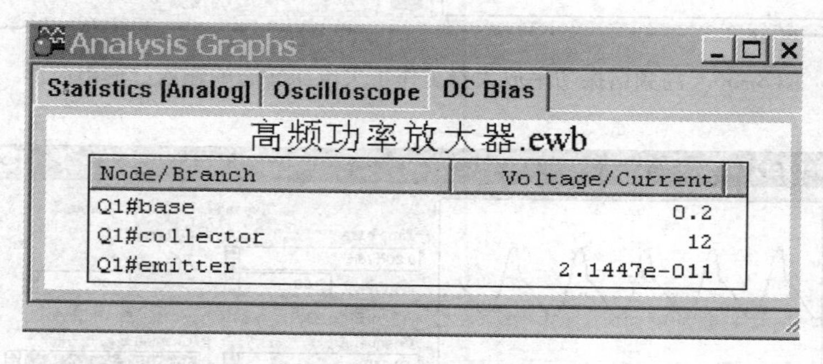

图 8-34　高频谐振功率放大器的直流工作点

2）动态测试。

① 输入、输出电压波形。

当接上信号源 U_i 时，开启仿真器实验电源开关，用鼠标双击示波器，调整适当的时基及 A、B 通道的灵敏度，即可看到图 8-35 所示高频谐振功率放大器的输入、输出波形。

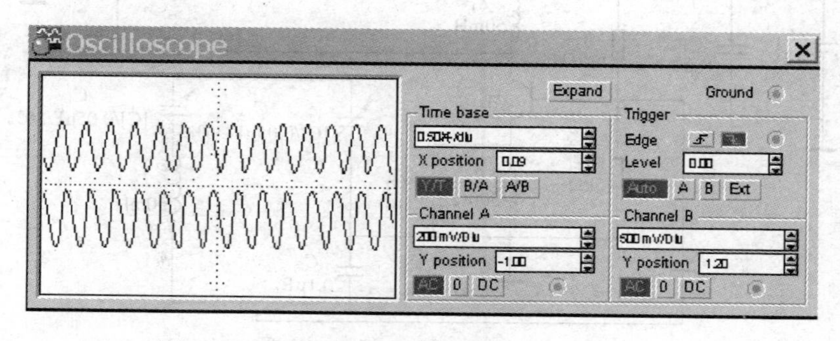

图 8-35　高频谐振功率放大器的输入、输出波形

② 调整工作状态。

分别调整负载阻值为 5 kΩ、100 kΩ，可观测出输入、输出信号波形的差异；分别调整信号源输出信号频率为 1 MHz、6.5 MHz，可观测出谐振回路对不同频率信号的响应情况；分别调整信号源输出信号幅度为 100 mV、400 mV，可观测出高频功率放大器对不同幅值信号的响应情况如图 8-41 和图 8-36 所示。

由图 8-37 可知，工作与过电压状态时，功率放大器的输出电压为失真的凹顶脉冲。通过调整谐振回路电容或电感值，可观测出谐振回路的选频特性。

实验 4　*LC* 正弦振荡器仿真分析

1）工作原理。图 8-38 所示为克拉泼（Clapp）*LC* 正弦振荡器电路。

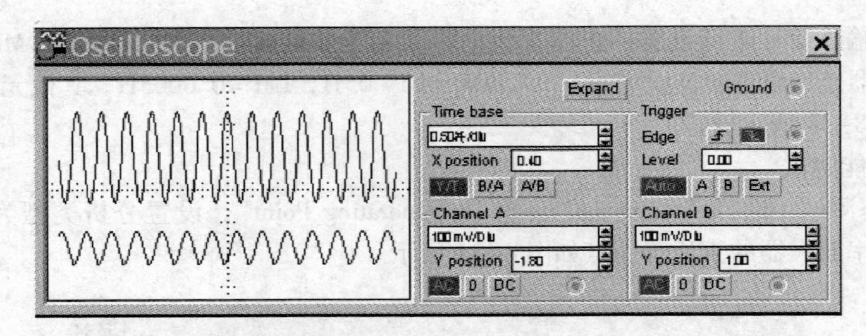

图 8-36　高频谐振功率放大器工作于欠电压转态的输入、输出波形

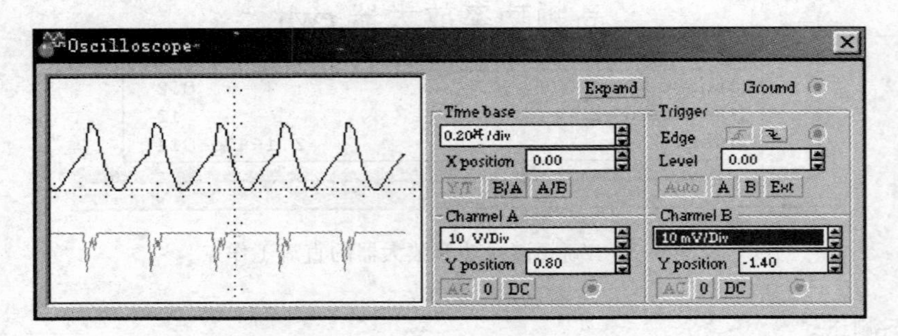

图 8-37　高频谐振功率放大器工作于过电压转态的输入、输出波形

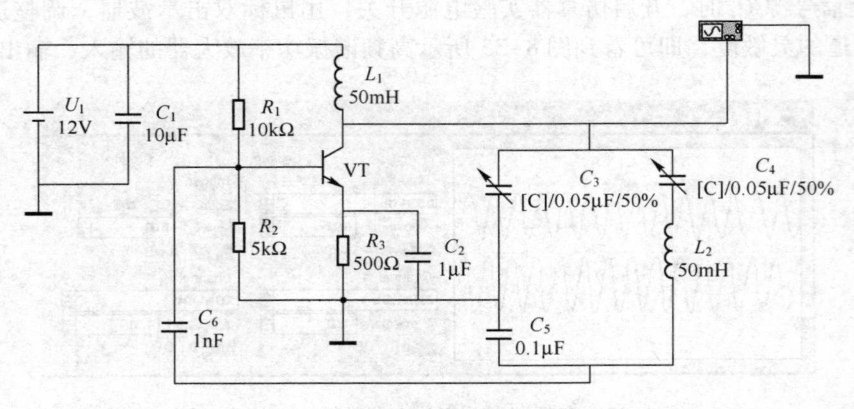

图 8-38　*LC* 正弦振荡器电路

2）实验过程。

在 EWB 中按图 8-38 所示电路要求绘制电路。

① 断开图 8-38 所示电路中集成极与 C_3、C_4、C_5 和 L_2 谐振回路的连接线，这时振荡器不起振，用万用表测量这时的基极直流电压，这时的测量给果为 2.27 V。

② 恢复图 8-38 所示电路，用示波器观察振荡器输出波形的变化过程，并用万用表测量振荡器输出稳定时晶体管基极直流电压，这时测量的晶体管的基极直流电压为 2.9 V，图 8-39 所示为振荡器起振的过程。

③ 使用参数扫描观察电容 C_3 分别为 5 nF、10 nF 和 50 nF 时输出瞬态波形的变化得到分析结果。

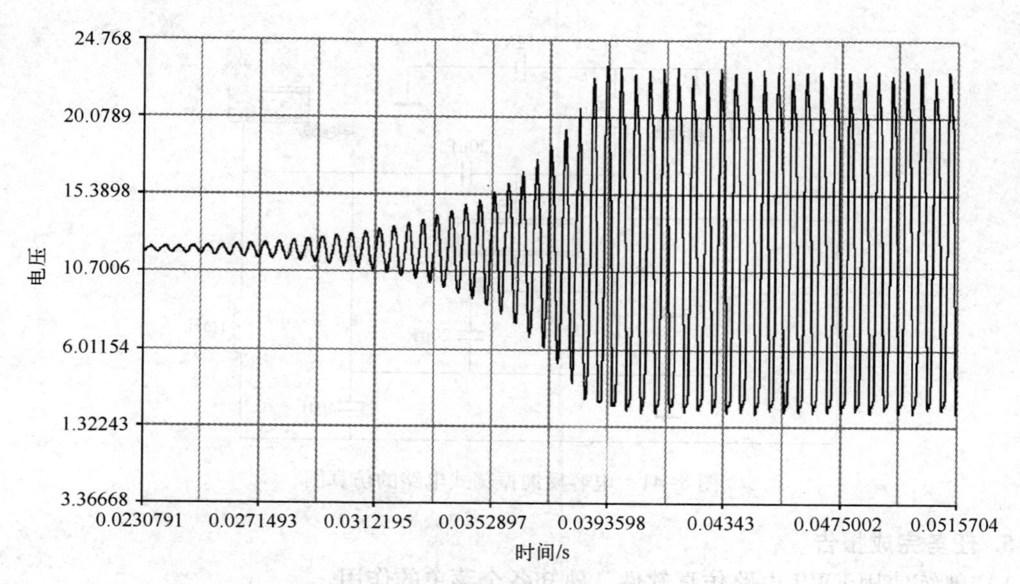

图 8-39　振荡器起振的过程

3）实验数据分析及总结。

① 通过前两步的测量可以看出，振荡器不振荡时工作电流比较小，起振后工作电流将增加，该现象通常用于判定振荡器电路是否起振。

② 通过电容 C_3 对振荡器波形的影响可以看出，电容小时，振荡频率增加，输出幅度有所下降；电容大时，频率下降，输出幅度有所增大，并有可能出现波形失真。

4）图 8-40 是一个电感反馈式振荡电路的仿真图，放大电路是典型的共发射极组态，并联选频网络由电容 C 和电感 L_1、L_2 组成。通常 L_2 的电感量为总电感量的 1/8 ~ 1/4 时就能满足起振条件，并做前面相似分析。

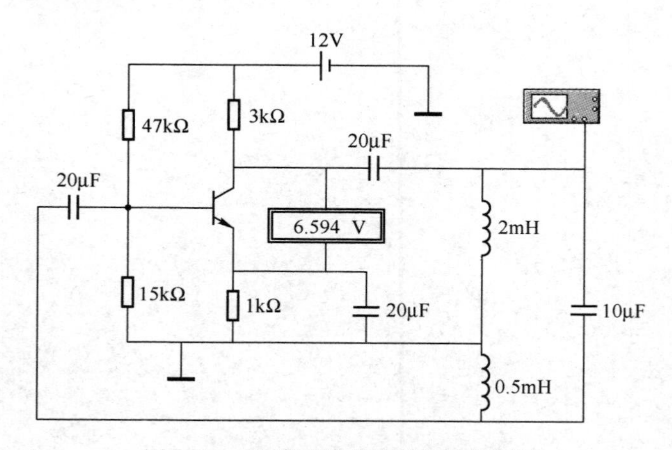

图 8-40　电感反馈式振荡电路仿真图

5）图 8-41 是一个电容反馈式振荡电路的仿真图，放大电路同样是共发射极组态，选频网络由电感和电容组成，并做前面相似分析。

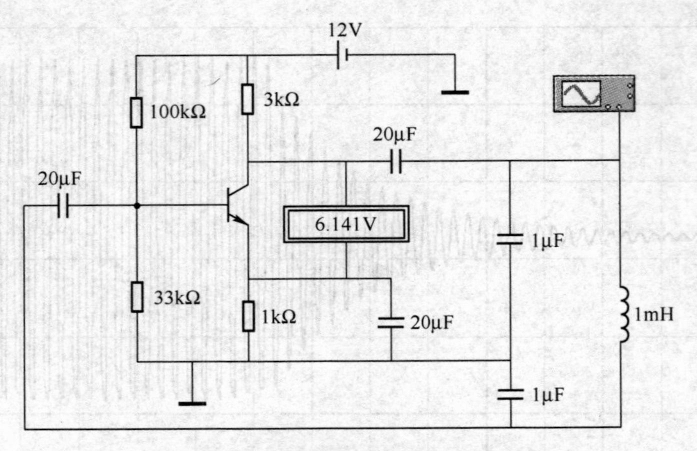

图 8-41　电容反馈振荡式电路的仿真图

5. 任务完成报告

1）熟练使用 EWB 电路仿真软件，熟知各个菜单的作用。

2）对仿真的各个信号波形进行抓图，画出特性曲线图，分析测试数据。

3）对高频电子电路典型电路进行模拟构建，并应用软件进行信号输入和输出测试。

【实验注意事项】

1）养成良好的实训操作习惯，严格遵守实训章程。

2）仔细阅读 EWB 电路仿真软件使用手册。

第9章　小型调幅发射机的设计与仿真

9.1　任务1　发射机工作原理分析

1. 任务要求

1）了解模拟通信系统的基本组成，进一步加深对振幅和调频的调制与解调概念的理解。

2）了解振幅和调频的调制与解调构成的系统特点，掌握系统的一般调试方法。

3）了解振幅和调频的调制解调系统的收、发信系统的主要技术指标和组成框图。

4）能理解调制、解调、混频的概念。

5）会分析无线电调幅广播发射机的组成框图。

2. 任务器材

1）高频电子线路实验箱1套。

2）双踪示波器1台。

3）高频信号发生器1台。

4）万用表1块。

5）高频毫伏表1台。

3. 知识准备及任务原理

1）元器件认识

① 传声器符号：__________________，其作用是_________________________。

② 扬声器符号：_______________，其作用是_________________________。

③ 天线符号：_________________，其作用是_________________________。

2）某广播电台的频率是：调频9.5 MHz，这个频率是指________（基带信号、载波信号）

3）根据调制与解调的框图，回答下列问题

① 图9-1表示________电路，图9-2表示________电路。（选择：振幅调制、振幅检波）。

② u_1是_________________，u_2是____________________，u_3是_______________。（选择：AM已调信号、载波信号、基带信号）。

4）将无线电调幅广播发射机的组成框图9-3填写完整。

4. 任务内容及步骤

（1）振幅调制与解调系统

振幅调制与解调实训系统框图如图9-4所示。

1）话音信号经传声器被音频放大后输出，接入振幅调制器输入端U_{Ω}，DDS频率合成器产生一个频率为1 MHz的正弦载波信号输入振幅调制器输入端U_C，振幅调制器外接+12 V

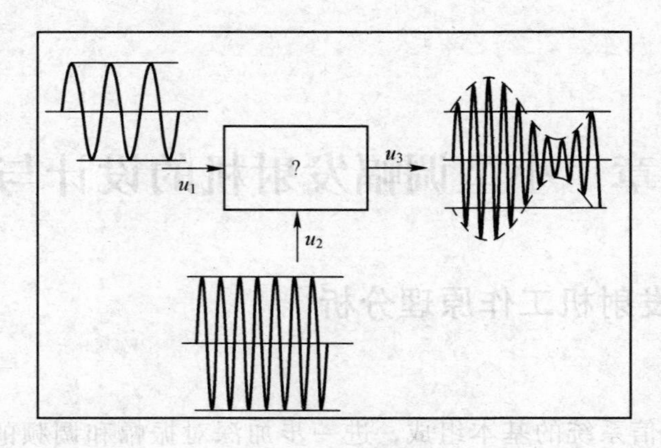

图 9-1　电路 1

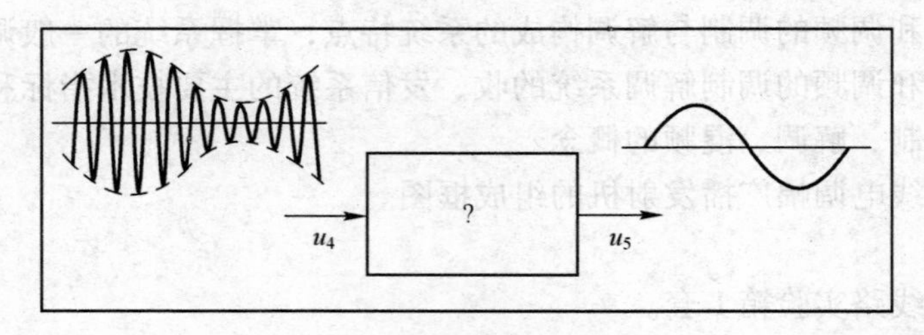

图 9-2　电路 2

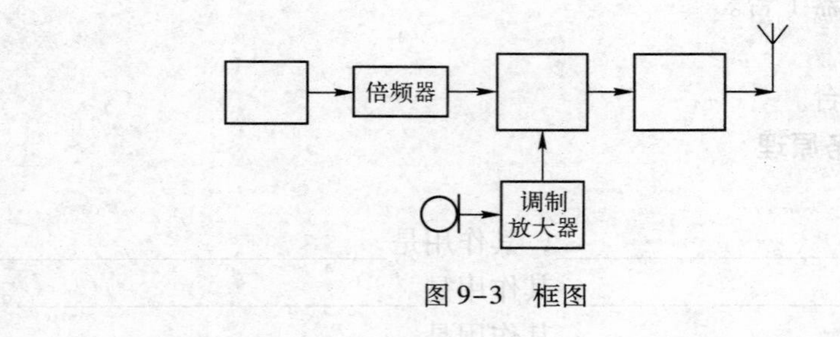

图 9-3　框图

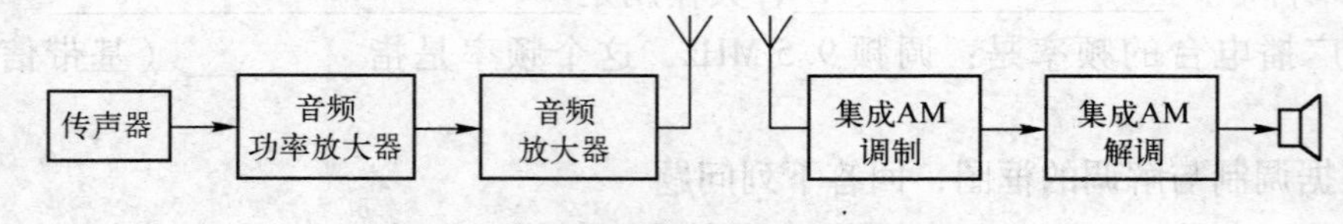

图 9-4　振幅调制与解调实训系统框图

直流电压，直接接入解调器的输入端。

2）乘法振幅解调器输入端 UamIN 用导线引入，输入端 UcIN 接乘法振幅调制器的输入端 U_C（即载波信号），乘法解调器的输出端 OUT 接音频放大器的输入端，音频放大器的输出与扬声器相连。从传声器输入音频信号，经调制解调后，即可从扬声器中传出。

3）改变输入的调制信号，用低频函数波形发生器产生一个低频单音信号，改变信号频率，可以从扬声器中听到不同的声音。

4）实训过程中，注意用示波器观察各个电路输出端的波形。

（2）频率调制解调系统

调频调制与解调实训系统框图如图 9-5 所示。

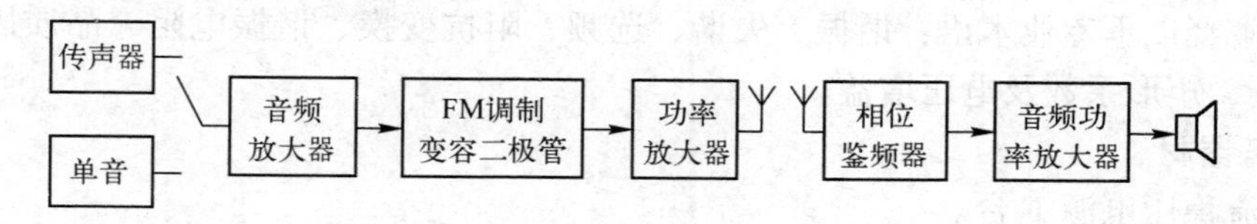

图 9-5　调频调制与解调实训系统框图

1）将 FM 调制器（GP－4）外接＋12 V 直流电压，调 RP_1 使 $I_c=1.0\,mA$，J_1接 C_9，J_2接 LC 示波器，频率计接输出端，调节 RP_2，使输出频率（即 *LC* 振荡的中心频率）为 6.5 MHz 的正弦波。话音信号经放大电路输出与 GP－4 电路板的 AF－IN 端相连

2）有声音输入时，观察 GP－4 的 OUT1 输出端波形，看看声音的大小对输出波形有何影响，然后将 OUT1 接高频功率放大器（GP－2）的输入端，GP－2 中 V_1接＋12 V 直流电压，V_2接＋6 V 左右直流电压，示波器接输出端，经过激励级和功放级两级调谐后（具体调谐过程参考高频谐振功率放大器），使输出波形最大不失真。

3）音频放大电路 FM－IN 端用导线引出，鉴频器的中心频率为 6.5 MHz。鉴频器输出与音频放大输入相连，AF－OUT 与扬声器相连，用传声器输入话音信号，可以从扬声器中听到该信号。在实验过程中，注意用示波器观察各电路板输出端的波形。重点观察输入话音信号与输出信号的波形。

4）GP－4 的 AF－IN 输入端与低频函数波形发生器的输出相连，即输入一个单音信号，改变该信号的频率，可以从扬声器听到不同的声音。

5. 任务完成报告

1）整理实训数据，绘制有关波形图。

2）分析讨论实训中出现的现象和问题。

3）总结振幅调制与解调系统的收、发信系统的调整及其特性、参数的测量注意事项。

4）总结调频调制与解调系统的收、发信系统的调整及其特性、参数的测量注意事项。

【实验注意事项】

该实验是高频通信系统实验，实验过程中，连线较多。连线的时候，注意各条导线尽量不要交叉重叠，以免产生干扰，影响实验效果。

9.2　任务 2　*LC* 振荡器及石英晶体振荡器性能参数测试

1. 任务要求

1）掌握 *LC* 三端式振荡器及石英晶体振荡器的构成及性能参数的测试方法。

2）掌握振荡回路 *Q* 值对频率稳定度的影响。

3）通过对这两种电路参数的测试，掌握提高频率稳定度的措施。

4）通过对这两种电路的性能指标的比较，掌握各电路的特点及改进方法。

5）能理解 *LC* 并联回路的谐振、失谐两种状态。

6）会根据 *LC* 并联回路的幅频特性曲线，测试谐振频率 f_0、谐振电压增益 A_{v0}、通频带

$BW_{0.7}$、选择性（矩形系数 $K_{0.1}$）等技术指标。

7）会分析负载、变压器阻抗变换电路对 *LC* 并联谐振回路技术指标的影响。

8）会解释以下专业术语：谐振、失谐、选频、阻抗变换、谐振电阻、品质因数、通频带、选择性、矩形系数及电压增益。

2. 任务器材

1）直流稳压电源 1 台。

2）双踪示波器 1 台。

3）数字式频率计 1 台。

4）高频毫伏表 1 台。

5）万用表、直流毫安表各 1 只。

6）分立元件的 *LC* 振荡器和石英晶体振荡器电路器件。

3. 知识准备及任务原理

1）*LC* 并联谐振回路如图 9-6 所示。

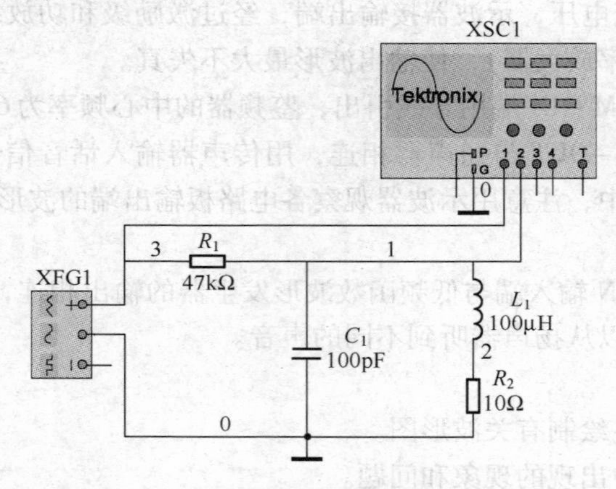

图 9-6　*LC* 并联谐振回路

试估算谐振频率 f_0 = ________？

2）图 9-7 为 *LC* 并联谐振回路的输入、输出波形，其中 CH_1 通道为输入信号，CH_2 通道为输出信号，试根据图 9-7 的波形判断：*LC* 并联回路处于________状态？（谐振、失谐）

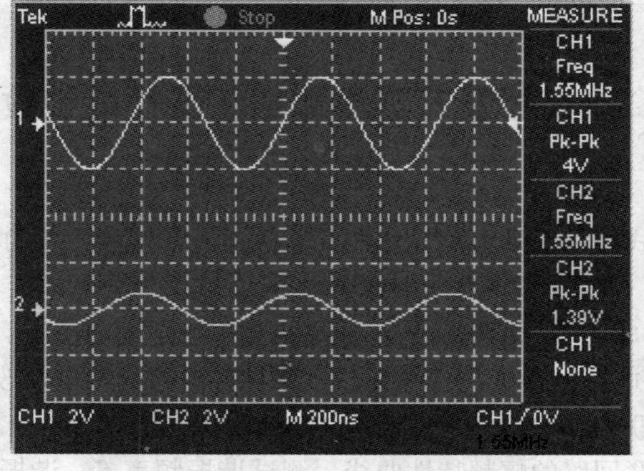

图 9-7　输入、输出波形

3）当 LC 并联回路谐振时，输出信号幅度______________（最大、最小）。回路阻抗 Z ______________（最大、最小），并且呈______________（感性、容性、纯电阻）。

4）LC 并联谐振回路的幅频特性曲线如图 9-8 所示。

800m
500m
200m
−100m
电压增益
1.00M
1.25M
1.50M
1.75M
2.00M
频率/Hz

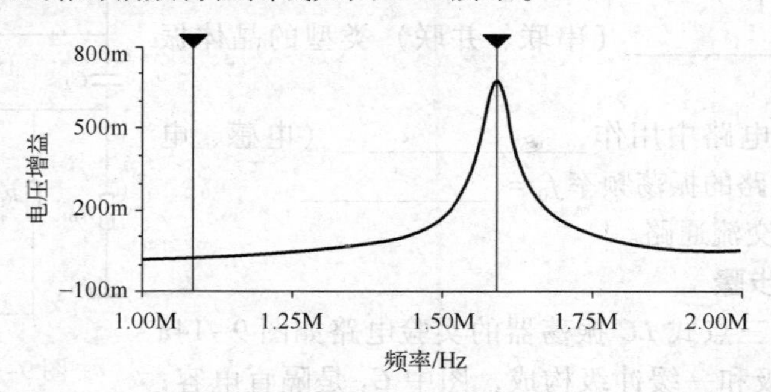

图 9-8　LC 并联谐振回路的幅频特性曲线（Y 轴数值表示电压增益，是小数）

根据图 9-9 和图 9-10 幅频特性曲线的光标数值及通频带的读数，读出谐振电压增益 A_{v0} = ________？谐振时的频率 f_0 = ________________？

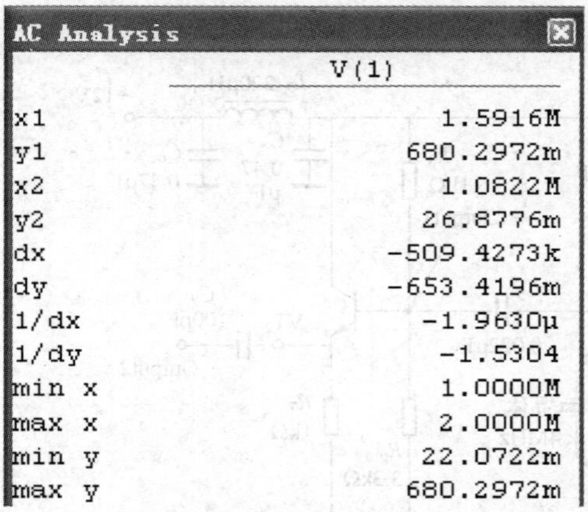

AC Analysis
V(1)
x1 1.5916M
y1 680.2972m
x2 1.0822M
y2 26.8776m
dx -509.4273k
dy -653.4196m
1/dx -1.9630μ
1/dy -1.5304
min x 1.0000M
max x 2.0000M
min y 22.0722m
max y 680.2972m

图 9-9　幅频特性曲线的光标数值

AC Analysis
V(1)
x1 1.6168M
y1 480.9701m
x2 1.5670M
y2 480.9701m
dx -49.7987k
dy 2.2204e-016
1/dx -20.0809μ
1/dy 4.5036e+015
min x 1.0000M
max x 2.0000M
min y 22.0722m
max y 680.2972m

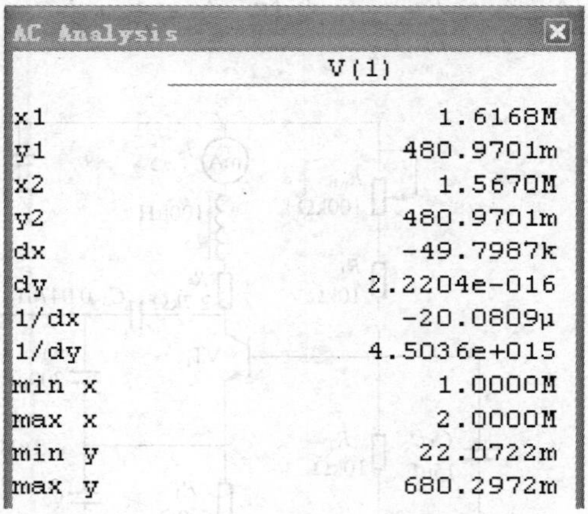

图 9-10　通频带的读数

5）变压器反馈式 LC 正弦波振荡器如图 9-11 所示，其中（$C = 330\ \text{pF}$，$L = 100\ \mu\text{H}$）。①标明二次线圈的同名端，使之满足相位平衡条件。②求出振荡频率。

6）三点式 LC 正弦波振荡器如图 9-12 所示。

+UCC
C
L
L1
RB1
CB
VT
RB2
RE
CE

图 9-11　变压器反馈式 LC 正弦波振荡器

UCC
RC
RB1
C1
C2
L
C3
RB2
RE
CE

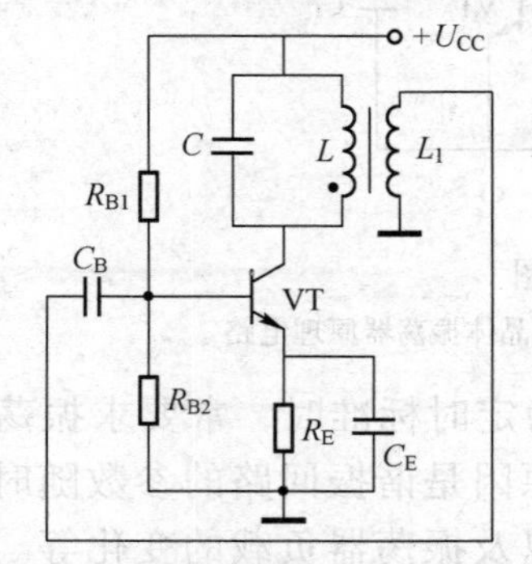

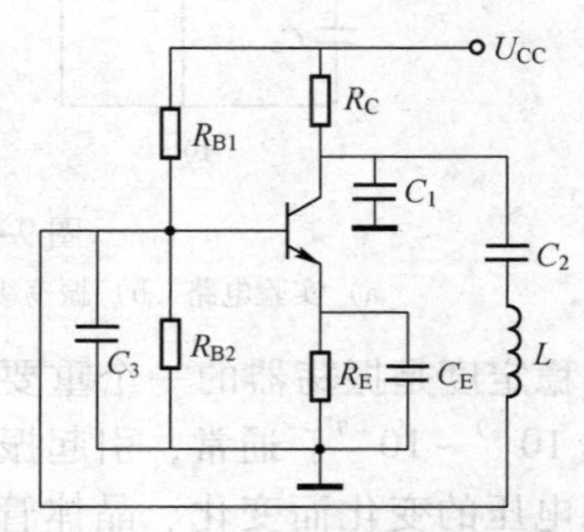

图 9-12　三点式 LC 正弦波振荡器

① 判断电路能否振荡；② 若能振荡，求出振荡频率的大小。

7）晶体振荡器如图 9-13 所示，其中（$C_1=3.9\ \mathrm{pF}$，$C_2=39\ \mathrm{pF}$，$C_3=220\ \mathrm{pF}$，$C_4=100\ \mathrm{pF}$）。

① 判断它是___________（串联、并联）类型的晶体振荡器。

② 石英晶体在电路中用作_______________（电感、电容、短路电阻），电路的振荡频率 $f_0=$_____________。

③ 画出电路的交流通路。

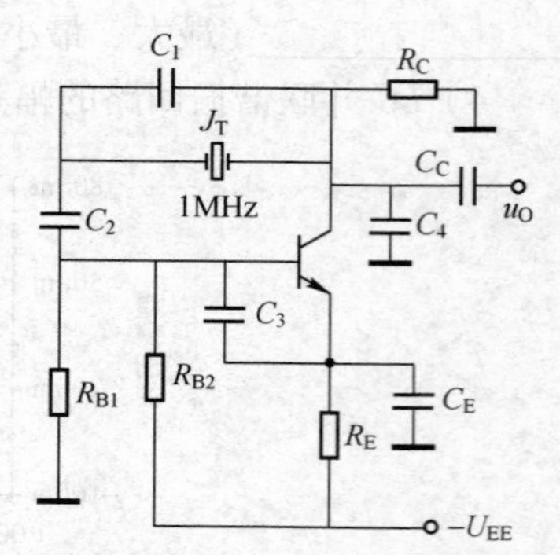

图 9-13　晶体振荡器

4. 任务内容及步骤

1）电路读识。三点式 LC 振荡器的实验电路如图 9-14a 所示，它由一振荡级和一缓冲级构成，图中 C_3 是隔直电容；T_2 是一射极跟随器，起隔离作用。图 9-14b 为振荡级的交流等效电路，图中 L_1、C_1、C_2 为并联谐振回路；C_2 是反馈电容。改变 C_1、C_2 的电容量就能改变振荡器的振荡频率，该电路的振荡频率：

$$f_0=\frac{1}{2\pi\sqrt{L_1C_\Sigma}}，式中：\frac{1}{C_\Sigma}=\frac{1}{C_1}+\frac{1}{C_2}$$

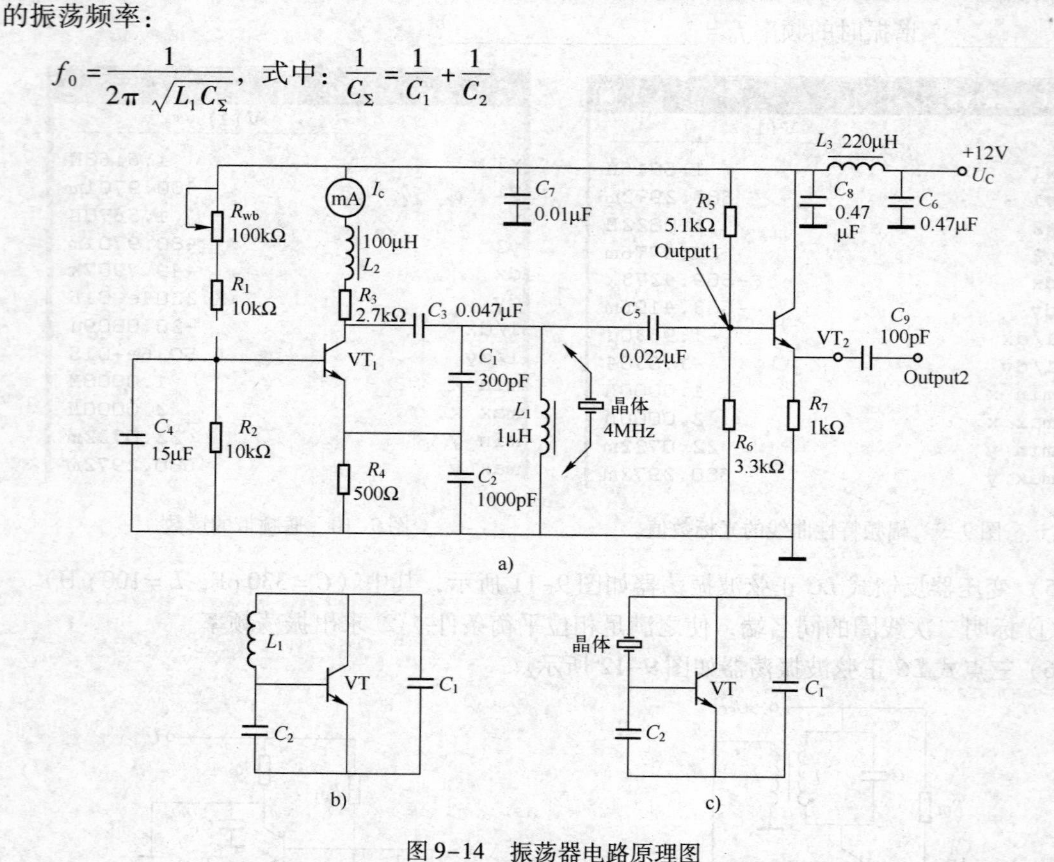

图 9-14　振荡器电路原理图

a）实验电路　b）振荡级交流等效电路　c）石英晶体振荡器原理电路

频率稳定度是振荡器的一个重要技术指标。在作为定时标准时，常要求振荡频率的稳定度达 $10^{-9}\sim10^{-7}$。通常，引起振荡频率不稳定的原因是谐振回路的参数随时间、温度和电源电压的变化而变化、晶体管参数的不稳定，以及振荡器负载的变化等。为了得到稳定的振荡频率，除选用高质量的电路元器件、采用直流稳压电源及恒温等措施外，还应提高谐振回路的品质因素 Q 值，因为 Q 值越大，相频特性曲线在 f_0 附近的斜率越大，选频特性就越好。

在 LC 振荡电路中的 Q 值约为几百，而石英晶体振荡器的等效 Q 值可高达 10^5，频率稳定度可超过 10^{-5} 数量级。

石英晶体振荡器是用石英晶体取代 LC 振荡器中的 LC 谐振回路。在实验电路图 9-14a 中，将石英晶体作为电感器件代替 L_1 接入电路，使晶体处于并联谐振状态工作，电路的振荡频率决定于晶体的固有频率。图 9-14c 是石英晶体振荡器的原理电路。

2）按照图 9-14a 电路图接插元器件，mA 处连接毫安表。所接电路检查无误后，V_c 接上 +12 V 电源，Output1 接示波器，Output2 接数字式频率计。

3）测试起振电流 I_c、振荡频率 f_0 及振荡幅值 U_p。

① 慢慢调节电位器 R_{wb}，使示波器上出现振荡波形，I_c 取 1 mA 左右。记录振荡频率 f_0 及起振电流实验记录见表 9-1 中，并计算误差。

表 9-1　振荡频率 f_0 及起振电流实验记录

测试参数 / 实验项目	I_c	f_0（理论值）	f_0'（实测值）	误　差
LC 振荡器				
石英晶体振荡器				

② 改变 C_1、C_2 的电容量，测量 LC 振荡器的振荡频率，结果记录在表 9-2 中，并分析实测值与理论计算值间的误差及反馈系数对电路的影响。

表 9-2　实验 C_1、C_2 对振荡频率的影响

测试项目 / 测试条件		f_0（理论值）	f_0'（实测值）	误　差
C_1(pF) = 300	C_2(pF) = 1000			
C_1(pF) = 1000	C_2(pF) = 300			
C_1(pF) = 1000	C_2(pF) = 1000			
C_1(pF) = 100	C_2(pF) = 1000			

4）晶体管直流工作点对振荡器的 f_0、U_p 及振荡波形的影响。

实验直流工作点对振荡器的影响见表 9-3。调整 R_{wb} 使电流表指示的 I_c 值依次为表中的各值，分别测出相应电路的振荡频率 f_0 和振荡幅值 U_p，同时观察其振荡波形，并记入表 9-3 中，然后加以讨论。

表 9-3　实验直流工作点对振荡器的影响

测试条件 / 测试项目	I_c/mA	0.6	0.8	1.0	1.2	1.4	1.6	1.8	90	9
LC 振荡器	f_0/MHz									
	U_p/V									
	波形									

（续）

测试条件 \ 测试项目	I_c/mA	0.6	0.8	1.0	1.2	1.4	1.6	1.8	90	9
石英晶体振荡器	f_0/MHz									
	U_p/V									
	波形									

5）电源电压变化对振荡频率的影响。实验电源电压变化对振荡频率的影响见表9-4。首先将电路处于起振工作状态，I_c取1 mA左右。当V_c依次为9 V、12 V、15 V时，分别测量两种电路的振荡频率f_0（频率计精度为小数点后3～4位），并以V_c为12 V时的各电路振荡频率为基准，计算V_c变化时相对频率的变化，填入表9-4中，并加以比较。

表9-4　实验电源电压变化对振荡频率的影响

测试数据 \ 测试条件	频率（MHz）	LC振荡器	石英晶体振荡器
V_c = 9 V	f_9		
	$\Delta f_9 = f_9 - f_{12}$		
	$\Delta f_9 / \Delta f_{12}$		
V_c = 12 V	f_{12}		
V_c = 15 V	f_{15}		
	$\Delta f_{15} = f_{15} - f_{12}$		
	$\Delta f_{15} / \Delta f_{12}$		

5. 任务完成报告

1）整理实训步骤，说明改变晶体管直流工作点I_c对振荡频率f_0及振荡幅值U_p的影响。

2）对两种电路的电源电压变化给振荡频率带来不同影响进行讨论，并说明电路的优、缺点及使用场合。

3）LC振荡器的回路电感和回路电容一定时，为何改变电源或改变负载都对振荡频率有一定的影响？

【实验注意事项】

1）电路搭接需正确无误，设备连接正确。

2）仪器使用须严格按照操作规程正确操作。

3）爱护仪器设备，严格遵守实训章程。

9.3　任务3　高频功率放大器工作原理分析及仿真

1. 任务要求

1）能理解丙类谐振功率放大器的工作原理。

2）会测试并计算丙类谐振功率放大器的功率、效率等技术指标。

3）会判断欠电压、过电压、临界3种工作状态。

4）会分析负载特性、集电极调制特性等4类特性曲线。

5）加深对谐振功率放大器工作原理的理解。

6）掌握对高频谐振功率放大器工作状态的正确调整。学会高频谐振功率放大器的调谐特性、负载特性、放大特性、调制特性、消耗功率、输出功率及效率的测试方法。

2. 任务器材

1）高频电子线路实验箱 1 套。

2）双踪示波器 1 台。

3）高频信号发生器 1 台。

4）万用表 1 块。

5）高频毫伏表 1 台。

6）Multisim 仿真软件。

3. 知识准备及任务原理

1）指出图 9-15 ~ 图 9-17 所示的 3 种高频功率放大器电路中，哪个是甲类？哪个是乙类？哪个是丙类？

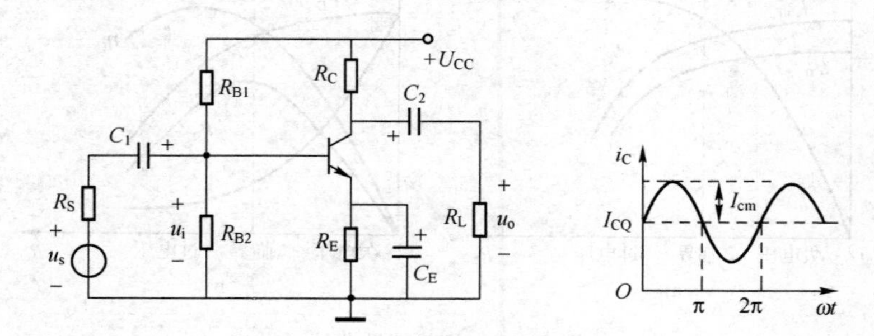

图 9-15　电路图与集电极电流波形 1

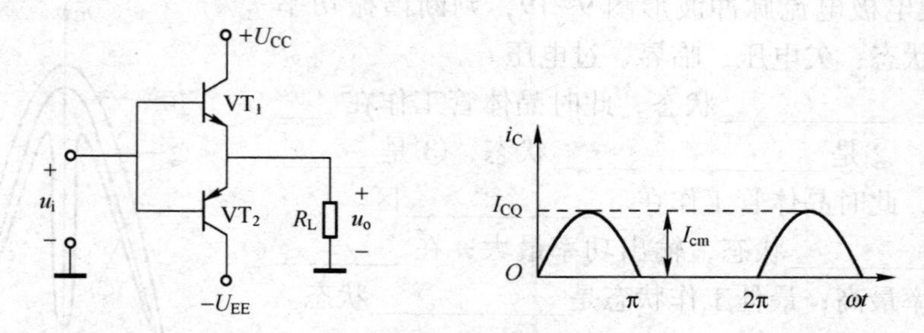

图 9-16　电路图与集电极电流波形 2

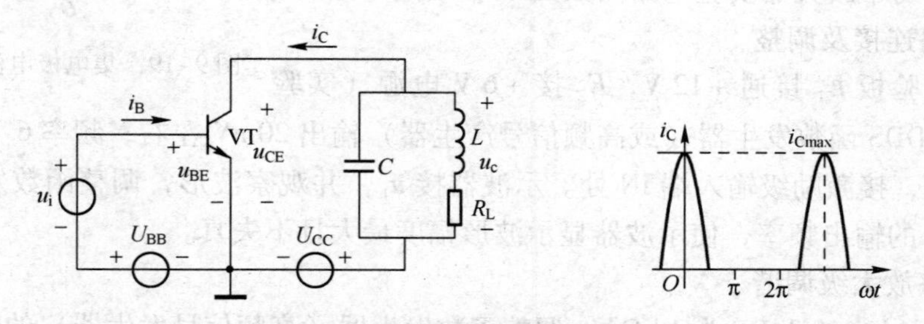

图 9-17　电路图与集电极电流波形 3

① 图 9-15 是__________功率放大器，图 9-16 是__________功率放大器，图 9-17 是__________功率放大器，效率最高是__________功率放大器。（选择：甲类、乙类、丙类）

② 图 9-15 的导通角为__________，图 9-17 的导通角为__________。

③ 在图 9-17 中，要求基极偏置电压 U_{BB}__________________。

④ 为什么图 9-17 电路采用 LC 并联谐振网络作为放大器的负载？

2）根据负载特性曲线图 9-18 进行分析，完成下列题目：

① 丙类谐振功率放大器原来工作在临界状态，若集电极回路稍有失谐，放大器的集电极直流分量 I_{C0}__________，集电极基波分量 I_{c1m}__________，输出功率 P_0__________，管耗 P_C__________，有何危险？__________________。

② 某谐振功率放大器，当增大 U_{CC} 时，发现输出功率 P_0 增大，为什么？__________。若发现输出功率增大不明显，则又是为什么？__________________。

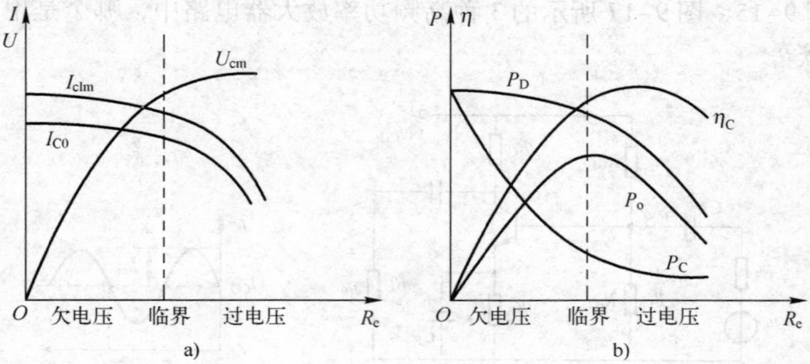

图 9-18　负载特性曲线

3）根据集电极电流脉冲波形图 9-19，判断谐振功率放大器的 3 种状态：欠电压、临界、过电压。

a. ①是______________状态，此时晶体管工作在______________区，②是______________状态，③是______________状态，此时晶体管工作在______________区。

b. 在______________状态，输出功率最大；在______________状态，效率最高；最佳工作状态是______________状态。

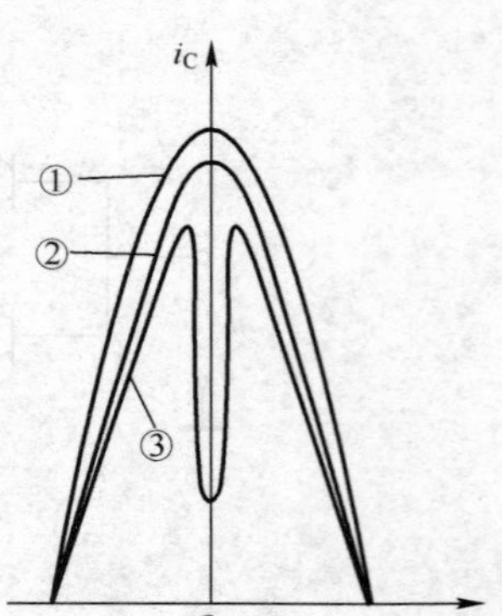

图 9-19　集电极电流脉冲波形图

4. 任务内容及步骤

高频谐振功率放大器实验电路图如图 9-20 所示。

（1）电路连接及调整

GP-2 实验板 E_1 接通 +12 V，E_2 接 +6 V 电源（实验箱接供），从 DDS 函数发生器（或高频信号产生器）输出 20mV 左右，频率 6.5 MHz 左右的等幅高频信号，接激励级输入端 IN 处。示波器接 u_b，并观察波形，调整函数发生器（高频信号发生器）的输出频率，使示波器显示波形幅度最大且不失真。

（2）功率放大级调谐

负载 R_L = 1 kΩ（调 RP 为 1 kΩ），调整函数发生器（高频信号发生器）的输出幅度。使 U_b = 1 V，示波器接功率放大级输出 OUT，调 C_{10} 使示波器显示波形最大且不失真（或用万用

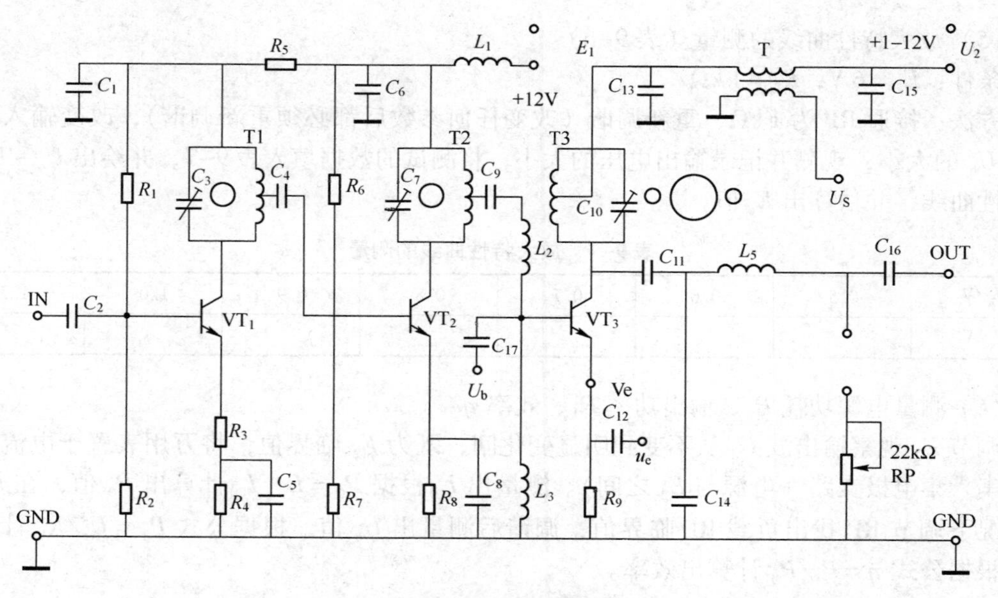

图 9-20　高频谐振功率放大器实验电路图

表直流电压档，测 U_E 电压指示最小），即功率放大级已调谐。注意：在进行调谐的时候一定要注意动作要快，不要使末级长时间工作在失谐状态，以免功率放大管过热而烧毁，在改变功率放大级任何参数后，都必须重新调谐。

（3）集电极调制特性曲线的测量（表 9-5）

条件：$R_L = 1\ k\Omega$，$U_b = 1\ V$（最大不失真为宜）

方法：改变 E_2，测出对应的输出电压 U_o，应随时调谐，测试的数据填入表 9-5，并绘制 $U_o - E_2$ 曲线，并估算出 E_{cj} 值。

表 9-5　集电极调制特性曲线的测量

E_2/V	0	1	2	3	4	…	12
U_o/V							

（4）负载特性曲线的测量

条件：$E_2 = 6\ V$，$U_b = 1\ V$

方法：改变 R_L，测出对应的 I_{C0} 和输出电压 U_o 的值并根据 $P_1 = U_o^2/R_L$，$P_0 = E_2 \cdot I_{C0}$（I_{C0}的测量方法：将万用表电流档串入 E_2 与功率放大管集电极回路中即可测出），$\eta = P_1/P_0$ 计算出 P_1、P_0、η 值，将测试数据和计算结果填入表 9-6，并绘制出 $U_o \sim R_L$ 曲线。

表 9-6　负载特性曲线的测量

R_L/Ω	75	510	1k	…	22k	∞（悬空）
U_o/V						
I_{C0}/mA						
P_1/mW						
P_0/mW						
η						

（5）放大特性曲线的测量（表 9-6）

条件：$E_2=6\ \mathrm{V}$，$R_L=1\ \mathrm{k\Omega}$

方法：接通 RP 为 $1\ \mathrm{k\Omega}$，重新调谐（改变任何参数后都必须重新调谐），改变输入高频信号 U_b 的大小，观测并记录输出电压的大小，将测试的数据填入表 9-7，并绘出 $U_o \sim U_b$ 放大特性曲线，并估算出 E_{ej} 值。

表 9-7　放大特性曲线的测量

U_b/V	0.5	0.6	0.7	0.8	0.9	1.0	1.2
U_o/V							

（6）测量电源功耗 P_0、输出功率 P_1、效率 η

调节 E_2 观察输出波 U_o 从不变到明显变化间，既为 E_2 临界值，将万用表置于电流档并将其串入集电极支路（电源与 E_2 之间）。测量出 I_{C0} 根据 $P_0=E\cdot I_{C0}$ 计算出 P_0 值，在 E_2 临界情况下调节 RP 找出负载 RL 临界值，调谐后测量出 U_o 值，根据公式 $P_1=U_o^2/R_L$ 计算出 P_1 再根据公式 $\eta=P_1/P_0$ 计算出效率。

5. 任务完成报告

1）整理实训步骤，分析测试数据。

2）丙类功率放大器中的耦合回路起什么作用？怎样判断输出耦合回路已在谐振点和匹配状态？

3）功率放大器调试过程中应注意哪些问题？调试步骤是什么？

4）试分析测量丙类功率放大器负载特性时，产生误差的原因。

5）通过实训结果分析，提出对实训电路的改进意见。可以在现有的仪器条件下，拟定出产生误差小、方便、快捷的调整与测试方法及步骤。

【实验注意事项】

1）进入实训之前必须预习实训所有的内容，写出预习报告。预习报告要求对实训电路进行原理分析与工程估算。解答实训报告要求中的思考题后再完成实训任务。

2）注意防止晶体管的损坏。

晶体管的损坏是高频功率放大器调试过程中容易发生的现象，必须引起足够的重视。晶体管的损坏，从内因来说，是由于晶体管各项参数的使用余量小，造成抗过载能力差。从外因来看，是由于工作在高频大信号情况下，晶体管所承受的功耗大，极间峰值电压高，极有可能烧毁晶体管。晶体管的损坏原因主要有两点：一是负载失配；二是焊接时不关电源引起短路产生的损坏。

在调试过程中，由于负载失配，R_P 值下降。使放大器工作在欠电压区，输出功率下降，晶体管集电极耗散功率急增，当超过晶体管最大集电极耗散功率时，管子就烧毁。另外，由于负载失配，若集电极耦合回路呈现感性负载，会产生很高的反峰电压，它与直流电源电压 U_{CC} 串联，当超过晶体管的集电极 - 发射极间反向击穿电压 BU_{CEO} 值，就极容易引起“二次击穿”而把管子损坏。

防止晶体管损坏的方法如下：

① 选择晶体管参数时，必须留有充分的余量。

② 在调试过程中，应防止输出负载阻抗短路。

③ 避免放大器自激振荡。为防止高频自激振荡，尽量减少引线的长度，避免采用细而长的引线。采用合理的元器件布局，必要的隔离和屏蔽，以及每级选用有效的去耦元器件（LC、R_C 去耦电路），接地良好及就近接地。

9.4 任务4 调幅原理与典型电路分析

1. 任务要求

1）熟悉集成模拟乘法器实现全波调幅和抑制载波调幅的方法与过程，并研究已调波与二输入信号的关系。

2）掌握测量调幅系数的方法。

3）能理解振幅调制的频谱搬移过程。

4）会分析 AM 调幅的波形、频谱和表达式。

5）会分析 DSB 调幅的波形、频谱和表达式。

6）会计算 AM 与 DSB 调幅的功率和频带宽度。

2. 任务器材

1）高频电子线路实验箱 1 套。

2）双踪示波器 1 台。

3）高频信号发生器 1 台。

4）万用表 1 块。

5）高频毫伏表 1 台。

3. 知识准备及任务原理

1）判断下面 3 个波形中，哪个是 AM 调幅？哪个是 DSB 调幅？哪个是 SSB 调幅？图 9-21 是________，图 9-22 是________，图 9-23 是________。

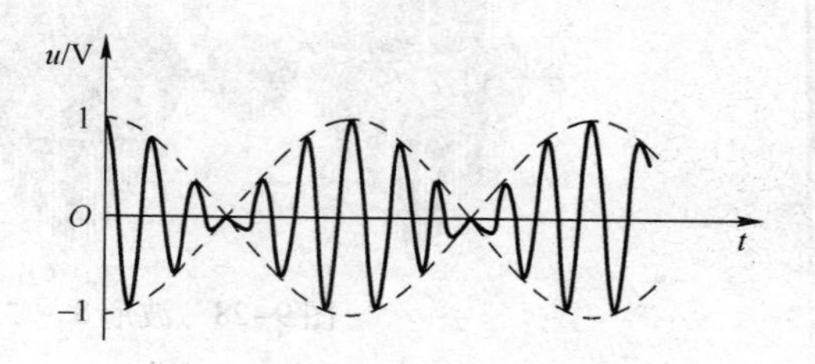

图 9-21 波形 1

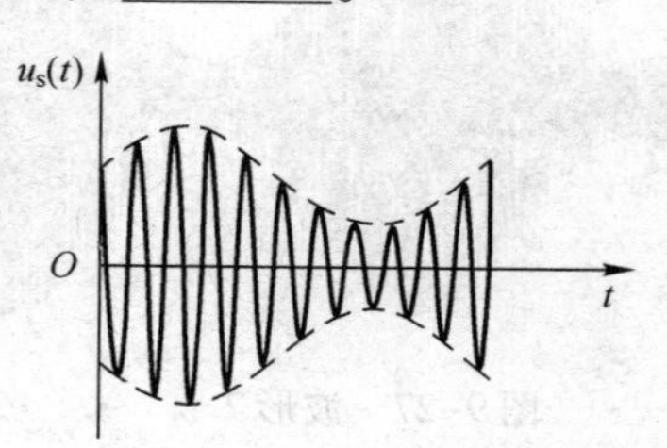

图 9-22 波形 2

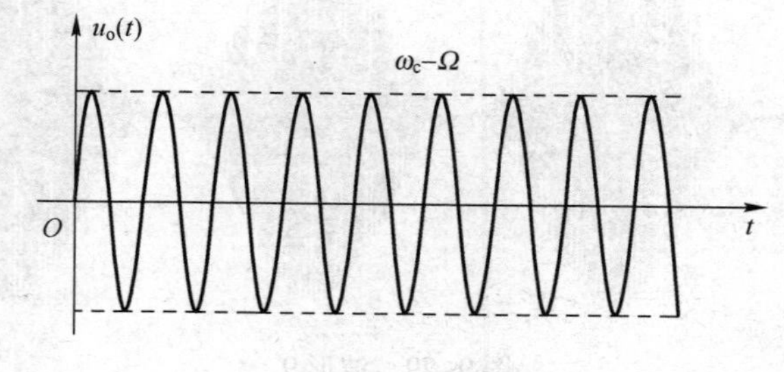

图 9-23 波形 3

2）判断下面3个表达式中，哪个是AM调幅？哪个是DSB调幅？哪个是SSB调幅？

① $u=\cos(\Omega t)\cos(\omega_C t)$；② $u=\cos(\omega_C+\Omega)t$；③ $u=[1+\cos(\Omega t)]\cos(\omega_C t)$

表达式1）是________，表达式2）是________，表达式3）是________。

3）判断下面3个频谱中，哪个是AM调幅？哪个是DSB调幅？哪个是SSB调幅？

图9-24是________，图9-25是________，图9-26是________。

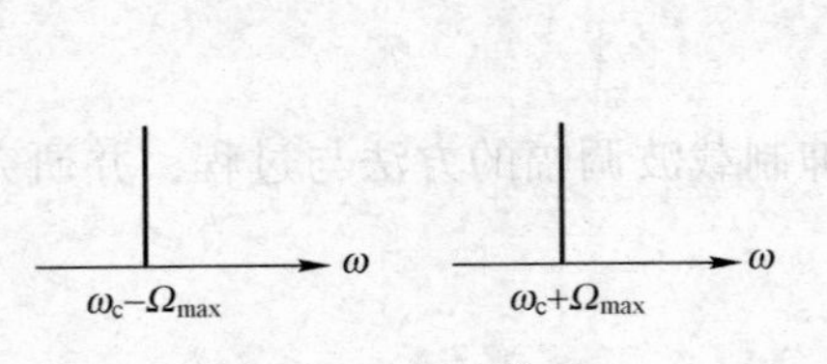

图9-24　波形4

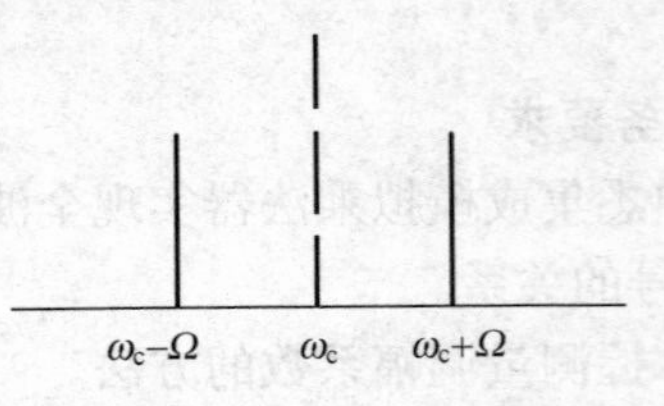

图9-25　波形5

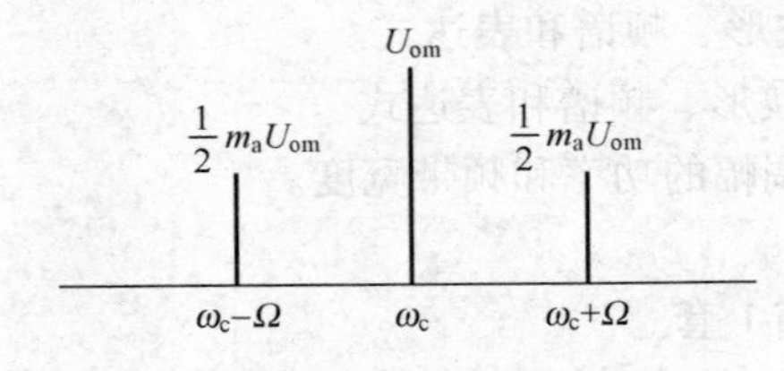

图9-26　波形6

4）判断下面3个AM调幅波形的调幅指数 m_a 的大小。

图9-27的 m_a ________，图9-28的 m_a ________，图9-29的 m_a ________。

（选择填空：>1、<1、=1）

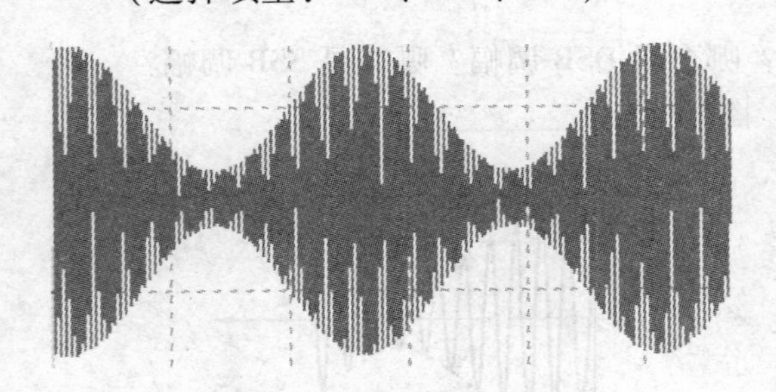

图9-27　波形7

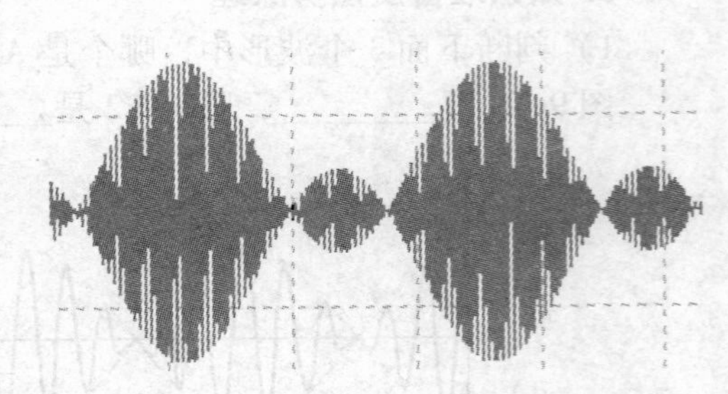

图9-28　波形8

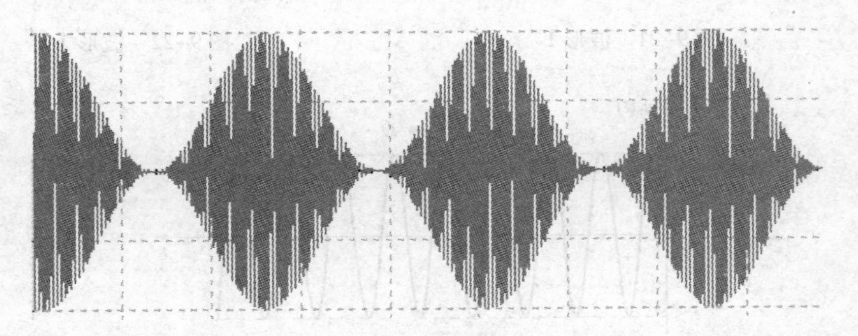

图9-29　波形9

5）已知调幅波的波形如图9-30所示，试根据波形写出其表达式。

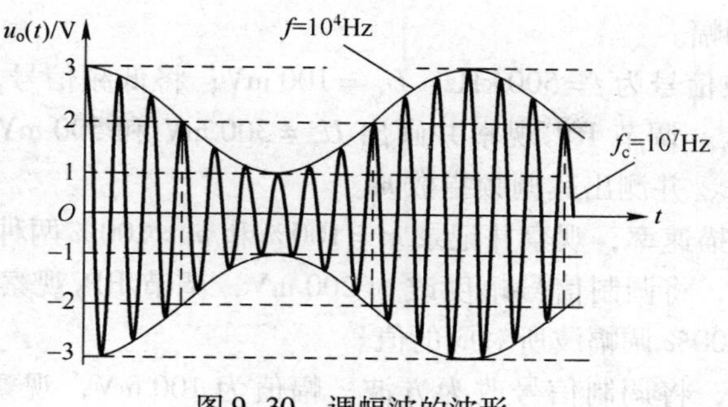

图 9-30　调幅波的波形

4. 任务内容及步骤

（1）用乘法器实现振幅调制

乘法器实现振幅调制的实验电路如图 9-31 所示。

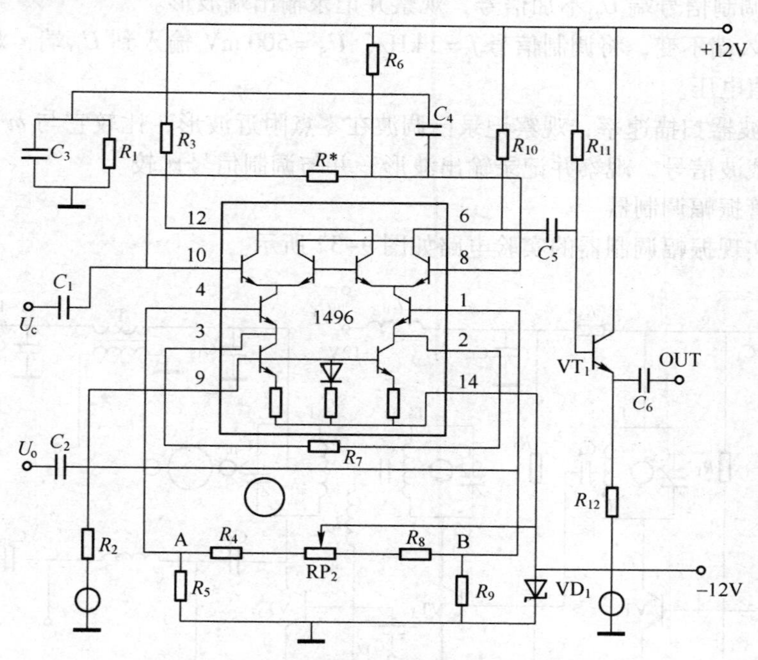

图 9-31　乘法器实现振幅调制的实验电路

1）直流调制特性的测量（表 9-8）。

① 按照要求接通 ±12 V 双电源。

② 在载波输入端 U_C 处加输入 $f=500\ \text{kHz}$、$U_C=10\ \text{mV}$ 的正弦波信号，用万用表测量 A、B 之间的电压 U_{AB}，用示波器观察 OUT 输出端的波形，以 $U_{AB}=0.1\text{V}$ 为步长，记录 RP 由一端调至另一端的输出波形及输出电压值 U_O（注意相位变化），根据 $U_O=KU_{AB}U_{C(t)}$ 计算出系数 K 值，并填入表 9-8 中。

表 9-8　直流调制特性的测量

U_{AB}								
$U_{0(p-p)}$								
K								

2）实现全载波调幅。

① 使 U_C处的载波信号为 $f=500\ \text{kHz}$、$U_C=100\ \text{mV}$；将低频信号 $f=2\ \text{kHz}$　$U_S=500\ \text{mV}$ 加至调制器输入端 U_Ω。调节 RP_2观察并画出 $U_s=300\ \text{mV}$ 和 500 mV 时的调幅波形（标明峰－峰值与谷－谷值），并测出其调频指数 m。

② 加大示波器扫描速率，观察并记录 $m=100\%$ 和 $m>100\%$ 两种调幅波的波形情况。

③ 载波信号不变，将调制信号幅度改为 200 mV，调节 RP_2观察输出波形的变化情况，记录 $m=30\%$ 和 $m=100\%$ 调幅波所对应的值。

④ 载波信号不变，将调制信号改为方波，幅值为 100 mV，观察记录 $m=0$ V、0. 1 V、0. 15 V 时的已调波。

3）实现抑制载波调幅。

① 调 RP_2使调制端平衡（即 $U_{AB}=0$ V），并在载波信号输入端 U_C加 $f=500\ \text{kHz}$、$U_C=100\ \text{mV}$ 信号，调制信号端 U_Ω不加信号，观察并记录输出端波形。

② 载波输入端不变，将调制信号 $f=2\ \text{kHz}$　$U_S=500\ \text{mV}$ 输入到 U_Ω端，观察记录波形，并标明峰－峰值电压。

③ 加大示波器扫描速率，观察记录已调波在零点附近波形，比较它与 $m=100\%$ 调幅波的区别。去掉载波信号，观察并记录输出波形，并与调制信号比较。

（2）晶体管振幅调制器

用晶体管实现振幅调制器的实验电路如图 9-32 所示。

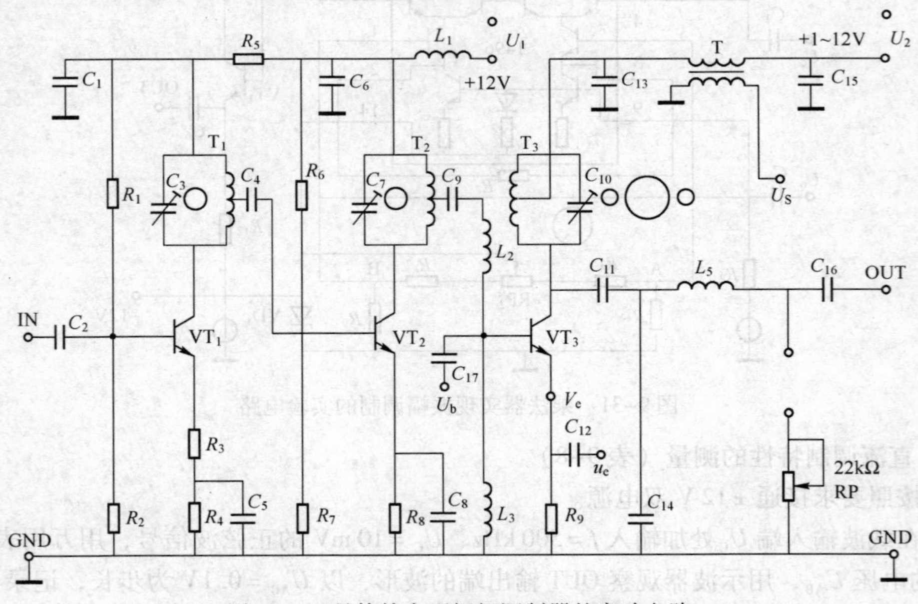

图 9-32　晶体管实现振幅调制器的实验电路

分别给调幅器电路加直流电压，使 $U_1=12$ V，$U_2=6$ V，等效天线电阻 $R_A=1\ \text{k}\Omega$（调 RP 为 1 kΩ）。

调整高频信号产生器输出电压为 20 mV，频率在 6 MHz 左右，接到实验板输入信号端 IN 处。微调高频信号产生器的频率，使接于 U_b处的示波器指示幅度最大；将示波器接于 OUT 处，调整主调电容 C_{10}使功率放大器输出最大。

1）测量静态调制特性曲线。

调整高频信号产生器输出幅度，使 $U_b=1$ V，改变 U_2从无到有 0～12 V 范围内变化，以步进 0.5 V 取点测出相应的功率放大管平均电流 I_{C0}（万用表串入 U_2与 VT_3集电极）和功率放大器输出电压 U_A，同时用示波器监视 U_A波形，然后减小和加大信号源输出使 U_b分别为 0.8 V 和 1.2 V 重复上述操作。列表填入数据，并绘制出以 U_b为参变量的 $U_A=f(E_c)$关系曲线。

2）观测调幅波及测量调幅系数 m。

条件：$U_b=1$ V，$R_A=1$ kΩ，$U_2=2$ V

由 U_Ω端输入调制频率为 $F=1000$ Hz、幅度为 $U_\Omega=2$ V 音频信号，用示波器观察调幅器输出端 OUT 的波形；改变调制信号的幅度，步进为 0.5 V，测量出相应的调幅系数 m，列表并绘制出 $m=f(U_b)$的关系曲线。

调幅系数 m 值可由示波器所显示的波形计算得到，当示波器屏幕上显示图 9-33 所示的波形时，读出 A 和 B 的高度，按上式即可求出 m 值。

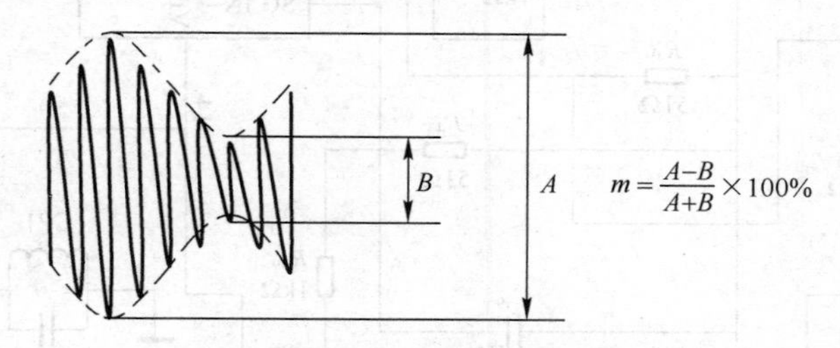

图 9-33　调幅系数计算示意图

（3）测试由 MC1496 芯片构成的 AM、DSB 调幅电路

MC1496 芯片构成的 AM、DSB 调幅电路如图 9-34 所示，其中，

ZB－IN：载波输入。TZXH1：调制信号输入。OUT：调幅波形输出。GND：接地端。

1）用高频信号发生器产生载波，并用示波器观察。

① 高频信号发生器面板设置。

$f_c=10$ MHz，选择“CM”“Main output”。

② 调节“level”旋钮，使得示波器上显示的波形峰峰值为 $U_{cp-p}=300$ mV＝0.3 V。

2）用低频函数信号发生器产生调制信号：$f_\Omega=1$ kHz，$U_{\Omega p-p}=0.9$ V。

3）用多路直流稳定电源产生＋12 V 和－9 V 的电压，并加在实验箱的电路板上。

4）调测静态工作点。

测静态工作电压见表 9-9。

① 准备：加＋12 V 和－9 V 的直流电压，不加载波和调制信号。

② 调节 VR_8、VR_{11}，测 MC1496 各引脚电压，填写表 9-9。

表 9-9　测静态工作电压

	U_8/V	U_{10}/V	U_1/V	U_4/V	U_6/V	U_{12}/V	U_2/V	U_3/V	U_5/V
参考值	5.62	5.62	0	0	10.38	10.38	−0.76	−0.76	−7.16
实测值									

5）AM 测试。

（a）准备：加载波和调制信号，用示波器观察“OUTPUT”波形。

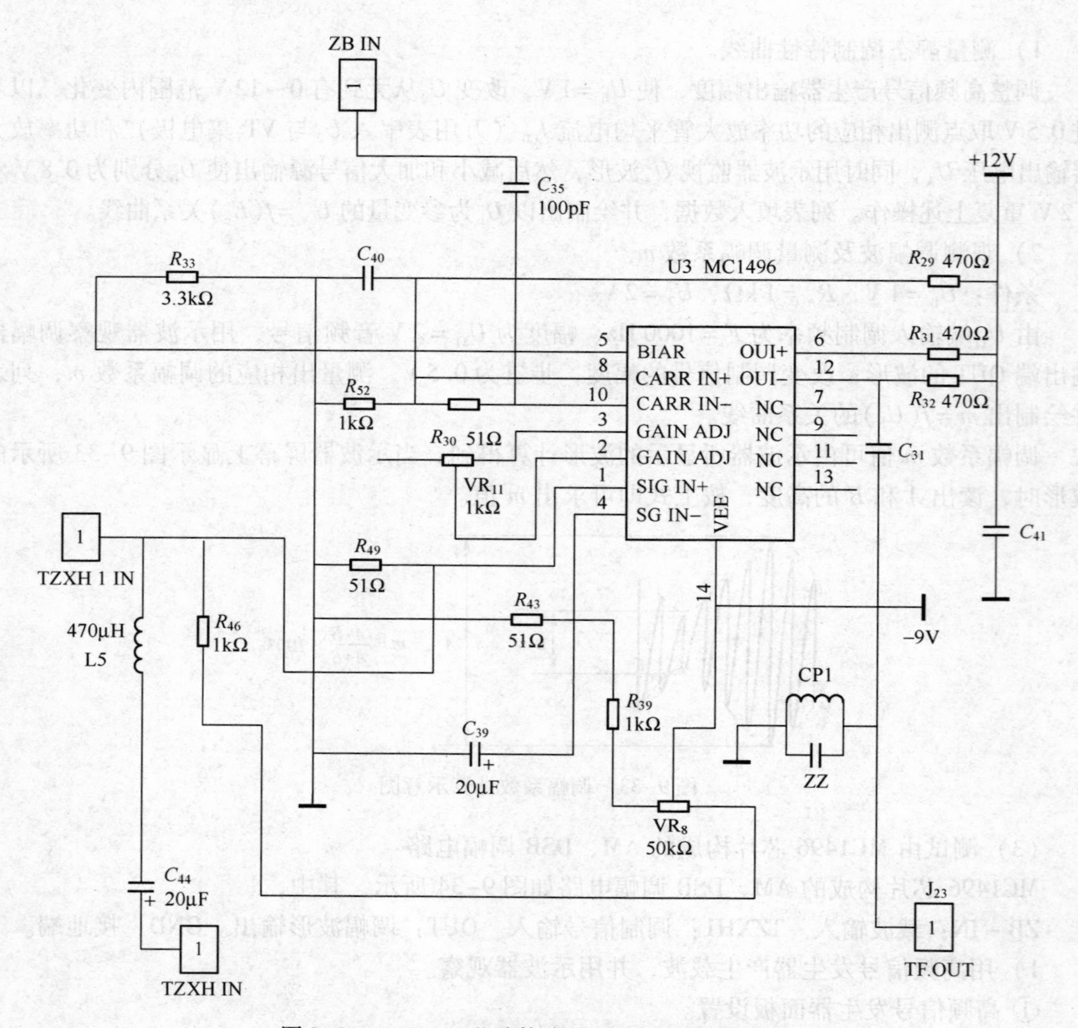

图 9-34　MC1496 芯片构成的 AM、DSB 调幅电路

（b）调节电位器 VR_8，并改变调制信号的幅度，观察 AM 波形，填写表 9-10。

表 9-10　AM 测试

U_{AM}波形		
读幅值	$U_{omax}=$	$U_{omin}=$
调幅系数	$M_a=$	

5. 任务完成报告

1）整理实训数据，绘制有关波形图。

2）分析讨论实训中出现的现象和问题。

3）总结调幅系数对调幅的影响。

【实验注意事项】

1）养成良好的生产实训习惯，严格遵守实训章程。

2）仔细阅读示波器、信号发生器的使用说明书，正确选用仪器。

9.5 任务5 小型调幅发射机的设计与仿真

1. 任务要求

1）会分析小功率调幅发射机的整机框图。

2）会仿真、调试振荡器、振幅调制器及功率放大器等单元电路。

3）会构建新的仿真元器件（比如，MC1496）。

2. 任务器材

1）高频电子线路实验箱1套。

2）双踪示波器1台。

3）高频信号发生器1台。

4）万用表1块。

5）高频毫伏表1台。

6）Multisim仿真软件。

3. 知识准备及任务原理

项目方案设计：

（1）性能指标

1）调幅发射机的工作频率范围一般在________ ~ ________范围内，这个工作频率指的是________（载波、调制信号）的频率。

2）有4种调幅波形如图9-35所示，图________是严重过调，图________是过调，图________是理想波形，图________是包络失真波形。

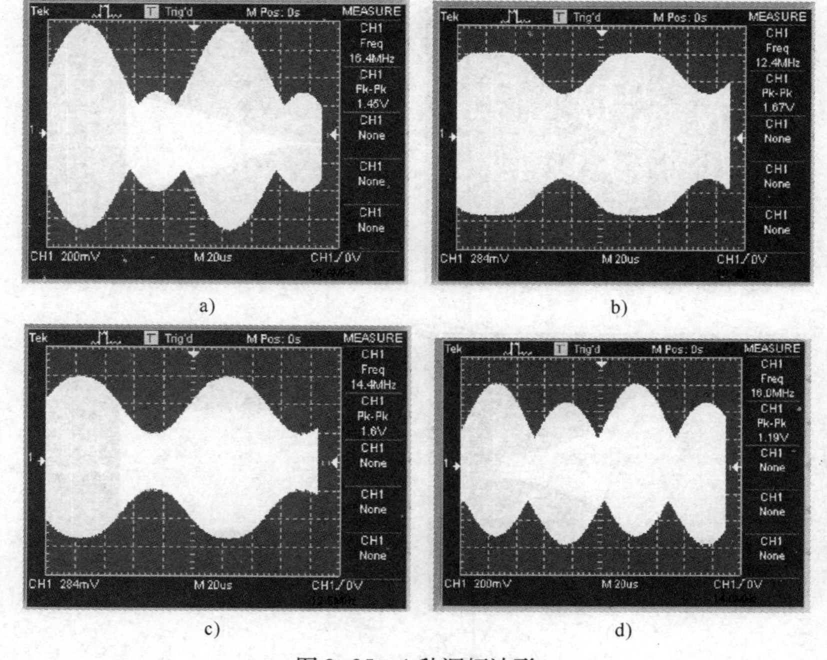

图9-35 4种调幅波形

（2）将图 9-36 的调幅发射机组成框图填写完整

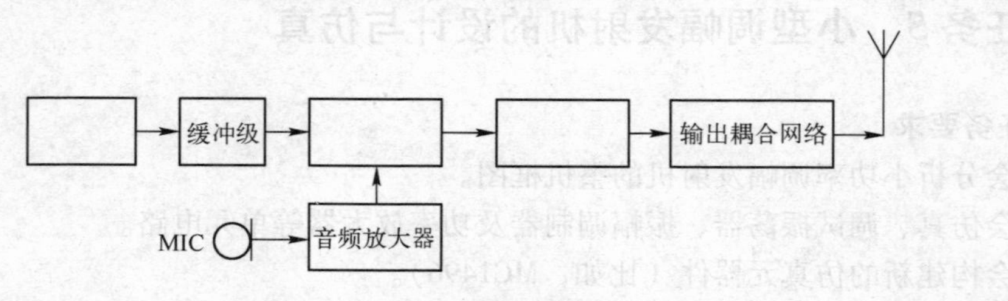

图 9-36　调幅发射机组成框图

1）缓冲器的作用：________________________，缓冲器一般由__________电路组成。

2）振荡器的作用：________，振荡器的类型：________、________、________。

3）振幅调制电路有哪两种？____________________、________________。

4. 任务内容及步骤

（1）振荡器单元电路设计与仿真

1）振荡器设计要求。

- 振荡频率：$f_o = 10\ \text{MHz}$ 左右。
- 信号幅度：$V_{cp-p} < 500\ \text{mV}$。
- 正弦波波形，波形失真小。
- 起振要快，信号幅度要稳定。
- 振荡器类型：晶体振荡器、*LC* 三点式振荡器、*RC* 振荡器（三者任选一种）。

2）根据图 9-37，判断振荡器的调试波形。

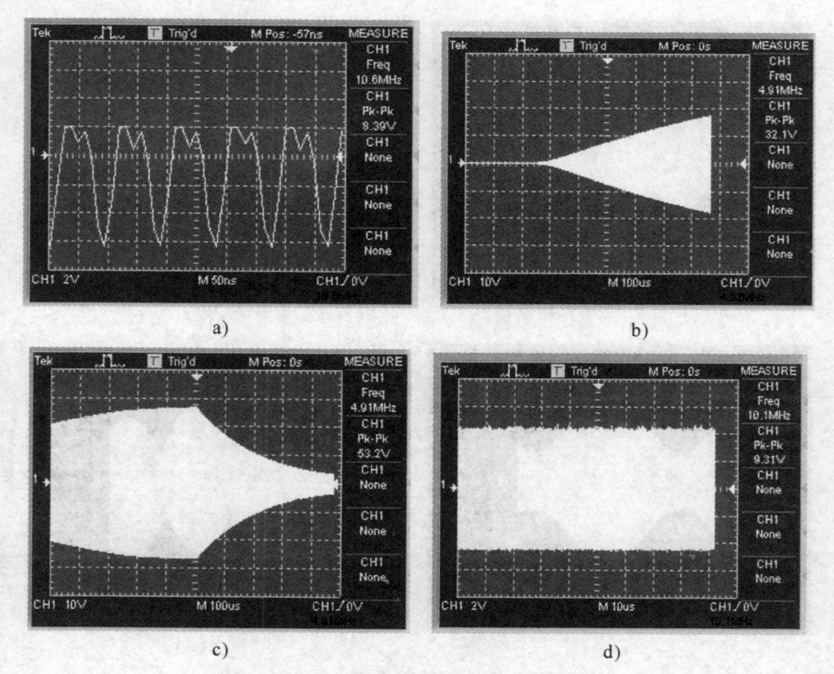

图 9-37　振荡器的调试波形

图________是理想波形，图________波形有失真，图________起振慢，图________波形幅度不稳定。

3）电路设计（参考）。

振荡器电路如图 9-38 所示。

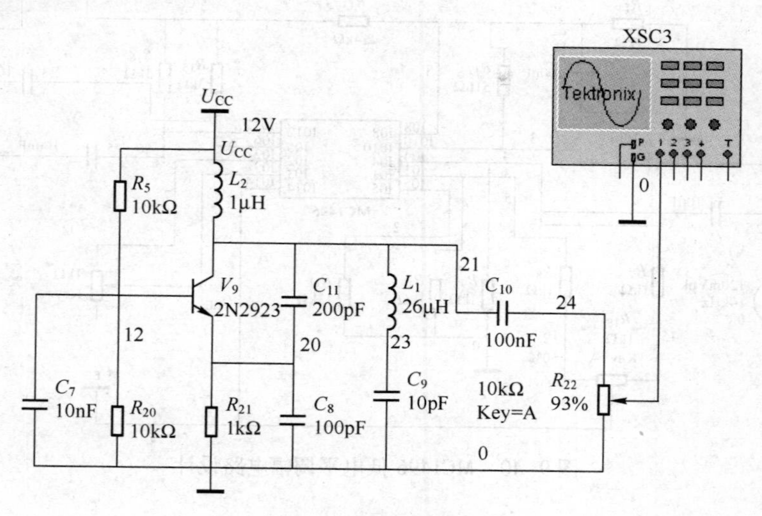

图 9-38　振荡器电路

① 判断振荡器的类型：________________________

② 写出振荡频率的表达式，并求出振荡频率大小：________________________

③ 可调电位器 R_{22} 的作用：________________________

（2）MC1496 低电平调幅电路设计

1）MC1496 集成芯片的内部电路如图 9-39 所示。

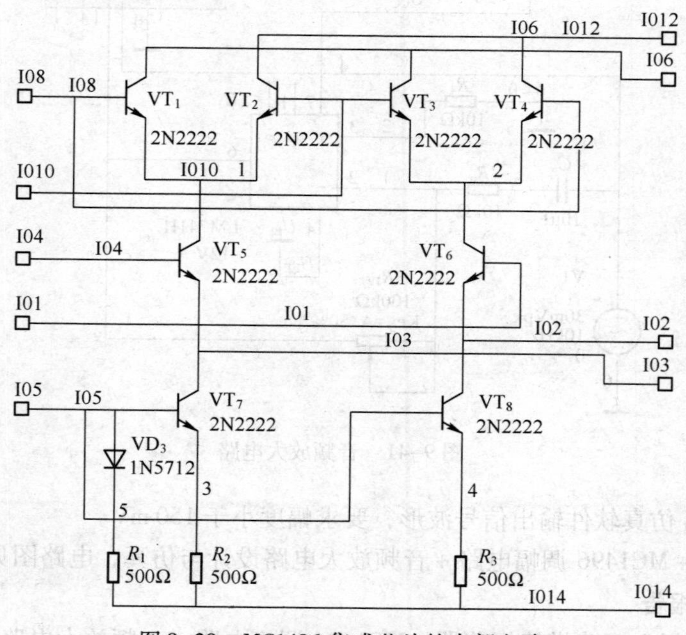

图 9-39　MC1496 集成芯片的内部电路

2）MC1496 低电平调幅电路设计如图 9-40 所示。

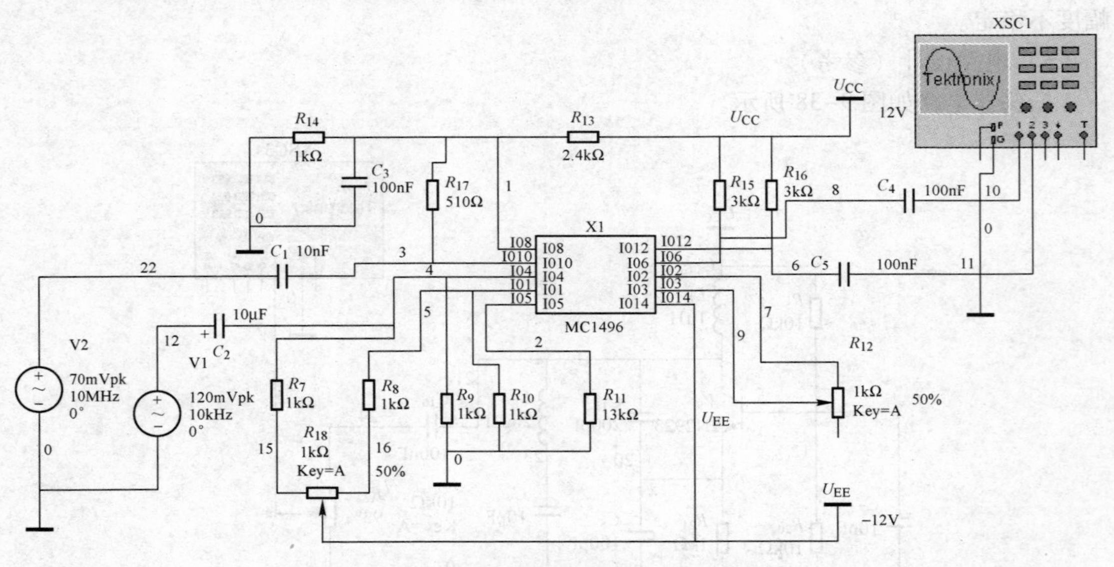

图 9-40　MC1496 低电平调幅电路设计

R_{18}可变电阻的作用：________________。

（3）音频放大电路设计与仿真

音频放大电路如图 9-41 所示，其中 R_{19}可变电阻的作用：________________

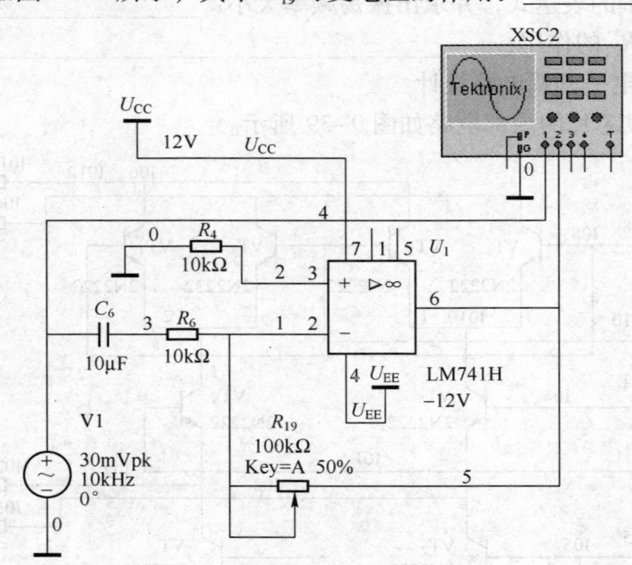

图 9-41　音频放大电路

应用 Multisim 仿真软件输出信号波形，要求幅度小于 150 mV。

（4）振荡器 + MC1496 调幅电路 + 音频放大电路设计与仿真，电路图见图 9-42。

5. 任务完成报告

1）能在实验板上正确搭建振荡器 + MC1496 调幅电路 + 音频放大电路。

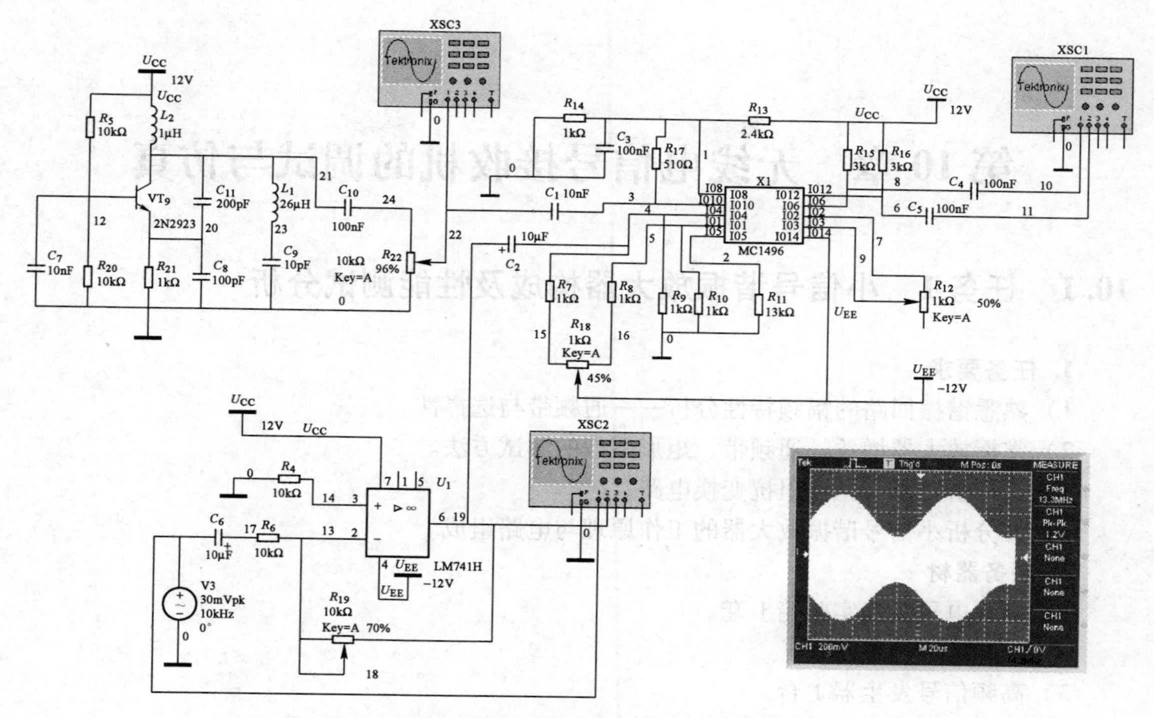

图 9-42　振荡器 + MC1496 调幅电路 + 音频放大电路

2）整理实训数据，绘制有关波形图。

3）分析讨论实训中出现的现象和问题。

4）总结高频小信号调幅发射机的关键电路是如何工作的，相关参数如何影响电路工作状态。

5）绘制振荡器、调幅电路和音频放大电路的仿真波形。

6）罗列出发射机产生失真的原因。

【实验注意事项】

1）养成良好的生产实训习惯，严格遵守实训章程。

2）仔细阅读示波器、信号发生器的使用说明书，正确选用仪器。

第 10 章　无线电信号接收机的调试与仿真

10.1　任务 1　小信号谐振放大器构成及性能测试分析

1. 任务要求

1）熟悉谐振回路的幅频特性分析——通频带与选择性。

2）掌握放大器增益、通频带、矩形系数的测试方法。

3）会分析自耦变压器阻抗变换电路。

4）会分析小信号谐振放大器的工作原理与电路组成。

2. 任务器材

1）高频电子线路实验箱 1 套。

2）双踪示波器 1 台。

3）高频信号发生器 1 台。

4）万用表 1 块。

5）高频毫伏表 1 台。

3. 知识准备及任务原理

（1）高频小信号谐振放大器的电路组成见图 10-1

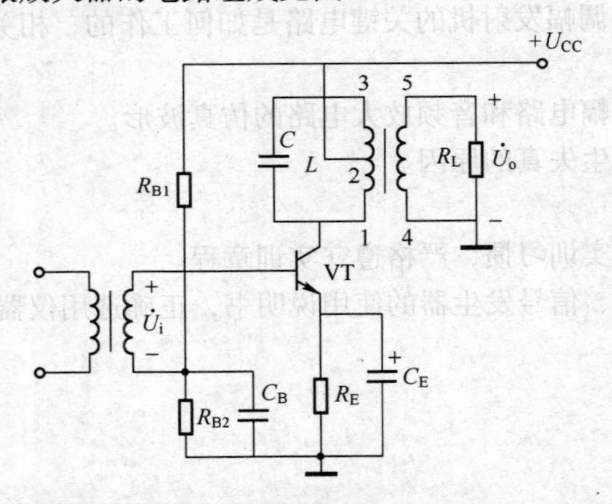

图 10-1　高频小信号谐振放大器的电路

【问题】：

1）小信号谐振放大器用于无线电____________（发射机、接收机）。

2）小信号谐振放大器的作用：____________、____________。

3）晶体管 VT 的作用：____________________。

4）L、C 并联谐振回路的作用：____________。

5）R_{B1}、R_{B2}、R_E 电阻的作用：____________________。

6）自耦变压器的作用：____。

7）如果输入信号 U_i 的中心频率为 465 kHz，那么 LC 并联回路的谐振频率为________。

8）画出直流通路和交流通路。

（2）小信号谐振放大器技术指标的测试

1）根据幅频特性曲线图 10-2，测试谐振电压增益 A_{uo}。

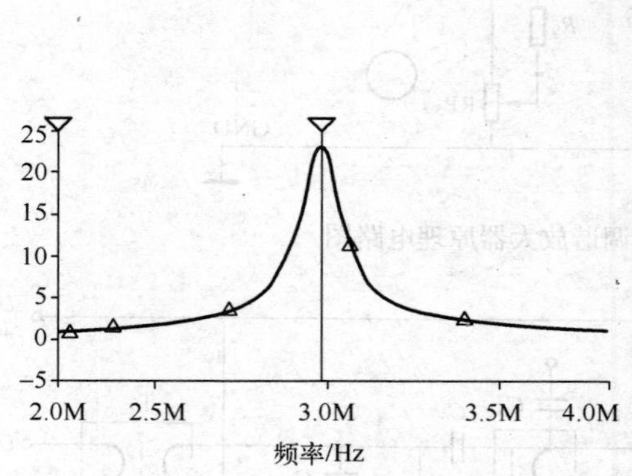

AC Analysis	V(7)
x1	2.9790M
y1	23.0024
x2	2.0000M
y2	837.0057m
dx	-978.9790k
dy	-22.1654
1/dx	-1.0215μ
1/dy	-45.1155m
min x	2.0000M
max x	4.0000M
min y	837.0057m
max y	23.0024
offset x	0.0000
offset y	0.0000

图 10-2　幅频特性曲线

【问题】：

谐振频率 f_o = ________，谐振电压增益 A_{uo} = ________。

2）根据图 10-3 所示的幅频特性曲线，测试通频带曲线 $BW_{0.7}$。

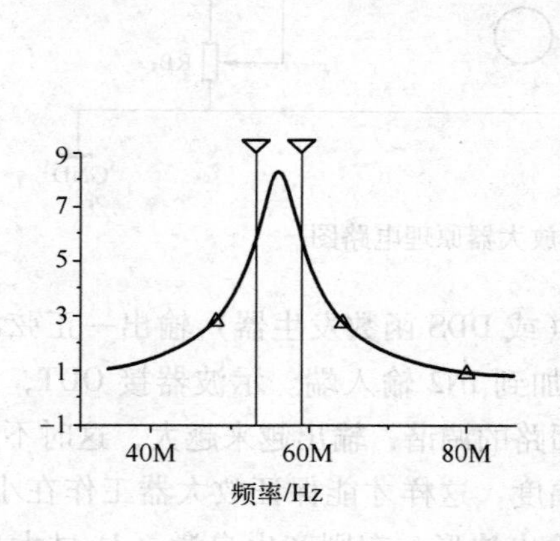

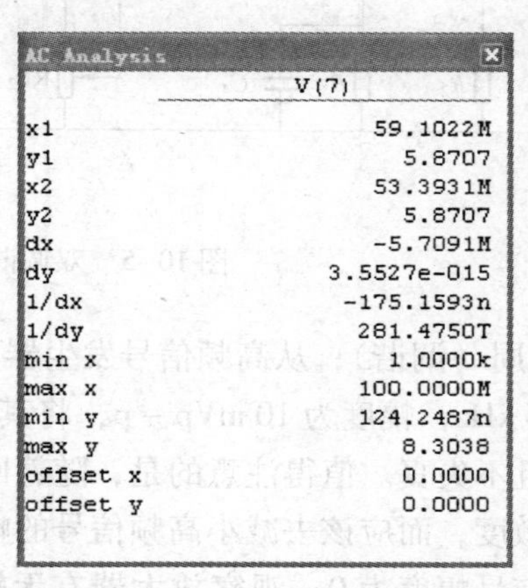

AC Analysis	V(7)
x1	59.1022M
y1	5.8707
x2	53.3931M
y2	5.8707
dx	-5.7091M
dy	3.5527e-015
1/dx	-175.1593n
1/dy	281.4750T
min x	1.0000k
max x	100.0000M
min y	124.2487n
max y	8.3038
offset x	0.0000
offset y	0.0000

图 10-3　测试通频带曲线

【问题】：

f_H = ________，f_L = ________，$BW_{0.7}$ = ________。

4. 任务内容及步骤

单调谐放大器原理电路图如图 10-4 所示，双调谐放大器原理电路图如图 10-5 所示。

（1）单调谐回路谐振放大器

1）调测静态工作点电流：加直流电压，在 U_C 处加 +12V 电压。在集电极支路串入毫安表。调整 RP_4，使集电极电流 I_{C0} = 0.3 ~ 1 mA 之后，去掉万用表，用短路线短接两接点。

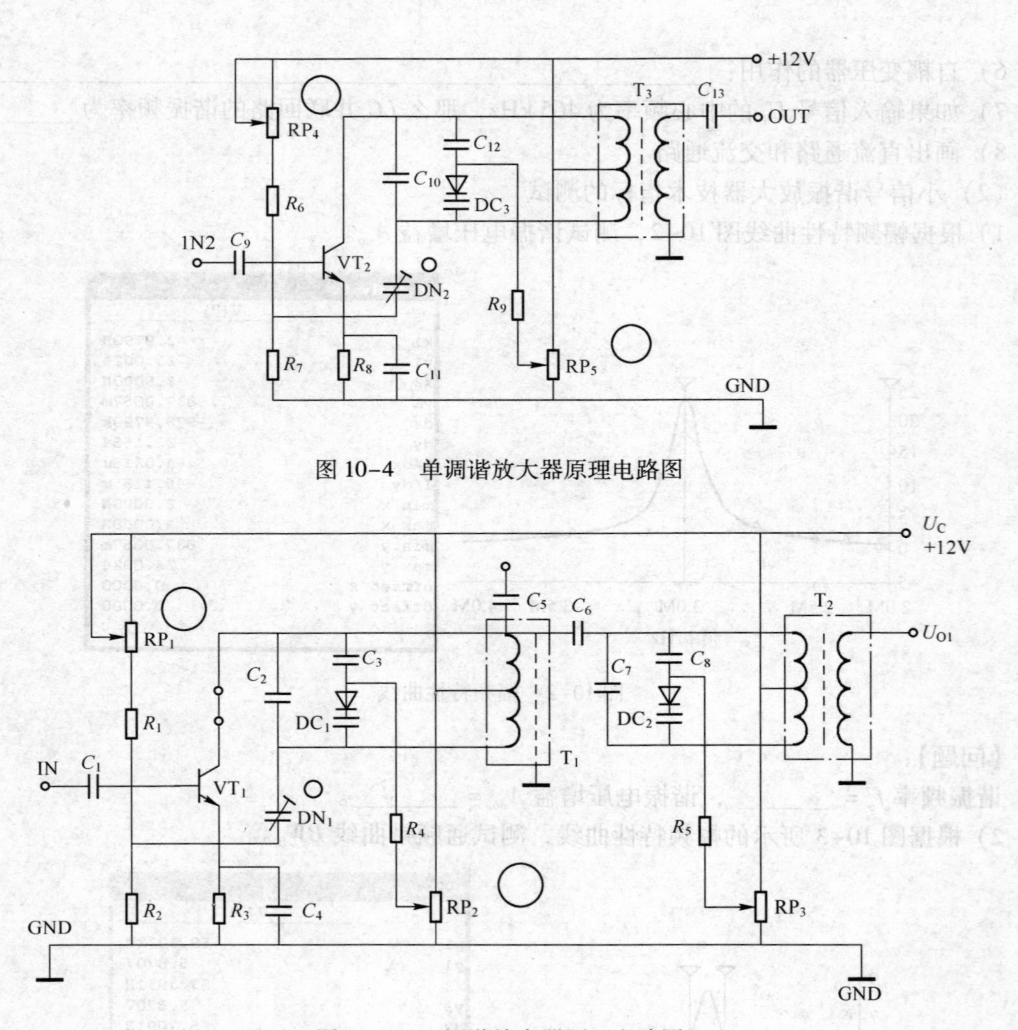

图 10-4　单调谐放大器原理电路图

图 10-5　双调谐放大器原理电路图

2）校中周（调谐）；从高频信号发生器（或 DDS 函数发生器）输出一正弦波信号，使其频率为 465 kHz，幅度为 10 mVp - p，将其加到 IN2 输入端。示波器接 OUT，然后调 RP_5 使输出最大且不失真。值得注意的是，随着回路的调谐，输出越来越大，这时不应该去衰减示波器的灵敏度，而应该去减小高频信号的幅度，这样才能保证放大器工作在小信号范围。然后使输入信号幅度为 0，观察放大器有无输出波形，有则产生自激（I_{C0} 过大也易产生自激），调 CN2 使输出为零。这时需再加中频信号重新调谐并保持输出最大且不失真。

3）测量电压增益 $K_v = \dfrac{U_{OUT}}{U_{IN}}$，式中，$U_{OUT}$ 为放大器输出电压，可用示波器测得，U_{IN} 为高频信号源输出。通常 U_{IN} 很小，为了保证所测增益准确，必须用同一示波器进行校准，否则会带来较大误差。分别加上 3 个幅度不同的中频信号，得到 3 个输出信号，分别计算出每次的增益，最后求出平均值，即为放大器的增益。这样做的目的是为了减少测量的误差。

4）测量通频带及矩形系数。

幅频特性曲线如图 10-6 所示。

根据定义：$K_{r0.1}=\dfrac{BW_{n\,0.1}}{BW_{n\,0.7}}=\dfrac{\sqrt{100^{1/n}-1}}{\sqrt{2^{1/n}-1}}$　$BW_{n\,0.1}=f_2-f_4$　$BW_{n\,0.707}=f_1-f_3$

调整信号发生器的输出幅度使放大器的输出幅度的最大值为整数。然后调整高频信号发生器的频率使谐振回路左右失谐。例如先向高端失谐，记下使输出幅度最大值下降到 0. 707 倍时和 0. 1 倍时的频率值 f_1、f_2。回调到 465 kHz 最大值处再以同样的方法向低端失谐，记录下降 0. 707 倍和 0. 1 倍处的频率值 f_3、f_4，如图 2-27 所示，显然 f_1、f_3之间的频率间隔为 $BW_{n\,0.707}$通频带，f_2、f_4之间的频率间隔为 $BW_{n\,0.1}$通频带。根据定义不难求出 $K_{r0.1}$。分别用上述方法测出放大器工作在单调谐和双调谐时的矩形系数，并将测试数据及结果填入表 10-1 中并比较单调谐与双调谐之间矩形系数的大小有何不同。

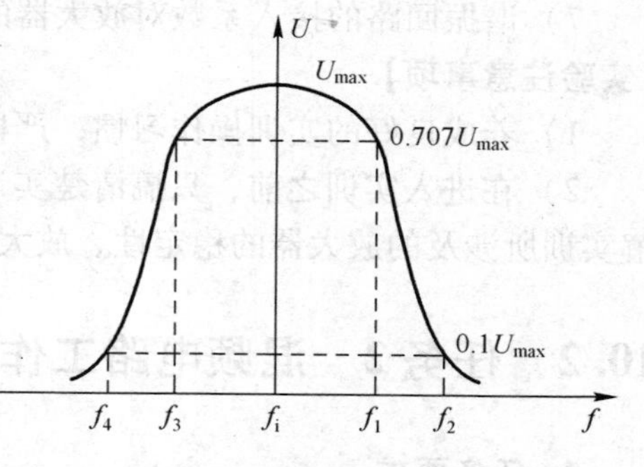

图 10-6　幅频特性曲线

表 10-1　测试数据及结果

f_1	f_2	f_3	f_4	$K_{r0.1}$

5）最大不失真输出的测量。

当不断增加输入信号的幅度使 $K_V=\dfrac{U_{OUT}}{U_{IN}}$刚开始下降时所对应的输出即为放大器最大不失真输出，要注意放大器必须无自激。

（2）双调谐回路谐振放大器

1）调测静态工作点电流。加直流电压：在 U_C处加 +12 V 电压。在集电极支路串入毫安表。调整 RP_1，使集电极电流 $I_{C0}=0.5\sim1$ mA。之后，去掉万用表，用短路线短接两接点。

2）校中周（调谐）；从高频信号发生器输出一正弦波信号，使其频率为 465 kHz，幅度为 10 mV_{p-p}，将其加到 IN 输入端。示波器接 U_{01}，然后调 RP_2、RP_3 使输出最大且不失真。然后使输入信号幅度为 0，观察放大器有无输出波形，有则产生自激，调 CN1 使输出为零（如不能消除自激，降低工作点即可消除自激）。这时需再加中频信号重新调谐并保持输出最大且不失真。

3）测量电压增益。方法同单调谐放大器，比较其测试结果。

4）测量通频带及矩形系数。方法同单调谐放大器，比较其测试结果。

5）测量最大不失真输出。方法同单调谐放大器，比较其测试结果。

5. 任务完成报告

1）画出仪器连接图。

2）整理实训步骤，画出特性曲线图，分析测试数据。

3）回路的谐振频率 f_o 与哪些参数有关？如何判断谐振回路处于谐振状态？

4）为什么说提高电压放大倍数 A_{uo}时，通频带 $2\Delta f_{0.7}$会减小？可以采取哪些措施提高放大倍数 A_{uo}？可以采取哪些措施使 $2\Delta f_{0.7}$加宽？

5）在调谐 LC 谐振回路时，对放大器的输入信号有何要求？如果输入信号过大会出现什么现象?

6）影响小信号调谐放大器不稳定的因素有哪些?

7）谐振回路的接入系数对放大器的性能有哪些影响?

【实验注意事项】

1）养成良好的实训操作习惯，严格遵守实训章程。

2）在进入实训之前，只搞清楚实训电路的原理，熟悉实训电路参数是不够的，还要了解实训所涉及的放大器的稳定性、放大器的调整与测试方法，仪器使用方法。

10.2 任务2 混频电路工作原理及应用案例分析

1. 任务要求

1）能理解混频电路工作原理。（重点）

2）会分析乘法器 MC1496 构成的混频电路。（重点）

3）会判断典型的混频干扰。（难点）

4）进一步掌握晶体管混频电路的基本结构及特性，并能使用仪器测试各种因素对混频器增益的影响，观察晶体管混频器的干扰。

2. 任务器材

1）实训电路板 1 块。

2）晶体管混频器元器件。

3）双踪示波器、函数信号发生器、高频信号发生器、直流稳压电源、毫伏表及万用表等仪器。

3. 知识准备及任务原理

（1）混频波形图原理分析见图 10-7。

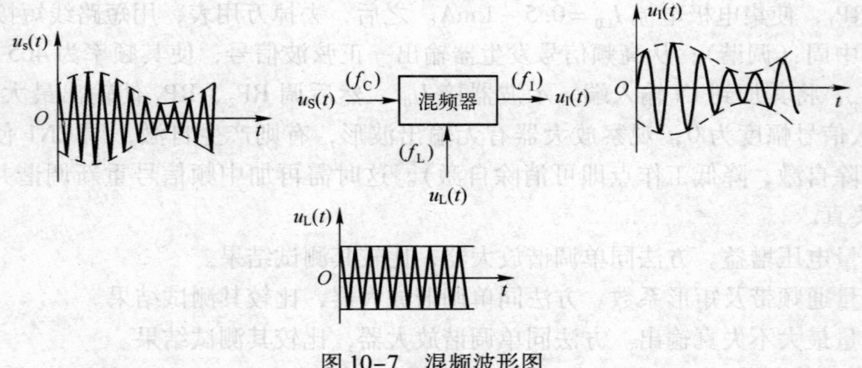

图 10-7　混频波形图

【问题】:

1）写出各频率的名称：f_c：________，f_I：________，f_L：________（中频、载频、本振频率）

2）根据图 10-7 所示的各个波形，判断该混频器为________混频（选项：上、下），f_I、f_L、f_C三个频率之间的关系表达式为________________。（选择：$f_I = f_L - f_C$，$f_I = f_L + f_C$）

3）若 $u_S(t)$ 调幅波的 $m_a=0.6$，$f=1\ \text{kHz}$，$BW_{0.7}=2\ \text{kHz}$，那么 $u_I(t)$ 的 $m_a=$________，$f=$________，$BW_{0.7}=$________。

4）一般调幅广播收音机的中频频率为____________。

（2）二极管混频电路如图 10-8 所示

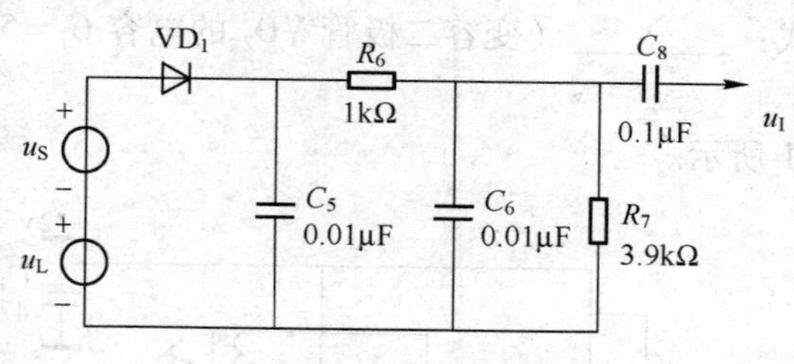

图 10-8　二极管混频电路

【问题】:

1）R_6、C_5、C_6 作用：________，C_8 的作用：________；

2）已知 $f_I=1\ \text{kHz}$，$f_C=1057\ \text{MHz}$，请问本振频率 $f_L=$________；

（3）本振电路和本振电路交流通路如图 10-9 和图 10-10 所示

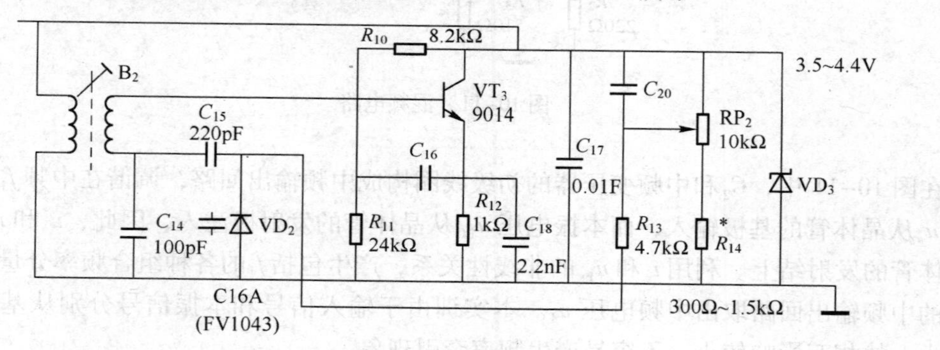

图 10-9　本振电路

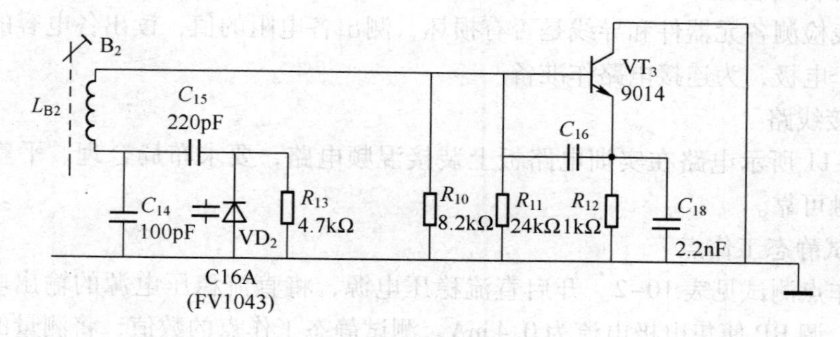

图 10-10　本振电路交流通路

【问题】:

1）画出直流通路。

2）电阻 R_{10}、R_{11}、R_{12} 的作用是________________。

3）电阻 R_{13}、R_{14} 以及可变电阻 RP_2 的作用是________________。

4）变容二极管 VD_2 工作在________状态，稳压二极管工作在________状态（正偏、反偏）。

5）根据图 10-10 交流通路分析，判断本振电路属于哪类振荡器？________

6）画出图 10-10 中的 LB_2、C_{14}、C_{15}、C_{16}、C_{18} 以及变容二极管 VD_2 构成的回路，并写出本振频率的近似表达式：________（变容二极管 VD_2 的电容 $C_j=5\sim20\text{ pF}$）。

4. 任务内容及步骤

混频电路如图 10-11 所示。

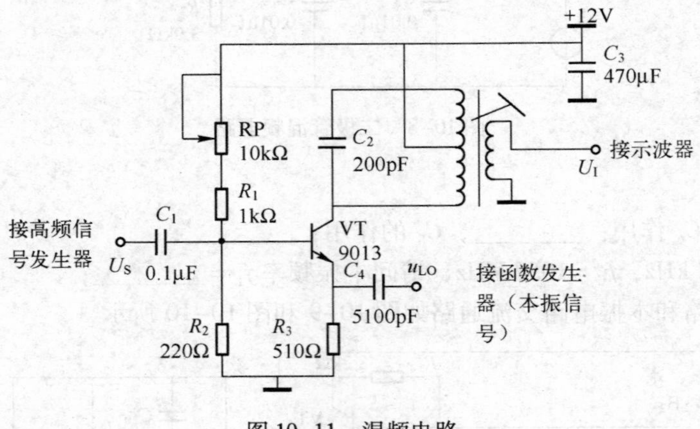

图 10-11　混频电路

在图 10-11 中，C_2和中频变压器的初级线圈构成中频输出回路，调谐在中频f_I上。输入电压u_s从晶体管的基极输入，而本振电压u_{LO}从晶体管的发射极注入，因此，u_s和u_{LO}同时加到晶体管的发射结上。利用i_c和u_{be}的非线性关系，产生包括f_I的各种组合频率分量，通过集电极的中频输出回路取出中频电压u_I。本实训由于输入信号和本振信号分别从基极和发射极注入，故相互影响较小，不容易产生频率牵引现象。

（1）元器件的检测

用万用表检测各元器件和导线是否有损坏，测出各电阻的值，读出各电容的值，区分出晶体管的 3 个电极，为连接电路作准备。

（2）连接线路

按图 10-11 所示电路在实训电路板上装接混频电路，要求布局合理、平整、美观、连线正确及接触可靠。

（3）测试静态工作点

静态工作点测试见表 10-2。开启直流稳压电源，将直流稳压电源的输出电压调至12 V 并接入电路。调 RP 使集电极电流为 0.4 mA，测试静态工作点的数值，将测量的数据记录于表 10-2 中。

表 10-2　静态工作点测试

I_{CQ}/mA	U_{BQ}/V	U_{CQ}/V	U_{EQ}/V
0.4			

（4）观测混频输出

1）调节中频频率。调节函数信号发生器，使其输出 $f_s=450\,\text{kHz}$，$u_s=30\,\text{mV}$ 的等幅波加到晶体管基极，用示波器检测中频变压器输出，调节中频变压器磁心使示波器观测的幅度最大且包络不失真时，得到中频 f_I，$f_I=f_s$。此时，LC 回路调谐在 f_I 上。

2）观测混频输出。

- 调节函数信号发生器，使其输出 $u_s=30\,\text{mV}$，载频为 $f_s=550\,\text{kHz}$，调制信号 $f=1\,\text{kHz}$，$m_a=0.3$ 的调幅波加到晶体管基极。
- 调节高频信号发生器，使其输出 $u_{LO}=200\,\text{mV}$，$f_{LO}=1\,\text{MHz}$ 的本振信号加到晶体管的发射极。
- 用示波器观察混频输出，要求示波器观测到的波形幅度最大且无包络失真，可微调高频信号发生器的频率。
- 测量出混频器输出电压 u_I，填入表 10-2 中。

（5）观察静态电流对混频器增益的影响

1）调幅波和本振信号的参数与前面（4）中保持一致，改变 RP 使 I_{CQ} 发生变化，观察示波器的输出，并用毫伏表测量混频器的输出电压 u_I，填入表 10-3。

静态电流对混频器增益的影响见表 10-3。

表 10-3　静态电流对混频器增益的影响

I_{CQ}/mA	0	0.1	0.2	0.3	0.4	0.6	0.8	1
u_I/mV								

2）以 I_{CQ} 为横坐标，以 u_I 为纵坐标，绘出 $I_{CQ}-u_I$ 曲线。注意：示波器观测到的波形幅度最大且无包络失真时的 I_{CQ} 为最佳工作点电流。

（6）观察本振电压幅度对混频器增益的影响

1）调节 RP 使集电极电流为 0.4 mA，调幅波参数与前面（4）中保持一致。

2）改变高频发生器的输出信号（本振信号）的幅度 u_{LO}，使之在 20～500 mV 之间发生变化，观察示波器的输出，并用毫伏表测量混频器的输出电压 u_I，填入表 10-4。

本振电压对混频器增益的影响见表 10-4。

表 10-4　本振电压对混频器增益的影响

u_{LO}/mV	20	60	100	120	160	180	200	250	300	350	400	450	500
u_I/mV													

3）以 u_{LO} 为横坐标，以 u_I 为纵坐标，绘出 $u_{LO}-u_I$ 曲线。注意：示波器观测到的波形幅度最大且无包络失真时的本振信号幅度为最佳本振电压的幅度值。

（7）观察混频器的寄生干扰

1）观察中频干扰。本振信号参数与前面（4）中保持一致，调节函数信号发生器，使其输出 $u_s=30\,\text{mV}$，载频为 $f_s=450\,\text{kHz}$，调制信号 $f=1\,\text{kHz}$，$m_a=0.3$ 的调幅波，用示波器观察混频输出（可微调 f_s 使其波形幅度最大），并用超高频毫伏表测出 u_I'，把 u_I' 与前面结果比较。

2）观察镜像干扰。本振信号参数与前面（4）中保持一致，调节函数信号发生器，

使其输出 $u_s=30\,\text{mV}$，载频为 $f_s=1450\,\text{kHz}$，调制信号 $f=1\,\text{kHz}$，$m_a=0.3$ 的调幅波，用示波器观察混频输出，可微调 f_s 使其波形幅度最大，并用超高频毫伏表测出 u''_I，把 u''_I 与前面结果比较。

5. 任务完成报告

1）整理实训数据。

2）描绘出 $I_{CQ}-u_I$ 曲线，并说明其特点。

3）描绘出 $u_{LO}-u_I$ 曲线，并说明其特点。

4）解释中频干扰、镜像干扰形成的原因。

10.3 任务3 调幅波检波电路分析与仿真

1. 任务要求

1）能理解二极管包络检波和同步检波的工作原理。

2）会分析二极管、晶体管包络检波电路。（重点）

3）会分析乘积型同步检波电路。（重点）

4）会分析惰性失真和负峰切割失真。

5）通过实验掌握调幅波解调方法以及掌握检波负载电阻和滤波元器件的正确选择。

6）学会用集成电路实现同步检波的方法。

7）通过实验中波形的变换，学会分析实验现象。

2. 任务器材

1）高频电子线路实验箱1套。

2）双踪示波器1台。

3）高频信号发生器1台。

4）万用表1块。

5）高频毫伏表1台。

3. 知识准备及任务原理

（1）二极管峰值包络检波电路如图10-12所示

【问题】：

1）二极管包络检波的原理主要是利用了二极管的________和电容 C 的________实现检波的。电容 C 充电过程________，放电过程________（选项：快、慢）。

2）电阻 R 越大，检波效率________（越大、越小），非线性失真小。其次，R 越大，检波电路的输入电阻________（越大、越小），对上级选频放大器的影响也越小。

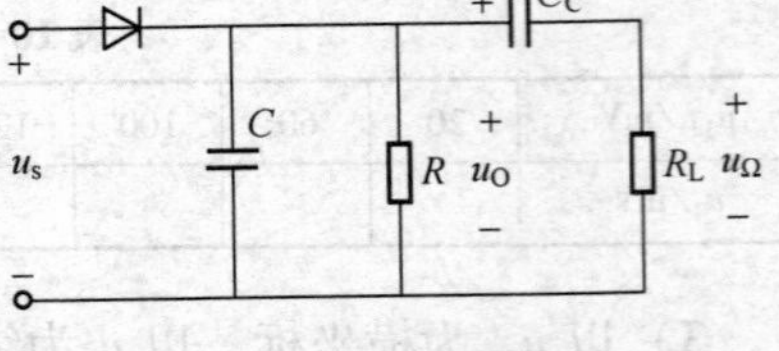

图10-12 二极管峰值包络检波电路

3）二极管包络检波电路用于解调________调幅波（选项：AM、DSB、SSB）。

4）振幅检波电路的3个技术指标。________、________、________。

5）若 $R=5.1\,\text{k}\Omega$，$R_L=3\,\text{k}\Omega$，检波电路的输入电阻 $R_i=$________。

6）图10-13是哪种失真？____________（负峰切割失真、惰性失真）。产生这种检波失真的原因是____________、____________，减小失真的措施：____________。

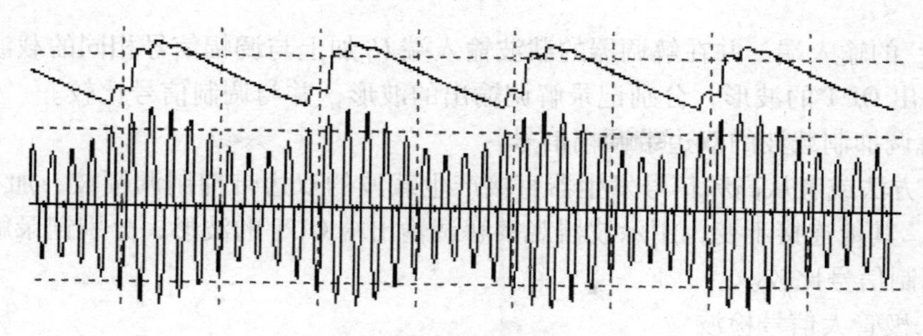

图 10-13　检波波形

（2）超外差收音机检波电路分析

【问题】：

1）在图 10-14 中，晶体管 VT_4 的基极与集电极连接，晶体管 VT_4 的作用________________________。

2）C_8、C_9、R_9 的作用：________________________。

3）C_{10}的作用：________________________。

4）可调电位器 RP 的作用________________________。

5）与二极管包络检波相比，晶体管检波器的优势是________________________。

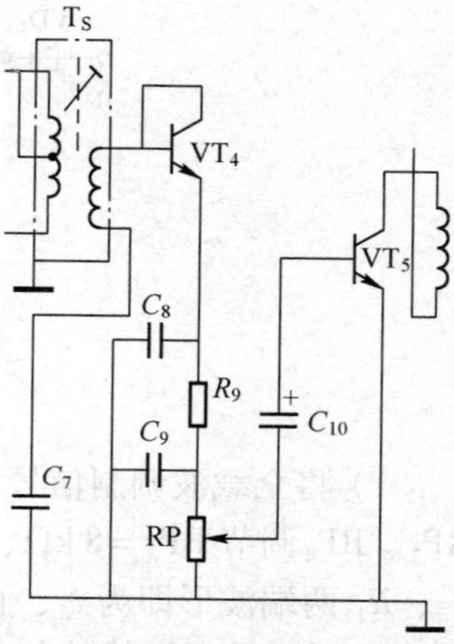

图 10-14　晶体管检波电路

4. 任务内容及步骤

用乘法器实现振幅解调，用 1496 集成电路构成的同步解调器电路图如图 10-15 所示。

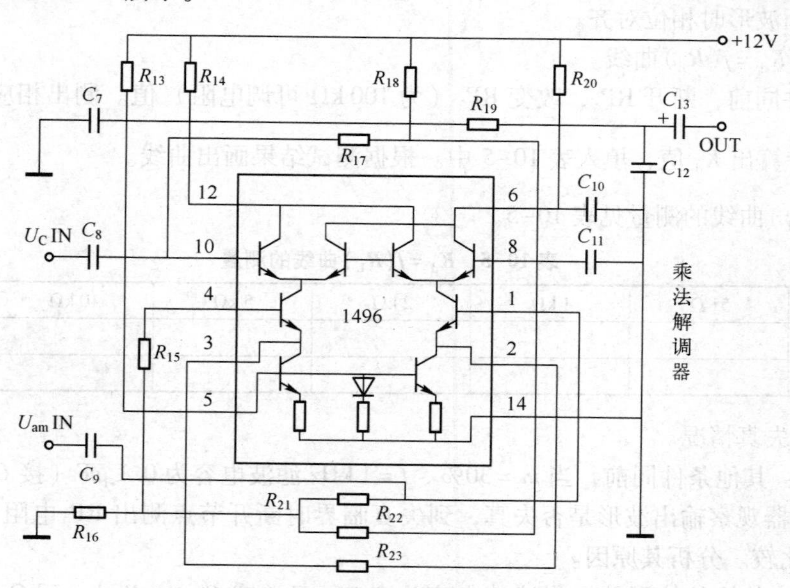

图 10-15　用 1496 集成电路构成的同步解调器电路图

（1）解调全载波信号

1）按要求接通 +12 V 电源。

2）恢复 AM 调制器的内容。调制幅度分别为 30%，100% 及 >100% 的调幅波，将它们

依次加到 U_{am} 的输入端，并在解调器的载波输入端 U_C 加上与调幅信号相同的载波信号。用示波器观察输出 OUT 的波形，分别记录解调输出的波形，并与调制信号比较。

（2）解调抑制载波的双边带调幅信号

用前面方法或者从高频信号发生器直接产生载波的双边带抑制调幅波，加在图 10-4 的输入端 U_{am}，其他连接不变，用示波器观察解调输出端 OUT 的波形，分别记录解调输出的波形，并与调制信号比较。

（3）二极管大信号检波

大信号二极管检波实验电路如图 10-16 所示。

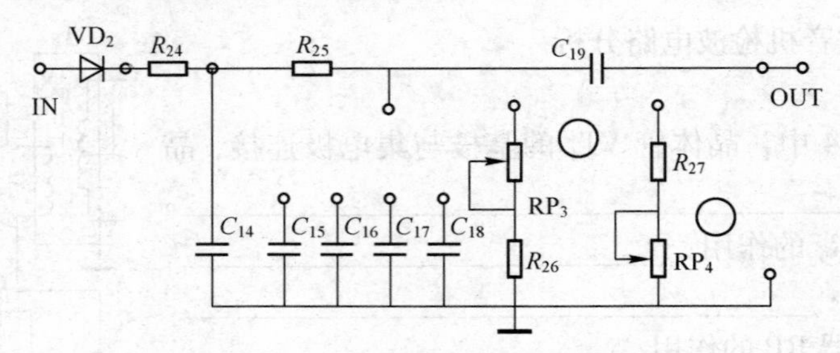

图 10-16　大信号二极管检波实验电路

1）将全载波调制信号 $U_S=0.5\text{ V}$　$f=500\text{ kHz}$　$f=1\text{ kHz}$　$m=30\%$ 接到 IN 处，接通 C_{16}、RP_3、RP_4 调节 $RP_3=8\text{ k}\Omega$、$RP_4=5\text{ k}\Omega$ 用示波器分别观察输入信号波形 u_s、二极管两端波形 u_d、R_{24} 两端波形即为 i_d、直流负载上 $R_L(RP_3)$ 的波形 u_Ω（u_Ω 用示波器 DC 耦合观察，含直流分量）以及下级等效负载上 R'_L（RP_4）的波形 u'_Ω。并画出 u_s、u_d、i_d、u_Ω、u'_Ω 的波形。

注意：画波形时相位对齐。

2）测绘 $K_d=f(R_L)$ 曲线。

其他条件同前，断开 RP_4，改变 RP_3（为 100 kΩ 可调电阻）值。测出相应的 U_Ω 值，由 $K_d=\dfrac{U_\Omega}{M\cdot U_S}$ 计算出 K_d 值，填入表 10-5 中。根据测试结果画出曲线。

$K_d=f(R_L)$ 曲线的测量见表 10-5。

表 10-5　$K_d=f(R_L)$ 曲线的测量

R_L	51 Ω	1 kΩ	2 kΩ	5 kΩ	10 kΩ	22 kΩ
U_Ω						
K_d						

3）观察失真情况。

① 条件：其他条件同前，当 $m=30\%$、$f=1\text{ kHz}$ 滤波电容为 0.1 μF（接 C_{17}）时，调整 RP_3，用示波器观察输出波形是否失真，到失真临界时断开节点测出 RP_3 电阻值，并与理论计算出的值比较。分析其原因。

② 条件：其他条件同前，当滤波电容为 0.01 μF（接 C_{16}）、$R_{RP_3}=5\text{ k}\Omega$、$R_{RP_4}=3\text{ k}\Omega$，调整 m 为多大时产生底部切割失真，测出临界时 m 值并与理论计算值比较。分析其原因。

5. 任务完成报告

1）整理实训数据，绘制有关波形图。

2）分析讨论实训中出现的现象和问题。

3）比较线性检波、惰性失真和负峰切割失真3种状态的波形。

4）说明惰性失真和负峰切割失真产生的原因。

【实验注意事项】

1）养成良好的生产实训习惯，严格遵守实训章程。

2）仔细阅读示波器、信号发生器的使用说明书，正确选用仪器。

10.4　任务4　无线电接收机整机电路分析与调试

1. 任务要求

1）会分析无线电测向机整机电路中各元器件的作用。

2）会使用 *LCR* 电桥测试电感 *L*、电容 *C*。

3）会测试中周变压器的好坏。

4）会测试双声道耳机底座。

5）会阅读器件的英文资料，并能区分高频管与低频管的不同。

2. 任务器材

1）高频电子线路实验箱1套。

2）双踪示波器1台。

3）高频信号发生器1台。

4）万用表1块。

5）高频毫伏表1台。

3. 知识准备及任务原理

（1）将超外差式接收机的组成框图10-17填写完整

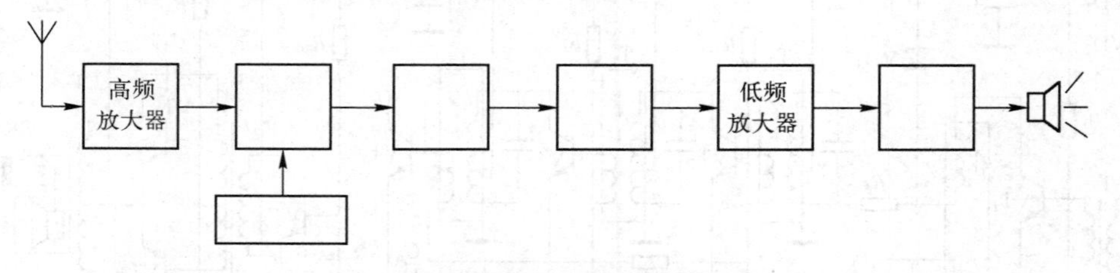

图10-17　超外差式接收机的组成框图

（2）天线回路分析，天线原理图见图10-18

1）双向开关 S_1 的作用：________________。

2）L_1、C_1 回路的作用：________________。

3）L_1、L_2 的作用：________________。

（3）元器件分析

【问题】：

如表10-6所示，低频放大管9013与高频放大管9014、9018有什么区别？（阅读器件的英文资料）

【结论】：

高频放大管的优势有哪些？

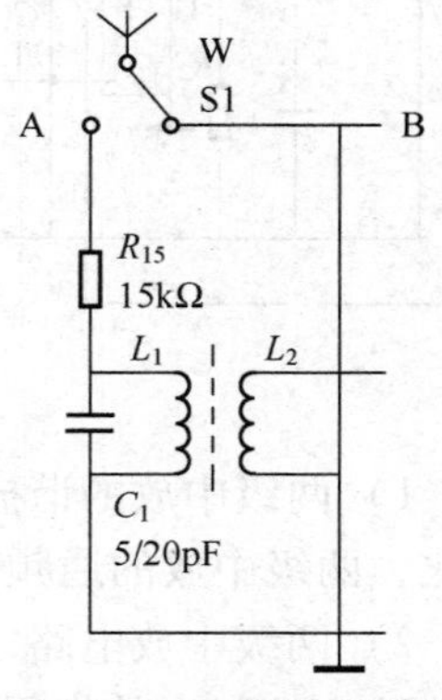

图10-18　天线原理图

表 10-6　低频放大管与高频放大管的比较

型号	集电极耗散功率 P_{CM}	集电极电流 I_{CM}	集电极－基极击穿电压 $V_{BR(CBO)}$	直流电流增益 H_{FE}	特征频率 f_T
9013					
9014					
9018					

(4) 认识检波二极管 1N60P（提供 3 个三极管的英文资料）

【问题】:

如表 10-7 所示，1N60P 与其他普通开关二极管 1N4148、整流二极管 1N4007 有何区别?

表 10-7　几种管子的比较

型号	正向导通压降 U_F	反向漏电流 I_R	结电容 C_j	最大反向电压 U_R	正向导通电流 I_F
1N60P					
1N4148					
1N4007					

【结论】:

与其他普通二极管相比，检波二极管 1N60P 的优势有哪些?

4. 任务内容及步骤

根据图 10-19 所示的超外差收音机整机电路，完成七管半导体超外差收音机的组成框图。

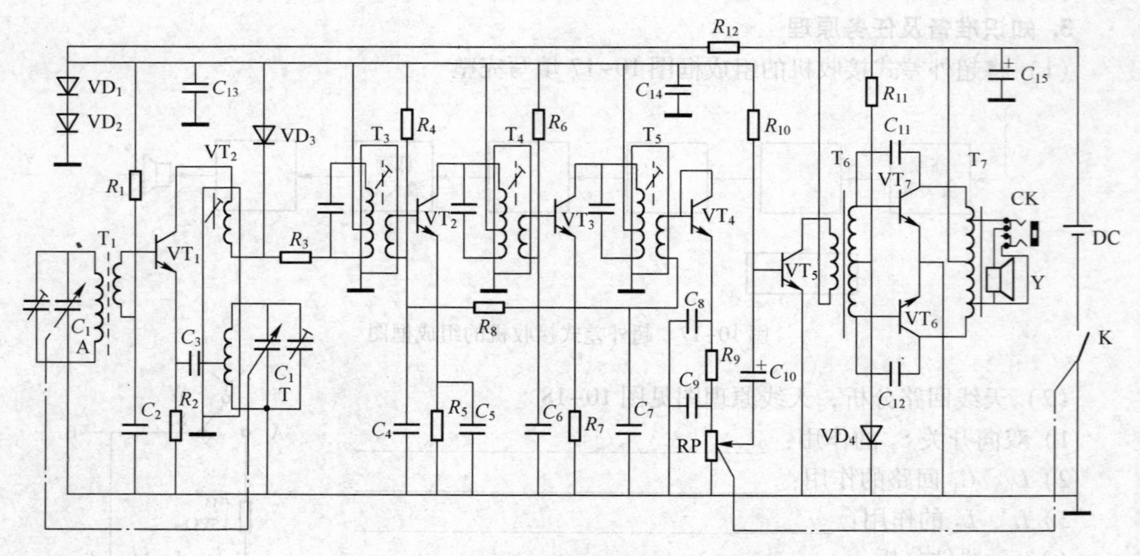

图 10-19　七管半导体超外差收音机组成框图

1）两级中放的谐振电压增益 A_{uo} = ________（A_{u1}、A_{u2}、$A_{u1} \cdot A_{u2}$）；与单级调谐放大器相比，两级中放的通频带 $BW_{0.7}$________（变宽、变窄），选择性________（变好、变差）。

2）两级中放电路之间通过________________连接。

3）电阻 R_8 的作用：________________。

4）画出单级中放电路的直流通路与交流通路。

5）在实验板上搭建出收音机整机电路并调试成功。

5. 任务完成报告

1）整理实训数据，绘制有关波形图。

2）分析讨论实训中出现的现象和问题。

3）总结振幅调制与解调系统的收、发信系统的调整及其特性、参数的测量注意事项。

【实验注意事项】

该实验是高频通信系统实验，实验过程中，连线较多。连线的时候，注意各条导线尽量不要交叉重叠，以免产生干扰，影响实验效果。

第 11 章　无线电调频发射机设计

11.1　任务 1　调频电路应用案例分析

1. 任务要求

1）能理解调频、调相的定义。

2）能区分调频、调相的表达式、波形。

3）会计算调频指数、调相指数、最大频偏、最大相移和有效频谱带宽等参数。

4）能理解直接调频与间接调频的原理。

5）能理解使用倍频器和混频器扩展最大频偏的工作原理。

6）会分析变容二极管直接调频电路。

7）会分析晶体管直接调频电路。

2. 任务器材

1）高频电子线路实验箱 1 套。

2）双踪示波器 1 台。

3）高频信号发生器 1 台。

4）万用表 1 块。

5）高频毫伏表 1 台。

3. 知识准备及任务原理

1）根据下面两个框图判断，哪个是直接调频？哪个是间接调频？

【问题】：

① 图 11-1 是________________，图 11-2 是________________。

② 调频电路的主要性能指标有________、________、________、________。

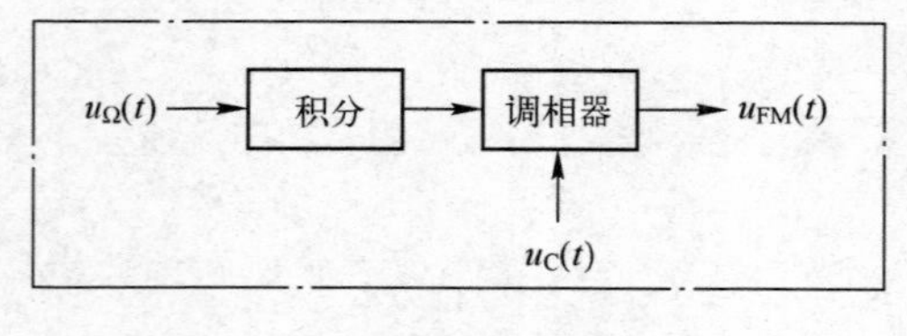

图 11-1　问题图 1

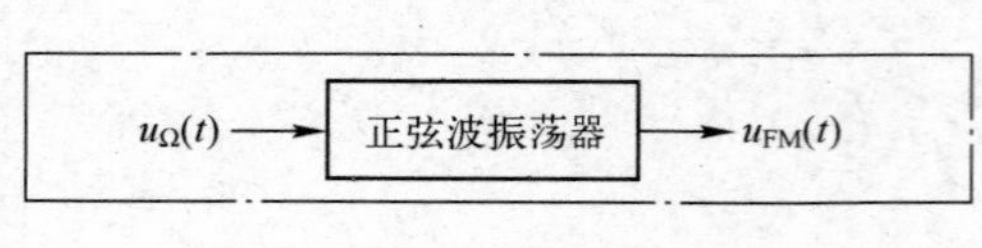

图 11-2　问题图 2

2）变容二极管直接调频电路如图 11-3 所示，变容二极管的特性如图 11-4 所示。当调制电压 $u_\Omega(t)=\cos(2\pi\times10^3t)$ V 时，试分析：

① 画出电路的直流通路（$u_\Omega(t)=0$）和交流通路________。

② 分析变容二极管直接调频的原理。

调制信号 $u_\Omega(t)$ 直接控制变容二极管两端的________，从而控制变容二极管的________。由交流通路可以看出，变容二极管接入振荡器的选频回路中，变容二极管的电容

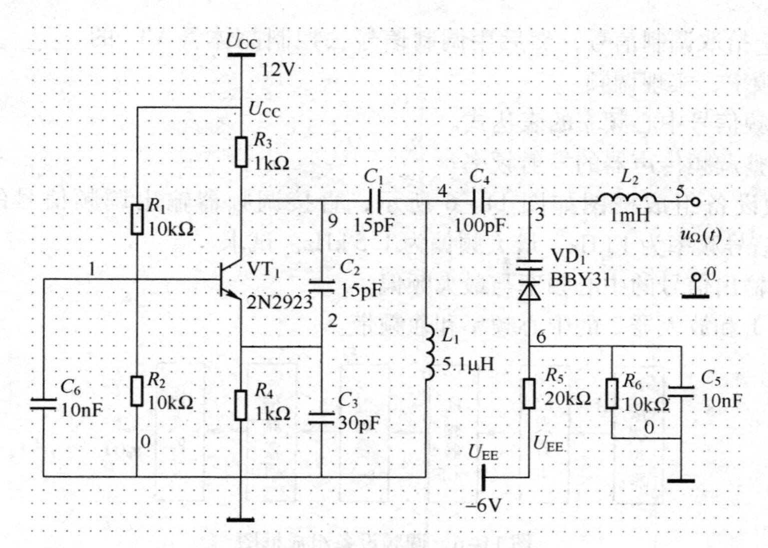

图 11-3　变容二极管直接调频电路

变化，振荡器的________也就跟着变化。

③ 求调频信号的中心频率 f_C。

3）调频对讲机发射电路如图 11-5 所示，试分析其工作原理。

① 传声器 MIC 的作用：______________________________。

② 天线 ANT 发射的是________信号（AM、FM、DSB）。

③ 晶体管 9018 与 R_4、R_5、C_3、C_4、C_5、C_6、L 等构成____________电路。

④ 电路是如何实现调频的？

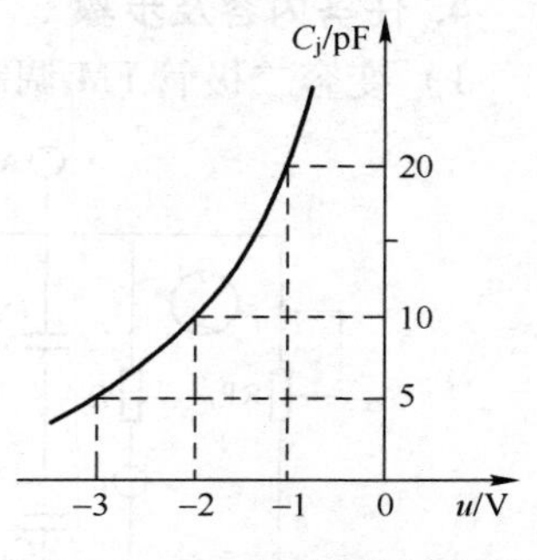

图 11-4　变容二极管的特性

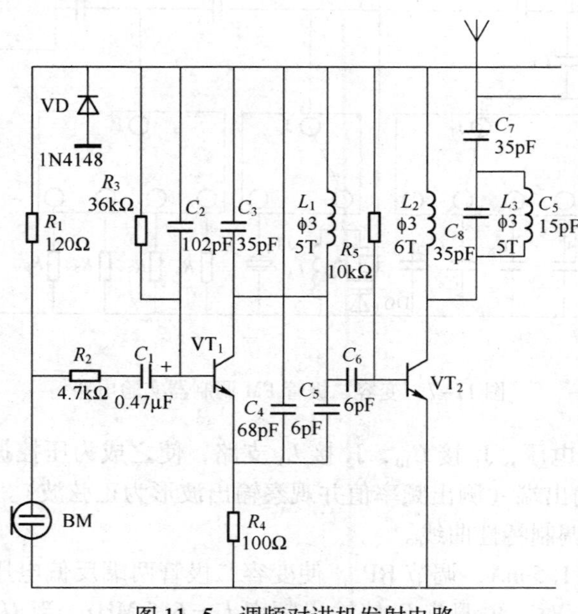

图 11-5　调频对讲机发射电路

由________拾取调制信号，然后用调制信号去控制晶体管 VT_1 的________，从而控制振荡器的振荡频率，实现调频。

⑤ 写出调频信号中心频率的表达式。

⑥ 如何调整调频传声器的发射频率?

4）某调频设备组成框图如图 11-6 所示，直接调频器输出调频信号的中心频率为 10 MHz，调制信号频率为 1 kHz，最大频偏为 1.5 kHz。试求

① 该设备输出信号的中心频率与最大频偏。

② 放大器 1 和放大器 2 的中心频率和通频带。

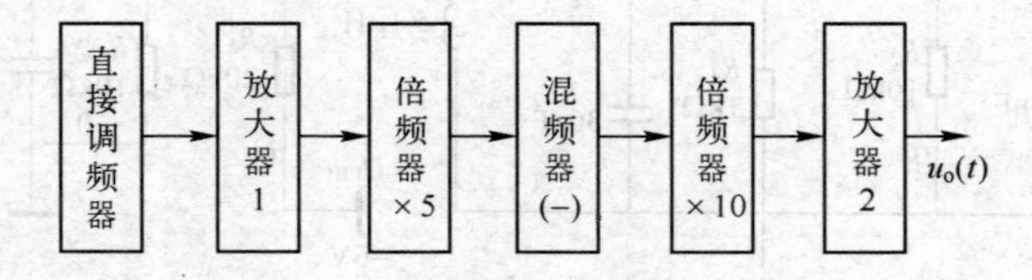

图 11-6　调频设备组成框图

4. 任务内容及步骤

1）变容二极管 FM 调制器实验电路如图 11-7 所示。

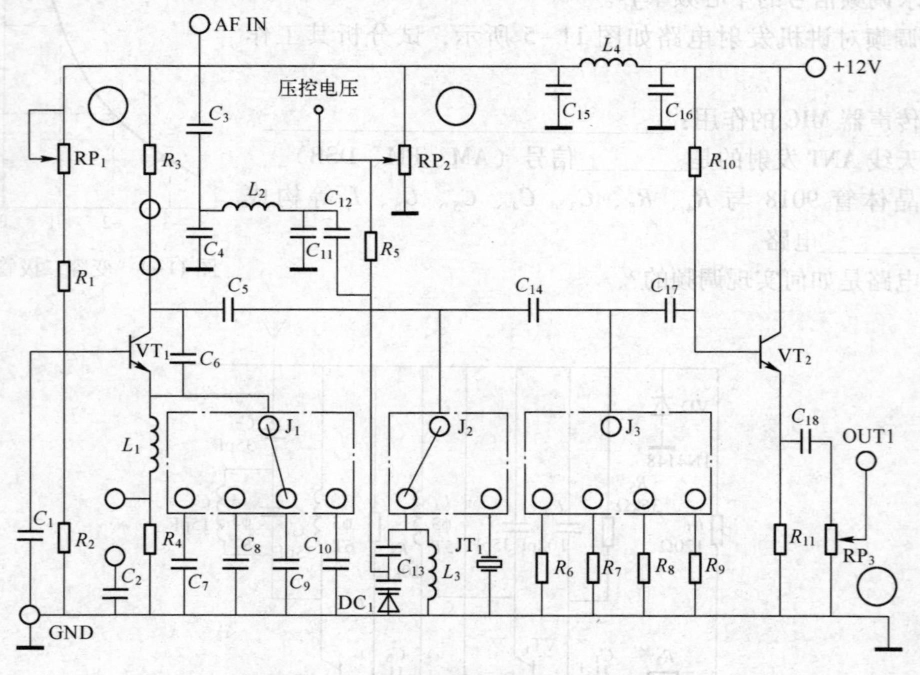

图 11-7　变容二极管 FM 调制器实验电路

① 电路接通 12 V 电压，J_1 接 C_{10}，J_2 接 L_3 支路，使之成为压控振荡器，J_3 断开。频率计、示波器接 OUT1 输出端（测出频率值并观察输出波形为正弦波）。

② 测量静态频率调制特性曲线。

调节 RP_1，使 $I_c = 1.5\ mA$，调节 RP_3，使变容二极管两端反偏电压 U_D 为 3.5 V（用万用表的直流电压档测量）时，再调节 C_T 使输出频率 $f_0 = 6.5\ MHz$。当 U_D 从 1 V 变化到 9 V 左

右，从频率计上测出相应的振荡频率，将值填入表11-1中，并绘出$f=g(u_D)$曲线。

静态频率调制特性测试见表11-1。

表11-1 静态频率调制特性测试

u_D	1 V	1.5 V	2 V	2.5 V	3 V	4 V	5 V	6 V	7 V	8 V	9 V
f											

③ 产生频率调制信号。

使$U_D=3.5$ V时，$f_0=6.5$ MHz在AF－IN端加入音频信号，$f=1000$ Hz、$U_\Omega=2$ V（或用话音信号放大器产生的话音信号作为调制信号）用示波器观察OUT1波形，并画出输出波形。

2）集成（压控振荡器）FM调制器实验电路如图11-8所示。

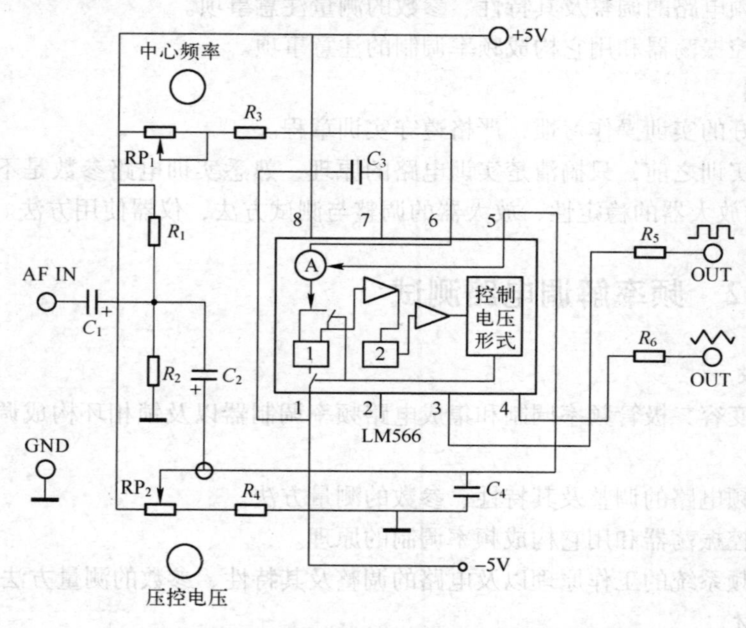

图11-8 集成（压控振荡器）FM调制器实验电路

在图11-8中，电路方框1为电流转发器，电路方框2为幅度鉴别器。

① 接通实验箱的电源，按要求为实验电路板接通＋5 V、－5 V电源电压。调节RP_2使$U_5=3.5$ V，将频率计接入引脚3，改变RP_1观测方波输出信号的频率，记录最大值和最小值，并观测三角波的波形。

② 观测直流电压对输出频率的影响。

先调RP_1至最大，然后改变RP_2调整输入电压，测量U_5在2.2～11 V变化时输出频率f的变化，U_5按0.2 V递增，将测得的结果填入表11-2。

直流电压和输出频率关系测试见表11-2。

表11-2 直流电压与输出频率关系测试

U_5	2.2	2.4	2.6	2.8	3	3.2	3.4	3.6	3.8	4
f										

③ 正弦波交流电压调制：

将函数发生器的正弦波调制信号 u_Ω（输入的调制信号）置为 $f=5\ \text{kHz}$、$U_{P-P}=1\ \text{V}$，接入 IN 端，观测输入信号的波形 u_Ω 和两 OUT 端的波形，改变输入信号的大小，观测输出波形的变化。

④ 矩形信号电压调制：

调制信号改用方波信号 u'_Ω，使其频率 $f_m=1\ \text{kHz}$、$U_{P-P}=1\ \text{V}$，用双踪示波器观测输入信号 u'_Ω 的波形和两 OUT 端的波形。

5. 任务完成报告

1）整理实训数据，绘制有关波形图。

2）分析讨论实训中出现的现象和问题。

3）总结调频电路的调整及其特性、参数的测量注意事项。

4）总结压控振荡器和用它构成频率调制的注意事项。

【实验注意事项】

1）养成良好的实训操作习惯，严格遵守实训章程。

2）在进入实训之前，只搞清楚实训电路的原理，熟悉实训电路参数是不够的，还要了解实训所涉及的放大器的稳定性、放大器的调整与测试方法，仪器使用方法。

11.2 任务 2 频率解调电路测试

1. 任务要求

1）加深对变容二极管频率调制和集成电路频率调制器以及锁相环构成调频波的工作原理的理解。

2）掌握调频电路的调整及其特性、参数的测量方法。

3）了解压控振荡器和用它构成频率调制的原理。

4）掌握鉴频系统的工作原理以及电路的调整及其特性、参数的测量方法。

2. 任务器材

1）高频电子线路实验箱 1 套。

2）双踪示波器 1 台。

3）高频信号发生器 1 台。

4）万用表 1 块。

5）高频毫伏表 1 台。

3. 知识准备及任务原理

1）鉴频器的主要性能指标有______、______、______。

2）分析图 11-9 和图 11-10 两种鉴频器的实现方法。

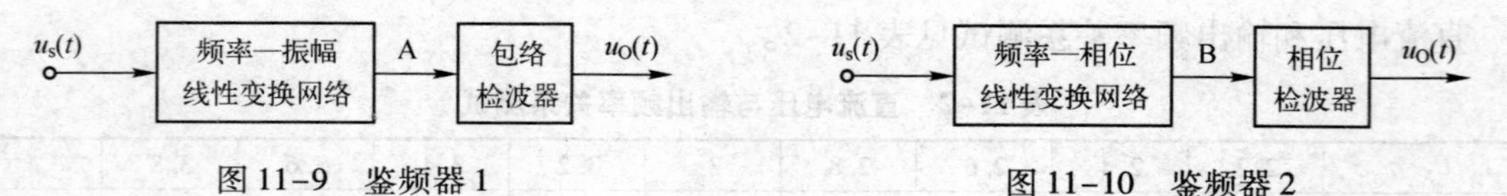

图 11-9 鉴频器 1　　图 11-10 鉴频器 2

【问题】:

① 图 11-9 是________鉴频器，图 11-10 是________鉴频器。（斜率、脉冲计数、相位）。

② $u_s(t)$ 是________信号，$u_o(t)$ 是________信号，A 点是________信号，B 点是________信号。（选项：AM、FM 、AM－FM、PM－FM、调制信号、载波信号）。

3）分析单失谐回路斜率鉴频器电路（如图 11-11 所示）。

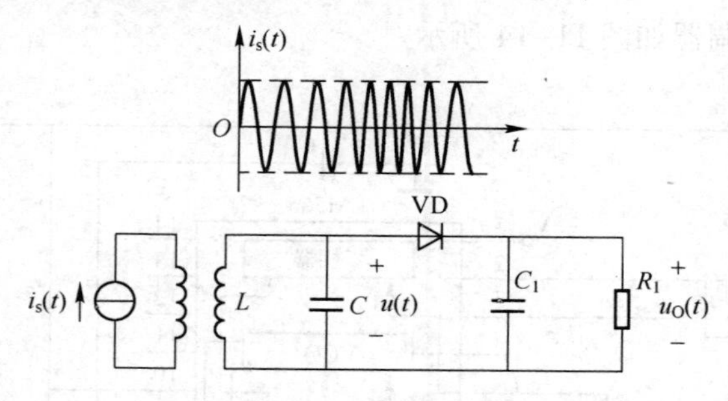

图 11-11　单失谐回路斜率鉴频器电路

【问题】:

① 在图 11-11 中，LC 并联回路工作在________状态（谐振、失谐），二极管 VD、电容 C_1、电阻 R_1 等组成________电路。

② 根据 $i_s(t)$ 信号波形判断：$u(t)$ 的波形为________，$u_o(t)$ 的波形为________（图 11-12 波形 a、b）。

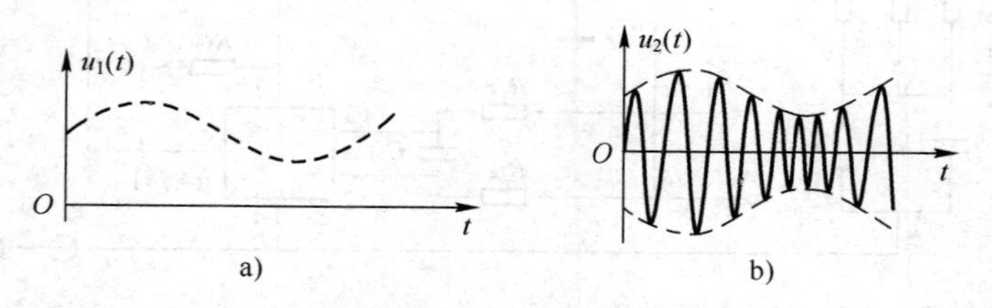

图 11-12　波形

a）波形 a　b）波形 b

4）分析双失谐回路斜率鉴频器电路（如图 11-13 所示）。

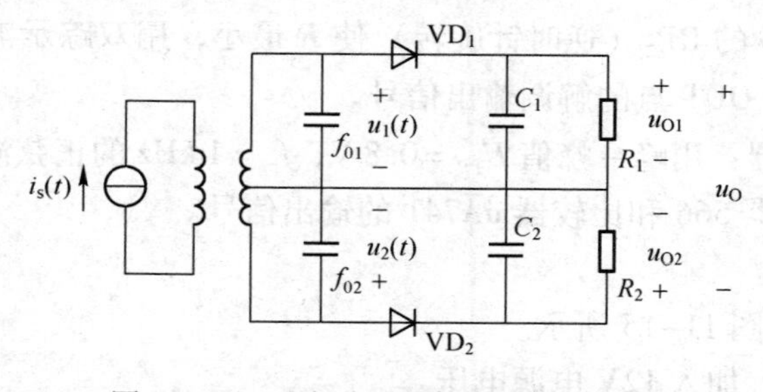

图 11-13　双失谐回路斜率鉴频器电路

【问题】:

① 若调频信号 $i_s(t)$ 的中心频率为 f_c，最大频偏为 Δf_m，那么 f_c、f_{01}、f_{02} 三个频率之间

的大小关系为：________________，且 $f_c - f_{01}$ ________ Δf_m（<、>）。

② 上下两个单失谐回路是完全对称的，电容 C_1 ________ C_2，电阻 R_1 ________ R_2（<、=、>）。

③ 双失谐回路斜率鉴频器的优点是________、________、________。

4. 任务内容及步骤

（1）集成（锁相环）FM 解调器

集成锁相环 FM 解调器如图 11-14 所示。

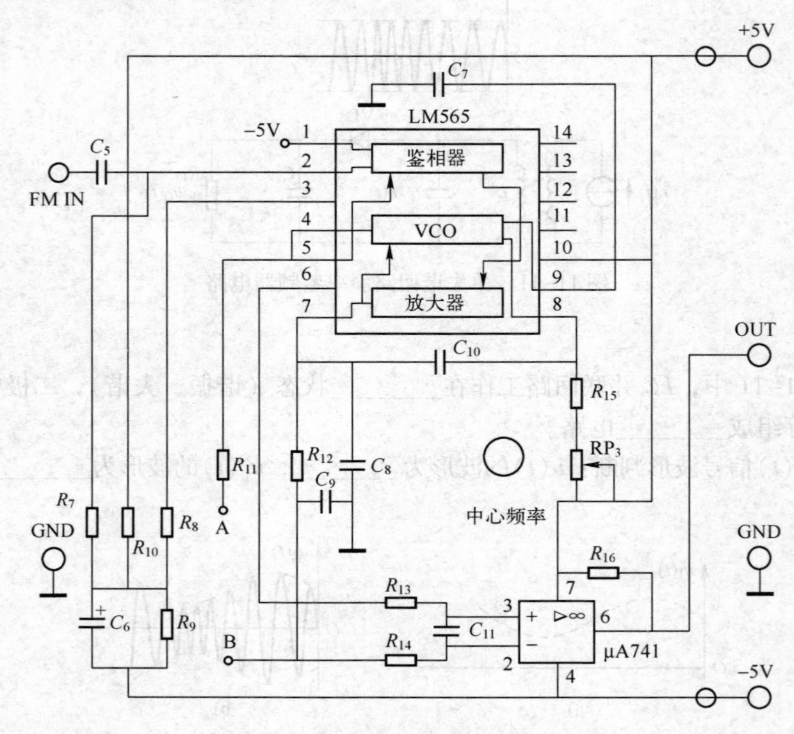

图 11-14　集成锁相环 FM 解调器

1）调 RP_3 使其中 VCO 的输出频率 f_0（4 脚）为 90 kHz，先要求获得调频方波输出信号（3 脚），要求输入的正弦调制信号 u_Ω 为：$U_{P-P}=0.8\text{ V}$，$f=1\text{ kHz}$，然后将其接至 565 锁相环的 IN 输入端，调节 566 的 RP_2（逆时针旋转）使 R 最小，用双踪示波器观察并记录 566 的输入调制信号 u_Ω 和 565 OUT 点的解调输出信号。

2）相移键控解调器：用峰 - 峰值 $U_{PP}=0.8\text{ V}$，$f_m=1\text{ kHz}$ 的正弦波做调制信号送给调制器 566，分别观察调制器 566 和比较器 uA741 的输出信号。

（2）相位鉴频器

相位鉴频器电路如图 11-15 所示。

1）接通电源开关，加入 12V 电源电压。

2）由压控振荡器产生一个调频信号，调整 RP_2 使其载波频率为 6.5 MHz。

3）将调频信号加到鉴频器输入端，用示波器观察鉴频器输出端波形。

4）分别接通节点 5、6，节点 1、4，扬声器应有单音频声音。通过电位器调节音频输出

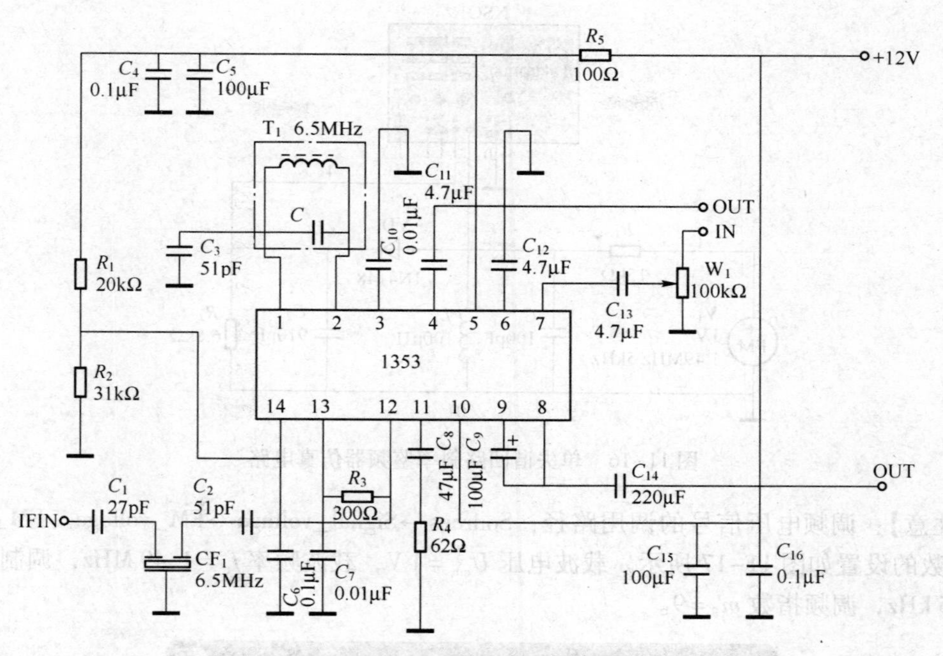

图 11-15　相位鉴频器电路

的幅度。

5. 任务完成报告

1）整理实训数据，绘制有关波形图。

2）分析讨论实训中出现的现象和问题。

3）总结调频电路的调整及其特性、参数的测量注意事项。

4）总结鉴频系统的特性、参数的测量方法。

【实验注意事项】

1）养成良好的生产实训习惯，严格遵守实训章程。

2）正确调节中频变压器磁心，调出较精准的中频频率。

11.3　任务3　锁相环的应用与斜率鉴频器仿真测试

1. 任务要求

1）进一步理解锁相环工作原理。

2）了解集成锁相环 CD4046 的特点，掌握其作为锁相环鉴频器的典型应用。

3）熟悉测试仪器的使用。

2. 任务器材

1）CD4046 锁相环鉴频器电路器件。

2）烙铁等焊装工具。

3）万用表、电源、频率计、示波器及调频信号发生器等测试设备各一台。

3. 知识准备及任务原理

（1）单失谐回路斜率鉴频器仿真电路见图 11-16

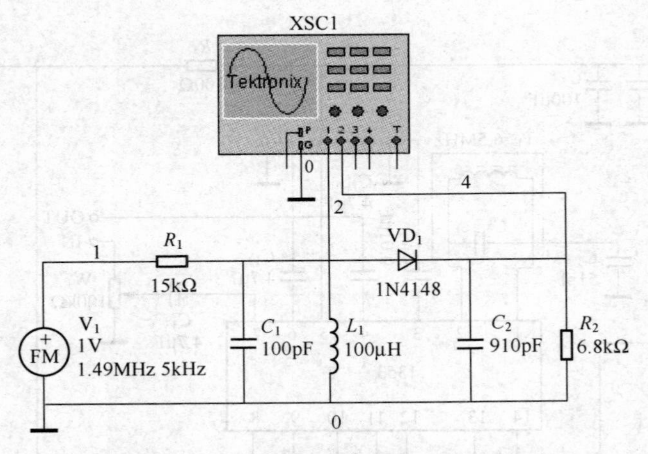

图 11-16　单失谐回路斜率鉴频器仿真电路

【注意】：调频电压信号的调用路径：Sources→Signal_voltage→FM_voltage。FM_voltage 窗口参数的设置如图 11-17 所示。载波电压 $U_{cm}=1$ V，载波频率 $f_c=1.49$ MHz，调制信号频率 $F=5$ kHz，调频指数 $m_f=9$。

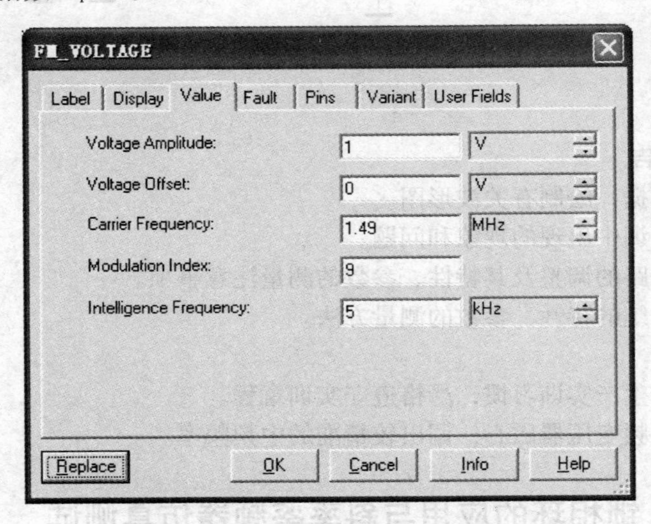

图 11-17　FM 电压信号参数设置

（2）测试任务

1）估算 L_1、C_1 的谐振频率 f_o = ________，根据 FM 电压信号的载频判断 L_1、C_1 并联回路工作在________状态（谐振、失谐）。

2）测试节点 2 和节点 4 的波形。

【问题】：

CH1 通道的波形是________信号（AM、FM－AM、PM－AM），CH2 通道波形的频率为________，电压峰值为________，估算鉴频灵敏度 = ________。

4. 任务内容及步骤

锁相环频率合成器电路原理图如图 11-18 所示，CD4046 为通用 COMS 集成锁相环，工作频率为 1.33 MHz，最高工作频率为 1.66 MHz。CD4040 是一个 $2^1 \sim 2^{12}$ 分频器。

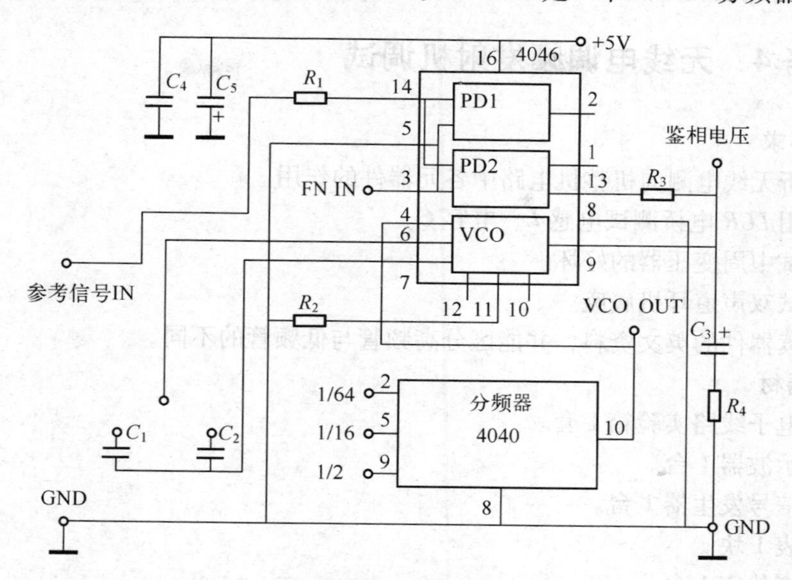

图 11-18　锁相环频率合成器电路原理图

1）接通“模拟集成锁相环”的直流电压 +5 V。

2）在参考信号 IN 端接入 1 kHz 的 TTL 方波信号，由信号发生器产生，6 脚与 C1 接通。

3）用示波器观察压控振荡器输出端（VCO OUT）的波形，记录它的频率值。

4）将探头置于 4040 的 9 脚，观察并记录其频率值，与 VCO OUT 的值比较。

5）将 4040 的 9 脚与 4046 的 3 脚用短线连接起来，观测 VCO OUT 的波形，调整 IN 的频率值，记录输出波形的同步带与捕捉带，比较它们的大小。

6）再将 4040 的 5 脚与 4046 的 3 脚相连，步骤同上，观测输出点的波形；将 4040 的 2 脚与 4046 的 3 脚相连，方法同上。

7）将输入频率变为 10 kHz 的方波接到参考信号 IN 端，重复以上步骤 3）~步骤 6）。

8）参照前面介绍的 CD4046 锁相环鉴频器电路，完成电路的搭接、调试。

9）调整信号发生器，使其输出调频信号，加在锁相环鉴频器的输入端。

10）测试电路解调输出，对应输入信号，画出输出波形，完成调频信号解调特性。

5. 任务完成报告

1）整理实训数据，绘制有关波形图。

2）分析讨论实训中出现的现象和问题。

3）整理实训步骤，对应输入信号，画出输出波形，对测试数据进行分析处理。

4）画出 CD4046 锁相环鉴频器实际电路，整理实训步骤，对应输入信号，画出输出波形，分析实训结果。

【实验注意事项】

1）注意集成电路的正确使用、元器件型号和数值的合理选择。

2）电路搭接需正确无误，设备连接正确。

3）爱护仪器设备，养成良好的实训操作习惯，严格遵守实训章程。

11.4　任务 4　无线电调频发射机调试

1. 任务要求

1）会分析无线电测向机整机电路中各元器件的作用。

2）会使用 *LCR* 电桥测试电感 *L*、电容 *C*。

3）会测试中周变压器的好坏。

4）会测试双声道耳机底座。

5）会阅读器件的英文资料，并能区分高频管与低频管的不同。

2. 任务器材

1）高频电子线路实验箱 1 套。

2）双踪示波器 1 台。

3）高频信号发生器 1 台。

4）万用表 1 块。

5）高频毫伏表 1 台。

3. 知识准备及任务原理

1）见表 11-3 认识变容二极管 FV1043（提供 FV1043 的英文资料）。

表 11-3　变容二极管

型　号	反向电压 U_{BV}	电容 C_j 范围	工作频率范围 f	耗散功率 P_D
FV1043				

2）认识稳压管 VD_3。

① 稳压管的稳压值 =＿＿＿＿＿＿＿＿。

② 拿出 3 个玻璃二极管，请分别指出哪个是检波二极管 1N60P，哪个是变容二极管 FV1043，哪个是稳压管 3V6，它们分别在电路板上的哪个位置？

3）音频信号前级放大电路如图 11-19 所示。

① 晶体管 VT_2 9014 与电阻 R_8、R_9、C_{10}、C_{11}、RP_{1-2} 构成＿＿＿＿＿（甲类、乙类、丙类）放大电路。放大的是＿＿＿＿＿（低频、高频）信号。

② 电容 C_7、C_9 的作用：＿＿＿＿＿；电阻 R_7 的作用：＿＿＿＿＿。

③ 晶体管 VT_2 9014 的工作电源是＿＿＿＿＿V。

④ 可变电阻 RP_{1-2} 的作用：＿＿＿＿＿＿＿＿。

4）LM386 低频功放电路分析，集成功率放大器 LM386 的引脚图如图 11-20 所示。

① 集成功率放大器 LM386＿＿＿＿＿脚接电源，＿＿＿＿＿脚接地，＿＿＿＿＿脚接输出，同相输入端是＿＿＿＿＿脚，反相输入端是＿＿＿＿＿脚。

② 在本整机电路中，LM386 实现的是＿＿＿＿＿（反相放大、同相放大）。

4. 任务内容及步骤

（1）设计原理及总体方案

根据电报发射机工作原理，发射机由以下几部分组成，电报发射机组成框图如图 11-21 所示。

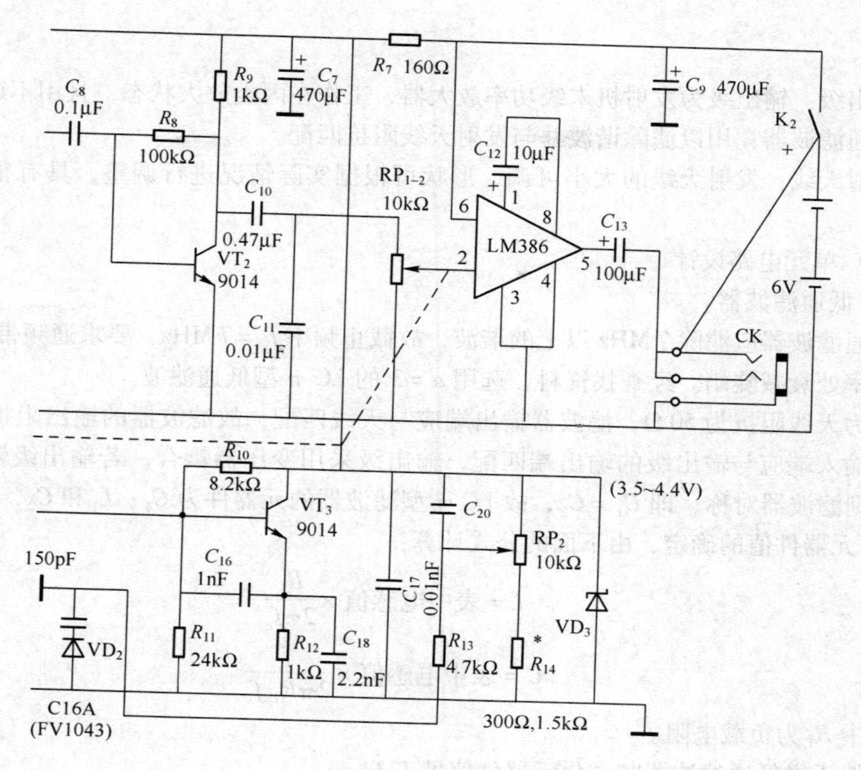

图 11-19 音频信号前级放大电路

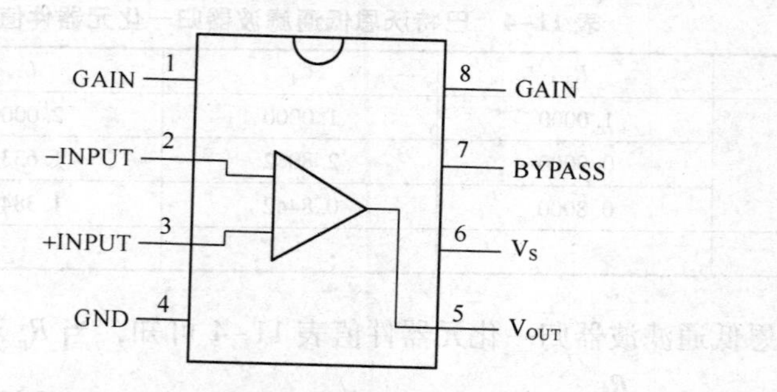

图 11-20 集成功率放大器 LM386 的引脚图

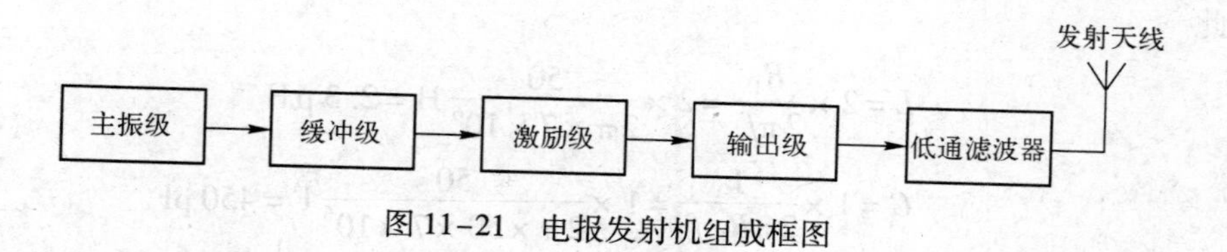

图 11-21 电报发射机组成框图

主振级：要求振荡频率 $f = 3 \sim 7$ MHz，并且可调。

缓冲放大级：由于在发报过程中，电键控制开关的开合会使振荡器的负载发生变化，而设计要求主振动级的输出幅度与频率保持稳定，故在主振与键控开关之间接入隔离缓冲放大级。

激励级：因要求输出功率 $P_o \geqslant 2$ W，故在输出级前接入激励级，给输出级提供足够的激励功率。

输出级：输出级为发射机末级功率放大器，工作在丙类放大状态，且用不调谐负载。

低通滤波器：用以滤除谐波并与发射天线阻抗匹配。

发射天线：发射天线的大小可调，形状可根据实际情况进行调整，具有很强的场地适应性。

（2）单元电路设计

1）低通滤波器。

低通滤波器应滤除 7 MHz 以上的谐波，故截止频率 $f_c = 7$ MHz，要求通频带内特性平坦，截止频率处衰减陡峭。经查找资料，选用 $n = 3$ 的 LC π 型低通滤波。

因为天线阻抗为 50 Ω，滤波器输出端应与天线匹配，故滤波器的输出阻抗取 50 Ω，滤波器的输入端应与输出级的输出端匹配，输出级采用变压器耦合，若输出级输出阻抗也取 50 Ω，则滤波器对称，即 $C_1 = C_2$，故 LC π 型滤波器的元器件为 C_1、L_1 和 C_2，其中 $C_1 = C_2$。

LC 元器件值的确定，由下面的公式计算：

$$L = \text{表中电感值} \times \frac{R_L}{2\pi f_c}$$

$$C = \text{表中电感值} \times \frac{1}{2\pi R_L f_c}$$

式中 R_L 为负载电阻。

巴特沃恩低通滤波器归一化元器件值见表 11-4。

表 11-4　巴特沃恩低通滤波器归一化元器件值

n	R_n	C_1	L_2	C_2
3	1.0000	1.0000	2.0000	1.0000
	0.9000	2.8082	1.6332	1.5994
	0.8000	0.8442	1.3840	1.9259
⋮	⋮	⋮	⋮	⋮

由巴特沃恩低通滤波器归一化元器件值表 11-4 可知，当 $R_n = 1$ 时，$L_2 = 2.0000$，$C_1 = C_2 = 1.0000$，其中 $R_n = \dfrac{R_i}{R_o}$（R_i 是低通滤波器的输入阻抗，R_o 是低通滤波器的输出阻抗）。

因此

$$L = 2 \times \frac{R_L}{2\pi f_c} = 2 \times \frac{50}{2\pi \times 7 \times 10^6}\ \text{H} = 2.3\ \mu\text{H}$$

$$C = 1 \times \frac{1}{2\pi R_L f_c} = 1 \times \frac{50}{2\pi \times 50 \times 7 \times 10^6}\ \text{F} = 450\ \text{pF}$$

C_1、C_2 取标称值 470 pF，电感 L 自制。

2）输出级。

由于要求输出功率较大，故采用丙类功率放大电路；要求输出级的输出端与低通滤波器输入端匹配，故采用变压器输出；同时，由于放大电路工作在丙类状态，为减小谐波失真，故采用推挽功放。综合上述原因，输出级选用变压器推挽功率放大电路，输出级电路如图 11-22 所示。

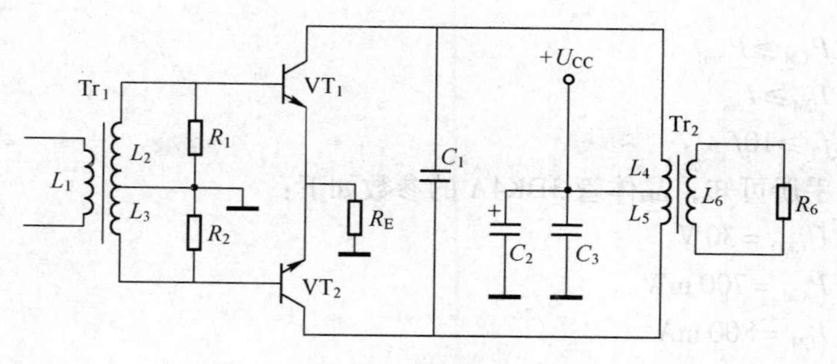

图 11-22　输出级电路

在图 11-22 中，输出负载为高频变压器 Tr_2，能满足 3 ~ 7 MHz 的带宽要求，Tr_1 为输入变压器，次级中心抽头，R_1、R_2 为均衡电阻，R_E 为射极反馈电阻，C_1、C_2、C_3 为高频旁路电容，Tr_2 为输出变压器，初级中心抽头。

① 计算两管集电极总的输出功率 P_c

设滤波器的效率 $\eta_F = 0.9$，输出变压器效率为 $\eta_o = 0.8$。则两管集电极总的输出功率为：

$$P_c = \frac{P_o}{\eta_F \eta_o} = \frac{2}{0.9 \times 0.8}\ \mathrm{W} = 2.8\ \mathrm{W}$$

② 计算输出变压器单边等效电阻 R_L'

R_L' 是指负载电阻 R_L 折算到单管集电极到变压器初级中心抽头之间的电阻，其大小为

$$R_L' = \frac{U_{cm}}{I_{cm}} = \frac{U_{cm}^2}{2P_c}$$

$$U_{cm} = U_{CC} - U_{CES} - U_{em}$$

其中，U_{CES} 为功率放大管的饱和压降，通常取 $U_{CES} = 0.3 \sim 1\ \mathrm{V}$，$U_{em}$ 为射极电阻 R_e 两端的电压幅值，通常取 $U_{em} = 0.5\ \mathrm{V}$。

因此

$$U_{cm} = U_{CC} - U_{ces} - U_{em} = (12 - 1 - 0.5)\ \mathrm{V} = 10.5\ \mathrm{V}$$

$$R_L' = \frac{U_{cm}}{I_{cm}} = \frac{U_{cm}^2}{2P_c} = \left(\frac{10.5^2}{2 \times 2.8}\right)\ \Omega = 20\ \Omega$$

③ 计算输出变压器初级线圈和次级线圈的匝数比

$$\frac{N_1}{N_2} = \sqrt{\frac{\eta_o R_L'}{R_L}} = \sqrt{\frac{0.8 \times 20}{50}} = \frac{4}{7}$$

④ 计算射极电阻 R_E

$$I_{cm} = \frac{U_{cm}}{R_L'} = \left(\frac{10.5}{20}\right)\ \mathrm{A} = 0.525\ \mathrm{A}$$

$$R_E = \frac{U_{em}}{I_{cm}}\left(\frac{0.5}{0.525}\right)\ \Omega \approx 1\ \Omega$$

⑤ 计算单管的最大管耗 P_{CM1}

⑥ 选取输出级功率放大管

根据以上计算所得数据选择晶体管，其极限参数应满足：

- 击穿电压 $U_{CEO} \geq 2U_{CC}$

- 允许管耗 $P_{CM} \geqslant P_{dm1}$
- 最大电流 $I_{CM} \geqslant I_{cm}$
- 特征频率 $f_T \geqslant 10f$

查找晶体管手册可知，晶体管 3DK4A 的参数如下：

- 击穿电压 $U_{CEO} = 30$ V
- 允许管耗 $P_{CM} = 700$ mW
- 最大电流 $I_{CM} = 800$ mA
- 特征频率 $f_T = 100$ MHz
- 饱和压降 $U_{CES} \leqslant 1$ V
- 电流放大倍数 $h_{fe} = 20 \sim 200$

符合电路要求，但允许管耗约小，为保护功率放大管安全工作，晶体管需要加散热器。

⑦ 推挽功放输入电阻 R_H

单管放大器的输入电阻

$$\begin{aligned} R_i &= R_1 // [r_{bb} + (1 + h_{fe}) R_E] \\ &= R_1 // [r'_{bb} + r_{b'e} + (1 + h_{fe}) R_E] \\ &\approx R_1 // [r'_{bb} + (1 + h_{fe}) R_E] \\ &\approx 50 // [50 + (1 + 20) \times 1]\ \Omega = 29\ \Omega \end{aligned}$$

其中，$r_{b'e}$ 极小，忽略不计，$r'_{bb} = 50\ \Omega$。

推挽功率放大器输入电阻应为

$$R_H = 3R_i = (2 \times 29)\ \Omega = 58\ \Omega$$

⑧ 计算输入激励功率 P_H

由晶体管手册查得 3DK4A 得功率增益 $G_P = 20$，则晶体管得激励功率为

$$P_i = \frac{P_c}{G_P} = \left(\frac{2.8}{20}\right) \text{W} = 0.14 \text{ W}$$

考虑到 R_1、R_2 和 R_E 得消耗，故 P_H 较 P_i 取得大些，$P_H = 1.1P_i = 0.154$ W。

3）激励级。

激励级采用变压器输出的单管功率放大，以满足通频带的要求和阻抗匹配的要求。查阅资料，激励级电路如图 11-23 所示。

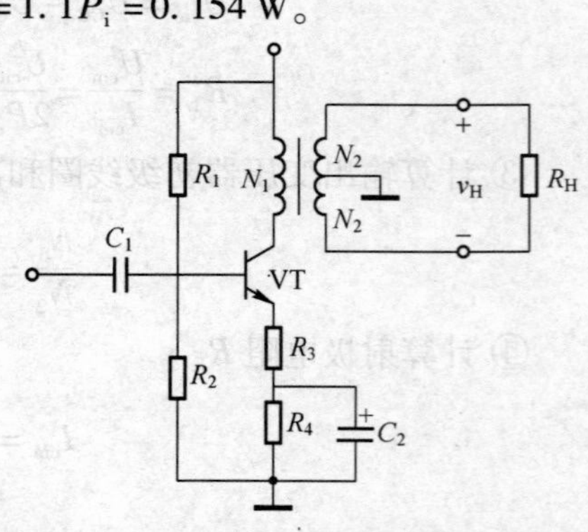

图 11-23　激励级电路

在图 11-23 中，R_1、R_2 组成分压式偏置电路，R_3 是交流反馈和直流反馈电阻，R_4 是直流反馈电阻，用来稳定输出电流和静态工作点。

① 选择晶体管。

为了减少晶体管的类型，仍选用 3DK4A，只是把 h_{fe} 取得大一些，$h_{fe} = 50$。

② 变压器的计算。

变压器初级等效电阻

$$R'_H = \frac{U_{cm}}{I_{cm}} = \frac{U_{cm}^2}{2P_c}$$

其中，U_{CES}取1 V，$U_{em}=\left(\frac{1}{5}\sim\frac{1}{16}\right)U_{CC}$，取$U_{em}=1.5$ V。

因此 $$U_{em}=U_{CC}-U_{CES}-U_{em}=(12-1-1.5)\ \text{V}=9.5\ \text{V}$$

设输入变压器的效率为$\eta_B=0.8$，则有

$$P_c=\frac{P_H}{\eta_B}=\left(\frac{0.154}{0.8}\right)\text{W}=0.2\ \text{W}$$

$$R'_H=\frac{U_{cm}}{I_{cm}}=\frac{U_{cm}^2}{2P_c}=\left(\frac{9.5^2}{2\times0.2}\right)\Omega=225\ \Omega$$

输入变压器初级绕组和次级绕组的匝数比

$$\frac{N_1}{2N_2}=\sqrt{\frac{\eta_B R'_H}{R_H}}=\sqrt{\frac{0.8\times225}{58}}=1.76$$

$$\frac{N_1}{N_2}=3.5$$

③ 计算静态工作点电流I_{CQ}。

因激励级功率放大电路工作在甲类状态，故$I_{CQ}=I_{cm}$

$$I_{CQ}=I_{cm}=\frac{U_{cm}}{R'_H}=\left(\frac{9.5}{225}\right)\text{A}=42\ \text{mA}$$

④ 计算射极电阻、旁路电容和偏置电阻。

射极电阻$R_E=\frac{U_{em}}{I_{cm}}=\left(\frac{1.5}{42\times10^{-3}}\right)\Omega=35\ \Omega$，通常$R_3<R_4$，取$R_3=10\ \Omega$，则$R_4=25\ \Omega$。

射极旁路电容C_2应满足$\frac{1}{2\pi f_L C_2}\ll R_4$，取$R_4=\frac{10}{2\pi f_L C_2}$

则$C_2=\frac{10}{2\pi f_L R_4}=\left(\frac{10}{6.28\times3\times10^6\times25}\right)\text{F}=0.21\ \mu\text{F}$，取标称值0.22 μF。

静态基极电流$I_{BQ}=\frac{I_{CQ}}{h_{fe}}=\left(\frac{42}{50}\right)\text{mA}=0.84\ \text{mA}$，分压式偏置电路的条件是$I_1=I_2\gg I_{BQ}$或$I_1=I_2=(5\sim10)I_{BQ}$，取$I_1=I_2=6I_{BQ}=(6\times0.84)\ \text{mA}=5\ \text{mA}$，基极电压$U_B=U_{BE}+U_E=(0.7+1.5)\ \text{V}=2.2\ \text{V}$，则

偏置电阻

$$R_1=\frac{U_{CC}-U_B}{I_1}=\left(\frac{12-2.2}{5\times10^{-3}}\right)\Omega=1.96\ \text{k}\Omega$$，取标称值2 kΩ。

$$R_2=\frac{U_B}{I_2}=\frac{2.2}{5\times10^{-3}}\Omega=0.44\ \text{k}\Omega$$，取标称值470 Ω。

⑤ 增益计算。

$$A_u=\frac{U_h}{U_i}=\frac{U'_h}{U_i}\times\frac{U_h}{U'_h}=\frac{h_{fe}R'_H}{r_{be}+(1+h_{fe})R_3}\times\frac{2N_2}{N_1}$$

$$\approx\frac{R'_H}{R_3}\times\frac{2N_2}{N_1}=\frac{225}{10}\times\frac{1}{1.76}=12.9$$

⑥ 输入电阻。

晶体管输入电阻$r_i=r_{be}+(1+h_{fe})R_3=(50+21\times10)\ \Omega=0.56\ \text{k}\Omega$

放大器的输入电阻 $R_i = R_1//R_2//r_i = (2//0.47//0.56)\ \Omega = 0.215\ k\Omega$

⑦ 耦合电容 C_1的计算。

耦合电容 C_1应满足$\frac{1}{W_L C_1} \ll R_i$，通常取$\frac{10}{W_L C_1} = R_i$

则 $C_1 = \frac{10}{2\pi f_L R_i} = \left(\frac{10}{6.28 \times 3 \times 10^6 \times 215}\right) F = 0.0025\ \mu F$，取标称值 0.0033 μF。

4）缓冲级。

缓冲级可选用射极输出器，利用它的输入阻抗高的特点来提高主振级的频率稳定度，利用它的输出阻抗低的特点以适应键控开关动作时的变化。

查阅资料，缓冲级电路如图 11-24 所示。

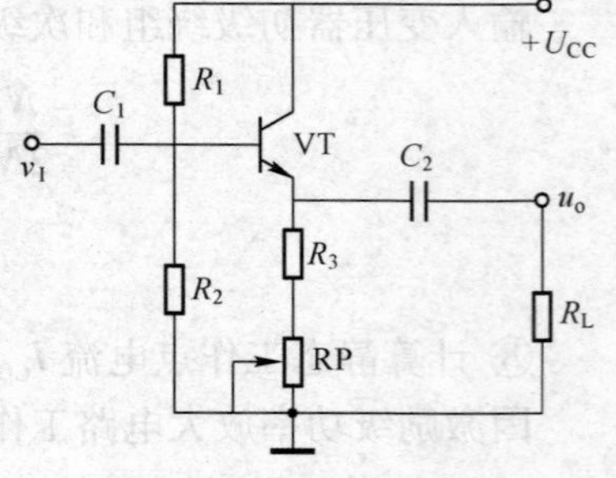

图 11-24　缓冲级电路

在图 11-24 中，C_1为输入耦合电容，为保证主振级的稳定，主振级与缓冲级的级间耦合应采用弱耦合，即耦合电容较小，取 $C_1 = 100\ pF$。输出耦合电容 C_2应与激励级的输入耦合电容相同，即 $C_2 = 0.0033\ \mu F$。改电路仍采用分压式偏置电路，射极电阻 R_E由 R_3 + RP 组成，采用电位器 RP 是为了保证合适的静态工作点和输出幅度的要求。

① 选择晶体管。

本级电路输出功率小，可选用 3DG6 高频小功率管，取 $h_{fe} = 100$。

② 计算射极电阻和偏置电阻。

晶体管静态工作点选在直流负载线的中点，并设 $U_{CEQ} = 5\ V$，$I_{CQ} = 7\ mA$（查输出曲线），则 $U_E = U_{CC} - U_{CEQ} = (12 - 5)\ V = 7\ V$。

射极电阻 $R_E = R_3 + R_{RP} = \frac{U_E}{I_{CQ}} = \left(\frac{7}{7 \times 10^{-3}}\right) \Omega = 1\ k\Omega$，为保证可调范围大些，取 $R_3 = 330\ \Omega$，$R_{RP} = 1\ k\Omega$。

静态基极电压 $U_B = U_{BE} + U_E = (0.7 + 7)\ V = 7.7\ V$，静态基极电流 $I_{BQ} = \frac{I_{CQ}}{h_{fe}} = 0.07\ mA$，取 $I_1 = I_2 = 10I_{BQ} = (10 \times 0.07)\ mA = 0.7\ mA$，则

偏置电阻

$$R_1 = \frac{U_{CC} - U_B}{I_1} = \left(\frac{12 - 7.7}{0.7 \times 10^{-3}}\right) \Omega = 6.14\ k\Omega$$，取标称值 6.2 kΩ。

$$R_2 = \frac{U_B}{I_2} = \left(\frac{707}{0.7 \times 10^{-3}}\right) \Omega = 11\ k\Omega$$，取标称值 11 kΩ。

③ 输入电阻。

晶体管输入电阻 $r_i = r_{be} + (1 + h_{fe}) R_E = (50 + 101 \times 1 \times 10^3)\ \Omega \approx 101\ k\Omega$

放大器的输入电阻 $R_i = R_1//R_2//r_i = (6.2//11//101)\ \Omega = 3.8\ k\Omega$

5）主振级。

主振级要求频率稳定度高，频率可调范围宽，输出波形好。查阅各种振荡器电路的相关资料，并联改进型电容三点式振荡电路（西勒电路）可满足要求，故选用西勒电路，西勒振荡器及等效电路如图 11-25 所示。

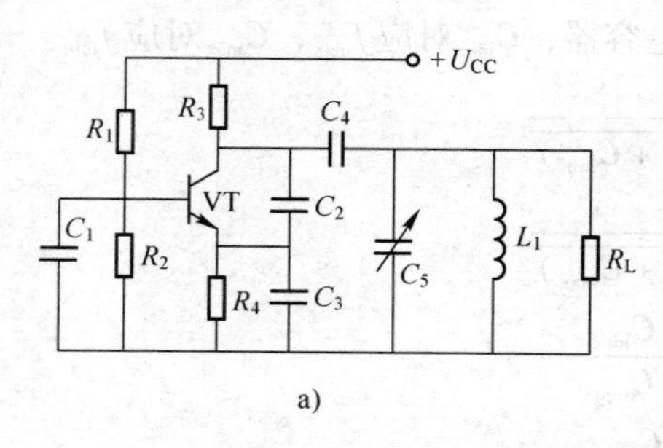

a)

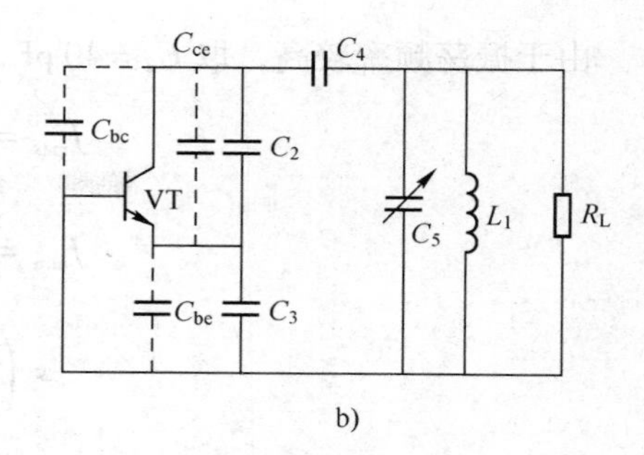

b)

图 11-25　西勒振荡器及等效电路

在图 11-25 中，R_1和 R_2组成分压式偏置电路，C_1为高频旁路电容，使晶体管处于共基组态，R_3和 R_4分别为集电极电阻和发射极电阻，C_2、C_3、C_4、C_5、L_1构成振荡回路。该振荡电路的振荡频率为 $f=\dfrac{1}{2\pi\sqrt{L_1(C_4+C_5)}}$，与晶体管的极间电容也无关，振荡频率稳定度高，调节 C_5，可使 f 在 3 ~7 MHz 内变化。振荡电路的反馈系数为 $F_u=\dfrac{C_2+C_o}{C_3+C_i}$（$C_o$为晶体管的输出电容，$C_i$为晶体管的输入电容）。当调节 C_5改变振荡频率 f 时，不影响反馈系数 F_u，故输出幅度好。由于是电容反馈，C_3对高次谐波有滤除作用，故输出波形好。

① 选择晶体管。

在满足技术指标要求下，为减少备件工作量，主振管仍选用 3DG6，$f_T=150\text{ MHz}\geqslant 10f_{max}$，取 $h_{fe}\geqslant 100$。

② 直流状态的计算。

为有利于振荡电路起振，静态工作点应适当选择低些，通常取 $I_{CQ}=1\sim4\text{ mA}$，这里取 $I_{CQ}=2\text{ mA}$、$U_{CEQ}=6\text{ V}$，则 $R_3+R_4=\dfrac{U_{CC}-U_{CEQ}}{I_{CQ}}=\left(\dfrac{12-6}{2\times10^{-3}}\right)\Omega=3\text{ k}\Omega$，因此，取 $R_3=2\text{ k}\Omega$，$R_4=1\text{ k}\Omega$。

静态射级电压 $U_E=I_{CQ}R_4=(2\times10^{-3}\times1\times10^3)\text{ V}=2\text{ V}$。

静态基极电压 $U_B=U_{BE}+U_E=(0.7+2)\text{ V}=2.7\text{ V}$。

静态基极电流 $I_{BQ}=\dfrac{I_{CQ}}{h_{fe}}=\left(\dfrac{2\times10^{-3}}{100}\right)\text{mA}=0.02\text{ mA}$。取 $I_1=I_2=10I_{BQ}=0.2\text{ mA}$，则

偏置电阻

$$R_1=\frac{U_{CC}-U_B}{I_1}=\left(\frac{12-2.7}{0.2\times10^{-3}}\right)\Omega=46.5\text{ k}\Omega\text{，取标称值 }47\text{ k}\Omega\text{。}$$

$$R_2=\frac{U_B}{I_1}=\left(\frac{2.7}{0.2\times10^{-3}}\right)\Omega=13.5\text{ k}\Omega\text{，取标称值 }13\text{ k}\Omega\text{。}$$

高频旁路电容 C_1取 1000 pF。

③ 振荡回路元器件的计算。

在西勒电路中，C_2、C_3应满足 $C_2\gg C_4$、$C_3\gg C_4$ 的条件，同时 C_2、C_3应满足起振的要求。反馈系数 F_u太小，电路不易起振，反馈系数 F_u太大，振荡波形欠佳。因此，在实际应用中通常取 $F_u=0.1\sim0.5$，本电路中取 $F_u=0.2$，则有 $5C_2\approx C_3$，取 $C_2=200\text{ pF}$，$C_3=1000\text{ pF}$。

由于振荡频率较高，取 $C_4=40\text{ pF}$，C_5为可变电容器，C_{min}对应f_{max}，C_{max}对应f_{min}。

$$f_{max}=\frac{1}{2\pi\sqrt{L_1(C_4+C_{min})}}$$

$$f_{min}=\frac{1}{2\pi\sqrt{L_1(C_4+C_{max})}}$$

$$\left(\frac{f_{max}}{f_{min}}\right)^2=\frac{C_4+C_{max}}{C_4+C_{min}}$$

$$\left(\frac{7}{3}\right)^2=\frac{C_4+C_{max}}{C_4+C_{min}}$$

采用薄膜介质可变电容器，取 $C_{min}=7\text{ pF}$，则 $C_{max}=\left(\frac{47\times49}{9}-40\right)\text{pF}=216\text{ pF}$，取$C_{max}=270\text{ pF}$，即可变电容器选用270/7（pF）。

将 C_{max}代入 $f_{max}=\frac{1}{2\pi\sqrt{L_1(C_4+C_{min})}}$，可求得 L_1

$$7=\frac{1}{2\pi\sqrt{L_1(40+7)}}=\frac{1}{2\pi\sqrt{47L_1}}$$

$$L_1=\frac{1}{(2\pi)^2\times47\times49}=11\ \mu\text{H}$$

为起振容易，电感绕组绕在高频磁心上，以便于频率范围的调整。

6）高频变压器的计算。

高频变压器采用高强漆包线绕在高频磁心上构成。磁心用 NX0－100，其规格为环外径 $\phi10\text{ mm}$，环内径 $\phi6\text{ mm}$，高度为 5 mm，相对磁导率为 700，高强漆包线为 $\phi0.31\text{ mm}$。激磁电感 L_0应满足 $W_{min}L_0\gg R'_L$ 条件，取 $W_{min}L_0=5R'_L$，在磁环取定后，可按下式进行计算：

$$L_0=4\pi^2\mu_r N_1^2\frac{S}{l}\times10^{-9}$$

式中，μ_r 是磁环相对导磁率，$\mu_r=100$；N_1 为初级线圈匝数；S 为磁心截面积，单位为 cm；l 为平均磁路长度，单位为 cm。

采用 NX0－100 的磁环时，

$$S=\left(\frac{1-0.6}{2}\times0.5\right)\text{cm}^2=0.1\text{ cm}^2$$

$l=\left(0.6+\frac{1-0.6}{2}\right)\pi\text{ cm}=2.5\text{ cm}$，$W_{min}$取 18.8 mW。

输出变压器的计算

$$R'_L=20\ \Omega,\ \frac{N_1}{N_2}=\frac{4}{7}$$

$$L_0=\frac{5R'_L}{W_{min}}=\frac{5\times20}{18.8}\ \mu\text{H}=5.3\ \mu\text{H}$$

$$N_1^2=L_0\times\frac{1}{4\pi^2\mu_r S\times10^{-9}}=5.3\times10^{-6}\times\frac{2.5}{400\times0.1\times10^{-9}}=33.6$$

$$N_1=6,\ N_2=\frac{7}{4}N_1=7\times\frac{3}{2}=10.5$$

取 $N_2=11$

7）电源退耦电路。

为避免电源内阻产生的耦合，提高整机电路的稳定性，本电路采用低通滤波器进行电源退耦，为提高滤波效果，在缓冲级前后各用一组 LC π 型滤波器，取滤波电感为 50 μH，即 $L_3=L_4=50\ \mu H$，它们分别与 $C_{14}=C_{15}=C_{16}=C_{17}$ 组成滤波器，C 的取值应满足 $\frac{1}{\omega_{\min}C} \ll \omega_{\min}L$ 条件，通常取 $\frac{100}{\omega_{\min}C}=\omega_{\min}L$，则 $C=\frac{100}{\omega_{\min}^2 L}=0.0056\ \mu F$，$C$ 值取得大些，有利于退耦，取标称值为 0.022 μF。

（3）整机电路

根据以上设计画出小型电报发射机电路图，如图 11-26 所示。并按照电路图的顺序列出元器件清单。

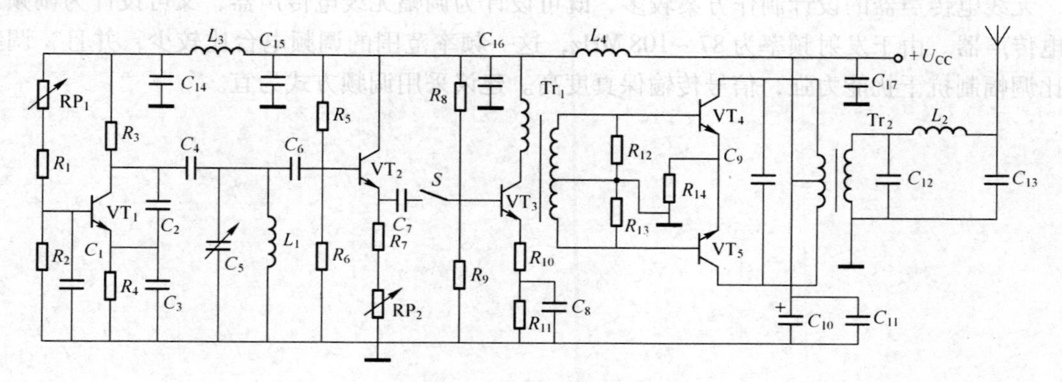

图 11-26　电报发射机电路图

元器件清单表如表 11-5 所示。

表 11-5　元器件清单表

元器件名称	类型及标称值	元器件名称	类型及标称值
R_1	22 kΩ	C_1	1000 pF
R_2	13 kΩ	C_2	200 pF
R_3	2 kΩ	C_3	1000 pF
R_4	1 kΩ	C_4	40 pF
R_5	6.2 kΩ	C_5	23.2 pF
R_6	11 kΩ	C_6	100 pF
R_7	680 Ω	C_7	0.01 μF
RP_1	10 kΩ 电位器	C_8	0.022 μF
RP_2	330 Ω 电位器	C_9	50 pF
R_8	2 kΩ	C_{10}	10 μF 电解电容器
R_9	430 Ω	C_{11}	0.022 μF
R_{10}	10 Ω	C_{12}	470 pF
R_{11}	24 Ω	C_{13}	470 pF
R_{12}	51 Ω	C_{14}	0.022 μF
R_{13}	51 Ω	C_{15}	0.022 μF
R_{14}	1 Ω	C_{16}	0.022 μF
VT_1、VT_2	3DG6	C_{17}	0.022 μF

5. 任务完成报告

设计并制作一个无线电传声器，技术指标要求：

1）发射频率为 87 ~ 108 MHz，这在调频收音机的工作频率范围内；

2）发射距离为 30 ~ 100 m，国家无线电管理委员会将无线电传声器信号发射距离规定在 100 m 以内的范围。30 ~ 100 m 这个距离的设计要求是因为发射距离小于 30 m，失去无线电传声器的意义，发射距离大于 100 m，将会影响其他调频收音机正常工作；

3）采用收音机接收信号；

4）电源电压 1.5 V，用五号干电池供电。

5）整机体积应尽量小。

【实验注意事项】

无线电传声器的设计制作方案较多，既可设计为调幅无线电传声器，又可设计为调频无线电传声器。由于发射频率为 87 ~ 108 MHz，这一频率范围的调频电台比较少，并且，调频制比调幅制抗干扰能力强，信号传输保真度高。建议采用调频方式为宜。

参考文献

[1] 万国峰，王建华，等．高频电子线路［M］．北京：国防工业出版社，2014.
[2] 朱洁，刘佳，等．高频电子技术与实践［M］．南京：东南大学出版社，2014.
[3] 黄亚平．高频电子技术［M］．北京：机械工业出版社，2009.
[4] 董敏，吴敦辉．高频电子技术［M］．2 版．北京：北京师范大学出版社，2009.
[5] 林春方，彭俊珍，等．高频电子线路［M］．3 版．北京：电子工业出版社，2013.
[6] 杨光，赵锋．高频电子技术［M］．天津：天津大学出版社，2014.
[7] 朱小祥．高频电子技术［M］．北京：北京大学出版社，2012.
[8] 谢嘉奎．电子线路（非线性部分）［M］．4 版．北京：高等教育出版社，2000.
[9] 郑应光．模拟电子线路（二）［M］．南京：东南大学出版社，2000.
[10] 谭中华．模拟电子线路［M］．北京：电子工业出版社，2004.
[11] 陈良．通信电子技术［M］．北京：机械工业出版社，2006.

精品教材推荐

自动化生产线安装与调试 第2版

书号：ISBN 978-7-111-49743-1

定价：53.00 元　　作者：何用辉

推荐简言：“十二五”职业教育国家规划教材

校企合作开发，强调专业综合技术应用，注重职业能力培养。项目引领、任务驱动组织内容，融“教、学、做”于一体。内容覆盖面广，讲解循序渐进，具有极强实用性和先进性。配备光盘，含有教学课件、视频录像、动画仿真等资源，便于教与学

智能小区安全防范系统 第2版

书号：ISBN 978-7-111-49744-8

定价：43.00 元　　作者：林火养

推荐简言：“十二五”职业教育国家规划教材

七大系统 技术先进 紧跟行业发展。来源实际工程 众多企业参与。理实结合 图像丰富 通俗易懂。参照国家标准 术语规范

短距离无线通信设备检测

书号：ISBN 978-7-111-48462-2

定价：25.00 元　　作者：于宝明

推荐简言：“十二五”职业教育国家规划教材

紧贴社会需求，根据岗位能力要求确定教材内容。立足高职院校的教学模式和学生学情，确定适合高职生的知识深度和广度。工学结合，以典型短距离无线通信设备检测的工作过程为逻辑起点，基于工作过程层层推进。

数字电视技术实训教程 第3版

书号：ISBN 978-7-111-48454-7

定价：39.00 元　　作者：刘修文

推荐简言：“十二五”职业教育国家规划教材

结构清晰，实训内容来源于实践。内容新颖，适合技师级人员阅读。突出实用，以实例分析常见故障。一线作者，以亲身经历取舍内容

物联网技术与应用

书号：ISBN 978-7-111-47705-1

定价：34.00 元　　作者：梁永生

推荐简言：“十二五”职业教育国家规划教材

三个学习情境，全面掌握物联网三层体系架构。六个实训项目，全程贯穿完整的智能家居项目。一套应用案例，全方位对接行企人才技能需求

电气控制与PLC应用技术 第2版

书号：ISBN 978-7-111-47527-9

定价：36.00 元　　作者：吴丽

推荐简言：

实用性强，采用大量工程实例，体现工学结合。适用专业多，用量比较大。省级精品课程配套教材，精美的电子课件，图片清晰、画面美观、动画形象